计算机前沿技术丛书

深入浅出
React开发指南

赵林林 / 著

机械工业出版社
CHINA MACHINE PRESS

本书讲述了 React 各个模块基础和进阶用法，并提供了相应的案例。还深入分析了 React 内部运转机制，同时详细介绍了 React 配套的生态系统。本书共 14 章，包括邂逅 React、了解 JSX、React 组件、React 更新驱动、React 生命周期、React 状态获取与传递、工程化配置及跨平台开发、React 架构设计、高性能 React、React 运行时原理探秘、玩转 React Hooks、React-Router、React-Redux 状态管理工具和 React 实践。

本书适合具有一定 React 开发基础，但希望更加全面、深入理解React 的前端开发者阅读。

图书在版编目（CIP）数据

深入浅出 React 开发指南/赵林林著 . —北京：机械工业出版社，2023.4（2024.4 重印）

（计算机前沿技术丛书）

ISBN 978-7-111-72942-6

Ⅰ.①深… Ⅱ.①赵… Ⅲ.①移动终端-应用程序-程序设计 Ⅳ.①TN929.53

中国国家版本馆 CIP 数据核字（2023）第 057876 号

机械工业出版社（北京市百万庄大街 22 号 邮政编码 100037）

策划编辑：杨 源　　　　　　 责任编辑：杨 源
责任校对：潘 蕊 解 芳　　 责任印制：单爱军
北京虎彩文化传播有限公司印刷
2024 年 4 月第 1 版第 4 次印刷
184mm×240mm · 30.5 印张 · 748 千字
标准书号：ISBN 978-7-111-72942-6
定价：159.00 元

电话服务　　　　　　　　　　网络服务
客服电话：010-88361066　机 工 官 网：www.cmpbook.com
　　　　　010-88379833　机 工 官 博：weibo.com/cmp1952
　　　　　010-68326294　金 书 网：www.golden-book.com
封底无防伪标均为盗版　机工教育服务网：www.cmpedu.com

前 言

PREFACE

这本书讲了什么

相信对于很多前端开发者来说，React 库并不陌生，很多前端开发者用 React 作为核心框架构建前端应用，但在周而复始的项目迭代过程中，难免会遇到技术的瓶颈期。这可能来源于：对于一些复杂的模块，不知道怎样更优雅、更灵活、更有拓展性地去实现；怎样给 React 做性能优化、封装组件；对于 React 技术栈，不知道该怎样突破、进阶；搞不懂 React 的运行机制；笔者就曾经历过这样的迷茫期，后来通过系统化复习，先逐一突破 React 的各个模块，再把各个模块串联到一起，才慢慢体验到 React 的魅力，深入学习后，笔者发现了更多精彩的内容。

写这本书的目的就是把自己得到的经验分享给大家，希望大家在深入学习 React 的过程中，能将本书作为 React 学习的指南。下面是每一章的介绍。

在第 1 章中，将介绍目前 React 的地位和优势，以及 React 到底能解决什么问题。

在第 2 章中，将从 JSX 入手，介绍 React 表现形式，以及操作 React Element 对象，更方便地运用 React，为深入 React 设计模式做技术铺垫。

在第 3 章中，将重点介绍两种类型的 React 组件，以及它们的特点、用法、通信方式、强化方式、高阶组件的使用，让开发者对 React 组件有一个更全面的认识。

在第 4 章中，会从驱动更新的源头——props 和 State 说起，介绍 State 更新的特点，props 的灵活使用，以及组合模式和 render props 模式。同时还会分析新老版本 React 的更新模式及更新特点，让读者更清晰地明确 React 更新流程。

在第 5 章中，将介绍 React 生命周期的奥秘。在生命周期中，开发者到底能做什么事，应该做什么事；函数组件如何弥补没有生命周期的缺陷。

在第 6 章中，会讲到如何获取并传递状态，ref 和 Context 的基本使用及高阶用法，让状态的获取和传递更加灵活自由。

在第 7 章中，会讲到工程化配置、CSS 模块化、React 在服务端渲染和跨平台开发中的地位，以及 React 在多个技术方向上的优势。

在第 8 章中，将重点介绍 React 架构设计，从虚拟 DOM 到更新的设计，再到事件系统的设计，让读者知其然，知其所以然，真正理解 React 为什么要这样设计。

在第 9 章中，将从多个角度分析如何打造高性能的 React 应用，从多个方面研究 React 优化手段。

在第 10 章中，将以应用初始化和应用更新为切入点，进入 React 应用内部，探索 React 内部的运转机制，从点到线再到面，全面解析 React 原理。

在第 11 章中，将介绍目前 React V18 版本的所有 Hooks，以及基本用法和应用场景，揭秘 Hooks 原理，以及如何设计一个自定义 Hooks。

在第 12 章中，将以单页面路由原理为起点，分析 React 中的路由是如何使用和实现的，以及新老版本路由的差异。

在第 13 章中，会介绍 React 中的状态管理工具：Redux 等，以及它们是如何运转的，如何与 React 应用完美契合的。

在第 14 章中，将用三个实践来串联前面的知识点，通过实践来提升 React 的使用技巧，做到学以致用。

本书从基础用法入手，到深入原理，再到项目实践，从多个维度深入了解 React，笔者相信，更深入的理解是为了使用更加便捷。

本书在讲解 React 基础和进阶用法原理的基础上，也提供了很多小的案例，对基础知识点进行巩固和强化。

适合人群

本书适合了解 React 基础语法，接触过 React 技术栈的前端开发者、JavaScript 开发者，如果想要系统学习 React，进阶学习 React 技术栈，深入了解 React 运转机制，那么这本书是一个不错的选择。

给读者的建议

"路漫漫其修远兮，吾将上下而求索"，希望阅读这本书的每一位读者，不要把掌握书中的知识点作为学习 React 的终点，而是要把它当成学习的起点，带着对 React 全新的认识去使用，在平时的工作中要多练习，多学习一些 React 设计模式，多写一些自定义 Hooks，尝试写一些高阶组件。在 React 技术成长之路上披荆斩棘，勇往直前！

勘误与支持

由于编者水平有限，书中难免有不妥之处，诚挚期盼同行、使用本书的读者给予批评和指正。如果你有什么好的建议和意见，请通过出版社及时反馈给笔者。

致谢

感谢所有支持、鼓励笔者坚持创作的朋友和粉丝们。

谨以此书，献给所有热爱 React 的朋友。在提升技术的道路上，我们一路同行。

赵林林（外星人）

CONTENTS 目录

第 5 章
CHAPTER.5

React 生命周期　/　88

第 6 章
CHAPTER.6

React 状态获取与传递　/　112

第 7 章
CHAPTER.7

工程化配置及跨平台开发 / 134

第 8 章
CHAPTER.8

React 架构设计 / 159

第10章 CHAPTER.10 React 运行时原理探秘 / 246

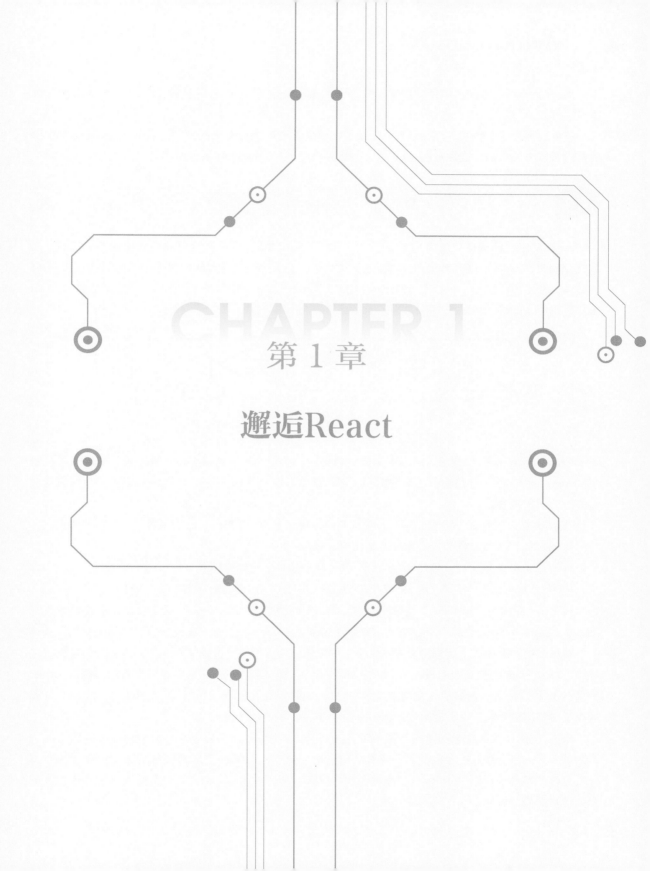

第 1 章

邂逅React

React 是当前非常流行的用于构建用户界面的 JavaScript 库，也是目前最受欢迎的 Web 界面开发工具之一。

这主要得益于它精妙的设计思想，以及多年的更新迭代沉淀而来的经验。目前 React 是国内主要的前端开发框架。为什么在前端领域这样受欢迎呢？接下来我们具体展开讲解。

1.1 React 的优势分析

React 的出现让创建交互式 UI 变得轻而易举。它可以为应用的每一个状态设计出简洁的视图。当数据变动时，React 还能高效更新并渲染合适的组件。这是因为在 React 的世界中，函数和类就是 UI 的载体。甚至可以认为，将数据传入 React 的类和函数中，返回的就是 UI 界面。这主要是因为 React 采用数据驱动的模式，如图 1-1-1 所示。

● 图 1-1-1

React 和 Redux 的数据通信架构模型都和 Flux 架构类似。先来看看 Flux。Flux 是 Facebook（现更名为 Meta）提出的一种前端应用架构模式，它本身并不是一个 UI 框架，而是一种以单向数据流为核心思想的设计理念。

在 Flux 思想中有三个组成部分，那就是 Dispatcher、Store 和 View。下面来看一下三者的职责。

Dispatcher：更改数据和分发事件就是由 Dispatcher 来实现的。

Store：Store 为数据层，负责保存数据，并且响应事件，更新数据源。

View：View 层可以订阅更新，当数据发生更新的时候，负责通知视图重新渲染 UI。

在 React 应用中，setState 为更改视图的工具，State 为数据层，View 为视图层，如果想要更改视图，那么通过 setState 改变 State，重新渲染组件得到新的 Element，接下来交给浏览器渲染就可以了。

这种数据驱动模式一定程度上并不受平台的影响，或者说受平台影响较小，因为在整个数据流过程中，从 setState 的触发，到 State 的改变，再到组件渲染得到 Element，接下来形成新的虚拟 DOM，都是在 JS 层完成的，而最后涉及渲染绘制的时候，通过不同的平台做差异化处理即可，比如在 Web 端交给浏览器去绘制，在移动端交给 Native 去绘制，如图 1-1-2 所示。

React 把组件化的思想发挥得淋漓尽致。在 React 应用中，一切皆组件，每个组件像机器零件一样，开发者把每个组件组合在一起，使 React 应用运转起来。React 是非常灵活的，这种灵活性使得开发者在开发 React 应用的时候，更注重逻辑的处理，所以在 React 中，可以运用多种设计模式，更有效地培养编程能力。

● 图 1-1-2

React 从 JSX 到虚拟 DOM 的灵活设计。JSX 的灵活性深受开发者的喜爱，JSX 会被 Babel 编译成 React Element 对象形式，也就是说虽然我们在组件中写了一个页面结构，但是其本质上还是一个对象结构。比如在页面中这样写：

```
/* 子组件 */
function Children(){
    return <div>子组件</div>
}
/* 父组件 */
function Index(){
    const element = <div>
        <p> hello,React </p>
        <Children />
    </div>
    console.log(element,'element')
    return element
}
```

先来看看经过 Babel 和 createElement 处理后，会变成什么样子，如图 1-1-3 所示。

```
▼Object 🔢
  $$typeof: Symbol(react.element)
  key: null
▼props:
  ▼children: Array(2)
    ▶0: {$$typeof: Symbol(react.element), type: 'p', key: null, ref: null, props: {…}, …}
    ▼1:
        $$typeof: Symbol(react.element)
        key: null
      ▶props: {}
        ref: null
      ▶type: ƒ Children()
      ▶_owner: FiberNode {tag: 0, key: null, stateNode: null, elementType: ƒ, type: ƒ, …}
      ▶_store: {validated: true}
        _self: null
        _source: null
      ▶[[Prototype]]: Object
      length: 2
    ▶[[Prototype]]: Array(0)
  ▶[[Prototype]]: Object
  ref: null
  type: "div"
▶_owner: FiberNode {tag: 0, key: null, stateNode: null, elementType: ƒ, type: ƒ, …}
▶_store: {validated: false}
  _self: null
```

● 图 1-1-3

可以看到，当 Index 渲染的时候，会把当前组件视图层的所有元素转换成 Element 对象，最终形

成 Element 对象结构，如图 1-1-4 所示。

相比 Template 模板形式，JSX 的优势非常明显：

第一，通过 JSX 方式，一些设计模式会变得非常灵活，比如组合模式、render props 模式，这些模式能更灵活地组装 Element对象。在 Template 模式中，组合模式需要通过 slot 插槽来实现，如果有多个 slot 嵌套，会使 Template 结构变得非常复杂，难以理解。

第二，JSX 语法就是 JS，所以写法非常灵活，包括在视图层写判断、循环、抽象状态等，而 Template 一般会有写法上的限制，比如在 Vue 中，必须遵循 Vue 的模板逻辑，在微信小程序中亦是如此。

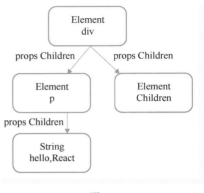

● 图 1-1-4

第三，JSX 对数据的预处理能力非常强，开发者可以在渲染函数中，对数据进行格式化处理，比如一些来源于父组件的 props，把数据处理成视图层需要的结构，再进行渲染。在 Vue 中可能会用过滤器或者计算属性解决这个问题。但是在小程序中会变得很棘手，比如依赖小程序通过监听器的方式，对数据进行处理，然后通过 setData 的方式，将 props 中的数据映射到 data 中，这无疑是一种性能上的浪费。

还有一点就是 Template 需要由独立的模板解析器去解析，再转换成虚拟 DOM，这样就多了一道工序。

JSX 和 Template 相比的流程如图 1-1-5 所示。

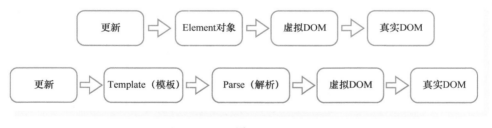

● 图 1-1-5

React 还具有跨平台能力。React 支持 Node 进行服务器渲染，还可以用 React Native 进行原生移动应用的开发，随着跨平台构建工具（如 Taro）的兴起，开发者可以写一套 React 代码，使其适用于多个平台。React 在跨端动态化方向上有得天独厚的优势，这和 React 本身的设计是密不可分的，目前市面上有很多成熟的方案，比如：

（1）React Native 是一个经典动态化方案。React Native 逻辑层是由 JS 处理的，而渲染是由 Native 完成的，这使得 React Native 既能够保持 React 开发特性，同样又有原生渲染的性能。

（2）Taro React 也是一个不错的跨端解决方案，Taro 3 由重编译、轻运行时，变成了轻编译、重运行时，这使得 React 运行时的代码能够真正在由 Taro 构建的 Web 或者小程序应用中运行。

（3）目前很多大公司自己也有一套以 React 为 DSL 的动态化框架，它们有一个共性，就是保持 JSX 灵活的语法特性。不仅如此，还可以保持 React 的活性，也就是说，同时保持了和 React 一样的 API 设计和语法规范。

React 能为跨端动态化做些什么？我们从内到外来分析一下。

React 语法做 DSL：React 对跨端领域的贡献。第一种就是以 React 作为 DSL 的跨端方案。DSL 即（Domain Specific Language），中文一般译为领域特定语言。

这种方案保留了 React 的语法，比如 JSX 和 React 完全一致，包括渲染函数 Render、触发更新的方法 setState 等，但是不具有 React 的灵活性，也就是形似神不似，其内部并不是由 React 系统驱动，这种方案最后会被编译成 JS 文件，接下来只要由 JS 引擎解析 JS，再由端上进行绘制就可以了。

以 React 作为 DSL 的应用，有一个好处就是不需要预编译处理。比如微信小程序有自己的 wxml，但是 wxml 只是一个模板，最后想要被 JS 识别，就必须进行预编译，编译成 JS 能够识别的抽象语法树形式。

还有一个优点是 React DSL 一般采用 css in js 作为样式处理方法，所以也不需要用专门的解释器解析 CSS 样式。但是这种方案也有一些弊端，就是 React 的一些新特性或者新功能可能无法正常使用，比如 Hooks、Suspense 等。

保留 React 运行时：还有一种就是类似 Taro 的解决方案，用 React 作为跨端方案，不仅神似，而且形似，也就是说在 React 完全应用于运行时，依赖于 React 框架一些良好的特性，比如 React-Reconciler 对 DOM 方法的隔离，或者独立的事件系统等。

但是也需要对跨端做一些兼容处理，比如在 Taro React 中对 Reconciler 的兼容。

Taro 3 中可以选择运行时的 Vue 和 React 做基础开发框架，当选择 React 开发小程序后，整个应用还是能够正常运行 React 应用，保持 React 灵活性的，这是为什么呢？

虽然微信小程序是采用 Webview 的方式，但是对于原生 DOM 的操作，小程序并没有给开发者开口子，也就是说小程序里如果想要使用 React 框架，就不能使用 DOM 的相关操作，也就不能直接操作 DOM 元素。既然不能操作 DOM，那么 React fiber 如何处理呢？

原来在 Taro React 中，会改变 Reconciler 中涉及 DOM 操作的部分。下面来看看部分改动：

```
import Reconciler, { HostConfig } from 'react-reconciler'
/* 引入 Taro 中兼容的 document 对象 */
import { document, TaroElement, TaroText } from '@tarojs/runtime'
const hostConfig = {
  /* 创建元素 */
  createInstance (type) {
    return document.createElement(type)
  },
    /* 创建文本 */
  createTextInstance (text) {
    return document.createTextNode(text)
  },
  /* 插入元素 */
```

```
appendChild (parent, child) {
  parent.appendChild(child)
},
...
}
```

这就是 Taro 对 React-Reconciler 的改动，在 React-Reconciler 中，hostConfig 里面包含了所有有关真实 DOM 的操作，Taro reconciler 会通过向 tarojs/runtime 引入 document 的方式，来劫持原生 DOM 中的 document，然后注入已经兼容的方法，这样当 fiber 操作 DOM 的时候，其实是使用 Taro 提供的方法。因为是在 React 运行中，可以用 React 提供的 API。利用 React 灵活拓展性的还有 React Native，其实是 React 在跨端领域的解决方案。

1.2 React 发展历程

React 是 Facebook 于 2013 年在 GitHub 上开源的，至今已经发布了很多版本，这些版本反映出了 React 的发展历程，下面从 React V16 版本开始来介绍 React 发展史中一些重要的里程碑。

V16.0：为了解决之前大型 React 应用一次更新遍历大量虚拟 DOM 带来的卡顿问题，重写了核心模块 Reconciler，启用了 fiber 架构；为了让节点渲染到指定容器内，更好地实现弹窗功能，推出了 createPortal API；为了捕获渲染中的异常，引入 componentDidCatch 钩子，划分了错误边界。

V16.2：推出了 Fragment，解决了数组元素问题。

V16.3：增加了 React.createRef（）API，可以通过 React. createRef 取得 ref 对象。增加 React. forwardRef（）API，解决高阶组件 ref 传递问题；推出了新版本 context API；增加了 getDerivedState-FromProps 和 getSnapshotBeforeUpdate 生命周期。

V16.6：增加了 React.memo（）API，用于控制子组件渲染；增加了 React.lazy（）API，实现代码分割；增加了 contextType，让类组件更便捷地使用 context；增加了生命周期 getDerivedStateFromError 代替 componentDidCatch。

V16.8：全新的 React-Hooks 使函数组件也能做类组件的一切事情。

V17：事件绑定由 document 变成 container，移除事件池等。

新版本 V18：在不久前，React 发布了 V18 版本，增加了 concurrent 并发模式，在此模式下，推出了很多新特性，比如组件更新特性、过渡任务 transition 和与之配套的 API（包括 startTransition、useTransition、useDeferredValue）；比如能够订阅外部数据源的 useSyncExternalStore，还有就是在 SSR 服务端渲染中的一些新特性等。

这些发展节点直观反映出 React 正在朝更好的性能、更优质的用户体验方向努力。

同样在这本书中，也会围绕这些发展的关键节点展开，揭秘这些新功能到底解决了什么问题，以及其背后的运转机制。

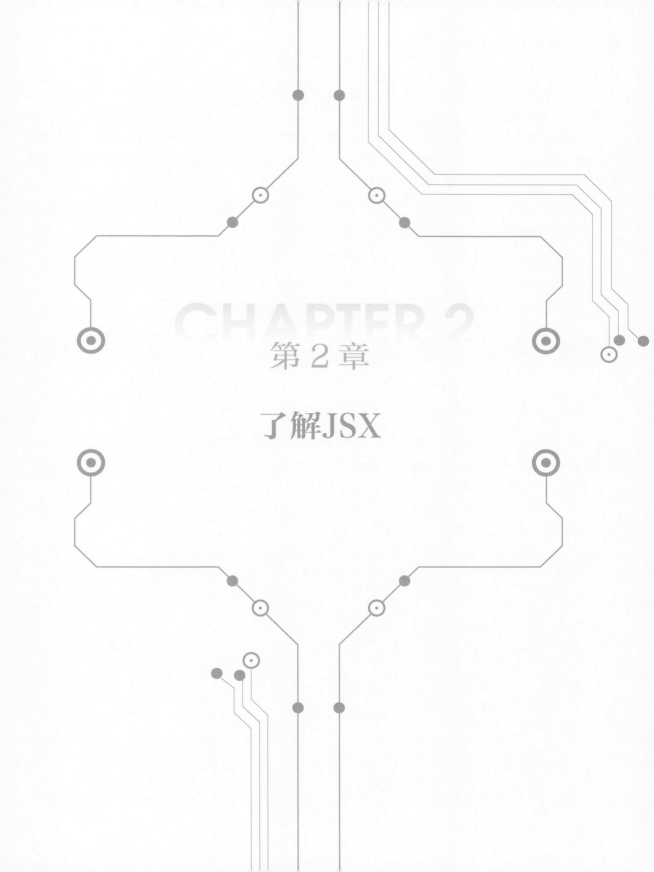

CHAPTER 2

第 2 章

了解JSX

在平时开发 React 项目时，都使用 JSX 语法编写组件文件，有了 JSX 语法，开发者可以在 JS 文件中写类似 HTML 的结构。但是写出的 JSX 语句，比如<div>hello,react</div>和 HTML 中的元素标签处理逻辑大不相同，在 HTML 中的元素直接转换成 DOM 树，本质上是浏览器层面对.html 文件的解析，但是 JS 中的 JSX 只是一种语法糖，并不能直接作为 DOM 树的结构来渲染，况且 JSX 结构如果直接运行在 JS 环境下会报错。比如下面一行代码：

```
const dom = <div>hello,react</div>
```

如果直接作为 JS 脚本运行在浏览器中，就会出现如下的错误：

```
Uncaught SyntaxError: expected expression, got '<'
```

为什么在 React 项目中不会报错呢？前面说到了 JSX 只是一种语法糖，JSX 结构在编译阶段已经被 Babel 处理成 ReactElement 的形式。本章会围绕着这个转换过程展开。

2.1 认识 JSX

▶▶ 2.1.1 JSX 是什么

在 React 项目中，一切皆组件，组件又是由 JSX 编写的，所以要想深入学习 React，就应该从 JSX 入手，一方面了解常用的元素会被 React 处理成什么，有利于后续理解 React fiber 类型；另一方面理解 JSX 的编译过程，方便操纵 Children，控制 React 渲染，掌握 render props 等设计模式。

为了揭开 JSX 的真相，下面写了一段 React JSX 代码（因为后面会用到这个实例，所以称为 Demo 2.1.1），来一步步看它最后会变成什么样子。

```
const toLearn = [ 'react','vue','webpack','nodejs' ]
const TextComponent = () => <div> hello, i am function component </div>
class Index extends React.Component{
    renderFoot=() => <div> i am foot</div>
    render(){
        /* 以下都是常用的 JSX 元素节 */
        return <div style={{ marginTop:'100px' }}  >
            { /* element 元素类型 */ }
            <div>hello,world</div>
            { /* fragment 类型 */ }
            <React.Fragment>
                <div> fragment </div>
            </React.Fragment>
            { /* text 文本类型 */ }
            my name is alien
            { /* 数组节点类型 */ }
            { toLearn.map(item=> <div key={item} >let us learn { item } </div>) }
```

```
{ /* 组件类型 */ }
<TextComponent/>
{ /* 三元运算 */ }
{ this.status ? <TextComponent /> : <div>三元运算</div> }
{ /* 函数执行 */ }
{ this.renderFoot() }
<button onClick={ () => console.log(this.render()) } >打印渲染后的内容
</button>
</div>
}
}
```

接下来打开浏览器（这里默认为 Google 浏览器）调试工具，点击资源，看一下上述例子中的 JSX 代码片段会被 Babel 编译成什么，如图 2-1-1 所示。

```
const toLearn = ['react', 'vue', 'webpack', 'nodejs'];
const TextComponent = () => /*#__PURE__*/_react.default.createElement("div", null, " hello , i am function component ");
class Index extends _react.default.Component {
  renderFoot() {
    return /*#__PURE__*/_react.default.createElement("div", null, " i am foot");
  }

  render() {
    /* 以下都是常用的jsx元素节 */
    return /*#__PURE__*/_react.default.createElement("div", {
      style: {
        marginTop: '100px'
      }
    }, /*#__PURE__*/_react.default.createElement("div", null, "hello,world"),
    /*#__PURE__*/_react.default.createElement(_react.default.Fragment, null,
    /*#__PURE__*/_react.default.createElement("div", null, " fragment ")), "my name is alien", toLearn.map(item => /*#__PURE__*/_react.default.createElement("div", {
      key: item
    }, "let us learn ", item, " ")), /*#__PURE__*/_react.default.createElement(TextComponent, null), this.status ?
    /*#__PURE__*/_react.default.createElement(TextComponent, null)
    : /*#__PURE__*/_react.default.createElement("div", null, "\u4E09\u5143\u8FD0\u7B97"), this.renderFoot(), /*#__PURE__*/_react.default.createElement("button", {
      onClick: () => console.log(this.render())
    }, "\u6253\u5370render\u540E\u7684\u5185\u5BB9"));
  }
}

var _default = Index;
exports.default = _default;//# sourceURL=[module]
```

● 图 2-1-1

可以看到，JSX 代码中的闭合标签元素会被替换成 createElement 形式。接下来将会详细介绍 createElement。

这就解释了一个问题，在老版本的 React 中，为什么写 JSX 的文件要默认引入 React？比如：

```
import React from 'react'
function Index(){
    return <div> hello,React </div>
}
```

因为 JSX 在被 Babel 编译后，JSX 标签结构会变成上述 React.createElement 形式，所以需要引入 React，防止找不到 React 引起报错。

▶▶ 2.1.2　React.createElement

前面讲到闭合标签元素会被 React.createElement 处理，看一下这个 API 的用法。

```
React.createElement(
    type,
```

```
    [props],
    [...children])
```

createElement 参数：

第一个参数 type：如果是组件类型，会传入组件对应的类或函数；如果是 DOM 元素类型，则传入 div 或者 span 之类的字符串。第二个参数 props：一个对象在 DOM 类型中为标签属性，在组件类型中为 props。其他参数 Children：依次为该元素的子元素，根据顺序排列。返回结果为 React Element 对象。

举个例子：

```
<div>
    <TextComponent />
    <div>hello,world</div>
    let us learn React!
</div>
```

上面的代码会被 Babel 先编译成：

```
React.createElement("div", null,
    React.createElement(TextComponent, null),
    React.createElement("div", null, "hello,world"),
    "let us learn React!"
)
```

▶▶ 2.1.3 JSX 转换逻辑

除了 JSX 处理，还有一些其他转换规则，如图 2-1-2 所示。

JSX元素类型	react.createElement转换后	type属性
element元素类型	ReactElement类型	标签字符串，例如div
fragment类型	ReactElement类型	symbol react.fragment类型
文本类型	直接字符串	无
数组类型	返回数组结构，里面的元素被react.createElement转换	无
组件类型	ReactElement类型	组件类或者组件函数本身
三元运算/表达式	先执行三元运算，然后按照上述规则处理	看三元运算返回结果
函数执行	先执行函数，然后按照上述规则处理	看函数执行返回结果

● 图 2-1-2

▶▶ 2.1.4　ReactElement 对象

由上述内容可知，ReactElement 对象是通过 React.createElement 创建出来的特殊对象。
这个对象大致是这样的：

```
const element = {
    $$typeof: REACT_ELEMENT_TYPE,     // Element 元素类型
    type: type,                       // type 属性,证明是元素还是组件
    key: key,                         // key 属性
    ref: ref,                         // ref 属性
    props: props,                     // props 属性
    ...
};
```

REACT_ELEMENT_TYPE 大约是 $$typeof：Symbol（react.element）这个样子，用一个 Symbol 数据
类型证明了 type 的唯一性。

除了 $$typeof 类型，还有 type 属性（证明是元素还是组件）、key 属性、ref 属性和 props 属性。

2.2　操作 JSX

▶▶ 2.2.1　JSX 与 Element 对象

JSX 在编译阶段就会转换成 createElement 形式。执行 createElement 会得到 ReactElement 对象。先
来看一下 Element 对象。

比如一个 `<div style={{ marginTop:'100px' }} className="container" ref={'dom'} />` 元素，对应
的 element 如下：

```
{
    $$typeof: Symbol(react.element),        // react element 对象类型
    key: null,                              // 标签中的 key
    props:{ style:{ marginTop:'100px' },className:'container',children: Array },
                                            // props 属性,样式,类名,子元素等
    ref:'dom',                              // ref 属性
    type:'div',                             // type 类型为字符串
}
```

上面介绍了几个核心属性，其中 $$typeof 是 Element 对象的标识。接下来看一下组件 `<TextComponent name="react" />` 对应的 Element 对象：

```
{
    $$typeof: Symbol(react.element),
    key: null,
```

11.

```
    props: {name:'react'},
    ref: null,
    type: TextComponent({ name })
}
```

可以看出，组件和元素的区别是，元素的 type 属性为对应的元素标签类型，组件的 type 属性为对应的组件函数或者组件类本身（相同的内存空间）。

▶▶ 2.2.2　Element 方法集

1. cloneElement

createElement 把开发者写的 JSX 转换成 Element 对象；而 cloneElement 的作用则是以 Element 元素为样板克隆并返回新的 React 元素。返回元素的 props 是将新的 props 与原始元素的 props 浅层合并后的结果。

cloneElement 使用：

```
React.cloneElement(
    element,
    [props],
    [...children]
)
```

第一个参数：需要克隆的 Element 对象。第二个参数：需要合并的 props。其他参数：新的 Children 元素，依次排列。

在业务开发中，cloneElement 可能用处比较少，但是在 render props 模式下，用处还是很大的，比如可以在组件中劫持 Children Element，然后通过 cloneElement 克隆 Element，混入 props。经典的案例就是老版本的 React-Router 中的 Swtich 组件，通过这种方式，来匹配唯一的 Route 并加以渲染。

设置一个场景，在组件中劫持 Children，然后为 Children 注入一些额外的 props，核心代码如下：

```
function FatherComponent({ children }){
    const newChildren = React.cloneElement(children, { age: 18 })
    return <div> { newChildren } </div>
}
function SonComponent(props){
    console.log(props) // { name: }
    return <div>hello,world</div>
}
class Index extends React.Component{
    render(){
        return <div className="box" >
            <FatherComponent>
                <SonComponent name="son"  />
            </FatherComponent>
```

```
        </div>
    }
}
```

如上所示,FatherComponent 通过 cloneElement 把新的属性 age 成功传入 SonComponent 的 props 中。

2. isValidElement

除了操作 Element 的方法,React 还提供了相关辅助的 API,isValidElement 可以用来判断是否为 React Element 对象。

```
React.isValidElement(element)
```

有一个参数为 Element,就是待验证元素。返回 true 代表是 ReactElement 对象,反之不是。看一下具体使用:

```
const element = <div>hello,React</div>
console.log(React.isValidElement(element))  // true
const object = {}
console.log(React.isValidElement(object))   // false
```

3. Children 方法集

JSX 闭合标签的内容叫作 React Children,会绑定在闭合标签对应的 Element 的 props 属性上。比如:

```
<WrapComponent>
    <Text/>
    <Text/>
    <Text/>
    <span>hello,world</span>
</WrapComponent>
```

WrapComponent 组件会被转换成 Element 结构,三个 Text 和一个 span 会绑定在 element.props.children,如图 2-2-1 所示。

```
▼(2) [Array(3), {…}]
 ▶0: (3) [{…}, {…}, {…}]
 ▶1: {$$typeof: Symbol(react.element), type: "span", key: null, ref: null, props: {…}, …}
  length: 2
```

● 图 2-2-1

这个数据结构就不能正常遍历了,即使遍历也不能有效遍历到每一个子元素。这种情况需要通过 React.Children 方法集来解决。

4. React.Children.map

```
React.Children.map(
    children,
```

```
        fn
)
```

React.Children.map 类似数组的 map 方法，返回一个新的 Children 数组。

```
function WrapComponent(props){
    const newChildren = React.Children.map(props.children,(item)=>item)
    console.log(newChildren)
    return newChildren
}
```

如上所示，newChildren 就变成了一个透明的数组结构。这里有一个注意事项，就是如果 Children 是一个 Fragment 对象，它将被视为单一子节点，不会被遍历。

5. React.Children.forEach

Children.forEach 和 Children.map 用法类似，Children.map 可以返回新的数，Children.forEach 仅停留在遍历阶段。

```
React.Children.forEach(props.children,(item)=>console.log(item))
```

运行结果如图 2-2-2 所示。

> ▸ {$$typeof: Symbol(react.element), key: "0", ref: null, props: {…}, type: f, …}
> ▸ {$$typeof: Symbol(react.element), key: "1", ref: null, props: {…}, type: f, …}
> ▸ {$$typeof: Symbol(react.element), key: "2", ref: null, props: {…}, type: f, …}
> ▸ {$$typeof: Symbol(react.element), type: "span", key: null, ref: null, props: {…}, …}

● 图 2-2-2

6. React.Children.count

用于获取子元素的总数量，等同于通过 map 或 forEach 调用回调函数的次数。对于更复杂的结果，Children.count 可以返回同一级别子组件的数量。

```
const childrenCount =  React.Children.count(props.children)
console.log(childrenCount,'childrenCount') // 4
```

7. React.Children.toArray

Children.toArray 方法返回 props.children 扁平化后的结果：

```
const newChidrenArray = React.Children.toArray(props.children)
console.log(newChidrenArray,'newChidrenArray')
```

React.Children.toArray 可以扁平化、规范化 Children 组成的数组，只要 hildren 中的数组元素被打开，对遍历 Children 很有帮助，而且 React.Children.toArray 还可以深层次 flat。

newChidrenArray 就是扁平化后的数组结构。React.Children.toArray 在拉平展开子节点列表时，更改 key 值，以保留嵌套数组的语义。也就是说，toArray 会为返回数组中的每个 key 添加前缀，以使得每个元素 key 的范围都限定在此函数入参数组的对象内，如图 2-2-3 所示。

```
▶ 0: {$$typeof: Symbol(react.element), key: '.0:0', ref: null, props: {…}, type: ƒ, …}
▶ 1: {$$typeof: Symbol(react.element), key: '.0:1', ref: null, props: {…}, type: ƒ, …}
▶ 2: {$$typeof: Symbol(react.element), key: '.0:2', ref: null, props: {…}, type: ƒ, …}
▶ 3: {$$typeof: Symbol(react.element), type: 'span', key: '.1', ref: null, props: {…}, …}
```

● 图 2-2-3

8. React.Children.only

验证 Children 是否只有一个子节点（一个 React 元素），如果有则返回它，否则此方法会抛出错误。

```
console.log(React.Children.only(props.children))
// 不唯一的情况会报错:Uncaught Error: React.Children.only expected to receive a single React
```

前面的例子中有 4 个 Element 元素，所以会报错。

前面介绍了 React.Children 的一些方法，学会之后方便在项目中用一些巧妙的设计模式解决问题。

▶▶ 2.2.3 Element 对象持久化

这里值得注意的是，React 应用更新的时候，本质上是通过 createElement 重新创建 element 对象。如果想要保存 Element 对象，使之在下一次更新的时候不会被 createElement 重新创建，应该怎么做呢？

这种情况下，可以把 Element 保存下来，让其变成持久化，具体实现（在函数组件和类组件）如下：

1. 类组件

```
class Index extends React.Component{
    saveElement = <Text/>
    render(){
        return <div>
            { this.saveElement }
        </div>
    }
}
```

在类组件中，可以把 Element 保存在类组件实例上，这样在 Index 组件重新渲染的时候，就不会再次调用 createElement。

2. 函数组件 useRef

```
function Index (){
    const saveElement = React.useRef(<Text/>)
    return <div> { saveElement.current } </div>
}
```

函数组件可以通过 React.useRef 来保存 Element 对象，但这样做有一个弊端，就是必须手动更新 Element。

3. 函数组件 useMemo

```
function Index ({ value  }){
    const saveElement = React.useMemo(()=>{
        return <Text/>
    },[ value ])
    return <div> { saveElement } </div>
}
```

推荐采用这种模式，当依赖项 value 改变的时候，可以重新生成 Text 组件的 Element 对象。可能很多读者对 useRef 和 useMemo 不是很了解，没关系，在后面的章节会重点介绍。

2.3　JSX 转换 Element 对象流程

弄清楚 Element 的本质之后，继续研究一下 Element 对象的生成原理。

▶▶ 2.3.1　createElement 原理揭秘

首先看一下 createElement 的本质，重点研究一下 Element 对象是如何形成的。

```
export function createElement(type, config, children) {
    /* 初始化参数 */
    const props = {};
    let key = null,propName, ref = null, self = null, source = null;
      if (config != null) {   /* 处理 ref */
        if (hasValidRef(config)) {
          ref = config.ref;
        }
        if (hasValidKey(config)) {   /* 处理 key   */
          key = '' + config.key;
        }
        for (propName in config) { /* 处理 props */
          if (
            hasOwnProperty.call(config, propName) &&
            !RESERVED_PROPS.hasOwnProperty(propName)
          ) {
            props[propName] = config[propName];   // 把 config 的属性复制一份给 props
          }
        }
      }
    /* 处理 Children 逻辑 */
    const childrenLength = arguments.length - 2;
    if (childrenLength === 1) { // 只有一个 Children 的情况
      props.children = children;
    } else if (childrenLength > 1) {   // 存在多个 Children 的情况
```

```
    const childArray = Array(childrenLength);
    for (let i = 0; i < childrenLength; i++) {
      childArray[i] = arguments[i + 2];
    }
    props.children = childArray;
  }
  /*   省略处理 defaultProps   */
  return ReactElement(type,key,ref,self,source,ReactCurrentOwner.current,props,);
}
```

createElement 做的事情大致可以分为：

（1）初始化参数，比如 props、key、ref 等。

（2）单独处理 key 和 ref 属性，处理 props 里面的其他属性。

（3）形成 Children 结构的数组。

（4）通过 ReactElement 创建 Element 对象并返回。

```
react/src/ReactElement.js → ReactElement
const ReactElement = function(type, key, ref, self, source, owner, props) {
  const element = {
      $$typeof: REACT_ELEMENT_TYPE,        // Element 元素类型
      type: type,                          // type 属性,证明元素还是组件
      key: key,                            // key 属性
      ref: ref,                            // ref 属性
      props: props,                        // props 属性
      _owner: owner,
  };
  /*  创建 element 对象 */
  return element;
};
```

ReactElement 作为一个纯函数，做的事情很简单，就是根据传进来的参数，创建并返回一个 Element对象。

▶▶ 2.3.2　cloneElement 原理揭秘

cloneElement 的原理和 createElement 差不多，这里就不赘述了，区别是：cloneElement 会复用 Element的 type、key、ref 等关键属性。cloneElement 会通过 assign 把原来的 Element props 和新的 props 进行合并处理。

2.4　实践：可控性渲染

1. 设立目标

在 2.1 节中的 Demo 2.1.1 暴露出了如下问题：

（1）外层 div 的 Children 虽然是一个数组，但是数组里面的数据类型却是不确定的，有对象类型（如 ReactElement），有数组类型（如 map 遍历返回的子节点），还有字符串类型（如文本）；

（2）无法对渲染后的 ReactElement 元素进行可控性操作。

针对上述问题，需要对 Demo 2.1.1 进行改造，具体过程可以分为 4 步：

（1）将上述 Children 扁平化处理，将数组类型的子节点打开；

（2）除去 Children 中的文本类型节点；

（3）向 Children 最后插入<div className = " last " > say goodbye</div>元素；

（4）克隆新的元素节点并渲染。

通过这个改造，可以加深对 JSX 编译后的结构的认识，学会对 JSX 编译后的 React.Element 进行一系列操作，达到理想化的目的，以及熟悉 React API 的使用。

2. 改造 Demo

想要把渲染过程变成可控的，需要将 Demo 2.1.1 代码进行改造。

```
class Index extends React.Component{
    renderFoot=()=> <div> i am foot</div>
    /* 控制渲染 */
    controlRender=()=>{
        const reactElement = (
            <div style={{ marginTop:'100px'}} className="container"  >
              // ...Demo 2.1.1 Render 函数内容省略
            </div>
        )
        console.log(reactElement)
        const { children } = reactElement.props
        /* 第1步:扁平化 Children   */
        const flatChildren = React.Children.toArray(children)
        console.log(flatChildren)
        /* 第2步:除去文本节点 */
        const newChildren = []
        React.Children.forEach(flatChildren,(item)=>{
            if(React.isValidElement(item)) newChildren.push(item)
        })
        /* 第3步:插入新的节点 */
        const lastChildren = React.createElement(`div`,{ className :'last' },`say goodbye`)
        newChildren.push(lastChildren)

        /* 第4步:修改容器节点 */
        const newReactElement =  React.cloneElement(reactElement,{},...newChildren)
        return newReactElement
    }
    render(){
        return this.controlRender()
    }
}
```

第 1 步：React.Children.toArray 扁平化，规范化 Children 数组。

```
const flatChildren = React.Children.toArray(children)
```

第 2 步：遍历 Children，验证 React.element 元素节点，除去文本节点。

```
const newChildren = []
React.Children.forEach(flatChildren,(item)=>{
    if(React.isValidElement(item)) newChildren.push(item)
})
```

用 React.Children.forEach 遍历子节点，如果是 ReactElement 元素，就添加到新的 Children 数组中，通过这种方式过滤掉非 ReactElement 节点。

第 3 步：用 React.createElement，插入到 Children 最后。

```
const lastChildren = React.createElement(`div`,{ className :'last' },`say goodbye`)
newChildren.push(lastChildren)
```

上述代码实际等于用 JSX 这样写：

```
newChildren.push(<div className="last" >say goodbye</div>)
```

第 4 步：修改了 Children 后，现在做的是通过 cloneElement 创建新的容器元素。

```
const newReactElement =  React.cloneElement(reactElement,{},...newChildren)
```

3. 验证结果

验证结果如图 2-4-1 所示。

（1）Children 已经被扁平化。

（2）文本节点 my name is alien 已经被删除。

（3）<div className = " last" > say goodbye</div>元素成功插入，达到了预期效果。

```
hello,world
fragment
let us learn react
let us learn vue
let us learn webpack
let us learn nodejs
hello , i am function component
三元运算
i am foot
打印Render后的内容
say goodbye
```

● 图 2-4-1

2.5　Babel 解析 JSX

Babel 是如何将 JSX 语法编译成 Element 对象的呢？下面来一探究竟。

▶▶ 2.5.1　Babel 插件

JSX 语法实现来源于两个 Babel 插件：

（1）@babel/plugin-syntax-jsx：使用这个插件，能够让 Babel 有效地解析 JSX 语法。

（2）@babel/plugin-transform-react-jsx：这个插件内部调用了 @babel/plugin-syntax-jsx，可以把 React JSX 转换成 JS 能够识别的 createElement 格式。

1. Automatic Runtime

新版本 React 已经不需要引入 createElement，这种模式来源于 Automatic Runtime，看一下是如何编译的。

业务代码中写的 JSX 文件：

```
function Index(){
    return <div>
        <h1>hello,world</h1>
        <span>let us learn React</span>
    </div>
}
```

编译后的文件：

```
import { jsx as _jsx } from "react/jsx-runtime";import { jsxs as _jsxs } from "react/jsx-runt-
ime";function Index() {
  return _jsxs("div", {
      children: [
          _jsx("h1", {
            children: "hello,world"
          }),
          _jsx("span", {
            children:"let us learn React",
          }),
      ],
  });
}
```

plugin-syntax-jsx 已经向文件中提前注入了_jsxRuntime API。不过这种模式下需要我们在.babelrc 中设置 runtime：automatic。

```
"presets": [
  ["@babel/preset-react",{
  "runtime": "automatic"
  }]    ],
```

2. Classic Runtime

还有一个就是经典模式。在经典模式下，使用 JSX 的文件需要引入 React，不然就会报错。

前面的 JSX 被编译后如下：

```
import React from 'react' function Index(){
  return  React.createElement(
    "div",
    null,
    React.createElement("h1", null,"hello,world"),
    React.createElement("span", null, "let us learn React")
  );
}
```

▶▶ 2.5.2　API 层面模拟实现

接下来通过 API 的方式模拟一下 Babel 处理 JSX 的流程。

第一步：创建 element.js，编写以下将测试的 JSX 代码。

```
import React from 'react'
function TestComponent(){
    return <p> hello,React </p>}function Index(){
    return <div>
        <span>模拟 babel 处理 JSX 流程。</span>
        <TestComponent />
    </div>
}
export default Index
```

第二步：因为 Babel 运行在 node 环境，所以在同级目录下创建 jsx.js 文件，来模拟一下编译的效果。

```
const fs = require('fs')const babel = require("@babel/core")
/* 第一步:模拟读取文件内容。*/
fs.readFile('./element.js',(e,data)=>{
    const code = data.toString('utf-8')
    /* 第二步:转换 JSX 文件 */
    const result = babel.transformSync(code, {
        /* 使用 plugin-transform-react-jsx 插件 */
        plugins: ["@babel/plugin-transform-react-jsx"],
    });
    /* 第三步:模拟重新写入内容。*/
    fs.writeFile('./element.js',result.code,function(){})
    }
)
```

经过三步处理之后，再来看一下 element.js 变成了什么样子。

```
import React from 'react';
function TestComponent() {
  return /* #__PURE__ */React.createElement("p", null, " hello,React ");
}
function Index() {
  return /* #__PURE__ */React.createElement("div", null,
        /* #__PURE__ */React.createElement("span", null, " \u6A21 \u62DF babel \u5904 \
u7406 jsx \u6D41\u7A0B \u3002"),
        /* #__PURE__ */React.createElement(TestComponent, null));
}
export default Index;
```

转换成 React.createElement 形式后，读者可以从根本上弄清楚 Babel 解析 JSX 的大致流程。

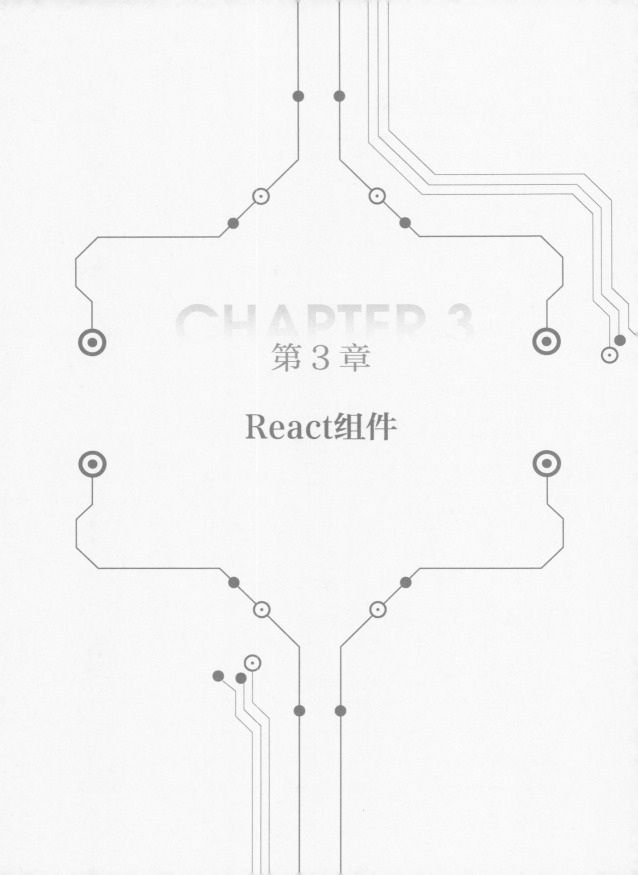

第 3 章

React组件

本章将探讨 React 中类组件和函数组件的定义，不同组件的通信方式，以及常规组件的强化方式，帮助大家全方位认识 React 组件，从而对 React 的底层逻辑有进一步的理解。

3.1 组件是什么

▶▶ 3.1.1 组件的定义

在 React 世界里，一切皆组件，我们写的 React 项目全部起源于组件。组件可以分为两类，一类是类（Class）组件，一类是函数（Function）组件。函数组件和类组件就是 UI 的载体。甚至可以认为，将数据传入 React 的类和函数中，返回的就是 UI 界面。

$$UI = fn(data)$$

组件充当了上面公式中 fn 的角色。这个思想让 UI 完全由 JavaScript 驱动，这种灵活性使得开发者在开发 React 应用的时候，更注重逻辑的处理，所以在 React 中，可以运用多种设计模式，更有效地培养编程能力。

React 开发者应该有组件化的思想，每个组件像机器零件一样，开发者把每个组件组合在一起，将 React 应用运转起来。明白组件是什么之后，来看一下组件的特性。

▶▶ 3.1.2 组件的特性

1. UI 的容器

现在明白了 React 组件本身就是函数或者类，那么组件和常规的函数、类到底有什么区别呢？这应该从组件的声明说起。

先来看一个普通的函数：

```
function normalFun (){
    return 'hello, world'
}
```

函数组件：

```
function FunComponent(){
    const [ message, setMessage ] = useState('hello, world')
    return <div onClick={ () => setMessage('hello, React! ')  } >{ message }</div>
}
```

再看一个普通的类：

```
class normalClass {
    sayHello=()=> console.log('hello, world')
}
```

类组件：

```
class Index extends React.Component{
    state={ message:`hello,world! ` }
    sayHello= () => this.setState({ message :'hello,React!' })
    render(){
        return <div onClick={ this.sayHello } > { this.state.message }  </div>
    }
}
```

从上面可以清楚地看到，组件本质上就是类和函数，但是与常规的类和函数不同的是，组件承载了渲染视图的 UI 和更新视图的 setState、useState 等方法。React 在底层逻辑上会像正常实例化类和正常执行函数那样处理组件。

因此，函数与类的特性在 React 组件中同样具备，比如原型链、继承、静态属性等，所以不要把 React 组件与类和函数独立开来。

2. 组件是"活"的

组件还有一个特性就是"活"的，也就是说，在整个 React 应用中，从组件的挂载，到组件的销毁，是有生命周期的，比如刚创建组件，就会执行初始化的钩子函数；比如组件销毁，也会执行对应的销毁钩子函数，在整个生命周期内，组件是"存活"的状态，包括它的状态、对应的虚拟 DOM、真实 DOM，都是存在着的。

（1）组件的诞生：

一个正常的组件会通过闭合标签的形式注册到 JSX 模板中，如下：

（2）声明：

```
function TestComponent(){
    return <div>hello,world!</div>
}
```

（3）使用：

```
<TestComponent />
```

通过上一章，我们明白标签的组件会被创建成 React Element 对象，接下来挂载到虚拟 DOM 树中，组件就开启了生命之旅。

这里值得注意的是，只有这种标签形式或者是 createElement 形式处理的才能叫作组件，不要把组件和渲染函数混淆在一起。假设有一个父组件使用上面的 TestComponent，看一下如下两种处理方式：

```
function Index(){
    return <div>
        { /* 第一种形式——渲染函数 */  TestComponent()  }
        { /* 第二种形式——组件形式 */  <TestComponent /> }
    </div>
}
```

上面两种方式的意义截然不同。

第一种叫作渲染函数，会在 JSX 模板中执行，返回 Element 结构，但是渲染函数是不会在整个

React 虚拟 DOM 树中充当任何角色的。

第二种才叫作真正意义上的组件，会挂载到虚拟 DOM 树中，将作为一个组件类型的节点，也会拥有自己的状态、生命周期等。

（4）组件的销毁：

组件的销毁也能通过 JSX 来实现，可以通过开关 isShow 来控制组件的创建与销毁，代码如下：

```
isShow &&  <TestComponent />
```

当 isShow 为 true 的时候，挂载组件 TestComponent。

当 isShow 为 false 的时候，会销毁组件。TestComponent 对应的元素节点会在虚拟 DOM 树中移除，虚拟 DOM 卸载后，真实 DOM 也就不复存在了，UI 视图也就消失了。

3. 渲染函数的使用

有些开发者喜欢用渲染函数的逻辑分离 UI，进行视图层模块化的处理。代码如下：

```
export default function Index(){
    /* head 部分 */
    const RenderHead = () => <div>head</div>
    /* body 部分 */
    const RenderBody = () => <div>body</div>
    /* foot 部分 */
    const RenderFoot = () => <div>foot</div>
    return <div>
        {RenderHead()}
        {RenderBody()}
        {RenderFoot()}
    </div>
}
```

这样做的好处是，整个 UI 结构会更加清晰，方便维护者找到与视图对应的 JSX，这种分离处理也更加语义化。如果不采用如上的结构，而是写在一起，整个视图部分非常庞大复杂，会增加开发者的维护成本。比如想要修改其中某一处，需要到整个结构中查找。

但是开发者需要注意的一点就是，千万不要把上述渲染函数处理成组件，类似如下的情况：

```
<div>
    <RenderHead />
    <RenderBody />
    <RenderFoot />
</div>
```

注意 RenderHead、RenderBody、RenderFoot 的声明是在函数内部，如果不慎将渲染函数写成这样，那么接下来会发生什么呢？

它们三个会按照组件逻辑处理，也就是会作为真实的节点注册到虚拟 DOM 树中，那么 Index 不渲染还行，如果 Index 再次渲染，虚拟 DOM 会通过对比（diff）判断是否复用，因为渲染过程中三个组件会重新声明，所以三个组件对应元素都不能有效复用，这就导致了它们会重新创建元素，销毁老的元素，这无疑增大了性能开销，至于 diff 的流程，会在后续的章节中介绍。

3.2 两种类型的组件

▶▶ 3.2.1 类组件

为了全方面了解 React 类组件，首先看一下类组件各个部分的功能：

```
class Index extends React.Component{
    constructor(...arg){
        super(...arg)                      /* 执行 react 底层 Component 函数 */
    }
    state = {}                             /* state */
    static number = 1                      /* 内置静态属性 */
    handleClick= () => console.log(111)    /* 方法:此方法直接绑定在 this 实例上 */
    componentDidMount(){                   /* 生命周期 */
        console.log(Index.number,Index.number1) // 打印 1, 2
    }
    render(){ /* 渲染函数,返回 Element 结构   */
        return <div style={{ marginTop:'50px' }}
                onClick={ this.handleClick }  >hello,React!
    </div>
    }
}

Index.number1 = 2                          /* 外置静态属性 */
Index.prototype.handleClick = () => console.log(222) /* 方法:绑定在 Index 原型链的方法 */
```

可以看出类组件本身继承 React.Component 构造函数，内部有 State、静态属性和方法等。实例内部的方法，大致分为两类：

一类是由 React 底层去执行，比如在组件各个阶段执行的生命周期函数 componentDidMount 等；还有就是提供 UI 结构的渲染函数。

另外一类就是开发者自己定义的函数，比如绑定给 DOM 事件 handleClick 等。

1. Q & A 环节 1

Q：上述绑定了两个 handleClick，一个在组件内部，另一个在组件外部，那么点击 div 之后会打印什么呢？

A：结果是 111。因为在 class 类内部，通过直接赋值处理的属性会直接绑定在实例对象上，而第二个 handleClick 是绑定在 prototype 原型链上的，它们的优先级是：实例对象的方法属性>原型链对象的方法属性。

2. React Component 底层定义

如上可知，类组件本身继承了 React.Component，那么在 React 底层是如何定义 Component 的呢？

```
function Component(props, context, updater) {
  this.props = props;        // 绑定 props
  this.context = context;   // 绑定 context
  this.refs = emptyObject; // 绑定 ref
  this.updater = updater || ReactNoopUpdateQueue; // 上面所属的 updater 对象}
  /* 绑定 setState 方法 */
  Component.prototype.setState = function(partialState, callback) {
  this.updater.enqueueSetState(this, partialState, callback, 'setState');}
  /* 绑定 forceupdate 方法 */
  Component.prototype.forceUpdate = function(callback) {
  this.updater.enqueueForceUpdate(this, callback, 'forceUpdate');
}
```

React 对 Component 的底层处理逻辑是，类组件执行构造函数的过程中会在实例上绑定 props 和 context，初始化置空 refs 属性，原型链上绑定 setState、forceUpdate 方法。

Component 默认在底层加入了 updater 对象，组件中调用的 setState 和 forceUpdate 其实是调用了 updater对象上的 enqueueSetState 和 enqueueForceUpdate 方法。

对于 updater，React 在实例化类组件之后，会单独绑定 update 对象。那么 React 底层是如何处理类组件的呢？

3. Q & A 环节 2

Q：如果没有在 constructor 的 super 函数中传递 props，那么 constructor 执行上下文中就无法获取 props，这是为什么呢？

```
/* 假设我们在 constructor 中这样写 */
constructor(){
    super()
    console.log(this.props) // 打印 undefined 为什么？
}
```

A：答案很简单，刚才的 Component 源码已经很清晰了，绑定 props 是在父类 Component 构造函数中，执行 super 等于执行 Component 函数，此时 props 没有作为第一个参数传给 super( )，在 Component 中就会找不到 props 参数，从而变成 undefined，在接下来的 constructor 代码中打印 props 为 undefined。

4. React 底层处理类组件

```
function constructClassInstance(
    workInProgress,          // 当前正在工作的虚拟 DOM
    ctor,                    // 我们的类组件
    props                    // props)
{
    /* 实例化组件,得到组件实例 instance */
    const instance = new ctor(props, context)
}
```

类组件的处理是在 constructClassInstance 函数中进行的，通过 new 的方式实例化组件，得到组件

实例 instance。

▶▶ 3.2.2 函数组件

自 React V16.8 Hooks 问世以来，对函数组件的功能加以强化，可以在 function 组件中，做绝大部分类组件能做的事情，函数组件也在慢慢取消类组件。函数组件的结构相比类组件就简单多了，比如下面的常规函数组件：

```
function Index(){
    console.log(Index.number) // 打印 1
    /*   函数组件状态   */
    const [ message, setMessage ] = React.useState('hello,world')
    /* 函数组件执行副作用,类似类组件的生命周期 */
    React.useEffect(()=>{
        /* ... */
    },[])
    /* 返回值作为渲染 ui */
    return <div onClick={() => setMessage('let us learn React! ')  } > { message } </div>
}
Index.number = 1 /*  绑定静态属性 */
```

为了能让函数组件可以像类组件一样，React Hooks 应运而生，它可以帮助记录 React 中组件的状态（如上面的 useState），也可以处理一些额外的副作用（如上面的 useEffect）。

1. Q & A 环节

Q：函数组件和类组件的区别是什么呢?

A：对于类组件来说，底层只需要实例化一次，实例中保存了组件的 State 等状态。对于每一次更新只需要调用渲染方法，以及对应的生命周期就可以了。但是在函数组件中，每一次更新都是一次新的函数执行，里面的变量会重新声明。类组件相比函数组件，有一个实例状态，实例状态里记录了类组件的重要信息，这些状态对于开发者使用更加透明便捷，比如在类组件中，可以打印 this 来查看组件的状态。

有一点应该注意，类组件可以通过 prototype 来绑定属性或者方法，但是对于函数组件是行不通的，即使绑定了也没有任何作用，因为上面的源码中 React 对函数组件的调用，是采用直接执行函数的方式，而不是通过 new 的方式。

```
/* 函数组件 */
function Index(){
    return <div>hello, React</div>
}
/* 这种做法是错误的,sayHello 不会被调用。*/
Index.prototype.sayHello = function (){}
```

2. React 底层处理函数组件

那么对于函数组件，React 又是如何处理的呢?

```
function renderWithHooks(
    current,                   // 当前函数组件对应虚拟 DOM
    workInProgress,            // 当前正在工作的虚拟 DOM
    Component,                  // 我们的函数组件
    props,                     // 函数组件第一个参数 props
    secondArg,                 // 函数组件其他参数
    nextRenderExpirationTime,  // 下次渲染过期时间){
        /* 执行我们的函数组件,得到 return 返回的 React.Element 对象 */
        let children = Component(props, secondArg);
}
```

函数组件的处理是在 renderWithHooks 函数中进行的。通过直接执行的方式处理我们的函数组件。

3. 静态属性

由上可知，两种类型的组件都可以绑定静态属性。比如 UI 库 Ant Design 中的 Form.Item 就是 Form 组件上的静态属性。这样的好处是，我们引入 Form 的同时，不需要额外引入 Item。Form 和 Item 配套使用。

静态属性定义：

```
function Form(){ /* ... */ }
/* 定义静态属性 */
Form.Item = function (){}
```

静态属性应用：

```
<Form>
    <Form.Item> { /* ... */ } </Form.Item>
</Form>
```

3.3　组件的通信方式

【学习目标】

有 5 种主流的 React 通信方式：

（1）props 和 callback 方式。

（2）ref 方式。

（3）React-Redux 或 React-Mobx 状态管理方式。

（4）context 上下文方式。

（5）event bus 事件总线。

▶▶ 3.3.1　props 和 callback 方式

props 和 callback 可以作为 React 组件最基本的通信方式，父组件可以通过 props 将信息传递给子

组件，子组件可以通过执行 props 中的回调函数（callback）来触发父组件的方法，实现父与子的消息通信。

父组件→通过自身 State 的改变，重新渲染，传递 props →通知子组件。

子组件→通过调用 props 中父组件的方法→通知父组件。

通过一个例子看一下具体实现：

```
/* 子组件 */
function Son(props){
    const {  fatherSay, sayFather  } = props
    return <div className='son' >
        我是子组件
        <div>父组件对我说:{ fatherSay } </div>
        <input placeholder="对父组件说" onChange={(e)=> sayFather(e.target.value) }/>
    </div>
}
/* 父组件 */
function Father(){
    const [ childSay, setChildSay ] = useState('')
    const [ fatherSay, setFatherSay ] = useState('')
    return <div className="box father" >
        我是父组件
        <div>子组件对我说:{ childSay } </div>
        <input placeholder="对子组件说" onChange={(e)=> setFatherSay(e.target.value)}/>
        <Son fatherSay={fatherSay}  sayFather={ setChildSay }  />
    </div>
}
```

其中 fatherSay 为父组件 Father 通过 props 传递给子组件 Son 的属性，父组件可以通过改变这个属性，让子组件重新渲染，实现父组件对子组件的通信。

sayFather 为父组件传递给子组件的回调函数，子组件可以通过执行回调函数，来让父组件重新渲染，实现子组件对父组件的通信。

对于正常的上下层级的通信，props 和 callback 方式仍处于主导地位。

▶▶ 3.3.2　eventBus 事件总线

eventBus 介绍

什么是 eventBus？eventBus 是一个事件发布/订阅的轻量级工具库。来源于 Android 事件发布。

eventBus 大致流程如下：

A 模块通过 on 向 eventBus 中注册事件 callback。

B 模块通过 emit 触发 A 模块的事件 callback，并传递参数，实现 B → A 的通信流程。

首先简单用 JS 实现一个 eventBus：

```
class eventBus {
    event ={}
```

```
    /* 绑定注册事件 */
    on(eventName, cb) {
        if(this.event[eventName]) {
            this.event[eventName].push(cb)
        } else {
            this.event[eventName] = [cb]
        }
    }
    /* 触发事件 */
    emit(eventName, ...params) {
        if(this.event[eventName]){
            this.event[eventName].forEach(cb => {
                cb(...params)
            })
        }
    }
    /* 解绑事件 */
    off(eventName) {
        if(this.event[eventName]){
            delete this.event[eventName]
        }
    }
}
export default new eventBus()
```

如上是一个极简的 eventBus，它的思想就是发布订阅模式。为了形象地表述这种模式，举一个例子，有一个杂志订阅系统，很多人可以付费订阅喜欢的杂志。对于某一个种类的杂志，想要订阅它，这个过程就像上述代码中的 on 一样，需要用一个数组存放所有订阅该杂志的付费客户，如果该杂志更新了章节，就需要把消息下发到每一个客户，告诉他们有内容更新了，就是上述的 emit 流程。当然如果该杂志下架了，那么就进入上面的 off 流程，会将该杂志和对应的用户统一解绑处理。

接下来可以通过这个 eventBus 实现 React 中的通信：

```
import { BusService } from './eventBus'/
* event Bus   */
function Son(){
    const [ fatherSay, setFatherSay ] = useState("")
    React.useEffect(()=>{
        BusService.on('fatherSay',(value)=>{  /* 事件绑定,给父组件绑定事件 */
            setFatherSay(value)
        })
        return function(){  BusService.off('fatherSay') /* 解绑事件 */ }
    },[])
    return <div className='son' >
        我是子组件
        <div>父组件对我说:{ fatherSay } </div>
```

```
        <input placeholder="我对父组件说" onChange={ (e) => BusService.emit('childSay',e.
    target.value) } />
        </div>
    }
/* 父组件 */
function Father(){
    const [ childSay, setChildSay ] = useState('')
    React.useEffect(()=>{    /* 事件绑定,给子组件绑定事件 */
        BusService.on('childSay',(value)=>{
            setChildSay(value)
        })
        return function(){  BusService.off('childSay') /* 解绑事件 */ }
    },[])
    return <div className="box father" >
        我是父组件
        <div>子组件对我说:{ childSay } </div>
        <input placeholder="我对子组件说" onChange={ (e) => BusService.emit('fatherSay',
    e.target.value) } />
        <Son />
    </div>
}
```

在这种模式下，分别在父、子组件中，通过 BusService 中的 on 进行事件绑定，绑定的事件名需要开发者根据组件的类型自己去定义。接下来父子组件通过 emit 对应的事件名称就可以通信了，并可以携带其他的参数。在组件销毁的时候，不需要再订阅了，可以通过 off 来解绑。

这样做不仅达到了和使用 props 同样的效果，还能跨层级，不会受到 React 父子组件层级的影响。但是为什么很多人都不推荐这种方式呢？因为它有一个致命的缺点：需要手动绑定和解绑。

对于小型项目还好，但是对于中大型项目，这种方式的组件通信会造成牵一发而动全身的影响，而且后期难以维护，组件之间的状态也是未知的。一定程度上违背了 React 数据流向原则。

▶▶ 3.3.3　其他方式

本节主要讲的是方式 1 和 5，其他方式在后续章节中会陆续讲到。

3.4　组件的设计模式

React 中有很多优秀的设计模式，这些设计模式能够解决一些功能复杂、逻辑复用的问题，还能锻炼开发者的设计和编程能力，首先列举一些优秀的设计模式：

（1）组合模式。

（2）render props 模式。

（3）context 提供者模式。

（4）高阶组件 HOC。

（5）类组件继承模式。

拥有这些设计模式是因为 React 的灵活性，这些设计模式的产生也确实解决了开发者遇到的不少问题。掌握这些设计模式，对于 React 开发者是十分重要的。重要性主要体现在以下两个方面：

1. 功能复杂、逻辑复用的问题

（1）场景一：

在一个项目中，全局有一个状态，可以称为 theme（主题）。如果有很多 UI 功能组件需要这个主题，而且这个主题是可以切换的，那么如何优雅地实现这个功能呢？

对于这个场景，如果我们用 React 的提供者模式，就能轻松做到。通过 context 保存全局的主题，然后将 theme 通过 Provider 形式传递下去，需要 theme 时，消费 context 就可以了，这样的好处是，只要 theme 改变，消费 context 的组件就会重新更新，达到了切换主题的目的。

（2）场景二：

表单设计场景一定程度上也需要 React 的设计模式，首先对于表单状态的整体验证需要外层的 Form 绑定事件控制，调度表单的状态下发、验证功能。内层对于每一个表单控件还需要 FormItem 收集数据，让控件变成受控的。这样的 Form 和 FormItem 方式，就是通过组合模式实现的。

2. 培养设计能力、编程能力

熟练运用 React 的设计模式，可以培养开发者的设计能力，比如 HOC 的设计，公共组件的设计，自定义 Hooks 的设计，一些开源的优秀库就是通过 React 的灵活性和优秀的设计模式实现的。

比如在 React 状态管理工具中，无论是 React-Redux，还是 Mobx-React，一方面想要将 State 和 Dispatch 函数传递给组件，另一方面订阅 State 变化，来促使业务组件更新，那么在整个流程中，需要一个或多个 HOC 来完成。于是 React-Redux 提供了 connect，Mobx-React 提供了 inject、observer 等优秀的 HOC。由此可见，学会 React 的设计模式，有助于开发者完成各种工作小到编写公共组件，大到开发开源项目。

对于设计模式的具体细节，将在后面的对应章节详细展开。

3.5 组件的继承

React 有十分强大的组合模式。本书推荐使用组合而非继承来实现组件间的代码重用。

虽然 React 官方推荐用组合方式，而非继承方式。但并不是说继承这种方式没有用武之地，继承方式还是有很多应用场景的。之前开发的开源项目 React-Keepalive-Router 就是通过继承 React-Router 中的 Switch 和 Router，来达到缓存页面的功能的。因为 React 中的类组件有良好的继承属性，可以针对一些基础组件，首先实现一部分基础功能，再针对项目要求进行有方向的改造、强化、添加额外功能。

▶▶ 3.5.1 继承模式的介绍

在 class 组件盛行之后，可以通过继承的方式进一步强化我们的组件。这种模式的好处在于，可以封装基础功能组件，然后根据需要，继承我们的基础组件，按需强化组件。但是值得注意的是，必须对基础组件有足够的掌握，否则会发生一些意想不到的情况。

先来看一个继承模式的案例：

```
/* 人类 */
class Person extends React.Component{
    constructor(props){
        super(props)
        console.log('hello, i am person')
    }
    componentDidMount(){ console.log(1111)  }
    eat(){    /* 吃饭 */ }
    sleep(){   /* 睡觉 */  }
    render(){
        return <div>
            大家好,我是一个 Person
        </div>
    }}
/* 程序员 */
class Programmer extends Person{
    constructor(props){
        super(props)
        console.log('hello, i am Programmer too')
    }
    componentDidMount(){  console.log(this)  }
    code(){ /* 敲代码 */ }
    render(){
        return <div style={ { marginTop:'50px' } } >
            { super.render() } { /* 让 Person 中的 Render 执行 */ }
            我还是一个程序员! { /* 添加自己的内容 */ }
        </div>
    }
}
export default Programmer
```

这个继承增强效果很明显。它的优势是可以控制父类渲染，还可以添加一些其他的渲染内容；可以共享父类方法，还可以添加额外的方法和属性。但是也有值得注意的地方，就是 State 和生命周期会被继承后的组件修改。像上例中，Person 组件中的 componentDidMount 生命周期将不会被执行。

▶▶ 3.5.2 继承模式实践：编写权限路由

接下来实现一个继承功能，继承的组件就是大家耳熟能详的 React-Router V5 版本中的 Route 组件。强化它，使它可以受权限的控制，达成如下效果：

当页面有权限时，直接展示页面内容。

当页面没有权限时，展示无权限页面内容。

继承模式，需要开发者非常清楚被继承组件，才能根据原来的功能，增加一些新的功能。

代码编写如下：

```
import { Route } from 'react-router'
const RouterPermission = React.createContext()
class PRoute extends Route{
    static contextType = RouterPermission  /* 使用 context */
    constructor(...arg){
        super(...arg)
        const { path } = this.props
        /* 如果有权限 */
        console.log(this.context)
        const isPermiss = this.context.indexOf(path) >= 0 /* 判断是否有权限 */
        if(!isPermiss) {
            /* 修改渲染函数,如果没有权限,重新渲染一个 Route,UI 是无权限展示的内容    */
            this.render = () => <Route {...this.props}  >
                <div>暂无权限</div>
            </Route>
        }
    }}
export default (props)=>{
    /* 模拟的有权限的路由列表 */
    const permissionList = [ '/extends/a', '/extends/b'  ]
    return  <RouterPermission.Provider value={permissionList} >
        <Index {...props} />
    </RouterPermission.Provider>
}
```

在根组件传入权限路由。通过 context 模式，保存的是存在权限的路由列表。这里模拟为 /extends/a 和 /extends/b。

编写 PRoute 权限路由，继承 React-Router 中的 Route 组件。

PRoute 通过 contextType 消费指定的权限上下文 RouterPermission context。

在 constructor 中进行判断，如果有权限，那么不用做任何处理；如果没有权限，那么重写渲染函数，用 Route 做一个展示容器，展示无权限的 UI。

使用及效果验证：

```
function Test1 (){
    return <div>权限路由测试一</div>}function Test2 (){
    return <div>权限路由测试二</div>}function Test3(){
    return <div>权限路由测试三</div>}function Index({ history }){
    const routerlist=[
        { name:'测试一',path:'/extends/a' },
        { name:'测试二',path:'/extends/b' },
        { name:'测试三',path:'/extends/c' }
```

```
        ]
    return <div>
        {
            routerlist.map(item=> <button key={item.path}
                onClick={()=> history.push(item.path)}
            >{item.path}</button>)
        }
        <PRoute component={Test1}
            path="/extends/a"
        />
        <PRoute component={Test2}
            path="/extends/b"
        />
        <PRoute component={Test3}
            path="/extends/c"
        />
    </div>
}
```

读者可扫描如下二维码，查看运行结果。

（扫码 codesandbox）

可以看到，只有权限列表中的［ '/extends/a ', '/extends/b '］权限能展示，无权限提示暂无权限，以此达到效果。

继承模式的应用前提是，需要知道被继承的组件是什么，内部有什么状态和方法，对继承的组件内部的运转是透明的。

3.6　高阶组件（HOC）

高阶组件（HOC）是 React 中用于复用组件逻辑的一种高级技巧。HOC 自身不是 React API 的一部分，它是一种基于 React 的组合特性而形成的设计模式。

一提到高阶组件（下面的正文均用 HOC 缩写代替），给人一种很高级的感觉，但实际上 HOC 只是一种高级技巧，也就是一种设计模式。本节重点讲解 HOC 是什么？具体是怎样使用的？以及应用场景是什么？

▶▶ 3.6.1　什么是高阶组件

如果大家刚刚接触 React，可能不知道 HOC 是什么。但是可以从高阶函数入手，首先看一看什么是高阶函数。

在数学和计算机科学中，高阶函数是至少满足下列一个条件的函数：接受一个或多个函数作为输入，输出一个函数，在数学中高阶函数叫作算子（运算符）或泛函。

简单来说，就是高阶函数的参数作为函数，返回值也是函数。类似于下面这种结构：

```
function fn (f){
    /* 可以做一些事情 */
    return function newFn(){
        /* 可以做一些事情 */
        fn()
    }
}
```

HOC 和高阶函数模式差不多，高阶组件本身不是组件，它是一个参数，返回值也是一个组件的函数。

如果你已经是一位 React 开发者，那么应该对 HOC 并不陌生，它是灵活使用 React 组件的一种技巧，HOC 一般用于强化组件、赋能组件、复用一些逻辑等。笔者也调研了一些 React 开发者对 HOC 的使用与理解，大部分人的回复是：知道 HOC，也会用一些优秀的开源库中的 HOC，但是自己遇到业务场景的时候，想不到用 HOC 解决问题或者不知道怎样编写 HOC。

那么这里主要研究的方向如下：

- HOC 解决了什么问题？什么时候用到 HOC？
- HOC 有哪些功能，以及如何编写 HOC？
- HOC 有哪些注意事项？

▶▶ 3.6.2　高阶组件解决了什么问题

首先 HOC 解决了哪些问题呢？举一个简单的例子，小明负责开发一个 Web 应用，应用的结构如图 3-6-1 所示，而且小明已经开发完成了这个功能。

但是有一些模块组件的内容是受到用户是否登录权限控制的，比如"我的""我的列表"组件，后台的数据交互的结果权限控制着模块是否展示，而且没有权限就会默认展示无权限，并提示用户登录（如图 3-6-2 所示，深色部分是受到权限控制的组件模块）。

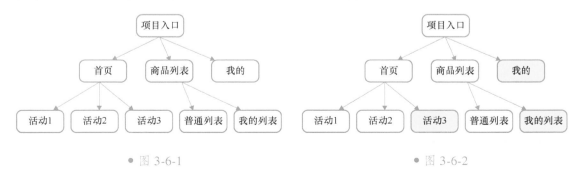

● 图 3-6-1　　　　　　　　　　　　　● 图 3-6-2

那么小明面临的问题是，如何给需要权限隔离的模块绑定权限呢？第一种思路是把所有需要权限隔离的模块重新绑定权限，通过权限来判断组件是否展示，如图 3-6-3 所示。

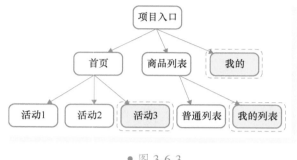

● 图 3-6-3

这样无疑会给小明带来很多的工作量，而且后续项目可能还有受权限控制的页面或者组件，都需要手动绑定权限。那么如何解决这个问题呢？思考一下，既然是判断权限，那么可以把逻辑写在一个容器里，然后将每个需要权限的组件通过容器包装一层，这样就不需要逐一手动绑定权限了，所以 HOC 可以合理解决这个问题，如图 3-6-4 所示。

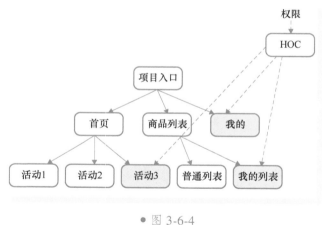

● 图 3-6-4

综上所述，HOC 的根本作用之一就是解决大量的代码复用、逻辑复用问题。既然说到了逻辑复用，那么具体复用了哪些逻辑呢？

一种就是像上述的拦截问题，本质上是对渲染的控制，对渲染的控制可不仅仅指是否渲染组件，还可以像 dva 中的 dynamic 那样懒加载/动态加载组件。

还有一种场景，比如项目中想让一个非 Route 组件也能通过 props 获取路由实现跳转，但是不想通过父级路由组件层层绑定 props，这个时候就需要一个 HOC 把改变路由的 API 放入 props 中，于是就有了老版本 React-Router 中的 withRoute。所以 HOC 还有一个重要的作用就是让 props 中放入一些开发者需要的东西。

还有其他的情况，如果不想改变组件，只是监控组件的内部状态，对组件做一些赋能，注入 HOC 也是一个不错的选择，比如对组件内的点击事件做一些监控，或者加一些额外的生命周期，笔者之前写过一个开源项目 React-Keepalive-Router，可以缓存页，项目中的 KeepaliveLifeCycle 就是通过 HOC 方式，给业务组件增加了额外的生命周期。

不难看出，HOC 是以组件为参数，返回组件的函数。返回的组件把传进去的组件进行功能强化。

常用的 HOC 有属性代理和反向继承两种，两者之间有一些共性和区别。接下来分别介绍两种模式下的 HOC。

▶▶ 3.6.3 高阶组件之属性代理

属性代理就是用代理组件包裹一层原始组件，在代理组件上，可以做一些对原始组件的强化操作。这里要注意属性代理返回的是一个新组件，被包裹的原始组件将在新的组件内被挂载。

```
function HOC(WrapComponent){
    return class Advance extends React.Component{
        state={
            name:"深入浅出 React"
        }
        render(){
            return <WrapComponent  { ...this.props } name={this.state.name}  />
        }
    }
}
```

上面通过 HOC 包裹 WrapComponent，给 WrapComponent 添加了额外的属性 name。原始组件会在代理组件内部挂载、渲染。那么代理组件就可以控制原始组件，比如控制原始组件是否渲染，添加额外的 props 属性，以及对原始组件加一些额外的监控等。

这种属性代理的方式有如下好处：

（1）属性代理可以和业务组件低耦合、零耦合，对于条件渲染和 props 属性增强，只负责控制子组件渲染和传递额外的 props 即可，所以无须知道业务组件做了些什么。属性代理更适合做一些开源项目的 HOC，目前开源的 HOC 基本都是通过这个模式实现的。

（2）同样适用于类组件和函数组件。

（3）多个 HOC 是可以嵌套使用的，而且一般不会限制包装 HOC 的先后顺序。

这种方式也有一些不足之处，比如：

（1）一般无法直接获取原始组件的状态，如果想要获取，需要 ref 获取组件实例。

（2）无法直接继承静态属性。如果继承，需要手动处理，或者引入第三方库。

（3）本质上产生了一个新组件，所以需要配合 forwardRef 来转发 ref。

▶▶ 3.6.4 高阶组件之反向继承

还有一种方式叫作反向继承，反向继承和属性代理有一定的区别，在于包装后的组件继承了原始组件本身，所以此时无须再去挂载业务组件。

```
class Index extends React.Component{
  render(){
    return <div> hello,world  </div>
  }}
function HOC(Component){
    return class wrapComponent extends Component{ /* 直接继承需要包装的组件 */
      /* ... */
    }
}
export default HOC(Index)
```

如上所示，可以很清晰地看到，由于 Index 也是一个类组件，HOC 返回的组件 wrapComponent 通过 es6 继承方式继承了 Component，可以在包装后的组件上共享原始组件的实例和原型链上的属性和方法。

反向继承的优点也就显而易见了：

方便获取组件内部状态，比如 State、props、生命周期、绑定的事件函数等。

es6 继承可以良好地继承静态属性，所以无须对静态属性和方法进行额外的处理。

那么如何编写一个 HOC，HOC 又应用于哪些场景呢？接下来探讨一下 HOC 的主要功能。

▶▶ 3.6.5　高阶组件功能

1. 功能之强化 props

强化 props 就是在原始组件的 props 基础上，加入一些其他的 props，强化原始组件功能。举个例子，为了让组件也可以获取路由对象，进行路由跳转等操作，所以 React-Router 提供了像 withRouter 的 HOC。

首先看一下具体实现：

```
function withRouter(Component) {
  const displayName = `withRouter(${Component.displayName ||Component.name})`;
  const C = props => {
     /*  获取 */
    const { wrappedComponentRef, ...remainingProps } = props;
    return (
      <RouterContext.Consumer>
        {context => {
          return (
            <Component
              {...remainingProps}  // 组件原始的 props
              {...context}          // 存在路由对象的上下文,HistoryLocation 等
              ref={wrappedComponentRef}
            />
          );
        }}
```

```
        </RouterContext.Consumer>
    );
    };
    C.displayName = displayName;
    C.WrappedComponent = Component;
    /* 继承静态属性 */
    return hoistStatics(C, Component);
}
export default withRouter
```

流程大约分为如下几步：

withRouter 接收原始组件 Component 返回代理后的组件 C。C 会被渲染挂载。

代理组件分离出 props 中的 wrappedComponentRef 和 remainingProps，remainingProps 是原始组件真正的 props，wrappedComponentRef 用于转发 ref。

用 Context.Consumer 上下文模式获取保存的路由信息（提前透露一下，React-Router 中的路由状态是通过 context 上下文保存传递的，后面会有独立章节介绍 context）。

将路由对象和原始 props 传递给原始组件，可以在原始组件中获取路由信息，以及切换路由的方法等。

这种模式就是在代理组件中，向原始组件传入一些新的 props 状态，来强化原始组件本身。这种方式只能用在属性代理中。

2. 功能之控制渲染

（1）渲染错误边界

控制渲染的场景也很多。在 Vue 中，浏览器渲染是在 JS 执行之后进行的，整个 html 结构中只有一个 App 挂载点，其他的元素都是由 JS 动态生成的。如果在 JS 执行阶段出现错误，会造成整个页面白屏的情况。比如：

```
function Index(){
    let list = {}
    return <div>
      {list}
    </div>
}
```

在第 2 章讲过，Reac 元素必须是一个 Element 对象，如果是一个常规的对象，整个应用就会报错（Uncaught Error：Objects are not valid as a React child），造成的后果就是浏览器也不会渲染任何的元素，那么就会出现白屏的情况。

正常情况下，开发者对状态的数据结构是确定的，list 是一个对象，但是对于一些从后端请求回来的数据，是未知的。

```
function Index(){
    const [ list, setList ] = React.useState([])
    React.useEffect(()=>{
```

```
        /* 请求数据 */
        getListApi().then(res=>{
            setList(res)
        })
    },[])
    return <div>
        {list.map(item=> <div key={item.id} >{item.name}</div>)}
    </div>
}
```

list 是与后台服务交互请求回来的数据,如果 res 是数组结构,那么没有问题,但是如果 res 在后端处理数据的时候,因为失误变成了 null,则会造成白屏的情况。

综上所述,这种情况下,就需要对渲染的问题做一下处理,至少不要因为这个错误,导致所有的元素渲染不出来,从而造成白屏的情况。

这时候就可以通过一个 HOC 来处理渲染错误,如果出现错误,那么降级 UI(展示托底样式,防止白屏现象),并且将这个 HOC 应用于容易出现渲染错误的数据展示组件上。

```
function handleRenderErrorHoc(Component){
    return class WrapComponent extends React.Component{
        constructor(){
            super()
            this.state = {
                isError:false
            }
        }
        componentDidCatch(){
            /* 如果出现错误,那么降级 UI */
            this.setState({
                isError: true
            })
        }
        render(){
            return this.state.isError ?
                <div>出现错误</div> :
                <Component {...this.props} />
        }
    }}
```

如上所示,通过 handleRenderErrorHoc 接收原始组件,返回 WrapComponent 组件,如果在 Component 渲染过程中出现错误,那么会降级 UI,提示"出现错误",但是不会造成白屏的情况出现。

属性代理的 HOC,在挂载原始组件的时候,需要把 props 进行转发,当 Component 父组件绑定给它的 props 时,会被绑定在代理组件 WrapComponent 上。所以在挂载 Component 的时候,需要将 this.props 上的所有属性传递下去。

(2)渲染劫持

HOC 反向继承模式,通过 super.render() 得到渲染之后的内容,利用这一点,可以做渲染劫持,甚至可以修改渲染之后的 ReactElement 对象。

```
const HOC = (WrapComponent) =>
  class Index  extends WrapComponent {
    render() {
      if (this.props.visible) {
        return super.render()
      } else {
        return <div>暂无数据</div>
      }
    }
  }
```

（3）修改渲染树

```
class Index extends React.Component{
  render(){
    return <div>
      <ul>
        <li>React</li>
        <li>Vue</li>
        <li>Angular</li>
      </ul>
    </div>
  }}
function HOC (Component){
  return class Advance extends Component {
    render() {
      const element = super.render()
      const otherProps = {
        name:'HOC'
      }
      /* 替换 Angular 元素节点 */
      const appendElement = React.createElement('li',{}, `Hello,world, my name  is ${
otherProps.name}`)
      const newchild =  React.Children
      .map(element.props.children.props.children,(child,index)=>{
        if(index === 2) return appendElement
        return  child
      })
      return  React.cloneElement(element, element.props, newchild)
    }
  }}
export  default HOC(Index)
```

通过 JSX 方法修改渲染树，改变渲染的结构，如图 3-6-5 所示。

- React
- Vue
- Hello ,world , my name is HOC

3. 功能之组件赋能

除了前面两点功能之外，高阶组件还有一个功能就是可以给组

● 图 3-6-5

件赋能，即增加一些额外的功能，比如组件状态监控、埋点监控等。

HOC 不一定非得对原始组件做些什么，这里举一个简单的例子，写一个 HOC，对组件内的点击事件进行监听。

```
function ClickHoc (Component){
  return  function Wrap(props){
    const dom = useRef(null)
    useEffect(()=>{
      const handerClick = () => console.log('发生点击事件')
      dom.current.addEventListener('click',handerClick)
      return () => dom.current.removeEventListener('click',handerClick)
    },[])
    return  <div ref={dom}  ><Component  {...props} /></div>
}}

@ClickHocclass Index extends React.Component{
    render(){
      return <div className='index'  >
        <p>hello,world</p>
        <button>组件内部点击</button>
      </div>
    }}

  export default ()=>{
    return <div className='box'  >
      <Index />
      <button>组件外部点击</button>
    </div>
```

如上所示，在 Index 内部的点击事件，会被监听得到，比如想要监听上报某些组件的点击事件，可以通过这种方式解决，并且和原始组件没有耦合关系。

▶▶ 3.6.6　高阶组件注意事项

在编写或者使用 HOC 的时候，有一些注意事项。

注意事项一：谨慎修改原型链。

```
function HOC (Component){
  const proDidMount = Component.prototype.componentDidMount
  Component.prototype.componentDidMount = function(){
    console.log('劫持生命周期:componentDidMount')
    proDidMount.call(this)
  }
  return  Component
}
```

如上所示，HOC 的作用仅仅是修改了原始组件原型链上的 componentDidMount 生命周期。但是这

样有一个弊端：如果再用另外一个 HOC 修改原型链上的 componentDidMount，那么这个 HOC 的功能即将失效。

注意事项二：不要在函数组件内部或类组件渲染函数中执行 HOC。

类组件中的错误写法：

```
class Index extends React.Component{
  render(){
    const WrapHome = HOC(Home)
    return <WrapHome />
  }
}
```

函数组件中的错误写法：

```
function Index(){
    const WrapHome = HOC(Home)
    return  <WrapHome />
}
```

这样写的话，每一次类组件触发渲染或者函数组件执行，都会产生一个新的 WrapHome，React diff 会判定两次不是同一个组件，就会卸载老组件，重新挂载新组件，老组件内部的真实 DOM 节点都不会合理地复用，从而造成了性能的浪费，而且原始组件会被初始化多次。

注意事项三：ref 处理转发。

HOC 约定是将所有 props 传递给被包装后的组件，但这对 ref 不适用。因为 ref 实际上并不是一个 props，而是就像 key 一样，是由 React 专门处理的。那么如何通过 ref 正常获取原始组件的实例呢？在后面的 ref 章节会讲到（可以用 forwardRef 做 ref 的转发处理）。

注意事项四：注意多个 HOC 嵌套顺序问题。

多个 HOC 嵌套，应该留意一下 HOC 的顺序，还要分析每个 HOC 之间是否有依赖关系。

对于 class 声明的类组件，可以用装饰器模式，对类组件进行包装：

```
@HOC1(styles)
@HOC2
@HOC3class Index extends React.Componen{
    /* ... */
}
```

对于函数组件：

```
function Index(){
    /* .... */
}
export default HOC1(styles)(HOC2(HOC3(Index)))
```

上述 HOC 的正确顺序如下：

HOC1 →HOC2→ HOC3→Index，要注意包装顺序，越靠近 Index 组件的，就是越内层的 HOC，离组件 Index 也就越近。

还有其他一些细节：

如果两个 HOC 相互之间有依赖，比如 HOC1 依赖 HOC2，那么 HOC1 应该在 HOC2 内部。

如果想通过 HOC 方式给原始组件添加一些额外生命周期，因为涉及获取原始组件的实例 instance，所以当前的 HOC 要离原始组件最近。

注意事项五：继承静态属性。

上述讲到属性代理 HOC 本质上返回了一个新的 Component，如果给原来的 Component 绑定一些静态属性方法，不处理的话，新的 Component 就会丢失这些静态属性方法。如何解决这个问题呢？手动继承。

当然可以手动将原始组件的静态方法复制到 HOC 组件上来，但前提是必须准确知道应该复制哪些方法。

```
function HOC(Component) {
  class WrappedComponent extends React.Component {
    /* ... */
  }
  // 必须准确知道应该复制哪些方法
  WrappedComponent.staticMethod = Component.staticMethod
  return WrappedComponent
}
```

引入第三方库（针对注意事项五）：

手动绑定每个静态属性方法会很累，尤其对于开源的 HOC，对原始组件的静态方法是未知的，为了解决这个问题，可以使用 hoist-non-react-statics 自动复制所有的静态方法：

```
import hoistNonReactStatic from 'hoist-non-react-statics' function HOC(Component) {
  class WrappedComponent extends React.Component {
    /* ... */

  }
  hoistNonReactStatic(WrappedComponent,Component)
  return WrappedComponent
}
```

▶▶ 3.6.7　高阶组件实践：渲染分片

假设有一个场景，页面结构如图 3-6-6 所示。

可以看到页面结构是大于可视区域的，整个页面大致分为三个组件结构，都是展示大量数据的板块，这个场景下，肯定是区域 A 先渲染，并具有更优的用户体验，所以期望的结果是组件 A 优先加载，组件 B、C 滞后加载。代码结构如下：

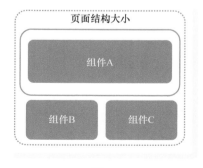

● 图 3-6-6

```
export default function Index(){
    return <div>
        <ComponentA />
        <ComponentB />
        <ComponentC />
    </div>
}
```

正常情况下，三个组件是同时渲染的。而现在期望渲染顺序是 ComponentA 渲染完成，挂载 ComponentB，ComponentB 渲染完成，挂载 ComponentC，也就是三个组件是按照先后顺序渲染挂载的。那么如何实现呢？

实际上，这种情况完全可以用一个 HOC 来实现，所以接下来，请大家跟上笔者的思路实现这个场景。

首先，这个 HOC 是在相同父组件下面，对 ComponentA、ComponentB、ComponentC 这三个 Component 进行功能强化。所以这个 HOC 最好可以动态创建，而且服务于当前同一组组件。可以声明一个生产 HOC 的函数工厂。

```
function createHoc(){
  const renderQueue = []                    /* 待渲染队列 */
    return function Hoc(Component){          /* Component -原始组件   */
        return class Wrap extends React.Component{  /*  HOC 包装组件 */
            /*  .... */
        }
    }
}
```

需要先创建一个 HOC。可以看出 createHoc 本身采用了闭包，将待渲染队列 renderQueue 保存起来。因为组件要逐一渲染，所以采用队列结构，先进入队列的先渲染。

```
const loadingHoc = createHoc()
```

明白了 HOC 动态产生的原因，接下来具体实现一下这个 HOC。

```
function createHoc(){
    const renderQueue = [] /* 待渲染队列 */
    return function Hoc(Component){
        function RenderController(props){  /* RenderController 用于真正挂载原始组件   */
            const { renderNextComponent,...otherprops } = props
            useEffect(()=>{
                renderNextComponent() /* 通知执行下一个需要挂载的组件任务 */
            },[])
            return <Component  {...otherprops}  />
        }

        return class Wrap extends React.Component{
            constructor(){
                super()
```

```
        this.state = {
            isRender:false
        }
        const tryRender = () =>{
            this.setState({
                isRender:true
            })
        }
        if(renderQueue.length === 0) this.isFirstRender = true
        renderQueue.push(tryRender)
    }
    isFirstRender = false            /* 是否是队列中的第一个挂载任务 */
    renderNextComponent = () =>{      /* 从更新队列中取出下一个任务,进行挂载 */
        if(renderQueue.length > 0){
            console.log('挂载下一个组件')
            const nextRender = renderQueue.shift()
            nextRender()
        }
    }
    componentDidMount(){    /* 如果是第一个挂载任务,那么需要直接渲染组件 */
        this.isFirstRender && this.renderNextComponent()
    }
    render(){
        const { isRender } = this.state
    return isRender
        ?
        <RenderController{...this.props}renderNextComponent={this.renderNextCom-
ponent} />
        : <div>loading...</div>
        }
    }
  }
}
```

分析一下主要流程:

首先通过 createHoc 来创建需要顺序加载的 HOC,renderQueue 存放待渲染的队列。HOC 接收原始组件 Component。RenderController 用于真正挂载原始组件,用 useEffect 通知执行下一个需要挂载的组件任务,这里提前透露一下 useEffect 采用异步执行,类似 setTimeout,在浏览器绘制之后执行回调任务。Wrap 组件包装了一层 RenderController,主要用于渲染更新任务,isFirstRender 证明是否是队列中的第一个挂载任务,如果是,需要在 componentDidMount 开始挂载第一个组件。每一个挂载任务就是 tryRender 方法,里面调用了 setState 来渲染 RenderController。每一个挂载任务的函数 renderNextCompo-nent 原理很简单,就是获取第一个更新任务,然后执行即可。还有一些细节没有处理,比如继承静态属性、ref 转发等。

看一下如何使用:

```
const loadingHoc = createHoc()
function CompA(){
    useEffect(()=>{
        console.log('组件 A 挂载完成')
    },[])
    return <div>组件 A </div>}function CompB(){
    useEffect(()=>{
        console.log('组件 B 挂载完成')
    },[])
    return <div>组件 B </div>}function CompC(){
    useEffect(()=>{
        console.log('组件 C 挂载完成')
    },[])
    return  <div>组件 C </div>}
 const  ComponentA  =  loadingHoc（CompA）const  ComponentB  =  loadingHoc（CompB）const
ComponentC = loadingHoc(CompC)
 export default function Index(){
    return <div>
        <ComponentA />
        <ComponentB />
        <ComponentC />
    </div>
}
```

效果如图 3-6-7 所示。

可以看到，三个组件实现了渲染分片的功能，达到了预期效果。

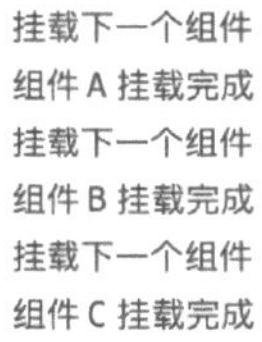

▶▶ 3.6.8　高阶组件功能总结

挂载下一个组件
组件 A 挂载完成
挂载下一个组件
组件 B 挂载完成
挂载下一个组件
组件 C 挂载完成

● 图 3-6-7

本章主要讲解 HOC 解决什么了问题，诞生的初衷，两种不同的 HOC，如何编写 HOC，编写 HOC 的注意事项，HOC 的两个具体实践。下面对 HOC 具体能实现什么功能做一下总结：

（1）强化 props，可以通过 HOC，向原始组件加入一些状态。

（2）渲染劫持，可以利用 HOC，动态挂载原始组件，还可以先获取原始组件的渲染树，进行可控性修改。

（3）可以配合 import 等 API，实现动态加载组件，实现代码分割，加入 loading 效果。

（4）可以通过 ref 来获取原始组件实例，操作实例下的属性和方法。

（5）可以对原始组件做一些事件监听、错误监控等。

第 4 章

React更新驱动

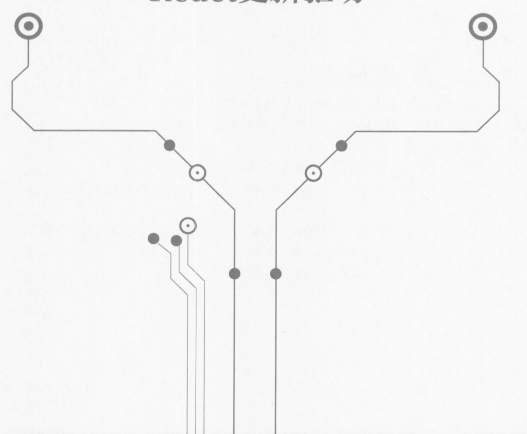

4.1 React 驱动源

如果一辆汽车想要正常行驶，除了有发动机之外，还需要有让发动机正常运转的燃料——汽油。可以这么说，汽油就是汽车的驱动源泉。

前端页面也是如此，现在大部分的前端页面已经不是静态页面，页面上展示的内容，大部分是和后端交互得到的数据。第 3 章也讲到，主流框架的本质是数据驱动的 UI = fn (data)，可以看到 data 就是数据源，接受 data 返回的是 UI 结构，这才是页面上真正需要渲染的内容。所以页面中的 data 就是整个前端应用的"汽油"。

本章就围绕着驱动源来展开，揭开让 React 内部运转的"燃料"奥秘。

▶▶ 4.1.1　谁在驱动 React 更新

React 应用一切皆组件，组件想要生成 UI 结构渲染页面，首先就需要与后台交互，通过 Ajax 等方式来获取数据，那么数据能够直接用于渲染页面吗？答案是否定的，直接获取的数据，不能让 React 应用去识别并更新渲染，就像汽车的燃料是汽油，但是汽油是需要提炼的，所以想要正常运转 React 项目，就需要把数据变成 React 能够识别的结构状态，这个状态就是 State。

State 是绑定在 React 组件上的状态，当开发者改变 State 后，会让组件本身产生新的 UI 结构，UI 结构会消费最新的 State，浏览器视图层会展示最新的数据。所以 State 是组件本身的状态，改变 State 是让 React 应用自发更新的主要方式。

但是有的情况下，组件本身不需要独自管理数据状态，数据可能来源于组件的父级，也就是常说的状态提升，这个情况下就需要父到子的数据传递，子组件消费父组件的状态叫作 props。props 的改变导致子组件更新，重新渲染。

有一点值得注意，就是 props 的改变也是上层组件的 State 改变的结果。举一个例子：

```
/* 子组件 */
function Son(props){
    return <div>{props.text}</div>}/* 父组件 */function Father(){
    const [ text, setText ] = React.useState()
    return <div>
        <Son text={text}  />
        <button onClick={()=> setText('hello,React')} >改变 State </button>
    </div>
}
```

如上所示，对于 Son 组件来说，props 改变会让其重新渲染，但是 props 也是 Father 组件的 State 中的 text 属性状态。所以当 Father 改变 State 中的 text 属性时，会让 Son 的 props 改变从而更新。

综上所述，State 和 props 就是驱动 React 应用更新的驱动源。

▶▶ 4.1.2　React 更新流

知道了 React 的更新源泉，来看一下更新时会发生了什么。比如整个应用的组件结构如下所示：

当标记深颜色的组件 C 改变 State，整个应用自然会更新。因此首先应明白的是，并不是所有的组件都会更新。

首先改变 State 的组件，可以作为当事人，但是它的父级组件并没有发生变化的数据源，所以组件 Root、组件 B 都不会更新。

因为组件 A 的 State 和 props 都没有变化，所以组件 A 也不会更新。

组件 C 的 State 改变，所以会更新。

因为组件 C 改变了，所以导致子组件 D 和子组件 E 的 props 会改变，即使不对它们做处理，这两个组件也会更新。

所以得出的结论是：State 改变，组件 C 更新；props 改变，组件 D 和组件 E 更新。

这里很多读者会有一个疑问，如果组件 D 和组件 E 没有使用组件 C 的 State 作为 props，那么也会更新吗？打个比方：

```
function CompC(){
    const [ State, setState ] = React.useState()
    return <div>
        <CompD />
        { ...}
    </div>
}
```

当 CompC 改变 State，但是 CompD 并没有绑定属性，那么在 CompD 不做处理的情况下，CompD 还是会更新的。

原因是这样的，CompC 更新会执行 CompC 函数，通过第 2 章了解到，会调用 createElement 形成新的 Element 对象，在这个过程中，会产生新的 props，虽然 CompD 没有绑定父组件的属性，但是会默认 props 为一个新的对象，这时候 CompD 就会再次更新了。应该记住的一点是：当父组件更新的时候，只要子组件重新调用 createElement，就会形成新的 props。

4.2　React props

▶▶ 4.2.1　props 的概念及作用

首先应该明确一下什么是 props，对于在 React 应用中写的子组件，无论是函数组件 FunComponent，还是类组件 ClassComponent，父组件绑定在它们标签里的属性/方法，最终会变成 props 传递给它们。但是这也不是绝对的，对于一些特殊的属性，比如 ref 或者 key，React 会在底层做一些额外的处理。下面看一看在 React 中的 props 可以是什么？

React 中的 props，还是很灵活的，接下来先看一个实例。

```
/* children 组件 */
function ChildrenComponent(){
    return <div> In this chapter, let's learn about react props ! </div>
}
/* props 接受处理 */
class PropsComponent extends React.Component{
    componentDidMount(){
        console.log(this,'_this')
    }
    render(){
        const {  children, mes, renderName, say,Component } = this.props
        const renderFunction = children[0]
        const renderComponent = children[1]
        /* 对于子组件,不同的 props 是怎样被处理的 */
        return <div>
            {renderFunction()}
            {mes}
            {renderName()}
            {renderComponent}
            <Component />
            <button onClick={() => say()} > change content </button>
        </div>
    }}/* props 定义绑定 */class Index extends React.Component{
    State={
        mes:'hello,React'
    }
    say(){
        this.setState({ mes:'let us learn React! '})
    }
    render(){
        return <div>
            <PropsComponent
                Component={ChildrenComponent}     // ①props 作为一个渲染数据源
                mes={this.State.mes}      // ②props 作为一个回调函数 callback
                renderName={()=><div> my name is alien </div>} // ③props 作为一个组件
                say={this.say} // ④props 作为渲染函数
            >
                {() => <div>hello,world</div>}{/* ⑤render props */}
                <ChildrenComponent />{/* ⑥render component */}
            </PropsComponent>
        </div>
    }
}
```

如上所示，看一下 props 可以是什么？

（1）props 作为一个子组件渲染数据源。

（2）props 作为一个通知父组件的回调函数。

（3）props 作为一个单纯的组件传递。

（4）props 作为渲染函数。

（5）render props 和④的区别是放在了 Children 属性中。

（6）render component 组合模式。

那么 props 在组件实例中是什么样子呢？

PropsComponent 如果是一个类组件，可以直接通过 this.props 访问它。在标签内部的属性和方法会直接绑定在 props 对象的属性上，对于组合模式的子组件会被绑定在 props 的 Children 属性中。

props 究竟能做些什么？

1. props 在 React 组件层级充当的角色

一方面父组件 props 可以把数据层传递给子组件去渲染消费。另一方面子组件可以通过 props 中的 callback，来向父组件传递信息。还有一种可以将视图容器作为 props 进行渲染。

2. props 在 React 更新机制中充当的角色

在 React 中，props 在组件更新中充当了重要的角色，在更新过程中，可以通过 props 对比来确定组件是否重新渲染。熟悉 Vue 的读者都知道 Vue 响应式更新，数据发生变化，会以组件作为粒度进行更新，但是在 React 中，无法直接检测出数据更新涉及的范围，props 可以作为组件是否更新的重要准则，变化即更新，于是有了 PureComponent、memo 等性能优化方案（后面的章节中会讲到）。

3. props 在 React 设计模式中充当的角色

通过 props 可以衍生出多种设计模式，比如 render props 模式和组合模式。

▶▶ 4.2.2　props 的使用技巧

1. props 状态追踪

开发者可以通过对应的生命周期或者 Hooks 来追踪最新的 props。

类组件中：

componentWillReceiveProps 可以作为监听 props 的生命周期，但是 React 已经不推荐使用 componentWillReceiveProps，因为这个生命周期超越了 React 可控制的范围，可能引起多次执行等情况发生。未来版本可能会被废弃，目前 React V18 版本还没有废弃这个生命周期。

为了解决这个问题，出现了这个生命周期的替代方案 getDerivedStateFromProps，在生命周期章节，会详细介绍 React 生命周期。

函数组件：

函数组件中同理可以用 useEffect 作为 props 改变后的监听函数（不过有一点值得注意，useEffect 初始化会默认执行一次）。

```
React.useEffect(()=>{
    // props 中的 number 改变,执行这里。
```

```
        console.log('props 改变:',props.number   )}
  ,[ props.number ])
```

2. 抽象 props

接下来说一下操作 props 的小技巧。

放入 props：

```
function Son(props){
    console.log(props)
    return <div> { props.name } </div>
}
function Father(props){
    const fatherProps={
        mes:'let us learn React ! '
    }
    return <Son {...props} { ...fatherProps  />}function Index(){
    const indexProps = {
        name:'hello,world'
    }
    return <Father { ...indexProps }  />
}
```

Father 组件一方面直接将 Index 组件 indexProps 抽象传递给 Son，另一方面加入 fatherProps。

抽离 props：有的时候想要做的恰恰和上面相反，比如想要从父组件 props 中抽离某个属性，再传递给子组件，那么应该怎样做呢？

```
function Son(props){
    console.log(props)
    return <div> hello,world </div>
}
function Father(props){
    const { name,...fatherProps  } = props
    return <Son  { ...fatherProps  />}function Index(){
    const indexProps = {
        name:'hello,world',
        mes:'let us learn React ! '
    }
    return <Father { ...indexProps }  />
}
```

成功地将 indexProps 中的 name 属性抽离出来。

3. 注入 props

大部分情况下，需要向组件中注入新的 props。

（1）显式注入 props：就是能够直观地看见标签中绑定的 props。

```
function Son(props){
    console.log(props) // { mes: "let us learn React !"  }
```

```
    return <div> hello,world </div>
}
function Father(prop){
    return prop.children
}
function Index(){
    return <Father>
        <Son  mes="let us learn React !"  />
    </Father>
}
```

（2）隐式注入 props：这种方式一般通过 React.cloneElement 对 props.chidren 克隆再注入新的 props。

```
function Son(props){
    console.log(props) // {name: "hello,world", mes: "let us learn React !"}
    return <div> { props.name } </div>
}
function Father(prop){
    return React.cloneElement(prop.children,{  mes:'let us learn React ! '})
}
function Index(){
    return <Father>
        <Son  name="hello,world"  />
    </Father>
}
```

如上所示，将 mes 属性隐式注入 Son 的 props 中。

4.3 组合模式和 render props 模式

props 衍生出两种非常出色的设计模式：组合模式和 render props 模式，学好这两种设计模式是进阶 React 的关键。这一节重点围绕两种设计模式展开。

▶▶ 4.3.1 组合模式

组合模式适合一些容器化组件场景，通过外层组件包裹内层组件，这种方式在 Vue 中称为 slot 插槽，外层组件可以轻松获取内层组件的 props 状态，还可以控制内层组件的渲染，组合模式能够直观地反映出父子组件的包含关系。

首先来举一个最简单的组合模式例子：

```
<Tabs onChange={ (type)=> console.log(type)  } >
    <TabItem name="react"  label="react" >React</TabItem>
    <TabItem name="Vue" label="Vue" >Vue</TabItem>
```

```
    <TabItem name="angular" label="angular"  >Angular</TabItem>
  </Tabs>
```

如上所示，Tabs 和 TabItem 组合构成切换 tab 功能，Tabs 和 TabItem 的分工如下：

Tabs 负责展示和控制对应的 TabItem，绑定切换 tab 回调方法 onChange。当 tab 切换的时候，执行回调。

TabItem 负责展示对应的 tab 项，向 Tabs 传递 props 相关信息。

直观上看到 Tabs 和 TabItem 并没有做某种关联，但是却无形地联系起来。这就是组合模式的精髓，这种组合模式的组件，让使用者感觉很舒服，因为大部分工作都在开发组合组件的时候处理了。所以编写组合模式的嵌套组件，对锻炼开发者的 React 组件封装能力是很有帮助的。

实际组合模式的实现并没有想象中那么复杂，主要分为外层和内层两部分，当然也可能存在多层组合嵌套的情况，但是万变不离其宗，原理都是一样的。这种模式下，子组件并不是直接在父组件中标签化（通过 createElement 创建为 Element 对象），而是在父组件标签内部再次标签化形成 Element，绑定在父组件的 props.children 上。首先看一个简单的组合结构：

```
<Groups>
    <Item   name="深入浅出 React" />
</Groups>
```

Item 在 Group 的形态，如果是如上组合模式的写法，会被 JSX 编译成 ReactElement 形态，Item 可以通过 Groups 的 props.children 访问。

```
function Groups (props){
    console.log(props.children  ) // Groups element
    console.log(props.children.props) // { name : '深入浅出 React' }
    return  props.children
}
```

这是针对单一节点的情况，实际上，外层容器可能有多个子组件：

```
<Groups>
    <Item   name="深入浅出 React" />
    <Item name="React 进阶实践指南" />
</Groups>
```

这种情况下，props.Children 就是一个数组结构，如果想要访问每一个 props，那么需要通过 React.Children.forEach 遍历 props.Children。

```
function Groups (props){
    console.log(props.children  ) // Groups element
    React.Children.forEach(props.children,item=>{
        console.log(item.props)  // 依次打印 props
    })
    return  props.children
}
```

1. 隐式注入 props

这是组合模式的精髓，就是通过 React.cloneElement 向 Children 中注入其他的 props，子组件可以使用容器父组件提供的特有的 props。我们来看一下具体实现：

```
function Item (props){
    console.log(props) // {name: "《React 进阶实践指南》", author: "alien"}
    return <div> 名称:{props.name} </div>
}
function Groups (props){
    const newChilren = React.cloneElement(props.children,{ author:'alien' })
    return  newChilren
}
```

用 React.cloneElement 创建一个新的 Element，然后注入其他的 props → author 属性，React.cloneElement 的第二个参数会和之前的 props 进行合并（merge）。

这里还是 Groups 只有单一节点的情况，有些读者会问：直接在原来的 Children 基础上加入新属性不就可以了吗？像如下这样：

```
props.children.props.author ='alien'
```

这样会报错，对于 props，React 会进行保护，我们无法对 props 进行拓展。所以要想隐式注入 props，只能通过 cloneElement 来实现。

2. 控制渲染

组合模式可以通过 Children 方式获取内层组件，也可以根据内层组件的状态来控制其渲染。比如如下的情况：

```
export default ()=>{
    return <Groups>
      <Item  isShow name="深入浅出 React" />
      <Item  isShow={false} name="React 进阶实践指南" />
      <div>hello,world</div>
      { null }
    </Groups>
}
```

上述组合模式只渲染 isShow= true 的 Item 组件，那么外层组件是如何处理的呢？

很简单，也是通过遍历 Children，然后对比 props，选择需要渲染的 Children。接下来一起看一下如何控制：

```
function Item (props){
    return <div> 名称:{props.name} </div>
}
/* Groups 组件 */
function Groups (props){
    const newChildren = []
```

```
    React.Children.forEach(props.children,(item)=>{
        const { type,props } = item || {}
        if(isValidElement(item) && type === Item && props.isShow  ){
            newChildren.push(item)
        }
    })
    return  newChildren
}
```

通过 newChildren 存放满足要求的 ReactElement，通过 Children.forEach 遍历 Children。

通过 isValidElement 排除非 Element 节点；type 指向 Item 函数内存，排除非 Item 元素；获取 isShow 属性，只展示 isShow = true 的 Item，最终效果满足要求。

3. 内外层通信

组合模式可以轻松实现内外层通信的场景，原理就是通过外层组件，向内层组件传递回调函数 callback，内层通过调用 callback 来实现两层组合模式的通信关系。

```
function Item (props){
    return <div>
        名称:{props.name}
        <button onClick={() => props.callback('let us learn React! ')} >点击</button>
    </div>
}
function Groups (props){
    const handleCallback = (val) =>  console.log(' children 内容:',val)
    return <div>
        {React.cloneElement(props.children, { callback:handleCallback })}
    </div>
}
```

Groups 向 Item 组件隐式传入回调函数 callback，将作为新的 props 传递。Item 可以通过调用 callback 向 Groups 传递信息，实现了内外层的通信。

4. 复杂的组合场景

组合模式还有一种场景：在外层容器中，再次进行组合，这样组件就会一层一层包裹，一次又一次地强化。这里举一个例子：

```
function Item (props){
    return <div>
        名称:{props.name}        <br/>
        作者:{props.author}      <br/>
        对大家说:{props.mes}      <br/>
    </div>
}
/*  第二层组合→ 注入 mes 属性    */
function Wrap(props){
```

```
    return React.cloneElement(props.children,{ mes:'let us learn React! ' })
}
/* 第一层组合,里面进行第二次组合,注入 author 属性  */
function Groups (props){
    return <Wrap>
        {React.cloneElement(props.children, { author:'alien' })}
    </Wrap>
}
export default ()=>{
    return <Groups>
        <Item name="深入浅出 React" />
    </Groups>
}
```

在 Groups 组件里通过 Wrap 再进行组合。经过两次组合，把 author 和 mes 放入 props 中。这种组合模式能够一层层强化原始组件，外层组件不用过多关心内层到底做了些什么，只需要处理 Children 就可以，同样内层 Children 除了接受业务层的 props，还能使用来自外层容器组件的状态、方法等。

组合模式也有很多细节值得注意，首先应该想到的就是对于 Children 的类型校验，因为在组合模式中，外层容器组件对 Children 的属性状态是未知的，如果在不确定 Children 的状态下，直接挂载，就会出现报错等情况，所以验证 Children 的合法性就非常重要。

5. 验证 Children

比如 Children 是采用 render props 形式。

```
<Groups>
    {()=>  <Item  isShow name="《React 进阶实践指南》" />}
</Groups>
```

上面的情况，如果 Groups 直接用 Children 挂载：

```
function Groups (props){
    return props.children
}
```

这样的情况下，就会报 Functions are not valid as a React child 的错误。那么需要在 Groups 做判断，我们来一起看一下：

```
function Groups (props){
    return  React.isValidElement(props.children)
      ? props.children
      : typeof props.children === 'function' ?
       props.children() : null
}
```

首先判断 Children 是不是 React.Element，如果是，那么直接渲染；如果不是，那么接下来判断是不是函数，如果是，那么直接执行函数；如果不是，那么直接返回 null 就可以了。

6. 绑定静态属性

现在还有一个问题是，外层组件和内层组件通过什么识别身份呢？比如如下的场景：

```
<Groups>
    <Item  isShow name="《React 进阶实践指南》" />
    <Text />
<Groups>
```

Groups 内部有两个组件，一个是 Item，一个是 Text，但是只有 Item 是有用的，那么如何证明 Item 组件呢？需要给组件函数或者类绑定静态属性，这里可以统一用 displayName 来标记组件的身份。

只需要这样做就可以了：

```
function Item(){ ...}
Item.displayName = 'Item'
```

在 Groups 中就可以找到对应的 Item 组件，排除 Text 组件。具体可以通过 Children 上的 type 属性找到对应的函数或类，然后判断 type 上的 displayName 属性，找到对应的 Item 组件。displayName 主要用于调试，这里要记住组合方式，使用子组件的静态属性即可。当然也可以通过内存空间的方式。

具体参考方式：

```
function Groups (props){
    const newChildren = []
    React.Children.forEach(props.children,(item)=>{
        const { type,props } = item ||{}
        if(isValidElement(item) && type.displayName === 'Item'){
            newChildren.push(item)
        }
    })
    return  newChildren
}
```

通过 displayName 属性找到 Item。

▶▶ 4.3.2　实践：组合模式实现 tab 和 tabItem

接下来简单实现刚开始的 tab、tabItem 切换功能。

1. tab 的实现

```
const Tab = ({ children,onChange }) => {
    const activeIndex = useRef(null)
    const [,forceUpdate] = useState({})
    /* 提供给 tab 使用  */
    const tabList = []
    /* 待渲染组件 */
    let renderChildren = null
    React.Children.forEach(children,(item)=>{
```

```
        /*  验证是不是<TabItem>组件   */
        if(React.isValidElement(item) && item.type.displayName === 'tabItem'){
            const { props } = item
            const { name, label } = props
            const tabItem = {
                name,
                label,
                active: name === activeIndex.current,
                component: item
            }
            if(name === activeIndex.current) renderChildren = item
            tabList.push(tabItem)
        }
    })
    /*  第一次加载,或者 prop Children 改变的情况 */
    if(!renderChildren && tabList.length > 0){
        const fisrtChildren = tabList[0]
        renderChildren = fisrtChildren.component
        activeIndex.current = fisrtChildren.component.props.name
        fisrtChildren.active = true
    }

    /*  切换 tab */
    const changeTab = (name) =>{
        activeIndex.current = name
        forceUpdate({})
        onChange && onChange(name)
    }

    return <div>
        <div className="header"  >
            {
                tabList.map((tab,index) => (
                    <div className="header_item" key={index}  onClick={() => changeTab
(tab.name)} >
                        <div className={'text'}  >{tab.label}</div>
                        {tab.active && <div className="active_bored" ></div>}
                    </div>
                ))
            }
        </div>
        <div>{renderChildren}</div>
    </div>
}
tab.displayName ='tab'
```

笔者写的这个 tab，负责了整个 tab 切换的主要功能，包括 tabItem 的过滤、状态收集、控制对应的子组件展示。

首先通过 Children.forEach 找到符合条件的 tabItem。收集 tabItem 的 props，形成菜单结构。找到对应的 Children，渲染正确的 Children。提供改变 tab 的方法 changeTab。displayName 标记 tab 组件，主要目的是方便调试。

2. tabItem 的实现

```
const TabItem = ({ children }) => {
    return <div>{children}</div>
}
tabItem.displayName = 'tabItem'
```

这个实例中的 tabItem 功能十分简单，大部分事情都交给 tab 做了。

tabItem 做的事情是：展示 Children 内容（我们写在 tabItem 里面的内容），绑定静态属性（displayName）。

读者可扫描如下二维码，查看运行效果。

codesandbox 扫码

3. 组合模式总结

组合模式在日常开发中，用途还是比较广泛的，尤其是在一些比较出色的开源项目中。组合模式的总结内容如下：

组合模式通过外层组件获取内层组件 Children，通过 cloneElement 传入新的状态，或者控制内层组件渲染。

组合模式还可以和其他组件模式配合，比如是 render props，拓展性很强，实现的功能强大。

▶▶ 4.3.3　render props 模式

render props 模式和组合模式类似。区别是用函数的形式代替 Children。函数的参数由容器组件提供，这样的好处是，将容器组件的状态提升到当前外层组件中，这是一个巧妙之处，也是和组合模式相比最大的区别。

先来看一下基本的 render props：

```
export default function App (){
    const aProps = {
        name:'深入浅出 React'
    }
    return <Container>
```

```
        {(cProps) => <Children {...cProps} { ...aProps }  />}
    </Container>
}
```

可以清楚地看到：cProps 是 Container 组件提供的状态。

aProps 是 App 提供的状态。这种模式的优点是，能够将 App 的子组件 Container 的状态提升到 App 的渲染函数中，然后可以组合成新的 props，传递给 Children，这种方式让容器化的感觉更显而易见。

接下来研究一下 render props 的原理和细节。

1. 原理和细节

首先一个问题是 render props 这种方式到底适合什么场景，实际这种模式更适合容器包装、状态的获取。可能这么说有的读者不明白。那么一起看一下 context 中的 Consumer，就采用了 render props 模式。

```
const Context = React.createContext(null)
function Index(){
    return <Context.Consumer>
        {(contextValue) =><div>
            名称:{contextValue.name}
            作者:{contextValue.author}
        </div>}
    </Context.Consumer>}
export default function App(){
    const value = {
      name:'深入浅出 React',
      author:'alien'
    }
    return <Context.Provider value={value} >
      <Index />
    </Context.Provider>
}
```

我们看到 Consumer 就是一个容器组件，包装即将渲染的内容，然后通过 Children 渲染函数执行，把状态 contextValue 从下游向上游提取。

接下来模拟一下 Consumer 的内部实现。

```
function myConsumer(props){
    const contextValue = useContext(Context)
    return props.children(contextValue)
}
```

如上所示就模拟了一个 Consumer 功能，从 Consumer 的实现来看，render props 的本质就是容器组件产生状态，再通过 Children 函数传递下去。所以对于这种模式，开发者应该更在乎的是，容器组件能提供些什么。

2. 派生新状态

相比传统的组合模式，render props 更加灵活，可以通过容器组件的状态和当前组件的状态结合，派生出新的状态。如下：

```
<Container>
    {(cProps) => {
        const   const nProps =  getNewProps(aProps, cProps)
        return <Children {...nProps} />
    }}
</Container>
```

nProps 是通过当前组件的状态 aProps 和 Container 容器组件 cProps，合并计算得到的状态。

3. 反向状态回传

这种情况比较极端，笔者也用过这种方法，就是可以通过 render props 中的状态，提升到当前组件中，也就是把容器组件内的状态传递给父组件。比如如下的情况。

```
function GetContanier(props){
    const dom = useRef()
    const getDom = () =>  dom.current
    return <div ref={dom} >
        {props.children({ getDom })}
    </div>}
export default function App(){
    /* 保存 render props 回传的状态 */
    const getChildren = useRef(null)
    useEffect(()=>{
        const childDom = getChildren.current()
        console.log(childDom,'childDom')
    },[])
    return <GetContanier>
        {({getDom})=>{
            getChildren.current = getDom
            return <div></div>
        }}
    </GetContanier>
}
```

这是一个复杂的状态回传的场景，GetContanier 将获取元素的方法 getDom 通过 render props 回传给父组件。

父组件 App 通过 getChildren 保存 render props 回传的内容，在 useEffect 中调用 getDom 方法，用来获取元素。

但是现实情况不可能是获取一个 DOM 这么简单，回传的内容可能更加复杂。

4. 注意问题

```
function Container (props){
    const renderChildren =  props.children
    return typeof renderChildren ==='function' ? renderChildren({ name:'深入浅出 React' }) :
null}
```

```
function App(){
    return <Container>
        {(props)=> <div> 名称:{props.name} </div>}
    </Container>
}
```

通过 typeof 判断 Children 是一个函数，如果是函数，那么执行函数，传递 props。

5. render props 总结

容器组件的作用是传递状态，执行 Children 函数。

外层组件可以根据容器组件回传 props，进行 props 组合传递给子组件。外层组件可以使用容器组件回传状态。

4.4 State 驱动

State 是 React 更新的主要驱动力，React 提供了多种更新 State 的模式，如 setState 和 useState 等，本节将从 State 的使用入手，探索 React 更新的奥秘。

▶▶ 4.4.1 类组件 setState 介绍

类组件是通过 setState 来改变 State 的，setState 触发就会在底层调用 enqueueSetState 方法，然后就会更新组件，重新渲染。

首先看一下 setState 的基本使用：

```
setState(obj,callback)
```

第一个参数：如果 obj 是一个对象，则为即将合并的 State；如果 obj 是一个函数，那么当前组件的 State 和 props 将作为参数，返回值用于合并新的 State。

第二个参数 callback：callback 为一个函数，函数执行上下文中，可以获取当前 setState 更新后的最新 State 的值，可以作为依赖 State 变化的副作用函数，也可以做一些基于 DOM 的操作。

```
/* 第一个参数为 function 类型 */
this.setState((State,props)=>{
    return { number:1 }
})
/* 第一个参数为 object 类型 */
this.setState({ number:1 },()=>{
    console.log(this.State.number) // 获取最新的 number
})
```

1. 类组件控制更新策略

正常情况下，只要触发 State 就会更新组件，但是如果只是想改变 State，而不是触发更新，就要限制 State 变化带来的更新作用。可以采用如下手段：pureComponent 可以对 State 和 props 进行浅比

较，如果没有发生变化，那么组件不更新；shouldComponentUpdate 生命周期可以通过判断前后 State 变化来决定组件需不需要更新，需要更新返回 true，否则返回 false。

2. 类组件强制更新 forceUpdate

有的时候 State 并没有发生变化，但是想要强制更新我们的组件，这时候就可以调用类组件特有的方法 forceUpdate。

```
class Index extends React.Component{
    handleClick(){
        /* 强制更新组件 */
        this.forceUpdate()
    }
    render(){
        return <div onClick={()=> this.handleClick()} >点击强制更新</div>
    }
}
```

如上所示是这个 API 的基本使用，当调用 forceUpdate 的时候，类组件的控制更新策略将失去作用，也就是调用 forceUpdate 的时候，pureComponent 和 shouldComponentUpdate 等优化策略将失效。

为什么 forceUpdate 能够强制更新我们的组件呢？原因是在 React 应用中，每一次更新都会创建一个 update。

```
var update = createUpdate(eventTime, lane);
```

forceUpdate 也是同样的道理，但是 forceUpdate 会给当前创建出来的 Update 打上标志，证明此次更新是强制的。

```
update.tag = forceUpdate;
```

▶▶ 4.4.2　函数组件中的 useState

React V16.8 Hooks 正式发布以后，useState 可以使函数组件和类组件一样拥有 State，也就说明函数组件可以通过 useState 改变 UI 视图。那么 useState 到底应该如何使用呢？

1. useState 基本用法

```
[State, dispatch ] = useState(initData)
```

State，目的是提供给 UI，作为渲染视图的数据源。dispatch 改变 State 的函数，可以理解为推动函数组件渲染的渲染函数。initData 有两种情况，第一种情况是非函数，将作为 State 初始化的值。第二种情况是函数，函数的返回值作为 useState 初始化的值。

initData 为非函数的情况：

```
/* 此时将把 0 作为初始值 */
const [ number, setNumber ] = React.useState(0)
```

initData 为函数的情况：

```
const [ number, setNumber ] = React.useState(()=>{
    /*  props 中 a = 1 时 State 为 0~1 的随机数，a = 2 时 State 为 1~10 的随机数，否则，State 为 1~
100 的随机数   */
    if(props.a === 1) return Math.random()
    if(props.a === 2) return Math.ceil(Math.random() * 10)
    return Math.ceil(Math.random() * 100)
})
```

对于 dispatch 的参数，也有两种情况：第一种是非函数情况，此时将作为新的值赋给 State，作为下一次渲染使用；第二种是函数的情况，如果 dispatch 的参数为一个函数，这里可以称它为 reducer。reducer 参数是上一次返回最新的 State，返回值作为新的 State。dispatch 参数是一个非函数值：

```
const [ number, setNumbsr ] = React.useState(0)
/* 一个点击事件 */
const handleClick=()=>{
    setNumber(1)
    setNumber(2)
    setNumber(3)
}
```

dispatch 参数是一个函数：

```
const [ number, setNumbsr ] = React.useState(0)
const handleClick=()=>{
    setNumber((State)=> State + 1)   // State -> 0 + 1 = 1
    setNumber(8)    // State -> 8
    setNumber((State)=> State + 1)   // State -> 8 + 1 = 9
}
```

2. 如何监听 State 变化

类组件 setState 中，有第二个参数 callback 可以检测监听到 State 改变。

那么在函数组件中，如何追踪 State 变化呢？这时候就需要 useEffect 出场了，通常可以把 State 作为依赖项传入 useEffect 第二个参数 deps，但是注意 useEffect 初始化会默认执行一次。

具体可以参考如下代码：

```
function Index(props){
    const [ number, setNumber ] = React.useState(0)
    /* 监听 number 变化 */
    React.useEffect(()=>{
        console.log('监听 number 变化,此时的 number 是：' + number)
    },[ number ])
    const handerClick = ()=>{
        /* * 高优先级更新* */
        ReactDOM.flushSync(()=>{
            setNumber(2)
        })
        /* 常规更新 */
```

```
        setNumber(1)
        /* 滞后更新 */
        setTimeout(()=>{
            setNumber(3)
        })

    }
    console.log(number)
    return <div>
        <span> { number }</span>
        <button onClick={ handerClick }  >number++</button>
    </div>
}
```

单击按钮，看一下效果，如图 4-4-1 所示。

可以看到 useEffect 捕获到最新的 State 值。代码中的 flushSync 会在接下来的章节中讲到。

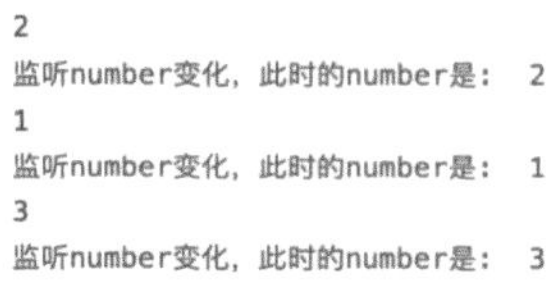

```
2
监听number变化，此时的number是： 2
1
监听number变化，此时的number是： 1
3
监听number变化，此时的number是： 3
```

3. dispatch 更新特点

在函数组件中，dispatch 更新效果和类组件是一样的，但是 useState 有一点值得注意，就是当调用改变 State 的函数 dispatch 时，在本次函数执行上下文中，是获取不到最新的 State 值的。修改上述代码：

● 图 4-4-1

```
const [ number, setNumber ] = React.useState(0)
const handleClick = ()=>{
    ReactDOM.flushSync(()=>{
        setNumber(2)
        console.log(number)
    })
    setNumber(1)
    console.log(number)
    setTimeout(()=>{
        setNumber(3)
        console.log(number)
    })
}
```

结果：0 0 0。

原因很简单，函数组件更新就是函数的执行，在函数一次执行过程中，函数内部所有变量重新声明，所以改变的 State 只有在下一次函数组件执行时才会被更新。在同一个函数执行上下文中，number 一直为 0，无论怎样打印，都得不到最新的 State。

4. 函数组件 useState 注意事项

在使用 useState 的 dispatchAction 更新 State 的时候，记得不要传入相同的 State，这样会使视图不更新。比如下面这样写：

```
function Index(){
    const [ State  , dispatchState ] = useState({ name:'react'})
    const  handleClick = ()=>{ // 点击按钮,视图没有更新。
        State.name = 'React'
        dispatchState(State) // 直接改变'State',在内存中指向的地址相同。
    }
    return <div>
        <span> { State.name }</span>
        <button onClick={ handleClick  }  >changeName++</button>
    </div>
}
```

在如上例子中，当点击按钮后，发现视图没有改变，为什么会造成这种情况呢？

在 useState 的 dispatchAction 处理逻辑中，会浅比较两次 State，发现 State 相同，不会开启更新调度任务；两次 State 指向了相同的内存空间，所以默认为 State 相等，就不会发生视图更新了。

解决问题：把上述的 dispatchState 改成 dispatchState({...State})即可，浅复制了对象，重新申请了一个内存空间。

5. 函数组件模拟强制更新

函数组件虽然没有类组件的 forceUpdate 方法，但是可以通过 useState 模拟。

```
/* 声明 */
const [, forceUpdate ] = React.useState()
/* 使用 */
forceUpdate({})
```

如上所示，当每次执行 forceUpdate 的时候，传入空对象作为参数，那么每一个 State 都不相等，就会让函数组件重新更新。

6. useState 和 setState 异同

类组件中的 setState 和函数组件中的 useState 有什么异同呢？

相同点：

首先从原理角度出发，setState 和 useState 更新视图，底层都调用了 scheduleUpdateOnFiber 方法。

不同点：

在非 pureComponent 组件模式下，setState 不会浅比较两次 State 的值，只要调用 setState，在没有其他优化手段的前提下，就会执行更新。但是 useState 中的 dispatchAction 会默认比较两次 State 是否相同，然后决定是否更新组件。setState 有专门监听 State 变化的回调函数 callback，可以获取最新 State；但是在函数组件中，只能通过 useEffect 来执行 State 变化引起的副作用。setState 在底层处理逻辑上主要是和老 State 进行合并处理，而 useState 更倾向于重新赋值。

4.5　主流框架批量更新模式

这一节主要为 React 在 legacy 和 concurrent 模式下的更新流程做基础准备。更新是前端框架中一

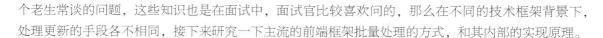

个老生常谈的问题，这些知识也是在面试中，面试官比较喜欢问的，那么在不同的技术框架背景下，处理更新的手段各不相同，接下来研究一下主流的前端框架批量处理的方式，和其内部的实现原理。

▶▶ 4.5.1　宏任务和微任务

在正式讲解之前，先来温习一下宏任务和微任务，这应该算是前端工程师必须掌握的知识点。

所谓宏任务，我们可以理解成<script>标签中的主代码执行，一次用户交互（比如触发了一次点击事件引起的回调函数），定时器 setInterval，延时器 setTimeout 队列，MessageChannel 等。这些宏任务通过 event loop 来有条不紊地执行。例如在浏览器环境下，宏任务的执行并不会影响到浏览器的渲染和响应。我们来做一个实验。

```
function Index(){
    React.useEffect(()=>{
        let timer
        function run(){
            timer = setTimeout(() => {
                console.log('----宏任务执行----')
                run()
            }, 0)
        }
        run()
        return () => clearTimeout(timer)
    },[])
    return <div>
        hello, React!
    </div>
}
```

在如上简单的 Demo 中，通过递归调用 run 函数，让 setTimeout 宏任务反复执行。

这种情况下 setTimeout 执行并不影响点击事件的执行和页面的正常渲染。

什么是微任务呢?

再来分析一下微任务，在 JS 执行过程中，希望一些任务不阻塞代码执行，又能让该任务在此轮 event loop 执行完毕，那么就引入了一个微任务队列的概念。

微任务相比宏任务有如下特点：微任务在当前 JS 执行完毕后，立即执行，会阻塞浏览器的渲染和响应。一次宏任务完毕后，会清空微任务队列。

常见的微任务有 Promise、queueMicrotask；浏览器环境下的 MutationObserver；node 环境下的 process.nextTick 等。

我们做个实验看一下微任务：

```
function Index(){
    useEffect(()=>{
        function run(){
            Promise.resolve().then(()=>{
```

```
          run()
        })
    }
    run()
},[])
return <div>
    hello, React!
</div>
}
```

在这种情况下，浏览器直接卡死了，没有了响应，证实了上述的结论。

▶▶ 4.5.2 微任务|宏任务实现批量更新

第一种批量更新的实现，就是基于宏任务和微任务来实现的。

先来描述一下这种方式，比如每次更新，首先并不去立即执行更新任务，而是先把每一个更新任务放入一个待更新队列 updateQueue 里面，然后 JS 执行完毕，用一个微任务统一去批量更新队列里面的任务。如果微任务存在兼容性，那么降级成一个宏任务。这里优先采用微任务的原因就是微任务的执行时机要早于下一次宏任务的执行。

典型的案例就是 Vue 更新原理、Vue. $nextTick 原理，还有 React V18 State 更新原理。

以 Vue 为例子看一下 nextTick 的实现：

```
const p = Promise.resolve()
/* nextTick 实现,用微任务实现的 */
export function nextTick(fn?: () => void): Promise<void> {
  return fn ? p.then(fn) : p
}
```

可以看到 nextTick 原理就是 Promise.resolve( )创建的微任务。

大致实现流程图如图 4-5-1 所示。

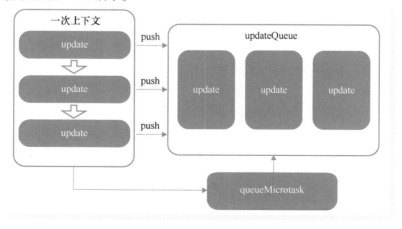

● 图 4-5-1

我们也可以来模拟一下整个流程的实现。

```
class Scheduler {
    constructor(){
        this.callbacks = []
        /* 微任务批量处理 */
        queueMicrotask(()=>{
            this.runTask()
        })
    }
    /* 增加任务 */
    addTask(fn){
        this.callbacks.push(fn)
    }
    runTask(){
        console.log('------合并更新开始------')
        while(this.callbacks.length > 0){
            const cur = this.callbacks.shift()
            cur()
        }
        console.log('------合并更新结束------')
        console.log('------开始更新组件------')
    }
}
function nextTick(cb){
    const scheduler = new Scheduler()
    cb(scheduler.addTask.bind(scheduler))
}
/* 模拟一次更新 */
function mockOnclick(){
    nextTick((add)=>{
        add(function(){
            console.log('第一次更新')
        })
        console.log('----宏任务逻辑----')
        add(function(){
        console.log('第二次更新')
        })
    })
}
mockOnclick()
```

我们来模拟一下具体实现细节：通过一个 Scheduler 调度器来完成整个流程。通过 addTask 每次向队列中放入任务。用 queueMicrotask 创建一个微任务，来统一处理这些任务。mockOnclick 模拟一次更新。我们用 nextTick 来模拟一下更新函数的处理逻辑。

看一下打印效果，如图 4-5-2 所示。

● 图 4-5-2

▶▶ 4.5.3 可控任务实现批量更新

还有一种方式：通过拦截把任务变成可控的，典型的就是 React V17 之前的 batchEventUpdate 批量更新，接下来会讲到这种方式，这里也不赘述了。这种情况的更新来源于对事件进行拦截，比如 React 的事件系统。

以 React 的事件批量更新为例子，比如我们的 onClick、onChange 事件都是被 React 的事件系统处理的。外层用一个统一的处理函数进行拦截。而我们绑定的事件都是在该函数的执行上下文内部被调用的。

在一次点击事件中触发了多次更新，本质上外层在 React 事件系统处理函数的上下文中，这样的情况下，就可以通过一个开关，证明当前更新是可控的，可以做批量处理。接下来 React 用一次就可以了。

我们用一幅流程图来描述一下原理，如图 4-5-3 所示。

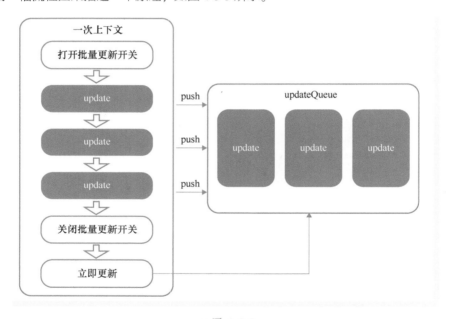

● 图 4-5-3

接下来模拟一下具体的实现：

```
<body>
    <button onclick="handleClick()" >点击</button>
</body>
<script>
  let  batchEventUpdate = false
  let callbackQueue = []
```

```
function flushSyncCallbackQueue(){
    console.log('-----执行批量更新-------')
    while(callbackQueue.length > 0){
        const cur = callbackQueue.shift()
        cur()
    }
    console.log('-----批量更新结束-------')
}

function wrapEvent(fn){
    return function (){
        /* 开启批量更新状态 */
        batchEventUpdate = true
        fn()
        /* 立即执行更新任务 */
        flushSyncCallbackQueue()
        /* 关闭批量更新状态 */
        batchEventUpdate = false
    }
}
function setState(fn){
    /* 如果在批量更新状态下,那么批量更新 */
    if(batchEventUpdate){
        callbackQueue.push(fn)
    }else{
        /* 如果没有在批量更新条件下,那么直接更新 */
        fn()
    }
}
function handleClick(){
    setState(()=>{
        console.log('---更新 1---')
    })
    console.log('上下文执行')
    setState(()=>{
        console.log('---更新 2---')
    })
}
/* 让 handleClick 变成可控的   */
handleClick = wrapEvent(handleClick)
</script>
```

打印结果如图 4-5-4 所示。

分析一下核心流程：本方式的核心就是让 handleClick 通过 wrapEvent 变成可控的。首先 wrapEvent 类似于事件处理函数，在内部通过开关 batchEventUpdate 来判断是否开启批量更新状态，最后通过 flushSyncCallbackQueue 来清空待更新队列。在批量更新条件下，事件

```
上下文执行
-----执行批量更新-------
---更新1---
---更新2---
-----批量更新结束-------
```

● 图 4-5-4

会被放入更新队列中；在非批量更新条件下，立即执行更新任务。

4.6 两种模式下的 State 更新

上一节讲了传统框架的主流更新方式，本节主要研究一下 React 的更新模式。React 在 V17 及之前的版本，更新采用的是 legacy 模式；而 V18 版本采用了全新的 concurrent 模式。两种模式下的 State 更新特点也截然不同。

▶▶ 4.6.1 legacy 模式和 concurrent 模式

在正式介绍之前，先来想一个问题，就是为什么有这么多模式呢？实际原因也很简单，一个框架的发展都是以使用更方便，性能更出色，速度更快等方向作为参考标准的。前端开发者耳熟能详的 Vue 框架，经历过 Vue2 到 Vue3 的演变后，无论是数据处理，还是响应速度，都得到了质的提升。React 也是如此，从 legacy 模式演变到 concurrent 模式，React 都是以更好的用户体验为核心，那么更新作为整个前端应用的驱动力，自然成为 React 发展的主要方向。

在传统的 legacy 下，所有的更新任务都是同样级别的，而且只要开始更新，那么中途是不能中断的，但是在每次渲染大量元素节点的场景下就显得很乏力了。因为这种模式每个任务都是"平级"的，当一个更新任务处理大量元素，就会占用很多时间，但是如果后面还有很多更新任务，就会阻塞到任务的执行，给用户的直观反应就是很卡。

为了解决这个问题，React 引入了一个全新的并发模式 concurrent。这个模式下，可以把更新任务分为不同的优先级，低优先级的任务可以让高优先级的任务先执行。比如后面将讲到的过渡任务，就是具体体现，并且在这个模式下，更新是可以中断的，一个更新任务中断，会优先执行更为紧迫的任务，然后会恢复中断的任务，这就说明一个渲染过程可能会被执行多次。

两种模式代码层面上的区别是什么呢？

首先来看看两种模式下，创建 Root 的区别。

1. 传统 legacy 模式

```
import ReactDOM from 'react-dom'
/* 通过 ReactDOM.render  */
ReactDOM.render(
    <App />,
    document.getElementById('app'))
```

2. React V18 concurrent 并发模式

```
import ReactDOM from 'react-dom'
/* 通过 createRoot 创建 root */
const root =  ReactDOM.createRoot(document.getElementById('app'))
/* 调用 root 的渲染方法 */
root.render(<App/>)
```

目前的 React V18 版本是倡导开启并发模式的。如果仍在 React V18 版本中使用 ReactDOM.render 老版本模式，在开发环境下，会给予警告：

> Warning: ReactDOM.render is no longer supported in React 18.Use createRoot instead.Until you switch to the new API, your app will behave as if it's running React 17

大致的意思是：ReactDOM.render（legacy 模式）这种方式在 React V18 版本中将不再支持，请用 createRoot 代替。如果不用这个新的 API，那么应用将和 React V17 版本表现相同。

下面就是本节的主要内容，两个模式下的 State 更新特点。

▶ 4.6.2　老版本 legacy 模式下的更新

首先对于传统的 legacy 模式，采用的就是 4.5.3 小节可控任务实现批量更新的手段。

首先说一下什么叫作可控任务？这就要从 React 事件系统开始说起了。正常的 State 更新、UI 交互，都离不开用户的事件，比如点击事件、表单输入等，React 是采用事件合成的形式，每一个事件都是由 React 事件系统统一调度的，那么 State 批量更新正是和事件系统紧密配合的，在事件系统中执行的任务，是可以被 React 控制的，可以称它为可控任务。

```
<button onClick={ handleClick } >点击</button>
```

我们给按钮绑定一个 onClick 事件，事件处理函数是 handleClick。那么 onClick 是在 React 系统中处理的，先看一下老版本的事件系统。

```
/* 在 legacy 模式下,所有的事件将经过此函数统一处理 */
function dispatchEventForLegacyPluginEventSystem(){
    // handleTopLevel 里面包含了事件处理函数 handleClick
    batchedEventUpdates(handleTopLevel, bookKeeping);
    }
```

接下来就是下面这个 batchedEventUpdates 方法，事件处理函数 handleClick 就是在这个方法内部执行的。

```
function batchedEventUpdates(fn,a){
    /* 开启批量更新 */
    isBatchingEventUpdates = true;
  try {
    /* 这里执行的事件处理函数,比如在一次点击事件中触发 setState,那么它将在这个函数内执行 */
    return batchedEventUpdatesImpl(fn, a, b);
  } finally {
    /* try 里面的 return 不会影响 finally 执行 */
    /* 完成一次事件,批量更新 */
    isBatchingEventUpdates = false;
  }
}
```

如上可以分析出流程，在 React 事件执行之前，通过 isBatchingEventUpdates = true 打开开关，开启事件批量更新，当该事件结束，再通过 isBatchingEventUpdates = false; 关闭开关，然后在 React 更新系统中，根据这个开关来确定是否进行批量更新。

举一个例子，如下组件中这样写：

```
class index extends React.Component{
    State = { number:0 }
    handleClick= () => {
        this.setState({ number:this.State.number + 1 },
            ()=>{ console.log('callback1', this.State.number) })
        console.log(this.State.number)
        this.setState({ number:this.State.number + 1 },
            ()=>{ console.log('callback2', this.State.number) })
        console.log(this.State.number)
        this.setState({ number:this.State.number + 1 },
            ()=>{ console.log('callback3', this.State.number) })
        console.log(this.State.number)
    }
    render(){
        return <div>
            { this.State.number }
            <button onClick={ this.handleClick } >number++</button>
        </div>
    }
}
```

点击打印：0, 0, 0, callback1 1, callback2 1, callback3 1

代码如上所示，在整个 React 上下文执行栈中会变成这样，如图 4-6-1 所示。

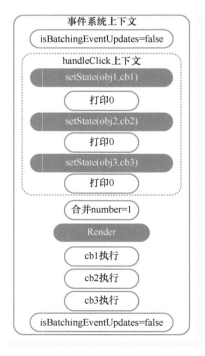

● 图 4-6-1

为什么异步操作里面的批量更新规则会被打破呢？比如用 promise 或者 setTimeout 在 handleClick 中这样写：

```
setTimeout(()=>{
    this.setState({ number:this.State.number + 1 },
    ()=>{  console.log('callback1', this.State.number)  })
    console.log(this.State.number)
    this.setState({ number:this.State.number + 1 },
    ()=>{   console.log('callback2', this.State.number)  })
    console.log(this.State.number)
    this.setState({ number:this.State.number + 1 },
    ()=>{  console.log('callback3', this.State.number)  })
    console.log(this.State.number)
})
```

打印：callback1 1，1，callback2 2，2，callback3 3，3

那么在整个 React 上下文执行栈中就会变成图 4-6-2。

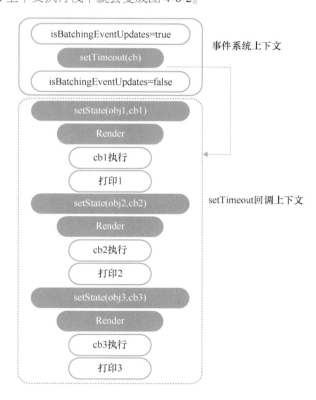

● 图 4-6-2

　　所以批量更新规则被打破。也不能说 legacy 模式下，异步场景下的更新没有批量解决方案，React DOM 中提供了批量更新方法 unstable_batchedUpdates，可以手动批量更新 State，将上述

setTimeout 中的内容做如下修改：

```
import ReactDOM from 'react-dom'
const { unstable_batchedUpdates } = ReactDOM
setTimeout(()=>{
    unstable_batchedUpdates(()=>{
        this.setState({ number:this.State.number + 1 })
        console.log(this.State.number)
        this.setState({ number:this.State.number + 1})
        console.log(this.State.number)
        this.setState({ number:this.State.number + 1 })
        console.log(this.State.number)
    })
})
```

打印：0, 0, 0, callback1 1, callback2 1, callback3 1

在 Reat V17 及之前的版本项目中，unstable_batchedUpdates 可以用于 Ajax 数据交互之后，合并多次 setState，或者是多次 useState。原因很简单，所有的数据交互是在异步环境下，如果没有批量更新处理，一次数据交互多次改变 State，会促使视图多次渲染。

▶▶ 4.6.3　新版本 concurrent 模式下的更新

新版本的 State 更新叫作 Automatic batching（自动批处理），它的具体实现方式类似于 4.5.2 小节中的更新手段，采用异步任务统一开启更新调度。

和老版本不同的是，concurrent 模式下的更新不再依赖事件系统，也就是在异步条件下，同样可以实现批量更新，实现了完全的自动化。看如下的例子：

```
function Index(){
    const [ number,setNumber ] = React.useState(0)
    const handleClick = ()=>{
      setTimeout(()=>{
          setNumber(1)
          setNumber(2)
          setNumber(3)
          setNumber(4)
      },0)
    }
    console.log(number)
    return <div>
        {number}
        <button onClick={() => handleClick()} >点击</button>
    </div>
}
```

一次打印只有 4。证明了在 concurrent 模式下批量处理不受异步环境的影响。对于新老版本的更新细节和原理，会在后面的更新原理章节详细介绍。

4.6.4　flushSync 提高优先级

如何提高 State 的更新优先级呢？React-DOM 提供了 flushSync，它可以将回调函数中的 State 更新任务放在一个较高优先级的更新中。

接下来将上述 handleClick 改版如下：

```
function Index(){
    const [ number,setNumber ] = React.useState(0)
    const handleClick = () =>{
        setTimeout(()=>{
            setNumber(1)
        })
        setNumber(2)
        ReactDOM.flushSync(()=>{
            setNumber(3)
        })
        setNumber(4)
    }
    console.log(number)
    return <div>
        {number}
        <button onClick={() => handleClick()} >点击</button>
    </div>
}
```

打印 3 4 1，相信不难理解为什么这样打印了。

首先 flushSync 将 setNumber（3）设定了一个高优先级的更新，所以 2 和 3 被批量更新到 3，3 先被打印。更新为 4。

最后更新 setTimeout 中的 number = 1。

flushSync 补充说明：flushSync 在同步条件下，会合并之前的 setState | useState，可以理解成，如果发现了 flushSync，就会先执行更新，如果之前有未更新的 setState | useState，就会一起合并了，所以就解释了如上内容，2 和 3 被批量更新到 3，所以 3 先被打印。

4.7　外部数据源

整个第 4 章都在围绕数据源和更新展开，本节也不例外，在 React V18 中，引入一个新的特性，外部数据源也增加了一个新的 Hooks API useSyncExternalStore。那么什么叫作外部数据源？useSyncExternalStore 又是如何使用的呢？

4.7.1　什么是外部数据源

说起外部数据源就要从 State 和更新说起，无论是 React 还是 Vue，在这种传统 UI 框架中，虽然它们采用虚拟 DOM 方式，但是还是不能够把更新单元委托到虚拟 DOM 上来，所以更新的最小粒度还是在组件层面上，由组件统一管理数据 State，并参与调度更新。

回到我们的主角 React 上，既然由组件 component 管控着状态 State，那么在 React V17 和之前的版本，React 想要视图上的更新，只能通过更改内部数据 State 来实现。纵览 React 的几种更新方式，无一离不开自身的 State。先来看一下 React 的几种更新模式。组件本身改变 State。函数组件调用 useState ｜ useReducer，类组件调用 setState ｜ forceUpdate。props 改变，由组件更新带来子组件的更新。context 更新，并且该组件消费了当前 context。无论是上面哪种方式，都是 State 的变化。

props 改变来源于父级组件的 State 变化。

context 变化来源于 Provider 中的 value 变化，而 value 一般情况下也是 State 或者 State 的衍生物。

从上面可以概括出：State 和视图更新的关系 Model => View。但是 State 仅限于组件内部的数据，如果 State 来源于外部（脱离组件层面），如何完成外部数据源转换成内部状态，并且数据源变化，组件重新渲染呢？

常规模式下，先把外部数据源通过 selector 选择器，将组件需要的数据映射到 State ｜ props 上。这算是完成了一步，接下来还需要 subscribe 订阅外部数据源的变化，如果发生变化，那么还需要自身去强制更新 forceUpdate。下面两幅图表示数据注入和数据订阅更新。

典型的外部数据源就是 Redux 中的 Store，Redux 是如何把 Store 中的 State，安全地变成组件的 State 的。

或许可以用一段代码来表示从 React-Redux 中的 State 改变到视图更新的流程。

```
const store = createStore(reducer,initState)
function App({ selector }){
    const [ State, setReduxState ] = React.useState({})
    React.useEffect(()=>{
        /* 订阅 Store 变化 */
        const unSubscribe = store.subscribe(()=>{
            /* 用选择器选择订阅 State */
            const value = selector(data.getState())
            /* 如果发生变化   */
            if(ifHasChange(State,value)){
                setReduxState(value)
            }
        })
        return function (){
          /* 解绑订阅效果 */
          unSubscribe()
        }
    },[ store ])
    return <div>...</div>
}
```

但是在例子中的代码没有实际意义，也不是源代码，这里只是让大家了解流程。Redux 和 React 是这样工作的。

通过 store.subscribe 来订阅 State 变化，但是要比代码片段中复杂得多，通过 selector（选择器）找到组件需要的 State。笔者在这里先解释一下 selector，因为业务组件往往不需要整个 Store 中的 State 全部数据，而是仅需要下面的部分状态，这个时候就需要从 State 中选择有用的，并且和 props 合并，细心的读者应该会发现，选择器需要和 React-Redux 中的 connect 第一参数 mapStateToProps 联动。对于细节，无关紧要。

这是传统的外部数据源的处理方式。但是前面说到在 concurrent 模式下，渲染可能会被执行多次，那么在读取外部数据源时，会存在一个问题，比如一个渲染过程中读取了外部数据源状态 1，那么中途遇到更高优先级的任务，而中断了此次更新，就在此时改变了外部数据源，然后又恢复了此次更新，接下来又读取了数据源，由于中途发生了改变，所以这次读取的是外部数据源状态 2，那么一次更新中出现了这种表现不一致的情况。这个问题叫作 tearing。

▶▶ 4.7.2　useSyncExternalStore 介绍

useSyncExternalStore 的诞生并非偶然，它和 React V18 的更新模式下外部数据的 tearing 有着十分紧密的关联。

useSyncExternalStore 的出现解决了这个问题，我们从 React V18 发布的 tag 中，找到这样的描述：

useSyncExternalStore is a new hook that allows external stores to support concurrent reads by forcing updates to the store to be synchronous. It removes the need for useEffect when implementing subscriptions to external data sources, and is recommended for any library that integrates with State external to React.

useSyncExternalStore 能够让 React 组件在 concurrent 模式下安全、有效地读取外接数据源，在组件渲染过程中能够检测到变化，并且在数据源发生变化的时候，能够调度更新。当读取到外部状态发生变化时，会触发一个强制更新，来保证结果的一致性。

现在用 useSyncExternalStore，不再需要把订阅更新流程交给组件处理。如下：

```
function App(){
    const State = useSyncExternalStore(store.subscribe,store.getSnapshot)
    return <div>...</div>
}
```

如上所示是通过 useSyncExternalStore 实现的订阅更新，这样减少了 App 内部组件代码，代码健壮性的提升，一定程度上也降低了耦合，最重要的是它解决了并发模式状态的读取问题。但是这里强调的一点是，正常的 React 开发者在开发过程中不需要使用这个 API，这个 Hooks 主要是对于 React 的一些状态管理库，比如 Redux，通过它的帮助，可以合理地管理外部的 Store，保证数据读取的一致。

接下来看一下 useSyncExternalStore 的使用：

```
useSyncExternalStore(
    subscribe,
    getSnapshot,
    getServerSnapshot
)
```

subscribe 为订阅函数，当数据改变的时候，会触发 subscribe，在 useSyncExternalStore 中会通过带有记忆性的 getSnapshot 来判别数据是否发生变化，如果发生变化，会强制更新数据。getSnapshot 可以理解成一个带有记忆功能的选择器。当 store 变化的时候，会通过 getSnapshot 生成新的状态值，这个状态值可提供给组件作为数据源使用，getSnapshot 可以检查订阅的值是否改变，如果改变，会触发更新。

getServerSnapshot 用于 hydration 模式下的 getSnapshot。

useSyncExternalStore 基本使用

接下来用 useSyncExternalStore 配合 Redux，来简单实现订阅外部数据源功能。

```
import { combineReducers, createStore  } from 'redux'
/* number Reducer */
function numberReducer(State=1,action){
    switch (action.type){
      case 'ADD':
        return State + 1
      case 'DEL':
        return State -1
      default:
        return State
    }}
/* 注册 reducer */const rootReducer = combineReducers({ number:numberReducer  })/* 创建
store */const store = createStore(rootReducer,{ number:1  })
function Index(){
    /* 订阅外部数据源 */
    const State = useSyncExternalStore(store.subscribe,() => store.getState().number)
    console.log(State)
    return <div>
      {State}
      <button onClick={() => store.dispatch({ type:'ADD' })} >点击</button>
    </div>
}
```

点击按钮，会触发 reducer，然后会触发 store.subscribe 订阅函数，执行 getSnapshot 得到新的 number，判断 number 是否发生变化，如果变化，触发更新。

有了 useSyncExternalStore 这个 Hooks，可以通过外部数据到内部数据的映射，当数据变化的时候，可以通知订阅函数 subscribe 去触发更新。

▶▶ 4.7.3　useSyncExternalStore 原理及其模拟

这里的内容可能会超纲，建议读完后面章节，再来阅读本小节。

接下来看一下 useSyncExternalStore 内部是如何实现的。

```
function mountSyncExternalStore(subscribe,getSnapshot){
    /*   创建一个 hooks   */
```

```
const hook = mountWorkInProgressHook();
/* 产生快照 */
let nextSnapshot = getSnapshot();
/* 把快照记录下来 */
hook.memoizedState = nextSnapshot;
/* 快照记录在 inst 属性上 */
const inst = {
    value: nextSnapshot,
    getSnapshot,
};
hook.queue = inst;
/* 用一个 effect 来订阅状态,subscribeToStore 发起订阅 */
mountEffect(subscribeToStore.bind(null, fiber, inst, subscribe), [subscribe]);
/* 用一个 useEffect 来监听组件渲染,只要组件渲染,就会调用 updateStoreInstance   */
pushEffect(
    HookHasEffect |HookPassive,
    updateStoreInstance.bind(null, fiber, inst, nextSnapshot, getSnapshot),
    undefined,
    null,
);
return nextSnapshot;
}
```

mountSyncExternalStore 大致流程是这样的：

第一步：创建一个 Hooks。我们都知道 Hooks 更新是分两个阶段的，在初始化 Hooks 阶段会创建一个 Hooks，在更新阶段会更新这个 Hooks。

第二步：调用 getSnapshot 产生一个状态值，并保存起来。

第三步：用一个 effect 来订阅状态 subscribeToStore 发起订阅。

第四步：用一个 useEffect 来监听组件渲染，只要组件渲染，就会调用 updateStoreInstance。这一步是关键，在 concurrent 模式下渲染会中断，如果中断恢复渲染，那么这个 effect 就解决了这个问题。当组件执行渲染时，就会触发 updateStoreInstance 方法。

接下来看一下 subscribeToStore 和 updateStoreInstance 的实现。

1. subscribeToStore

```
function checkIfSnapshotChanged(inst) {
  const latestGetSnapshot = inst.getSnapshot;
  /* 取出上一次的快照信息 */
  const prevValue = inst.value;
  try {
    /* 最新的快照信息 */
    const nextValue = latestGetSnapshot();
    /* 返回是否相等 */
    return !is(prevValue, nextValue);
  } catch (error) {
```

```
    return true;
  }}
/* 直接发起调度更新   */
function forceStoreRerender(fiber) {
  scheduleUpdateOnFiber(fiber, SyncLane, NoTimestamp);
}
function subscribeToStore(fiber, inst, subscribe) {
  const handleStoreChange = () => {
    /* 检查 State 是否发生变化 */
    if (checkIfSnapshotChanged(inst)) {
      /* 触发更新 */
      forceStoreRerender(fiber);
    }
  };
  /* 发起订阅 */
  return subscribe(handleStoreChange);
}
```

subscribeToStore 的流程如下：

通过 subscribe 订阅 handleStoreChange，当 State 改变会触发 handleStoreChange，里面判断两次快照是否相等，如果不相等，那么触发更新。

2. updateStoreInstance

```
function updateStoreInstance(fiber,inst,nextSnapshot,getSnapshot) {
  inst.value = nextSnapshot;
  inst.getSnapshot = getSnapshot;
  /* 检查是否更新 */
  if (checkIfSnapshotChanged(inst)) {
    /* 强制更新 */
    forceStoreRerender(fiber);
  }
}
```

updateStoreInstance 很简单，就是判断 State 是否发生变化，只要变化就会更新。

通过如上原理分析，我们知道了 useSyncExternalStore 是如何防止 tearing 的了。为了让大家更清楚其流程，接下来模拟一个 useSyncExternalStore 的实现。

```
function useMockSyncExternalStore(subscribe,getSnapshot){
  const [ , forceupdate ] = React.useState(null)
  const inst = React.useRef(null)
  const nextValue = getSnapshot()
  inst.current = {
    value:nextValue,
    getSnapshot
  }
  /* 检测是否更新 */
```

```
const checkIfSnapshotChanged = () => {
  try {
    /* 最新的快照信息 */
    const nextValue = inst.current.getSnapshot();
    /* 返回是否相等 */
    return ! inst.value === nextValue
  } catch (error) {
    return true;
  }
}
/* 处理 store 改变 */
const handleStoreChange=()=>{
  if (checkIfSnapshotChanged(inst)) {
    /* 触发更新 */
    forceupdate({})
  }
}
React.useEffect(()=>{
  subscribe(handleStoreChange)
},[ subscribe ])
/* 注意这个 useEffect 没有依赖项,每次更新都会执行该 effect */
React.useEffect(()=>{
    handleStoreChange()
})
  return nextValue
}
```

如上所示就是 useSyncExternalStore 的模拟实现。

第 5 章

React生命周期

React 的生命周期，大致就是 React 类组件为开发者提供了一些生命周期钩子函数，能让开发者在 React 执行的重要阶段，在钩子函数里做一些该做的事。自从 React Hooks 问世以来，函数组件也能优雅地使用 Hooks，弥补函数组件没有生命周期的缺陷。本章将重点介绍类组件 React 生命周期流程，以及每个生命周期开发者能够做哪些事情。还有就是 React Hooks 中，useEffect、useInsertionEffect、useLayoutEffect 的使用。

需要明确的是生命周期的概念是绑定在 React 组件层面上。对于类组件有对应的生命周期钩子，会在 5.2 节讲解。对于函数组件有对应的 Hooks 作为生命周期钩子的替代方案，会在 5.4 节讲解。

5.1 生命周期介绍

React 生命周期切实地为开发者提供了合适的时机，开发者可以在对应的时机去做对应的事情。

比如前后端分离的架构中，数据都是通过网络请求获取的，那么什么时候获取对应的数据呢？这个时候 React 提供了类组件的 componentDidMount，可以用来做数据交互。

再比如开发者想要监听页面容器的 scroll 事件，第一点就是要获取到真实的 DOM 节点，接下来就是绑定事件监听器。在此期间还要满足两项要求，一是不能重复绑定，二是如果页面销毁，需要解绑事件。对于这个场景，可以用 React 提供的 componentDidMount 和 componentWillUnmount 来解决，componentDidMount 负责获取真实 DOM 绑定监听器。componentWillUnmount 负责解绑事件监听器。

由此可见，生命周期是 React 提供给开发者编写组件的钩子函数，这些函数会在 React 的特定时机去执行。有了这些钩子，开发者才能高效地进行数据注入、DOM 等操作。

想要正确理解生命周期及其奥秘，还得从 React 整个系统应用的两个阶段开始说起。

▶▶ 5.1.1 生命周期意义及两大阶段

React 的两大阶段

在 React 从开始创建到页面呈现的过程中，经历了两个阶段，分别是渲染和 commit。对于两大阶段具体细节，后面的原理章节会分别介绍，这里先简单描述一下：React 是一个 UI 框架，离不开视图和真实的元素，当一次更新渲染过程中，并不是所有的元素都更新，如果那样会浪费性能，所以需要通过渲染流程，来找到哪些元素要更新，找到了更新的元素，更新元素的状态，接下来就是执行更新了，包括删除元素、更新元素节点等，这些操作就是在 commit 阶段执行的。通过这两个阶段，就让视图的变化呈现到用户面前。所以这两个阶段的执行顺序是渲染阶段执行，然后 commit 阶段执行。

React 的核心环节都是在这两个阶段有条不紊地进行的，包括初始化开发者的组件，执行渲染函数，执行生命和 Hooks 等。

站在 React 开发者角度来看，在上述两大阶段中，会执行 React 提供给开发者的生命周期钩子函数。可以理解成生命周期是在这两个阶段执行的。

接下来看一下各个生命周期的特点。

▶▶ 5.1.2　React 生命周期及其特点

每个生命周期都有独特的使命，目的是保障 React 应用的稳定运行。React 生命周期钩子从功能上分为：

描述生命周期阶段：React 执行各个阶段会调用对应的生命周期或者 Hooks；处理 props：处理父组件传递的 props；性能优化：确定组件是否渲染；捕获渲染错误：防止渲染阶段错误造成的系统崩溃。

具体分工如下：

从两大阶段上来分，渲染阶段：此时 DOM 没有更新，可以做一些数据处理的操作。commit 阶段：DOM 更新，可以做一些相关的操作。

具体如下：

父子组件渲染和 commit 阶段生命周期执行特点：

前面我们知道了渲染和 commit 阶段对应的生命周期，对于父子组件来说，两个生命周期的函数执行有什么特点呢？看一段代码片段：

```
/* 子组件 */
class Son extends React.Component{
  static getDerivedStateFromProps(){ // 渲染阶段执行
    console.log('son getDerivedStateFromProps')
    return {}
  }
  getSnapshotBeforeUpdate(){  // commit 阶段执行
    console.log('son getSnapshotBeforeUpdate')
    return 1
  }
  componentDidUpdate(){  // commit 阶段执行
    console.log('son didUpdate')
  }
  render(){ // 渲染阶段执行
    console.log('son render')
      return <div>子组件</div>
}}
/* 父组件 */
class Father extends React.Component{
    static getDerivedStateFromProps(){  // 渲染阶段执行
      console.log('father getDerivedStateFromProps')
      return {}
    }
    getSnapshotBeforeUpdate(){ // commit 阶段执行
      console.log('father getSnapshotBeforeUpdate')
      return 1
    }
    componentDidUpdate(){ // commit 阶段执行
      console.log('father didUpdate')
    }
```

```
    render(){ // 渲染阶段执行
      console.log('father render')
      return <div><Son />
        父组件
      </div>
    }
  }
  function Index(){
    const [, forceUpdate] = React.useState(0)
    return <div>
      <Father />
      <button onClick={() => forceUpdate({})} >点击</button>
    </div>
  }
```

上述父子组件中，既有渲染阶段执行的生命周期，也有 commit 阶段执行的生命周期，当点击 Index 中的按钮时，Index 会重新渲染，Father 和 Son 组件也会跟着渲染，那么它们对应的生命周期执行有什么特点呢？

渲染阶段执行打印内容如下：

```
father getDerivedStateFromProps
father render
son getDerivedStateFromProps
son render
```

可以看清楚渲染阶段执行的生命周期特点如下：

先父后子。父级组件所有渲染阶段生命周期执行后，再执行子组件渲染阶段的生命周期。

commit 阶段执行的生命周期如下：

```
son getSnapshotBeforeUpdate
father getSnapshotBeforeUpdate

son didUpdate
father didUpdate
```

commit 阶段执行生命周期的特点如下：

先子后父，对于每一个生命周期均是先子后父的关系，但是不同的生命周期执行时机是不同的（比如先执行 getSnapshotBeforeUpdate，后执行 componentDidUpdate）。

那么生命周期执行顺序为什么会这样呢？通过前面我们知道渲染阶段是调和元素，改变元素状态，所以这种情况下，需要父组件先触发渲染函数，才能更新子组件的状态，比如 props 和 Children 等。所以要先执行完父组件的生命周期，接下来执行子组件的生命周期。而 commit 阶段处理的事情和 DOM 元素有关系，commit 阶段生命周期是可以改变真实 DOM 元素的状态的，如果在子组件生命周期内改变 DOM 状态，并且想要在父组件的生命周期中同步状态，就需要确保父组件的生命周期执行时机要晚于子组件。

5.2　类组件生命周期

本节将探索 React 的初始化和更新流程中，类组件生命周期执行的奥秘。为了让大家更理解生命周期的执行流程，这里分为组件初始化、组件更新、组件销毁三大阶段。

▶▶ 5.2.1　类组件初始化流程及其生命周期

通过 React component 章节了解到，对于类组件，会在 React 底层实例化，包括组件实例化和 React 类组件大部分生命周期的执行，都在 mountClassInstance 和 updateClassInstance 这两个方法中，所以为了深入学习 React 生命周期的执行过程，有必要去揭秘这两个函数充当了什么角色。在这里把流程简化成 mount（初始化渲染）和 update（更新）两个方向。

1. constructor 执行

在 mount 阶段，首先执行的 constructClassInstance 函数，用来实例化 React 组件，在组件章节已经介绍了这个函数，组件中 constructor 就是在这里执行的。

在实例化组件之后，会调用 mountClassInstance 组件初始化。接下来看一下 mountClassInstance 做了些什么？笔者只写了和生命周期息息相关的代码。

```
function mountClassInstance(workInProgress,ctor,newProps){
   const instance = workInProgress.stateNode;
   const getDerivedStateFromProps = ctor.getDerivedStateFromProps;
 if (typeof getDerivedStateFromProps === 'function') {
   /* ctor 就是我们写的类组件，获取类组件的静态方法 */
     const partialState = getDerivedStateFromProps(nextProps, prevState);
   /* 这个时候执行 getDerivedStateFromProps 生命周期,得到将合并的 State */
     const memoizedState = partialState === null ||partialState === undefined ? prevState
: Object.assign({}, prevState, partialState);
   /* 合并 state */
     workInProgress.memoizedState = memoizedState;
     instance.state = workInProgress.memoizedState; /* 将 State 赋值给实例,instance.state
   就是在组件中 this.state 获取的 State */
   }
   if(typeof ctor.getDerivedStateFromProps !== 'function'
   && typeof instance.getSnapshotBeforeUpdate !== 'function'
   && typeof instance.componentWillMount === 'function'){
   instance.componentWillMount();
    /* 当 getDerivedStateFromProps 和 getSnapshotBeforeUpdate 不存在的时候,执行 compo-
nentWillMount */
   }
}
```

2. getDerivedStateFromProps 执行

在初始化阶段，**getDerivedStateFromProps** 是第二个执行的生命周期，值得注意的是它是从 ctor 类

上直接绑定的静态方法，传入 props、State。返回值将和之前的 State 合并，作为新的 State，传递给组件实例使用。

3. componentWillMount 执行

如果存在 getDerivedStateFromProps 和 getSnapshotBeforeUpdate，就不会执行生命周期 componentWillMount。

4. 渲染函数执行

到此为止，mountClassInstancec 函数完成，在执行 mountClassInstance 后，会执行渲染函数，形成了 Children，接下来 React 继续处理 Children。

目前为止渲染阶段生命周期执行完毕，这就是为什么渲染阶段的生命周期先父后子的原因。

5. componentDidMount 执行

细心的读者会发现，生命周期 componentDidMount 还没有出现，那么 componentDidMount 是如何执行的呢？上文中简单介绍了渲染和 commit 两个阶段，上述提及的生命周期都是在渲染阶段执行的。

接下来会到 commit 阶段，componentDidMount 就会在 commit 阶段执行。

```
case ClassComponent: {                          /* 如果是类组件类型 */
    const instance = finishedWork.stateNode      /* 类实例 */
    if(current === null){                        /* 类组件第一次调和渲染 */
        instance.componentDidMount()
    }else{                                        /* 类组件更新 */
        instance.componentDidUpdate(prevProps,prevState,
instance.__reactInternalSnapshotBeforeUpdate);
    }
}
```

从上面可以直观地看到 componentDidMount 执行时机和 componentDidUpdate 执行时机是相同的，只不过一个是针对初始化，一个是针对组件再更新。到此初始化阶段，生命周期执行完毕。虚线代表即将废弃的生命周期，如图 5-2-1 所示。

在初始化阶段，生命周期都执行完毕了。执行顺序：constructor → getDerivedStateFromProps/component-WillMount → Render → componentDidMount

接下来分析一下一次组件更新中，会执行哪些生命周期呢？

▶▶ 5.2.2 类组件更新流程及其生命周期

接下来类组件的更新阶段，到底会执行哪些生命周期函数呢？从上面可知，在更新阶段会执行 update-ClassInstance 方法。updateClassInstance 的核心流程如下：

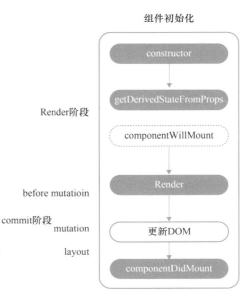

● 图 5-2-1

组件初始化

constructor

getDerivedStateFromProps

componentWillMount

Render

更新DOM

componentDidMount

Render阶段

before mutatioin

commit阶段

mutation

layout

```
function updateClassInstance(current,workInProgress,ctor,newProps){
    const instance = workInProgress.stateNode; /* 类组件实例 */
    const hasNewLifecycles =  typeof ctor.getDerivedStateFromProps ==='function'
    /* 判断是否具有 getDerivedStateFromProps 生命周期 */
    if(!hasNewLifecycles
      && typeof instance.componentWillReceiveProps === 'function'){
        /* 浅比较 props 不相等 */
        if (oldProps !== newProps ||oldContext !== nextContext) {
        /* 执行生命周期 componentWillReceiveProps  */
          instance.componentWillReceiveProps(newProps, nextContext);
        }
    }
    let newState = (instance.state = oldState);
    if (typeof getDerivedStateFromProps === 'function') {
        /* 执行生命周期 getDerivedStateFromProps,逻辑和 mounteuyd 类似,合并 State   */
        ctor.getDerivedStateFromProps(nextProps,prevState)
        newState = workInProgress.memoizedState;
    }
    let shouldUpdate = true
    if(typeof instance.shouldComponentUpdate === 'function'){
    /* 执行生命周期 shouldComponentUpdate 返回值决定是否执行渲染,调和子节点 */
        shouldUpdate = instance.shouldComponentUpdate(newProps,newState,nextContext,);
    }
    if(shouldUpdate){
        if (typeof instance.componentWillUpdate === 'function') {
        /* 执行生命周期 componentWillUpdate   */
            instance.componentWillUpdate();
        }
    }
    return shouldUpdate
}
```

1. 执行生命周期 componentWillReceiveProps

首先判断 getDerivedStateFromProps 生命周期是否存在，如果不存在，就执行 componentWillReceiveProps 生命周期。传入该生命周期两个参数，分别是 newProps 和 nextContext。

2. 执行生命周期 getDerivedStateFromProps

接下来执行生命周期 getDerivedStateFromProps，返回的值用于合并 State，生成新的 State。

3. 执行生命周期 shouldComponentUpdate

接下来执行生命周期 shouldComponentUpdate，传入新的 props，新的 State 和新的 context，返回值决定是否继续执行渲染函数，调和子节点。这里应该注意一个问题，getDerivedStateFromProps 的返回值可以作为新的 State，传递给 shouldComponentUpdate。

4. 执行生命周期 componentWillUpdate

接下来执行生命周期 componentWillUpdate。updateClassInstance 方法到此执行完毕了。

5. 执行渲染函数

接下来会执行渲染函数，得到最新的 ReactElement 元素。然后继续调和子节点。到此为止，渲染阶段的生命周期执行完毕，接下来执行 commit 阶段的生命周期。

6. 执行 getSnapshotBeforeUpdate

```
case ClassComponent:{
    const snapshot = instance.getSnapshotBeforeUpdate(prevProps,prevState)
    /* 执行生命周期 getSnapshotBeforeUpdate  */
    instance.__reactInternalSnapshotBeforeUpdate = snapshot;
 /* 返回值将作为__reactInternalSnapshotBeforeUpdate 传递给 componentDidUpdate 生命周期  */
 }
```

getSnapshotBeforeUpdate 的执行也是在 commit 阶段，commit 阶段细分为 before Mutation（DOM 修改前）、Mutation（DOM 修改）、Layout（DOM 修改后）三个子阶段，getSnapshotBeforeUpdate 发生在 before Mutation 阶段，生命周期的返回值将作为第三个参数_ _ reactInternalSnapshotBeforeUpdate 传递给 componentDidUpdate。

7. 执行 componentDidUpdate

接下来执行生命周期 componentDidUpdate，此时 DOM 已经修改完成。可以操作修改之后的 DOM。到此为止，更新阶段的生命周期执行完毕。虚线代表即将废弃的生命周期如图 5-2-2 所示。

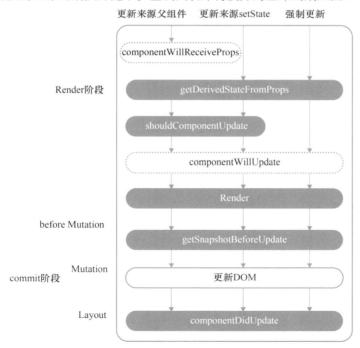

• 图 5-2-2

更新阶段对应的生命周期的执行顺序：

componentWillReceiveProps（props 改变）/getDerivedStateFromProp → shouldComponentUpdate → componentWillUpdate → render → getSnapshotBeforeUpdate → componentDidUpdate。

▶▶ 5.2.3　类组件销毁流程及其生命周期

销毁阶段就比较简单了，在一次调和更新中，如果发现组件被移除：

```
/* isShow 为 false,移除组件 Component */
isShow && <Component />
```

然后该组件在 commit 阶段就会调用 componentWillUnmount 生命周期，接下来统一卸载组件以及 DOM 元素，如图 5-2-3 所示。

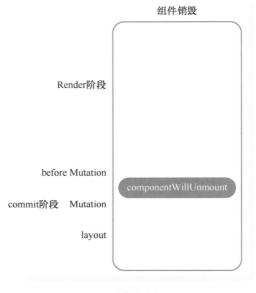

● 图 5-2-3

```
function callComponentWillUnmountWithTimer(){
    instance.componentWillUnmount();
}
```

▶▶ 5.2.4　commit 阶段细节补充

在 commit 阶段，又细分出来三个子阶段：before Mutation、Mutation、Layout。

这三个子阶段分别对应着 DOM 更新的前中后三个时段：

在 DOM 修改前，我们更期望得到 DOM 更新前的快照信息。所以 getSnapshotBeforeUpdate 在 before Mutation 阶段执行。在获取到快照之后，就没有后顾之忧了，此时就可以安心修改真实的 DOM 元素，比如删除 DOM，插入 DOM 就是在此 Mutation 阶段执行的。在更新完 DOM 之后，此时已经是最新的 DOM 了，这个时候就可以获取 DOM，绑定监听器等操作。像 componentDidMount 等生命周期就会在此 Layout 阶段执行了。

执行特点：

这三个子阶段的执行特点均是采用递归的方式，对于该阶段的每一个生命周期，都是先子后父的执行顺序。

三个阶段生命周期总览如图 5-2-4 所示。

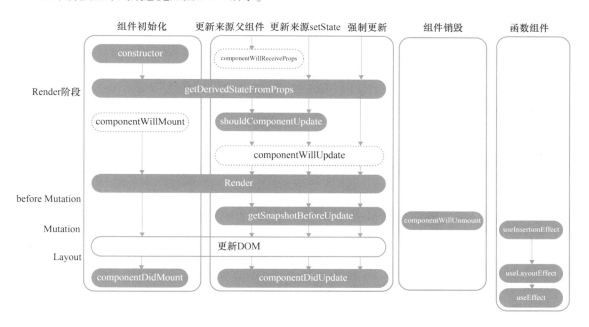

● 图 5-2-4

5.3 类组件生命周期的作用

上一节详细介绍了 React 各生命周期的执行时机和执行顺序。本节分别介绍每个生命周期都能做些什么。

▶▶ 5.3.1 类组件生命周期能做些什么

1. constructor

React 在不同时期抛出不同的生命周期钩子，也就意味着这些生命周期钩子的使命。前面讲过 constructor 在类组件创建实例时调用，而且初始化的时候执行一次，可以在 constructor 做一些初始化的工作。

```
constructor(props){
    super(props)              // 执行 super,别忘了传递 props,才能在接下来的上下文中,获取到 props
    this.state={              // ①可以用来初始化 State,比如可以用来获取路由中的
        name:'React lifecycle'
    }
    this.handleClick = this.handleClick.bind(this) /* ②绑定 this */
    this.handleInputChange = debounce(this.handleInputChange, 500) /* ③绑定防抖函数,防抖
500 毫秒 */
    const _render = this.render
    this.render = function(){
        return _render.bind(this)   /* ④劫持修改类组件上的一些生命周期 */
    }}
/* 点击事件 */
handleClick(){ /* ... */ }
/* 表单输入 */
handleInputChange(){ /* ... */ }
```

constructor 作用:

初始化 State,比如可以用来截取路由中的参数,赋值给 State。

对类组件的事件做一些处理,比如绑定 this、节流、防抖等。

对类组件进行一些必要生命周期的劫持,渲染劫持,这个功能更适合反向继承的 HOC,在 HOC 环节,会详细讲解反向继承这种模式。

2. getDerivedStateFromProps

```
getDerivedStateFromProps(nextProps,prevState)
```

两个参数:nextProps 父组件新传递的 props;prevState 组件在此次渲染前待更新的 State。

getDerivedStateFromProps 方法作为类的静态属性方法执行,内部是访问不到 this 的,它更趋向于纯函数,从源码中就能够体会到 React 对该生命周期定义为取缔 componentWillMount 和 componentWillReceiveProps。

如果把 getDerivedStateFromProps 英文分解,get | Derived | State | From | Props 翻译得到派生的 State。正如它的名字一样,这个生命周期用于初始化和更新阶段,接受父组件的 props 数据,可以对 props 进行格式化、过滤等操作,返回值将作为新的 State 合并到 State 中,供给视图渲染层消费。

从源码中可以看到,只要组件更新,就会执行 getDerivedStateFromProps,不管是 props 改变,还是 setState,或是 forceUpdate。

```
static getDerivedStateFromProps(newProps){
    const { type } = newProps
    switch(type){
        case 'fruit':
        return { list:['苹果','香蕉','葡萄'] }
/* ①接受 props 变化,返回值将作为新的 State,用于渲染或传递给 shouldComponentUpdate */
```

```
        case 'vegetables':
        return { list:['菠菜','西红柿','土豆']}
    }}
render(){
    return <div>{ this.state.list.map((item)=><li key={item} >{ item  }</li>) }</div>
}
```

getDerivedStateFromProps 作用：代替 componentWillMount 和 componentWillReceiveProps。组件初始化或者更新时，将 props 映射到 State。返回值与 State 合并完，可以作为 shouldComponentUpdate 第二个参数 newState，可以判断是否渲染组件（请不要把 getDerivedStateFromProps 和 shouldComponentUpdate 强行关联到一起，两者没有必然联系）。

3. componentWillMount 和 UNSAFE_componentWillMount

在 React V16.3 componentWillMount、componentWillReceiveProps、componentWillUpdate 三个生命周期加上了不安全的标识符 UNSAFE，变成了如下形式：

UNSAFE_componentWillMount。

UNSAFE_componentWillReceiveProps。

UNSAFE_componentWillUpdate。

但在目前最新的版本 React V18 中，也没有废弃这三个生命周期。可能不久之后更高级的版本会被废除，首先来看一下为什么要 UNSAFE，通过前面的内容，大家有没有发现一个问题，就是这三个生命周期都是渲染之前执行的，React 对于执行渲染函数有着像 shouldUpdat 等条件制约，但是对于执行在渲染之前的生命周期没有限制，存在一定的隐匿风险，因为之前讲到过，在新版本的 concurrent 并发场景下，渲染阶段是可以中断并恢复的，这就表示了在 React V18 中的渲染阶段可能执行多次，React 开发者滥用这几个生命周期，也就可能导致生命周期内的上下文多次被执行。

回到该生命周期上来，UNSAFE_componentWillMount 的作用还是做一些初始化操作，但是不建议在这个生命周期写，毕竟未来 React 可能完全取缔它。

4. componentWillReceiveProps 和 UNSAFE_componentWillReceiveProps

UNSAFE_componentWillReceiveProps 函数的执行是在更新组件阶段，该生命周期执行驱动是因为父组件更新带来的 props 修改，但是只要父组件触发渲染函数，调用 React.createElement 方法，props 就会被重新创建，生命周期 componentWillReceiveProps 就执行了。这就解释了即使 props 没变，该生命周期也会执行。

componentWillReceiveProps 可以用来干什么？笔者将前面的例子修改一下。

```
UNSAFE_componentWillReceiveProps(newProps){
    const { type } = newProps
    console.log('父组件渲染执行') /*    ①监听父组件执行渲染    */
    setTimeout(()=>{  /*  ②异步控制 props 改变,派生出来的 State 的修改    */
        switch(type){
            case 'fruit':
            this.setState({list:['苹果','香蕉','葡萄'] })
```

```
                break
                case 'vegetables':
                this.setState({list:['苹果','香蕉','葡萄' ] })
                break
            }
        },0)
    }
```

componentWillReceiveProps 可以用来监听父组件是否执行渲染。

componentWillReceiveProps 可以用来接受 props 改变，组件可以根据 props 改变，来决定是否更新 State，因为可以访问到 this，所以在异步成功回调（接口请求数据）改变 State。这是 getDerivedState-FromProps 不能实现的，但是不建议用这种方式。首先 props 改变，再触发 componentWillReceiveProps 异步请求数据渲染，在没做优化的前提下会带来两次子组件的更新，第一次 props 改变，第二次 props 改变，异步改变 State。其次是该生命周期的不安全性。再者需要在该生命周期内部，设置大量的条件判断语句，通过 this.props、nextProps 判断 props 到底改变与否。所以完全可以换一种思路，那就是状态提升，把数据层完全托管父组件，子组件没有副作用，只负责渲染父组件传递的 props 即可。

5. componentWillUpdate 和 UNSAFE_componentWillUpdate

UNSAFE_componentWillUpdate 意味着在更新之前，此时的 DOM 还没有更新。在这里可以做一些获取 DOM 的操作。比如在一次更新中，保存 DOM 之前的信息（记录上一次位置）。但是 React 已经出了新的生命周期 getSnapshotBeforeUpdate 来代替 UNSAFE_componentWillUpdate。

```
UNSAFE_componentWillUpdate(){
    const position = this.getPostion(this.node) /*  获取元素节点 node 位置 */
}
```

作用：获取组件更新之前的状态。比如 DOM 元素位置等。

6. 渲染

还记得在讲解 JSX 时，主要讲了渲染之后会成什么样子。所谓渲染函数，就是 JSX 的各个元素被 React.createElement 创建成 React element 对象的形式。一次渲染的过程，就是创建 React.Element 元素的过程。

可以在渲染里面做一些 createElemen 创建元素、cloneElement 克隆元素、React.Children 遍历 Children 的操作。

7. getSnapshotBeforeUpdate

```
getSnapshotBeforeUpdate(prevProps,preState){}
```

两个参数：prevProps 更新前的 props；preState 更新前的 state；

把 getSnapshotBeforeUpdate 用英文解释一下，get | snap shot | before | update，中文翻译为获取更新前的快照，可以进一步理解为获取更新前 DOM 的状态。见名知意，上面说过该生命周期是在 commit 阶段的 before Mutation（DOM 修改前），此时 DOM 还没有更新，但是在接下来的 Mutation 阶段

会被替换成真实 DOM。此时是获取 DOM 信息的最佳时期，getSnapshotBeforeUpdate 将返回一个值作为 snapShot（快照），传递给 componentDidUpdate 作为第三个参数。

注意：如果没有返回值会给予警告；如果没有 componentDidUpdate，也会给予警告。

```
getSnapshotBeforeUpdate(prevProps,preState){
    const style = getComputedStyle(this.node)
    return { /* 传递更新前的元素位置 */
        cx:style.cx,
        cy:style.cy
    }
}
componentDidUpdate(prevProps, prevState, snapshot){
    /* 获取元素绘制之前的位置 */
    console.log(snapshot)
}
```

当然这个快照 snapShot 不限于 DOM 的信息，也可以根据 DOM 计算出来产物。

作用：getSnapshotBeforeUpdate 这个生命的周期意义就是配合 componentDidUpdate 一起使用，计算形成一个 snapShot 传递给 componentDidUpdate。保存一次更新前的信息。

8. componentDidUpdate

```
componentDidUpdate(prevProps, prevState, snapshot){
    const style = getComputedStyle(this.node)
    const newPosition = { /* 获取元素最新位置信息 */
        cx:style.cx,
        cy:style.cy
    }
}
```

三个参数：prevProps 更新之前的 props；prevState 更新之前的 State；snapshot 为 getSnapshotBefore-Update 返回的快照，可以是更新前的 DOM 信息。

作用：componentDidUpdate 生命周期执行，此时 DOM 已经更新，可以直接获取 DOM 最新状态。这个函数里面如果想要使用 setState，一定要加以限制，否则会引起无限循环。接受 getSnapshotBefore-Update 保存的快照信息。

9. componentDidMount

componentDidMount 生命周期执行时机和 componentDidUpdate 一样，一个是初始化，一个是组件更新。此时 DOM 已经创建完成，既然 DOM 已经创建挂载，就可以做一些基于 DOM 的操作。

```
async componentDidMount(){
    this.node.addEventListener('click',()=>{
        /* 事件监听 */
    })
    const data = await this.getData() /* 数据请求 */
}
```

作用：可以做一些关于 DOM 的操作，比如基于 DOM 的事件监听器；对于初始化向服务器请求数据，渲染视图，这个生命周期也是很合适的。

10. shouldComponentUpdate

```
shouldComponentUpdate(newProps,newState,nextContext){}
```

shouldComponentUpdate 的三个参数：第一个参数是新的 props，第二个参数是新的 State，第三个参数是新的 context。

```
shouldComponentUpdate(newProps,newState){
    if(newProps.a !== this.props.a){ /* props 中 a 属性发生变化,渲染组件 */
        return true
    }else if(newState.b !== this.props.b){ /* state 中 b 属性发生变化,渲染组件 */
        return true
    }else{ /* 否则组件不渲染 */
        return false
    }
}
```

这个生命周期一般用于性能优化，shouldComponentUpdate 返回值决定是否重新渲染的类组件。需要重点关注的是第二个参数 newState，如果有 getDerivedStateFromProps 生命周期，它的返回值将合并到 newState，供 shouldComponentUpdate 使用。

11. componentWillUnmount

componentWillUnmount 是组件销毁阶段唯一执行的生命周期，主要做一些收尾工作，比如清除一些可能造成内存泄漏的定时器、延时器，或者是一些事件监听器。

```
componentWillUnmount(){
    clearTimeout(this.timer)  /* 清除延时器 */
    this.node.removeEventListener('click',this.handerClick) /* 卸载事件监听器 */
}
```

作用：清除延时器、定时器。一些基于 DOM 的操作，比如事件监听器。

▶▶ 5.3.2 类组件渲染错误边界

还有两个生命周期钩子函数一直没有讲到，那就是 getDerivedStateFromError 和 componentDidCatch，这两个用于捕获渲染过程中出现的异常情况。

React 应用中元素节点都是动态添加的，整个应用一般情况下只有 App 一个元素挂载点，在组件渲染过程中，如果有一个环节出现问题，就会导致整个组件渲染失败，整个组件的 UI 层会显示不出来，这样造成的危害是巨大的，越靠近 App 应用的根组件，渲染过程中出现问题造成的影响就越大，有可能直接造成白屏的情况。

比如如下的例子：

```
function ErrorTest(){
    return {}}function Test(){
```

```
        return <div>let us learn React! </div>
    }
class Index extends React.Component{
    componentDidCatch(...arg){
        console.log(arg)
    }
    render(){
        return <div>
            <ErrorTest />
            <div> React lifecycle ! </div>
            <Test />
        </div>
    }
}
```

造成错误，由于 ErrorTest 不是一个真正的组件，但是却用来渲染，结果会造成整个 Index 组件渲染异常，Test 也会受到牵连，UI 不能正常显示。

为了防止如上的渲染异常情况，React 增加了 componentDidCatch 和 static getDerivedStateFromError( ) 两个额外的生命周期，去挽救由于渲染阶段出现问题造成 UI 界面无法显示的情况。

1. componentDidCatch

（1）error——抛出的错误。

（2）info——带有 componentStack key 的对象，其中包含有关组件引发错误的栈信息。

componentDidCatch 中可以再次触发 setState，来降级 UI 渲染，componentDidCatch( ) 会在 commit 阶段被调用，因此允许执行副作用。

```
class Index extends React.Component{
  state={
      hasError:false
  }
  componentDidCatch(...arg){
      uploadErrorLog(arg)   /* 上传错误日志 */
      this.setState({   /* 降级 UI */
          hasError:true
      })
  }
  render(){
      const { hasError } =this.state
      return <div>
          { hasError ? <div>组件出现错误</div> : <ErrorTest />  }
          <div> React lifecycle ! </div>
          <Test />
      </div>
  }
}
```

效果如图 **5-3-1** 所示。

componentDidCatch 的作用：可以调用 setState 促使组件渲染，并做一些错误拦截功能。监控组件，发生错误，上报错误日志。

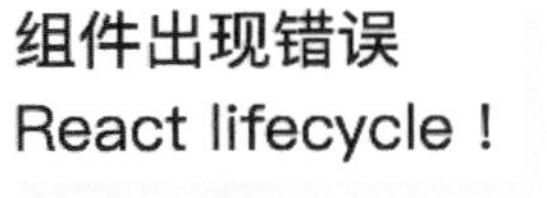

组件出现错误
React lifecycle！

2. getDerivedStateFromError

React 更期望用 getDerivedStateFromError 代替 componentDidCatch，用于处理渲染异常的情况。getDerivedStateFromError 是静态方法，内部不能调用 setState。getDerivedStateFromError 返回的值可以合并到 State，作为渲染使用。可以用 getDerivedState-FromError 解决如上的情况。

● 图 5-3-1

```
class Index extends React.Component{
  state={
    hasError:false
  }
  static getDerivedStateFromError(){
    return { hasError:true }
  }
  render(){
    /* 如上 */
  }
}
```

如上完美解决了 ErrorTest 错误的问题。注意事项：如果存在 getDerivedStateFromError 生命周期钩子，那么将不需要 componentDidCatch 生命周期再降级 UI。

3. 函数组件如何处理渲染错误

类组件可以通过上述生命周期捕获异常，那么函数组件应该如何处理渲染错误呢？其实处理这个问题很简单，在前面用一个 HOC handleRenderErrorHoc 来处理渲染错误，可以将这个 HOC 包裹函数组件，来处理函数组件的渲染异常。

5.4 函数组件生命周期替代方案

前面介绍了类组件的生命周期，对于函数组件，React Hooks 也提供了 API，用于弥补函数组件没有生命周期的缺陷。其原理主要是运用了 Hooks 里面的 useEffect、useLayoutEffect 和 useInsertionEffect。

▶▶ 5.4.1 useEffect 和 useLayoutEffect

1. useEffect

```
useEffect(()=>{
  /* ... */
  return destory
},dep)
```

useEffect 第一个参数 callback，返回的 destory 作为下一次 callback 执行之前调用，用于清除上一次 callback 产生的副作用。

第二个参数作为依赖项，是一个数组，可以有多个依赖项，依赖项改变，执行上一次 callback 返回的 destory，并执行新的 effect 第一个参数 callback。

对于 useEffect 执行，React 处理逻辑采用异步调用，对于每一个 effect 的 callback，React 会像 setTimeout 回调函数一样，放入任务队列，等到主线程任务完成，DOM 更新，JS 执行完成，视图绘制完毕才执行。所以 effect 回调函数不会阻塞浏览器绘制视图。

2. useLayoutEffect

useLayoutEffect 和 useEffect 不同的地方是采用了同步执行，那么 useEffect 有什么区别呢？

首先 useLayoutEffect 是在 DOM 更新之后，浏览器绘制之前，这样可以方便修改 DOM，获取 DOM 信息，这样浏览器只会绘制一次，如果修改 DOM 布局放在 useEffect，那么 useEffect 执行是在浏览器绘制视图之后，接下来修改 DOM，就可能会导致浏览器再次回流和重绘。而且由于两次绘制，视图上可能会造成闪现突兀的效果。useLayoutEffect callback 中的代码执行会阻塞浏览器绘制。

一句话概括如何选择 useEffect 和 useLayoutEffect：修改 DOM，改变布局就用 useLayoutEffect，其他情况就用 useEffect。

React.useEffect 回调函数和 componentDidMount/componentDidUpdate 执行时机有什么区别？useEffect 对 React 执行栈来看是异步执行的，而 componentDidMount/componentDidUpdate 是同步执行的，useEffect 代码不会阻塞浏览器绘制。在时机上，componentDidMount/componentDidUpdate 和 useLayoutEffect 更类似。

▶▶ 5.4.2　useInsertionEffect

useInsertionEffect 是在 React V18 新添加的 Hooks，它的用法和 useEffect、useLayoutEffect 一样。这个 Hooks 用于什么呢？

在介绍 useInsertionEffect 用途之前，先看一下 useInsertionEffect 的执行时机。

```
React.useEffect(()=>{
    console.log('useEffect 执行')
},[])
React.useLayoutEffect(()=>{
    console.log('useLayoutEffect 执行')
},[])
React.useInsertionEffect(()=>{
    console.log('useInsertionEffect 执行')
},[])
```

打印：

```
useInsertionEffect 执行。
useLayoutEffect 执行。
useEffect 执行。
```

可以看到 useInsertionEffect 的执行时机要比 useLayoutEffect 提前，useLayoutEffect 执行的时候 DOM 已经更新了，但是在 useInsertionEffect 执行的时候，DOM 还没有更新。

useInsertionEffect 主要是解决 CSS-in-JS 在渲染中注入样式的性能问题。Hooks 主要是应用于这个场景，在其他场景下，React 不期望用这个 Hooks。

CSS-in-JS 的注入会引发哪些问题呢？首先看部分 CSS-in-JS 的实现原理，以 Styled-components 为例子，通过 Styled-components，可以使用 ES6 的标签模板字符串语法（Tagged Templates）为需要 Styled 的 Component 定义一系列 CSS 属性，当该组件的 JS 代码被解析执行的时候，Styled-components 会动态生成一个 CSS 选择器，并把对应的 CSS 样式通过 style 标签的形式插入 head 标签里面。动态生成的 CSS 选择器会有一小段哈希值来保证全局唯一性，避免样式发生冲突。这种模式下是动态生成 style 标签。

明白了 Styled-components 原理之后，再来看一下，如果在 useLayoutEffect 中使用 CSS-in-JS 会造成什么问题。

首先 useLayoutEffect 执行的时机 DOM 已经更新完成，布局也已经确定了，剩下的交给浏览器绘制就行了。如果在 useLayoutEffect 动态生成 style 标签，那么会再次影响布局，导致浏览器再次重回和重排。这时 useInsertionEffect 的作用就出现了，useInsertionEffect 的执行在 DOM 更新前，所以此时使用 CSS-in-JS 避免了浏览器再次出现重回和重排的可能，解决了性能上的问题。接下来模拟一下在 useInsertionEffect 中使用 CSS-in-JS 流程：

```
function Index(){
  React.useInsertionEffect(()=>{
      /* 动态创建 style 标签插入 head 中 */
      const style = document.createElement('style')
      style.innerHTML = `
       .css-in-js{
          color: red;
          font-size: 20px;
       }
      `
      document.head.appendChild(style)
  },[])
  return <div className="css-in-js" > hello, useInsertionEffect </div>
}
```

结果如图 5-4-1 所示。

此时 div 的字体颜色和字体大小已经更改。前面详细介绍了 useEffect、useLayoutEffect 和 useInsertionEffect，接下来以 useEffect 作为参考，详细介绍一下函数组件怎样实现生命周期的替代方案。

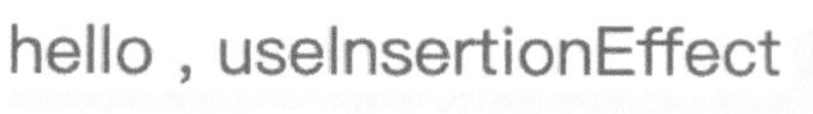

hello , useInsertionEffect

● 图 5-4-1

5.4.3　生命周期替代方案

1. componentDidMount 替代方案

```
React.useEffect(()=>{
    /* 请求数据,事件监听,操纵 DOM */
},[])   /* 切记 dep = [] */
```

这里要记住 dep = []，这样当前 effect 没有任何依赖项，也就只有执行一次初始化。

2. componentWillUnmount 替代方案

```
React.useEffect(()=>{
        /* 请求数据,事件监听,操作 DOM,增加定时器,延时器 */
        return function componentWillUnmount(){
            /* 解除事件监听器,清除定时器,延时器 */
        }
},[])/* 切记 dep = [] */
```

在 componentDidMount 的前提下，useEffect 第一个函数的返回函数可以作为 componentWillUnmount 使用。

3. componentWillReceiveProps 代替方案

说 useEffect 代替 componentWillReceiveProps 着实有点牵强。首先因为二者的执行阶段根本不同，一个是在渲染阶段，一个是在 commit 阶段。其次 useEffect 会执行一次初始化，但是 componentWillReceiveProps 只有组件更新 props 变化的时候才会执行。

```
React.useEffect(()=>{
    console.log('props 变化:componentWillReceiveProps')
},[ props ])
```

此时依赖项就是 props，props 变化后，执行此时的 useEffect 钩子。

```
React.useEffect(()=>{
    console.log('props 中的 number 变化:componentWillReceiveProps')
},[ props.number ]) /* 当前仅当 props 中的 number 变化,执行当前的 effect 钩子 */
```

useEffect 还可以针对 props 的某一个属性进行追踪。此时的依赖项为 props 的追踪属性。如上述代码所示，只有 prop 中的 number 变化，才执行 effect。

4. componentDidUpdate 替代方案

useEffect 和 componentDidUpdate 在执行时虽然有点差别（useEffect 是异步执行，componentDidUpdate 是同步执行），但都是在 commit 阶段。useEffect 会默认执行一次，而 componentDidUpdate 只有在组件更新完成后才执行。

```
React.useEffect(()=>{
    console.log('组件更新完成:componentDidUpdate')
}) /* 没有 dep 依赖项 */
```

注意此时 useEffect 没有第二个参数。没有第二个参数，每一次执行函数组件，都会执行该 effect。完整代码和效果如下：

```
function FunctionLifecycle(props){
    const [ num, setNum ] = useState(0)
    React.useEffect(()=>{
        /* 请求数据,事件监听,操作 DOM,增加定时器,延时器 */
        console.log('组件挂载完成:componentDidMount')
        return function componentWillUnmount(){
            /* 解除事件监听器,清除 */
            console.log('组件销毁:componentWillUnmount')
        }
    },[])/* 切记 dep = [ ] */
    React.useEffect(()=>{
        console.log('props 变化:componentWillReceiveProps')
    },[ props ])
    React.useEffect(()=>{ /*    */
        console.log('组件更新完成:componentDidUpdate')
    })
    return <div>
        <div> props : { props.number } </div>
        <div> states : { num } </div>
        <button onClick={ ()=> setNum(state=>state + 1) }  >改变 state</button>
    </div>
}
function Index (){
    const [ number, setNumber ] = React.useState(0)
    const [ isRender, setRender ] = React.useState(true)
    return <div>
        { isRender &&  <FunctionLifecycle number={number}  /> }
        <button onClick={ ()=> setNumber(state => state + 1) } >
            改变 props  </button> <br/>
        <button onClick={()=> setRender(false) }>卸载组件</button>
    </div>
}
```

5.5 实践：实现 ScrollView 组件

为了让读者加深对生命周期各阶段的理解，这里写了一个 Demo，编写一个类似小程序或是 web-View 中的 ScrollView 组件，主要用于长列表渲染，滑动底部请求渲染列表。

组件本身的功能不重要，实现细节也不需要太纠结，本节讲的是生命周期，明白生命周期的各个阶段应该做些什么才重要。

使用：

```
/*  Item 完全是单元项的渲染 UI */
function Item({item}) {
    return  <div className="goods_item" >
        <img src={item.giftImage} className="item_image" />
        <div className="item_content" >
            <div className="goods_name" >
                {item.giftName}
            </div>
            <div className="hold_price" />
            <div className="new_price" >
                <div className="new_price" >
                    <div className="one view">
                        ¥ {item.price}
                    </div>
                </div>
            </div>
            <img className='go_share  go_text' />
        </div>
    </div>
}
function Index() {
    const [ data, setData ] = useState({ list:[],page:0,pageCount:1  }) /* 记录列表数据 */
    /* 请求数据 */
    const getData = async () =>{
        if(data.page === data.pageCount) return console.log('没有数据了~')
        const res = await fetchData(data.page + 1)
        if(res.code === 0) setData({
            ...res,
            list:res.page === 1 ?  res.list : data.list.concat(res.list)
        })
    }
    /* 滚动到底部触发 */
    const handerScrolltolower = () => {
        console.log('scroll 已经到底部')
        getData()
    }
    /* 初始化请求数据 */
    useEffect(()=>{
        getData()
    },[])
    return <ScrollView
            data={ data }                /* 数据源   */
            component={ Item }        /* Item 渲染的单元组件 */
            scrolltolower={ handerScrolltolower }
            scroll={()=>{}}
        />
}
```

数据源的具体结构如下：

```
  data
[
  item:{
    giftImage:'商品图片',
    giftName:'商品名称',
    price:'商品价格',
  }
]
```

ScrollView 编写：

```
class ScrollView extends React.Component{
    /* -----自定义事件---- */
    /* 控制滚动条滚动 */
      handerScroll=(e)=>{
        const { scroll } = this.props
        scroll && scroll(e)
        this.handerScrolltolower()
    }
    /* 判断滚动条是否到底部 */
    handerScrolltolower(){
        const { scrolltolower } = this.props
        const { scrollHeight, scrollTop,  offsetHeight } = this.node
        if(scrollHeight === scrollTop + offsetHeight){
          /* 到达容器底部位置 */
            scrolltolower && scrolltolower()
        }
    }
    node = null
    /* -------生命周期------ */
    constructor(props) {
        super(props)
        this.state={ /* 初始化 Data */
            list:[]
        }
      /* 防抖处理 */
        this.handerScrolltolower = debounce(this.handerScrolltolower,200)
    }
    /* 接收 props,合并到 State */
    static getDerivedStateFromProps(newProps){
        const { data } = newProps
        return {
            list : data.list ||[],
        }
    }
    /* 性能优化,只有列表数据变化,渲染列表 */
    shouldComponentUpdate(newProps,newState){
```

```
        return newState.list !== this.state.list
    }
    /* 获取更新前容器高度 */
    getSnapshotBeforeUpdate(){
        return this.node.scrollHeight
    }
    /* 获取更新后容器高度 */
    componentDidUpdate(prevProps, prevState, snapshot){
        console.log('scrollView 容器高度变化:', this.node.scrollHeight - snapshot  )
    }
    /* 绑定事件监听器-监听 scorll 事件 */
    componentDidMount() {
        this.node.addEventListener('scroll',this.handerScroll)
    }
    /* 解绑事件监听器 */
    componentWillUnmount(){
        this.node.removeEventListener('scroll',this.handerScroll)
    }
    render() {
        const { list } = this.state
        const { component } = this.props
        return <div className="list_box"  ref={(node) => this.node = node }  >
            <div >
                {
                    list.map((item) => (
                        React.createElement(component,{ item, key: item.id  }) // 渲染 Item 列表内容。
                    ))
                }
            </div>
        </div>
    }
}
```

ScrollView 组件各个生命周期的功能如下：

constructor：做数据初始化，将滑动处理函数做防抖处理。

getDerivedStateFromProps：将 props 中的 list，合并到 State。

componentDidMount：绑定监听 scroll 事件。

shouldComponentUpdate：性能优化，只有 list 改变，渲染视图。

渲染：渲染视图，渲染 Item。

getSnapshotBeforeUpdate：保存组件更新前的 scrollview 容器高度。

componentDidUpdate：根据渲染前后的容器高度，计算一次高度变化量。

componentWillUnmount：解除 scroll 事件监听器。

这个 Demo 实践加深了对生命周期的每一个阶段要做什么事的理解。通过本章的学习，需要掌握如下的知识点：类组件生命周期执行过程，以及细节；类组件各个生命周期能做的事情；函数组件生命周期代替方案；useEffect、useLayoutEffect、useInsertionEffect 三者的用法，以及在执行时机上有什么区别。

第 6 章

React状态获取与传递

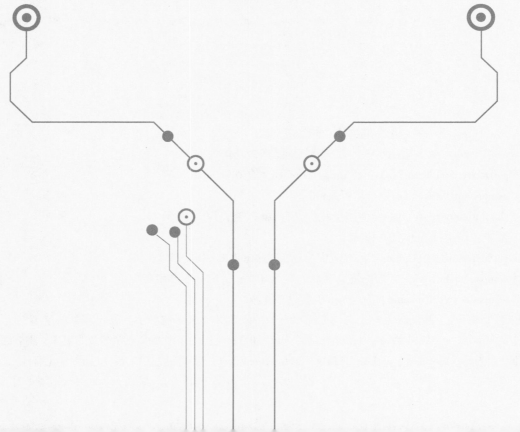

本章将重点围绕 React 状态的保存、传递和处理。对于 React 的状态除了 State 之外，还有用于状态传递的 context 和状态获取 ref。

ref 是一种状态获取的手段，它用来获取 DOM 元素和组件实例，除此之外，ref 还有一些使用上的小技巧，它们能够让 React 的状态处理更加灵活，本章即将揭秘这些小技巧。

context 是一种状态传递的手段，在 context 基础上，React 实现了一个提供者模式去处理状态的传递和订阅状态的更新。context 解决了项目中数据传递的复杂场景，一些优秀的 React 工具库是通过 context 实现的，比如 React-Router 和 React-Redux 等。

6.1 ref 对象介绍

对于 ref，笔者认为应该分成两个部分去分析，第一个部分是 ref 对象的创建，第二个部分是 React 本身对 ref 的处理。两者不要混为一谈，所谓 ref 对象的创建，就是通过 React.createref 或者 React.useref 来创建一个 ref 原始对象。而 React 对于 ref 的处理，主要指的是对于标签中的 ref 属性，React 是如何处理以及转发的。

接下来重点研究一下 ref 对象。

所谓 ref 对象就是用 createref 或者 useref 创建出来的对象，一个标准的 ref 对象应该是如下的样子：

```
/* current 指向 ref 对象获取到的实际内容,可以是 DOM 元素,组件实例,或者其他。*/
{current:null }
```

current 为 ref 对象的一个标准属性，是 React 约定好的属性名。这个属性可以保存 ref 获取的内容，常用作获取 DOM 节点或者组件实例。

React 提供两种方法创建 ref 对象，第一种方法是通过 React.createref 创建一个 ref 对象。这个方法一般用于类组件。

```
class Index extends React.Component{
  constructor(props){
    super(props)
    this.currentDom = React.createref(null)
  }
  componentDidMount(){
    console.log(this.currentDom)
  }
  render= () => <div ref={ this.currentDom } > ref 获取元素节点。</div>
}
```

打印：

```
{ current:div  }
```

React.createref

React.createref 的底层逻辑很简单。下面一起来看一下：

```
export function createref() {
  const refObject = {
    current: null,
  }
  return refObject;
}
```

createref 只做了一件事，就是创建了一个对象，对象上的 current 属性，用于保存通过 ref 获取的 DOM 元素、组件实例等。createref 一般用于类组件创建 ref 对象，可以将 ref 对象绑定在类组件实例上，这样更方便后续操作 ref。

注意：不要在函数组件中使用 createref，否则会造成 ref 对象内容丢失等情况。

第二种方法就是函数组件创建 ref，可以用 Hooks 中的 useref 来达到同样的效果。

```
export default function Index(){
    const currentDom = React.useref(null)
    React.useEffect(()=>{
        console.log(currentDom.current) // div
    },[])
    return  <div ref={ currentDom } >ref 对象模式获取元素或组件</div>
}
```

useref 的底层逻辑和 createref 差不多，就是 ref 保存位置不相同，类组件有一个实例 instance 能够维护像 ref 这种信息，但是由于函数组件每次更新都是一次新的开始，所有变量重新声明，所以 useref 不能像 createref 把 ref 对象直接暴露出去，如果这样每一次函数组件执行就会重新声明 ref，此时 ref 就会随着函数组件执行被重置，这就解释了在函数组件中为什么不能用 createref 的原因。

为了解决这个问题，Hooks 和函数组件对应的 fiber 对象建立起关联，将 useref 产生的 ref 对象挂到函数组件对应的 fiber 上，函数组件每次执行，只要组件不被销毁，函数组件对应的 fiber 对象一直存在，所以 ref 等信息就会被保存下来。对于 Hooks 原理，后续章节会有对应的介绍。

6.2　ref 使用及应用场景

上文中重点介绍了 ref 对象的创建，接下来分析一下 ref 的使用以及应用场景。

▶▶ 6.2.1　ref 的使用

首先明确一个问题是 DOM 元素和组件实例必须用 ref 对象获取吗？答案是否定的，React 类组件提供了多种方法获取 DOM 元素和组件实例，其实是 React 对标签里面 ref 属性的处理逻辑多样化。

类组件获取 ref 的三种方法如下：

1. ref 属性是一个字符串

```
/*  类组件 */
class Children extends Component{
```

```
    render=()=><div>hello,world</div>
}
/* TODO:ref 属性是一个字符串 */
class Index extends React.Component{
    componentDidMount(){
        console.log(this.refs)
    }
    render=()=> <div>
        <div ref="currentDom">字符串模式获取元素或组件</div>
        <Children ref="currentComInstance"  />
    </div>
}
```

打印结果如图 6-2-1 所示。

> currentComponentInstance: Children {props: {…}, context: {…}, refs: {…}.
> currentDom: div

● 图 6-2-1

如上面的代码片段，用一个字符串 ref 标记一个 DOM 元素，一个类组件（函数组件没有实例，不能被 ref 标记）。React 在底层逻辑，会判断类型：如果是 DOM 元素，会把真实 DOM 绑定在组件 this.refs（组件实例下的 refs）属性上。如果是类组件，会把子组件的实例绑定在 this.refs 上。

2. ref 属性是一个函数

```
/* TODO:ref 属性是一个函数 */
class Index extends React.Component{
    currentDom = null
    currentComponentInstance = null
    componentDidMount(){
        console.log(this.currentDom)
        console.log(this.currentComponentInstance)
    }
    render=()=> <div>
        <div ref={(node)=> this.currentDom = node }  >ref 模式获取元素或组件</div>
        <Children ref={(node) => this.currentComponentInstance = node  }  />
    </div>
}
```

打印结果如图 6-2-2 所示。

```
<div>函数模式获取元素或组件</div>                          index.js?f7be:244
                                                        index.js?f7be:245
▶ Children {props: {…}, context: {…}, refs: {…}, updater: {…}, render: f, …}
```

● 图 6-2-2

如上代码片段，当用一个函数来标记 ref 的时候，将作为 callback 形式，等到真实 DOM 创建阶段，执行 callback，获取的 DOM 元素或组件实例，将以回调函数第一个参数形式传入，可以用组件实例下的属性 currentDom 和 currentComponentInstance 来接收真实 DOM 和组件实例。

3. ref 属性是一个 ref 对象

第三种方法就是通过 ref 对象获取。前面已经介绍了，这里就不多说了，直接看代码。

```
class Index extends React.Component{
    currentDom = React.createref(null)
    currentComponentInstance = React.createref(null)
    componentDidMount(){
        console.log(this.currentDom)
        console.log(this.currentComponentInstance)
    }
    render=()=> <div>
        <div ref={ this.currentDom }  >ref 对象模式获取元素或组件</div>
        <Children ref={ this.currentComponentInstance }  />
    </div>
}
```

打印结果如图 **6-2-3** 所示。

```
▸ {current: div}                                          index.js?f7be:262
▸ {current: Children}                                     index.js?f7be:263
```

● 图 6-2-3

4. 函数组件如何获取 ref

前面介绍了类组件获取 ref 的三种方法，函数组件获取 ref 的方法比较单一，只能通过 useref 来获取组件实例或者 DOM 元素。

```
function Index(){
    const currentDom = React.useref()
    const currentComponentInstance = React.useref()
    React.useEffect(()=>{
        console.log(currentDom.current)
        console.log(currentComponentInstance.current)
    },[])
    return <div>
        <div ref={ currentDom }  >函数组件获取元素或组件</div>
        <Children ref={ currentComponentInstance }  />
    </div>
}
```

▶▶ 6.2.2 forwardref 转发 ref

forwardref 的初衷就是解决 ref 不能跨层级捕获和传递的问题。forwardref 接受了父级元素标记的 ref

信息，并把它转发下去，使得子组件可以通过 props 来接收上一层级或者是更上层级的 ref，大家可能对这句话不是很理解，不过没关系，下面来从具体场景中分析 forwardref 的真正用途。

1. 场景一：跨层级获取

场景：想要在 GrandFather 组件通过标记 ref，来获取子代组件 Son 的组件实例。

```
function Son (props){
    const { grandref } = props
    return <div>
        <span ref={grandref} >这个是想要获取元素</span>
    </div>}
    /* 将 ref 作为 props 传递。*/
class Father extends React.Component{
    constructor(props){
        super(props)
    }
    render(){
        return <div>
            <Son grandref={this.props.grandref}  />
        </div>
    }}
const NewFather = React.forwardref((props,ref) => <Father grandref={ref}  {...props} />)
/* GrandFather 组件获取 Son 组件的 DOM 元素   */
class GrandFather extends React.Component{
    constructor(props){
        super(props)
    }
    node = null
    componentDidMount(){
        console.log(this.node) // span #text 这个是想要获取元素
    }
    render(){
        return <div>
            <NewFather ref={(node) => this.node = node } />
        </div>
    }
}
```

结果如图 6-2-4 所示。

综上所述，forwardref 把 ref 变成了可以通过 props 传递和转发。

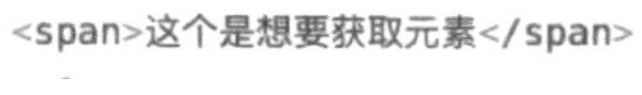

这个是想要获取元素

● 图 6-2-4

2. 场景二：合并转发 ref

通过 forwardref 转发的 ref 不要理解为只能用来直接获取组件实例，DOM 元素也可以用来传递合并之后的自定义的 ref，不过这个场景并不是一个主流的方式。

场景：想通过 Home 绑定 ref，来获取子组件 Index 的实例 Index、DOM 元素 button，以及孙组件

Form 的实例。

```
// 表单组件
class Form extends React.Component{
    render(){
      return <div>{...}</div>
    }}// index 组件 class Index extends React.Component{
    componentDidMount(){
        const { forwardref } = this.props
        forwardref.current={
            form:this.form,          // 给 Form 组件实例,绑定给 ref form 属性
            index:this,              // 给 Index 组件实例,绑定给 ref Index 属性
            button:this.button,      // 给 button DOM 元素,绑定给 ref button 属性
        }
    }
    form = null
    button = null
    render(){
        return <div  >
          <button ref={(button) => this.button = button }  >点击</button>
          <Form  ref={(form) => this.form = form }  />
        </div>
    }
}
const ForwardrefIndex = React.forwardref((props,ref)=>
    <Index  {...props} forwardref={ref}  />)
/* home 组件通过 ref 来获取 form 实例、button DOM 元素、Index 组件实例。*/
export default function Home(){
    const ref = React.useref(null)
    React.useEffect(()=>{
        console.log(ref.current)
    },[])
    return <ForwardrefIndex ref={ref} />
}
```

效果如图 6-2-5 所示。

```
▸ button: button
▸ form: Form {props: {…}, context: {…}, refs: {…}, updater: {…}, _reactIn…
▸ index: Index {props: {…}, context: {…}, refs: {…}, updater: {…}, form: …
▸ __proto__: Object
```

● 图 6-2-5

代码如上所示，流程主要分为几个方面：

（1）通过 useref 创建一个 ref 对象，通过 forwardref 将当前 ref 对象传递给子组件。

（2）向 Home 组件传递的 ref 对象上，绑定 Form 孙组件实例、Index 子组件实例和 button DOM 元素。

forwardref 让 ref 可以通过 props 传递，如果用 ref 对象标记的 ref，那么 ref 对象就可以通过 props 的形式，提供给子孙组件消费，当然子孙组件也可以改变 ref 对象里面的属性，或者像如上代码中赋予新的属性，这种 forwardref + ref 模式一定程度上打破了 React 单向数据流动的原则。当然绑定在 ref 对象上的属性，不限于组件实例或者 DOM 元素，也可以是属性值或方法。

3. 场景三：高级组件转发

如果通过高阶组件包裹一个原始类组件，就会产生一个问题，如果高阶组件 HOC 没有处理 ref，那么由于高阶组件本身会返回一个新组件，所以当使用 HOC 包装组件的时候，标记的 ref 会指向 HOC 返回的组件，而并不是 HOC 包裹的原始类组件，为了解决这个问题，forwardref 可以对 HOC 做一层处理。

```
/* 高阶组件 */
function HOC(Component){
  class Wrap extends React.Component{
    render(){
      const { forwardedref,...otherprops  } = this.props
      return <Component ref={forwardedref}  {...otherprops}  />
    }
  }
  return  React.forwardref((props,ref) => <Wrap forwardedref={ref} {...props} />) }
class Index extends React.Component{
  render(){
    return <div>hello,world</div>
  }}
const HocIndex =  HOC(Index)
export default () =>{
  const node = React.useref(null)
  React.useEffect(() =>{
    console.log(node.current)  /* Index 组件实例  */
  },[])
  return <div><HocIndex ref={node}  /></div>
}
```

经过 forwardref 处理后的 HOC，就可以正常访问到 Index 组件实例了。

▶▶ 6.2.3　ref 其他应用场景

ref 除了用来获取 DOM 以及组件实例之外，还有一些其他的用途。

1. ref 实现父组件到子组件的通信

如果有种场景不想通过父组件渲染改变 props 的方式，来触发子组件的更新，也就是子组件通过 State 单独管理数据层，针对这种情况，父组件可以通过 ref 模式标记子组件实例，从而操控子组件方法，这种情况通常发生在一些数据层托管的组件上，比如<Form/>表单，经典案例可以参考 antd 里面的 form 表单，暴露出对外的 resetFields、setFieldsValue 等接口，可以通过表单实例调用这些 API。

类组件情况：对于类组件可以通过 ref 直接获取组件实例，实现组件通信。

```
/* 子组件 */
/class Son extends React.PureComponent{
    state={
      fatherMes:'',
    }
    fatherSay(fatherMes){ this.setState({ fatherMes }) } /* 提供给父组件的 API */
    render(){
        return  <p>父组件对我说:{ this.state.fatherMes }</p>
    }}
/* 父组件 */
export default function Father(){
    const sonInstance = React.useref(null) /* 用来获取子组件实例 */
    const toSon =()=> sonInstance.current.fatherSay('hello, son') /* 调用子组件实例方法,改变
子组件 State */
    return <div >
        <button onClick={toSon} >to son</button>
        <Son ref={sonInstance} />
    </div>
}
```

流程分析：

（1）子组件写好 fatherSay 接口，提供给父组件使用。

（2）父组件通过 ref 获取子组件实例，然后通过 ref 属性直接调用 Son 组件的 fatherSay 方法。

如上是通过 ref 实现父到子的通信。但是对于子组件是函数组件的情况，又是如何处理的呢？我们接着往下看。

2. 函数组件情况：forwardref + useImperativeHandle

对于函数组件，本身是没有实例的，但是 React Hooks 提供了。useImperativeHandle 一方面第一个参数接受父组件传递的 ref 对象；另一方面第二个参数是一个函数，函数返回值作为 ref 对象获取的内容。下面看一下 useImperativeHandle 的基本使用。

useImperativeHandle 接受三个参数：第一个参数 ref：接受 for Wardref 传递过来的 ref。第二个参数 createHandle：处理函数，返回值绑定在父组件的 ref 对象的 current 属性上。第三个参数 deps：依赖项 deps，依赖项更改会更新 ref 属性。

forwardref + useImperativeHandle 可以让函数组件流畅地使用 ref 通信。

接下来实现一个小功能，就是父组件通过 ref，让子组件的 input 输入框自动聚焦，并且输入 let us learn React！

```
// 子组件 function Son (props,ref) {
    const inputref = React.useref(null)
    const [ inputValue, setInputValue ] = React.useState('')
    React.useImperativeHandle(ref,()=>{
        const handlerefs = {
```

```
                onFocus(){                        /* 声明方法用于聚焦 input 框 */
                    inputref.current.focus()
                },
                onChangeValue(value){             /* 声明方法用于改变 input 的值 */
                    setInputValue(value)
                }
            }
            return handlerefs
        },[])
        return <input placeholder="请输入内容"  ref={inputref}  value={inputValue} />}
const ForwardSon = React.forwardref(Son)
// 父组件
export default function Index(){
    const sonref = React.useref()
    const  handleClick = () => {
        const { onFocus, onChangeValue } =sonref.current
        onFocus() // 让子组件的输入框获取焦点
        onChangeValue('let us learn React!') // 让子组件 input
    }
    return <div >
        <ForwardSon ref={sonref} />
        <button onClick={handleClick} >操控子组件</button>
    </div>
}
```

上述例子中：

父组件通过 ref 对象的方式标记 ForwardSon，ForwardSon 是通过 forwardref 包装后的 Son 组件。

Son 组件通过 useImperativeHandle 接受 ref，将改变输入框内容的方法 onChangeValue 和让输入框聚焦的方法 onFocus 传递给 ref，提供给父组件使用。

当父组件点击按钮之后，触发子组件提供的方法，让 input 输入框实现了自动聚焦，并填充了内容。

3. 函数组件缓存数据

函数组件每一次渲染，函数上下文会重新执行，有一种情况就是，在执行一些事件方法改变数据或者保存新数据的时候，有没有必要更新视图，有没有必要把数据放到 State 中。如果视图层更新不依赖想要改变的数据，那么 State 改变带来的更新效果就是多余的。这时候更新无疑是一种性能上的浪费。

这种情况下，useref 就派上用场了。前面讲到过，useref 可以创建出一个 ref 原始对象，只要组件没有销毁，ref 对象就一直存在，完全可以把一些不依赖于视图更新的数据存储到 ref 对象中。这样做的好处有两个：第一个能够直接修改数据，不会造成函数组件冗余的更新作用。第二个 useref 保存数据，如果有 useEffect、useMemo 引用 ref 对象中的数据，则无须将 ref 对象添加成 dep 依赖项，因为 useref 始终指向一个内存空间，所以这样的好处是可以随时访问到变化后的值。

这里举一个例子，在很多大型平台化的应用中，会用到 ECharts，初始化的时候，会调用 echarts.init 创建一个 ECharts 实例，用 ref 对象保存 ECharts 实例就是一个不错的选择。

```
function Index(){
    const echartContainer = React.useref()
    const echartInstance = React.useref()
    React.useEffect(()=>{
        /* 初始化 echarts,用 ref 保存 echarts 实例 */
        echartInstance.current = echarts.init(echartContainer.current)
    },[])
    const handleRenderEcharts=()=>{
        /* 配置参数,渲染 Echarts */
        echartInstance.current.setOption({
            title: {
              text:'ECharts 入门示例'
            },
            tooltip: {},
            xAxis: {
              data:['衬衫','羊毛衫','雪纺衫','裤子','高跟鞋','袜子']
            },
            yAxis: {},
            series: [
              {
                name:'销量',
                type:'bar',
                data:[5, 20, 36, 10, 10, 20]
              }
            ]
        })
    }
    return <div>
        <div ref={echartContainer} style={{ height:'300px',width:'300px' }} />
        <button onClick={handleRenderEcharts} >渲染 echarts </button>
    </div>
}
```

如上所示，设计思路大致是：用 echartContainer 保存 echarts 容器，标记 div 元素。

在 useEffect 里获取真实的 DOM 元素，进行 echarts 初始化工作，用 echartInstance 保存 echarts 实例。点击按钮，可以直接通过 echartInstance.current 获取到 echarts 实例，配置参数渲染 echarts。传统类组件中，开发者可以把状态直接绑定在 this 实例上，但是在函数组件中，因为函数组件没有实例 this，可以把类似于上述 echartInstance 的状态，直接用 useref 来保存。

本节我们要明白的知识点是：ref 对象的两种创建方法，以及三种获取 ref 的方法；详细介绍 forwardref 的用法；ref 组件通信-函数组件和类组件两种方式；useref 缓存数据。

对于 ref 原理，会在接下来的原理章节重点介绍。

6.3 Context 介绍

接下来将重点介绍新老版本 React Context 的基础用法、高阶用法，以及 Context 切换主题实践。更重要的是 React 开发者应该明白 Context 使用场景，以及正确使用 Context。

▶▶ 6.3.1 什么是 Context

什么是 Context？用官网上的一句话形容，就是 Context 提供了一个无须为每层组件手动添加 props，就能在组件树之间进行数据传递的方法。

正如官网所说的，正常情况下，父组件向子组件传递状态是通过 props，但是如果中间经历了很多层组件，再用 props，需要每一层手动绑定 props，这无疑给 React 开发者添加了很多麻烦。

为了解决这个问题，Context 应运而生，Context 可以理解成由上层组件向下层组件传递的状态。当上层组件用了 Context 传递状态，以这个组件为节点的所有下层组件，可以通过 Context 获取到这个状态。

这个方案广泛应用在跨层级传递状态的情景中。比如在 React-Router 中通过 Context 传递 Location History 等对象。在 React-Redux 中通过 Context 传递 Store 等。

▶▶ 6.3.2 Context 解决了什么问题

Context 解决了什么问题呢？带着这个疑问，首先假设一个场景：在 React 的项目有一个全局变量 Theme（Theme 可能是初始化数据交互获得的，也有可能是切换主题变化的），有一些视图 UI 组件（比如表单 input 框、button 按钮），需要 Theme 里面的变量来进行对应的视图渲染，现在的问题是怎样能够把 Theme 传递下去，合理分配到用到这个 Theme 的地方。

首先想到的是 props 的可行性，如果让 props 来解决上述问题是可以的，不过会有两个问题。假设项目的组件树情况如图 6-3-1 所示，因为在设计整个项目的时候，不确定将来哪一个模块需要 Theme，所以必须将 Theme 在根组件 A 注入，但是需要给组件 N 传递 props，需要在上面每一层去手动绑定 props，如果将来其他子分支上有更深层的组件需要 Theme，还需要把上一级的组件全部绑定传递 props，这样维护成本是巨大的。

假设需要动态改变 Theme 属性，那么需要从应用的根组件更新，只要需要 Theme 属性的组件，由它开始到根组件的一条组件链结构都需要更新，会造成牵

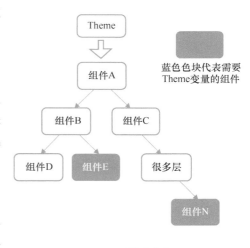

● 图 6-3-1

一发而动全身的影响。props 方式看来不切实际。为了解决上述 props 传递的两个问题，React 用 Context 模式去解决，具体实现是这样的，React 组件树 A 节点，用 Provider 提供者注入 Theme，然后在需要 Theme 的地方，用 Consumer 消费者形式取出 Theme，供给组件渲染使用即可，这样会减少很多无用功。

但是必须注意的一点是，提供者永远要在消费者上层，正所谓水往低处流，提供者一定要是消费者的某一层父级。

6.4　新老版本 Context

▶▶ 6.4.1　老版本 Context

在 React V16.3.0 之前，React 用 PropTypes 来声明 Context 类型，提供者需要 getChildContext 来返回需要提供的 Context，并且用静态属性 childContextTypes 声明需要提供的 Context 数据类型。具体如下：

老版本提供者：

```
// 提供者
import propsTypes from 'proptypes'
class ProviderDemo extends React.Component{
    getChildContext(){
        const theme = { /* 提供者要提供的主题颜色,供消费者消费 */
            color:'#ccc',
            background:'pink'
        }
        return { theme }
    }
    render(){
        return <div>
            hello,let us learn React!
            <Son/>
        </div>
    }
}
ProviderDemo.childContextTypes = {
    theme:propsTypes.object
}
```

老版本 API 在 React V16 版本还能正常使用，对于提供者，需要通过 getChildContext 方法，将传递的 Theme 信息返回出去，并通过 childContextTypes 声明要传递的 Theme 是一个对象结构。声明类型需要 propsTypes 库来助力。

老版本消费者：

```
// 消费者
class ConsumerDemo extends React.Component{
    render(){
        console.log(this.context.theme) // { color:'#ccc', bgcolor:'pink' }
        const { color, background } = this.context.theme
        return <div style={{ color,background }} >消费者</div>
    }}
ConsumerDemo.contextTypes = {
    theme:propsTypes.object
}
const Son = () => <ConsumerDemo/>
```

作为消费者，需要在组件的静态属性指明到底需要哪个提供者提供的状态，在 Demo 项目中，ConsumerDemo 的 contextTypes 明确地指明了需要 ProviderDemo 提供的 Theme 信息，然后就可以通过 this.context.theme 访问到 Theme，用作渲染消费。

这种模式和 Vue 中的 provide 和 inject 数据传输模式很像，在提供者中声明到底传递什么，然后消费者指出需要哪个提供者提供的 Context。比如去一个高档餐厅，每个厨师都可以理解成一个提供者，而且每个厨师各有所长，有的擅长中餐，有的擅长西餐，每个厨师把擅长的领域用 childContextTypes 贴出来，大家作为消费者，用 contextTypes 明确想要吃哪位厨师做的餐饮。

▶▶ 6.4.2 新版本 Context

上述的 API 用起来流程可能会很烦琐，而且还依赖于 propsTypes 等第三方库。所以在 React V16.3.0 之后，Context API 正式发布了，可以直接用 createContext 创建出一个 Context 上下文对象，Context 对象提供两个组件，Provider 和 Consumer 作为新的提供者和消费者，这种 Context 模式更便捷地传递 Context，还增加了一些新的特性，但是也引出了一些新的问题，这些问题后面会讲到。接下来需要重点研究一下新版本的 Context。

createContext

新版的 Context 需要 createContext 创建 Context 对象作为前提。在 Context 对象中，包括用于传递 Context 对象值 value 的 Provider 和接受 value 变化订阅的 Consumer。

```
const MyContext = React.createContext(defaultValue) // context 对象
const MyProvider = MyContext.Provider
// 提供者 const MyConsumer = MyContext.Consumer // 订阅消费者
```

createContext 接受一个参数，作为初始化 Context 的内容 defaultValue，返回一个 Context 对象，Context 对象上的 Provider 作为提供者，Context 对象上的 Consumer 作为消费者。

如果 Consumer 上一级一直没有 Provider，则会应用 defaultValue 作为 value。只有当组件所处的树中没有匹配到 Provider 时，其 defaultValue 参数才会生效。

新版本提供者：

首先来看一下 Provider 的用法。

```
const MyProvider = MyContext.Provider   // 提供者
export default function ProviderDemo(){
    const [ contextValue, setContextValue ] =
    React.useState({  color:'#ccc', background:'pink' })
    return <div>
        <MyProvider value={ contextValue } >
            <Son />
        </MyProvider>
    </div>
}
```

Provider 作用有两个：value 属性传递 Context，供给 Consumer 使用。value 属性改变，MyProvider 会让消费 Provider value 的组件重新渲染。

新版本消费者：

对于新版本想要获取 Context 的消费者，React 提供了 3 种形式，接下来逐一介绍这三种方式。

1. 类组件之 contextType 方式

React V16.6 提供了 contextType 静态属性，用来获取上面提供的 value 属性，这里注意的是 contextType，不是上述老版的 contextTypes，对于 React 起的这两个名字，真是太相像了。

```
const MyContext = React.createContext(null)
// 类组件- contextType 方式
class ConsumerDemo extends React.Component{
  render(){
      const { color,background } = this.context
      return <div style={{ color,background } } >消费者</div>
  }}
ConsumerDemo.contextType = MyContext
const Son = () => <ConsumerDemo />
```

类组件的静态属性上的 contextType 属性，指向需要获取的 Context（Demo 中的 MyContext），就可以方便获取到最近一层 Provider 提供的 contextValue 值。记住这种方式只适用于类组件。

2. 函数组件之 useContext 方式

既然类组件可以快捷获取 Context，函数组件也应该研究一下如何快速获取 Context，于是 React V16.8 React Hooks 提供了 useContext，下面看一下 useContext 的使用。

```
const MyContext = React.createContext(null)
// 函数组件- useContext 方式
function ConsumerDemo(){
    const  contextValue = React.useContext(MyContext) /*    */
    const { color,background } = contextValue
    return <div style={{ color,background } } >消费者</div>
}
const Son = () => <ConsumerDemo />
```

useContext 接受一个参数，就是想要获取的 Context，返回一个 value 值，就是最近的 Provider 提供的 contextValue 值。

3. 订阅者之 Consumer 方式

React 还提供了一种 Consumer 订阅消费者方式，我们研究一下这种方式如何传递 context。

```
const MyConsumer = MyContext.Consumer // 订阅消费者
function ConsumerDemo(props){
    const { color,background } = props
    return <div style={{ color,background } } >消费者</div>
}
const Son = () => (
    <MyConsumer>
        { /* 将 Context 内容转换成 props    */ }
        { (contextValue)=> <ConsumerDemo  {...contextValue}  /> }
    </MyConsumer>)
```

Consumer 订阅者采取 render props 方式，接受最近一层 Provider 中的 value 属性，作为 render props 函数的参数，可以将参数取出来，作为 props 混入 ConsumerDemo 组件，其实就是 Context 变成了 props。

其他 API：displayName。Context 对象接受一个名为 displayName 的 property，类型为字符串。React DevTools 使用该字符串来确定 Context 要显示的内容。

```
const MyContext = React.createContext(/* 初始化内容 */);
MyContext.displayName = 'MyDisplayName';
<MyContext.Provider> // "MyDisplayName.Provider"在 DevTools 中
<MyContext.Consumer> // "MyDisplayName.Consumer"在 DevTools 中
```

▶▶ 6.4.3 动态 Context

上面讲到的 Context 都是静态不变的，但是在实际的场景下，Context 可能是动态可变的，比如切换主题的话题，因为切换主题就是在动态改变 Context 的内容，所以接下来看一下动态改变 Context。

```
const ThemeContext = React.createContext(null)
function ConsumerDemo(){
    const { color,background } = React.useContext(ThemeContext)
    return <div style={{ color,background } } >消费者</div>
}
const Son = React.memo(()=> <ConsumerDemo />) // 子组件
const ThemeProvider = ThemeContext.Provider // 提供者
export default function ProviderDemo(){
    const[contextValue, setContextValue]=React.useState({color:'#ccc', background:'pink' })
    return <div>
        <ThemeProvider value={ contextValue } >
            <Son />
        </ThemeProvider>
        <button onClick={ ()=> setContextValue({ color:'#fff', background:'blue'})  } >切换
主题</button>
```

```
    </div>
  }
```

当点击按钮切换主题的时候，能够让 ConsumerDemo 中的字体颜色和背景颜色改变。

Provider 模式下 Context 有一个显著的特点，就是 Provider 的 value 改变，会使所有消费 value 的组件重新渲染，如上通过一个 useState 来改变 contextValue 的值，contextValue 改变，会使 ConsumerDemo 自动更新，注意这个更新并不是由父组件 Son render 造成的，因为 Son 用 Memo 处理过，这种情况下，Son 没有触发渲染，而是 ConsumerDemo 自发的渲染。

总结：在 Provider 里 value 的改变，会使引用 contextType、useContext 消费该 Context 的组件重新渲染，同样会使 Consumer 的 Children 函数重新执行，与前两种方式不同的是 Consumer 方式，当 context 内容改变的时候，不会让引用 Consumer 的父组件重新更新。

暴露的问题：但是上述的 Demo 暴露出一个问题，就是上述 Son 组件是用 Memo 处理的，如果没有 Memo 处理，useState 会让 ProviderDemo 重新渲染，此时 Son 没有处理，就会跟随父组件渲染，如果 Son 还有很多子组件，那么全部渲染一遍。如何阻止 Provider value 改变造成的 Children（Demo 中的 Son）不必要的渲染？

针对这个问题，究其本质就是如下两个思路。第一种就是利用 Memo、pureComponent 对子组件 props 进行浅比较处理。

```
const Son = React.memo(()=> <ConsumerDemo />)
```

第二种就是 React 本身对 ReactElement 对象的缓存。React 每次执行渲染都会调用 createElement 形成新的 ReactElement 对象，如果把 ReactElement 缓存下来，下一次调和更新时，就会跳过该 React element 对应 fiber 的更新。

```
const son = React.useMemo(()=> <Son />,[])
return <ThemeProvider value={ contextValue } >
    { son }
</ThemeProvider>
```

6.5 Context 特性

新版 Context 还有一些非常优秀的新特性，这些新特性能够让 React 开发者更加灵活地传递状态。在新版 React-Router 中，会用多个 Context 来传递路由状态，一些状态是不变的，比如 History 对象，以及上面的 push 等方法，所以用 NavigationContext 来传递；还有一些状态是需要变化的，因为通过这些状态来切换路由，触发更新，更新视图。

```
<NavigationContext.Provider value={navigationContext}>
    <LocationContext.Provider
      children={children}
```

```
        value={{ location, navigationType }}
    />
</NavigationContext.Provider>
```

如上所示，就是新版 Context 的一个特点，可以多个 Context 嵌套。

还有一种场景，就是在 Context 传递的过程中，需要向 value 中重新传递一些新属性，此时就依赖 Context 的一个特性——逐层传递 Provider，本质上是因为一个 Context 对象可以通过多个 Provider 进行状态的传递。像 React-Redux 中的订阅器（用于订阅 Store 变化，触发更新），就是通过 Context 这个特性实现的。接下来看一下这两个特性具体是如何使用的。

▶▶ 6.5.1　嵌套多个 Context

多个 Provider 之间可以相互嵌套，来保存/切换一些全局数据：

```
const ThemeContext = React.createContext(null) // 主题颜色 Context
const LanContext = React.createContext(null) // 主题语言 Context
function ConsumerDemo(){
    return <ThemeContext.Consumer>
        { (themeContextValue)=> (
            <LanContext.Consumer>
                { (lanContextValue) => {
                    const { color, background } = themeContextValue
                    return <div style={{ color,background } } > { lanContextValue === 'CH' ?
'大家好,让我们一起学习 React! ':'Hello, let us learn React! ' }  </div>
                } }
            </LanContext.Consumer>
        )  }
    </ThemeContext.Consumer>
}
const Son = memo(()=> <ConsumerDemo />)
export default function ProviderDemo(){
    const [ themeContextValue ] = React.useState({  color:'#FFF', background:'blue' })
    const [ lanContextValue ] = React.useState('CH') // CH →中文, EN → 英文
    return <ThemeContext.Provider value={themeContextValue}  >
        <LanContext.Provider value={lanContextValue} >
            <Son  />
        </LanContext.Provider>
    </ThemeContext.Provider>
}
```

ThemeContext 保存主题信息，用 LanContext 保存语言信息。两个 Provider 嵌套来传递全局信息。用两个 Consumer 嵌套来接受信息。另外可以学习一些优秀的开源库，比如 ant-design，看看它是如何使用 Context 的。

▶▶ 6.5.2　逐层传递 Provider

Provider 还有一个良好的特性，就是可以逐层传递 Context，也就是一个 Context 可以用多个

Provider 传递，不过有一个特点需要注意，下一层级的 Provider 会覆盖上一层级的 Provider。

```
// 逐层传递 Providerconst
ThemeContext = React.createContext(null)function Son2(){
    return <ThemeContext.Consumer>
        { (themeContextValue2)=>{
            const { color, background } = themeContextValue2
            return  <div style={{ color,background } }>  第二层 Provider </div>
        }  }
    </ThemeContext.Consumer>}function Son(){
    const { color, background } = React.useContext(ThemeContext)
    const [ themeContextValue2 ] = React.useState({  color:'#fff', background:'blue' })
    /* 第二层 Provider 传递内容 */
    return <div   style={{ color,background } } >
        第一层 Provider
        <ThemeContext.Provider value={ themeContextValue2 } >
            <Son2  />
        </ThemeContext.Provider>
    </div>
}
export default function Provider1Demo(){
    const [ themeContextValue ] =
    React.useState({  color:'orange', background:'pink' })
    /* 第一层 Provider 传递内容    */
    return <ThemeContext.Provider value={ themeContextValue } >
        <Son/>
    </ThemeContext.Provider>
}
```

效果如图 **6-5-1** 所示。

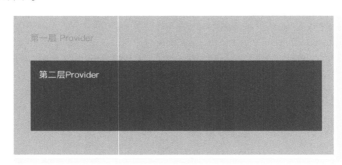

● 图 6-5-1

全局只有一个 ThemeContext，两次用 Provider 传递两个不同的 value。在组件获取 value 时，会获取离当前组件最近的上一层 Provider。下一层的 Provider 会覆盖上一层的 Provider。

Provider 特性总结：Provider 作为提供者传递 Context，Provider 中的 value 属性改变会使所有消费 Context 的组件重新更新。Provider 可以逐层传递 Context，下一层 Provider 会覆盖上一层 Provider。

6.6 Context 实现切换主题功能

切换主题是 Web 应用常见的功能，比如 github 中的切换黑夜模式。接下来用 Provider API 实现一个切换主题颜色的 Demo。

先看一下效果，如图 6-6-1 所示（左图是 light 模式，右图是 dark 模式）。

● 图 6-6-1

```
const ThemeContext = React.createContext(null) // 主题颜色 Context
const theme = { // 主题颜色
    dark:{
    color:'#fff', background:'#000', border: '1px solid #fff',type:'dark',  },
    light: {
    color:'#000', background:'#fff', border: '1px solid #000',type:'light' }}
/* input 输入框 - useContext 模式 */
function Input(props){
    const  { color,border,background } = React.useContext(ThemeContext)
    const { label, placeholder } = props
    return <div>
        <label style={{ color, background }} >{ label }</label>
        <input placeholder={placeholder}  style={{ border }} />
</div>}/* 容器组件-  Consumer 模式 */function Box(props){
    return <ThemeContext.Consumer>
        { (themeContextValue)=>{
            const { border,color,background } = themeContextValue
            return <div style={{ background,border,color }} >
            { props.children }
        </div>
        } }
    </ThemeContext.Consumer>
}
```

131.

```
function  Checkbox (props){
    const { label,name, onChange } = props
    const { type, color } = React.useContext(ThemeContext)
    return <div  onClick={onChange} >
        <label htmlFor="name" > {label} </label>
        <input type="checkbox" id={name} value={type} name={name} checked={ type === 
name }  style={{ color } } />
    </div>
}
// ContextType 模式
class App extends React.PureComponent{
    static contextType = ThemeContext
    render(){
        const { border, setTheme,color  ,background} = this.context
        return <div  style={{ border,background, color }}  >
          <div>
              <span> 选择主题:</span>
              <Checkbox label="light"name="light" onChange={ () => setTheme(theme.light) }  />
              <Checkbox label="dark" name="dark"  onChange={ () => setTheme(theme.dark) }  />
          </div>
          <div>
            <Box >
                <Input label="姓名:"  placeholder="请输入姓名"  />
                <Input label="age:"  placeholder="请输入年龄"  />
                <button style={ { background,color } } >确定</button>
                <button  style={ { color,background } } >取消</button>
            </Box>
            <Box >
                { /*  引入一些 ant 里面的小图标 */ }
                <HomeOutlined  twoToneColor={ color } />
                <SettingFilled twoToneColor={ color }  />
                <SmileOutlined twoToneColor={ color }  />
                <SyncOutlined spin  twoToneColor={ color }  />
                <SmileOutlined twoToneColor={ color }  rotate={180} />
                <LoadingOutlined twoToneColor={ color }  />
            </Box>
            <Box >
                <div style={{ color:'#fff', background }}  >
                    let us learn React!
                </div>
            </Box>
          </div>
        </div>
    }}
App.contextType = ThemeContext
export default function (){
    const [ themeContextValue,setThemeContext ] = React.useState(theme.dark)
```

```
    /* 传递颜色主题和改变主题的方法 */
      return < ThemeContext. Provider  value = { {  ... themeContextValue,  setTheme:
 setThemeContext  } } >
          <App/>
     </ThemeContext.Provider>
  }
```

流程分析：

在 Root 组件中，用 Provider 把主题颜色 themeContextValue 和改变主题的 setTheme 传入 Context。

在 App 中切换主题。

封装统一的 Input、Checkbox、Box 组件，组件内部消费主题颜色的 Context，主题改变，统一更新，这样就不必在每一个模块绑定主题，统一使用主题组件即可。

下面总结一下 Context 的核心内容：老版本的 Context 和新版本的 Context；新版本提供者 Provider 的特性和三种消费者模式；Context 的高阶用法；实践 Demo 切换主题。

CHAPTER 7

第 7 章

工程化配置及跨平台开发

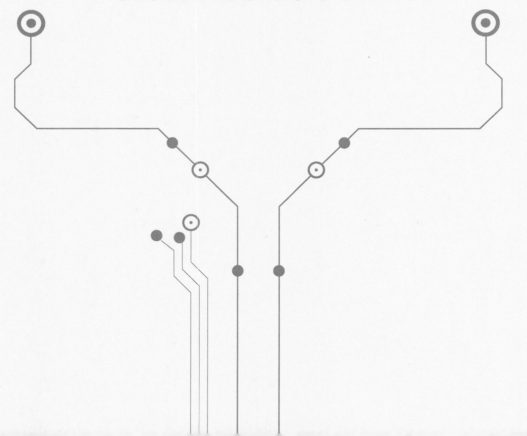

众所周知，随着这几年 Web 应用的发展，前端工作也变得越来越复杂，衍生出的领域也越来越多样化、多元化，这就造成了 Web 开发工程师们负责的事情越来越复杂，为了解决这个问题，工程师也朝着各个领域方向发展。这里列举了几个重要的前端领域：

前端工程化：随着前端项目日益复杂庞大，需要一系列的工具和方法，管理前端的各个模块、组件、静态资源、CSS 模块等，从而提高前端工程性能、稳定性、可用性、可维护性等。

用 React 构建的前端项目也是如此，首先对于整个应用，需要一个工程架子，让项目规范化，并高性能运转起来，首先需要 React 项目应用的搭建，同样还要处理 CSS 等资源，防止项目体积过大，样式污染的情况发生。

服务端渲染：用客户端渲染的前端应用，功能简单还好，如果功能复杂，初始化加载资源就会浪费时间，给用户造成的直观感受就是首屏加载时间长，白屏现象严重，这是一个很不好的用户体验，为了解决这个问题，引入了一个新的技术方案，那就是服务端渲染。

React 在服务端渲染的方向也比较成熟，比如 next.js 等。

跨平台开发：目前的前端是一个"大前端"的时代，从单纯的浏览器，到小程序、Android、iOS 跨平台，属于前端范畴，也出现了一套代码，多端共用的技术手段，比如 uni-app、Taro 等。

React 在跨平台方向，本来就是技术的领先者，比如 React Native 是原 Facebook 在原生移动应用平台的衍生产物，还有后来的 Taro React，即便在小程序方向，也能够用 React 进行开发。

从上面可以看到，React 已经渗入了前端领域的各个方向，本章将围绕这几个方向，探索 React 的具体应用。

7.1　React 环境搭建

▶▶ 7.1.1　环境搭建

React 项目一般采用 webpack 构建。webpack 会通过 Babel 来解析 JSX，转换成 createElement 形式，通过 loader 去处理 JS 和 CSS 预处理等文件，最后生成浏览器能够识别的 HTML、CSS、JS 结构。

一般情况下，如上的操作可以交给现有的 React 项目构建工具来完成，比如官方提供的 React-Create-App，但是现有的构建工具如果不能满足业务需求，就需要开发者自己搭一个项目架子来运行 React 项目。接下来用 webpack 实现一个简单的 React 应用搭建。

这里只保留和配置相关的核心项目结构，代码如下所示：

```
node_modules           // 存放项目依赖
config
  -- webpack.base.js    // webpack 的基础配置
  -- webpack.dev.js     // 在开发环境的配置
  -- webpack.pro.js     // 在生产环境的配置
src                     // 开发文件夹
  -- index.js           // 入口文件
```

```
  -- pages                  // 开发的页面
.babelrc                    // babel 的配置文件
index.html                  // html 模板文件
package.json                // 项目的配置文件,包括项目依赖、启动命令等
```

主要是 config 下面的三个配置文件:webpack.base.js、webpack.dev.js、webpack.pro.js,还有一个 Babel 的配置.babelrc。

因为整个构建工具是基于 webpack 的,所以首先就要启动 webpack,启动命令有两种方式:

第一种方式是通过 JS 代码的实现,引入 webpack,执行 webpack 的形式。

```
const webpack = require('webpack')
const compiler = webpack(config);
```

第二种方式就是通过 webpack 命令(也是主要介绍的方式),以及 package.json 来声明 webpack 命令执行的文件。

```
"scripts": {
    "start": "webpack-dev-server --config ./config/webpack.base.js",
    "build": "webpack --env.production --config ./config/webpack.base.js"
  },
```

如上配置后,运行不同的命令,就会通过 webpack 打包不同环境的文件。

npm run start:用于本地调试,运行后,通过 webpack-dev-server 在本地开启一个服务,可以在本地运行项目,并且实现热更新。

npm run build:在生产环境打包,打包的文件用于上线使用。

首先在 webpack.base.js 中,要暴露出函数,给 webpack 和 webpack-dev-server 使用。看一下这个主函数怎样写:

```
const devConfig = require('./webpack.dev')
const proConfig = require('./webpack.pro')
const merge = require('webpack-merge')
module.exports = env => {
  if (env && env.production) { /* 生产环境 */
    return merge(Appconfig, proConfig)
  } else {
    return merge(Appconfig, devConfig) /* 本地开发环境 */
  }
}
```

上面为入口主函数,因为在终端命令中,已经通过--env.production 命令设定 env 的 production 属性为 true 了,所以在生产环境下,会走 Appconfig(基础配置项)和 proConfig(生产环境配置项)流程,在本地开发环境下,会走 Appconfig 和 devConfig(开发环境配置项)流程。其中,会通过 webpack-merge 方法,将配置项进行合并处理。

基础配置项,就是无论在生产环境还是开发环境,都需要走的配置流程,包括入口文件、出口文件、webpack loader 模块配置、webpack plugins 插件配置。

入口配置:

```
const Appconfig = {
    entry: {
        main:'./src/index.js'
    },
    // ...
}
```

通过 entry 指向了 webpack 的入口是哪个文件,在项目结构中 entry 指向了 src 下面的 index.js 文件。这里先简单透露一下 webpack 原理,webpack 会从出口文件开始,分析 import 和 export 依赖关系,依赖的文件会被一起打包进来,最终整个应用会打包成一个 JS 文件,这个文件就是 webpack 的 output 输出文件。

出口文件:

```
output: {
    path: path.resolve(__dirname,'../dist'),
    filename:'[name].js'
},
```

通过 output 来告诉 webpack 打包生产的文件在哪里,这里是主目录下面的 dist 文件夹。文件名称为 filename 指向的属性值。webpack 的重点就是用不同的 loader 来处理不同的文件,这些 loader 在 webpack config 中的 module 属性下配置:

module 配置:

```
module:{
    rules:[
        {  /* css loader 配置 */
            test:/\.css $/,
            use: {
                loader:'css-loader'
            }
        },
        {  /* ts loader 配置 */
            test:/\.tsx? $/,
            use: {
                loader:'ts-loader'
            }
        },
        {  /* js loader 配置 */
            test:/\.jsx? $/,
            exclude: /node_modules/,
            include: path.resolve(__dirname,'../src'),
            loader:'babel-loader'
        }
    ]
}
```

module 属性为具体配置，包括配置解析各种文件的 loader，在配置的过程中，可以通过 exclude 和 include 来指定 loader 处理的范围。上面的代码片段中，CSS、ts、JS 做了对应的 loader 进行处理。其中在 babel-loader 处理的过程中，会根据.babelrc 来具体处理 JS 文件，下面就是一段简单的.babelrc 配置：

.babelrc 配置：

```
{
    "presets": [
      [
        "@babel/preset-env",
        {
          "modules":"commonjs",
          "targets": {
            "chrome": "67"
          },
          "useBuiltIns": "usage",
          "corejs": 2
        }
      ],
      "@babel/preset-react"
    ],
      "plugins": [
        [
          "@babel/plugin-transform-runtime",
          {
            "absoluteRuntime": false,
            "helpers": true,
            "regenerator": true,
            "useESModules": false
          }
        ],
      ]
}
```

如上所示是针对 React 的一些基本的 babel 配置，不同的项目可以根据具体需求配置自己的.babelrc，在 webpack 启动 babel-loader 的过程中，会读取.babelrc 的配置项。

关于生产环境和开发环境的配置项，在这里就不具体指出了，基本上就是配置 devtool 和 devServer 等，感兴趣的读者，可以配置一下 React 项目。

▶▶ 7.1.2　create-react-app 创建项目

如果不想自己搭建项目，可以使用官方提供的 create-react-app 来创建项目。create-react-app 也是一个全局的命令行工具，可以创建一个 React 新项目。

官网提供了快速开始的方法。

```
npx create-react-app my-app
cd my-app
npm start
```

通过 npx 可以确保让项目安装最新版本的 create-react-app，在安装的同时，会创建 my-app 文件夹，文件夹就是 React 的基础应用了。接下来 cd my-app 可以进入项目的当前文件夹中，再通过 npm start 命令来启动项目即可。

项目运行起来后的样子如图 7-1-1 所示。

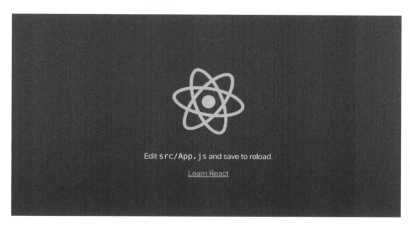

● 图 7-1-1

这里强调一下，直接通过 create-react-app 创建的项目是看不到项目配置文件的，如果想要改变配置文件，需要运行如下命令：

```
npm run eject
```

这样配置文件夹 config 就出现了，可以在里面修改对应的工程配置。

7.2 CSS 模块化

CSS 模块化一直是 React 应用的重要着手点，为什么这样说呢？因为 React 没有像 Vue 中的 style scoped 的模板写法，可以直接在 .vue 文件中声明 CSS 作用域。随着 React 项目日益复杂化、繁重化，React 中的 CSS 面临很多问题，比如样式类名全局污染、命名混乱、样式覆盖等。这时 CSS 模块化就显得格外重要。

▶▶ 7.2.1 为什么要用 CSS 模块化

在 React 中实现 CSS 模块化之前，首先简单介绍一下 CSS 模块化的作用是什么？这里总结了 CSS

模块化的几个重要作用：

1. 防止全局污染，样式被覆盖

全局污染、样式覆盖是很容易面临的问题。首先假设一个场景，比如小明在参与项目开发，不用 CSS 模块化，在 React 中的组件对应的 CSS 文件中这样写：

```
.button{
    background:red;
}
```

但是在浏览器中并没有生效，于是小明开始排查，结果发现在其他组件中，其他人这样写：

```
.context .button{
    background:blue;
}
```

由于权重问题，样式被覆盖了。

上述是一个很简单的例子，但是如果不规范 CSS，这种情况在实际开发中会变得更加棘手，有时候甚至不得不用！important 或者行内样式来解决，这只是一时痛快，如果后续有其他样式冲突，那么更难解决这个问题。Web Components 标准中的 Shadow DOM 能彻底解决这个问题，但它的做法有点极端，样式彻底局部化，造成外部无法重写样式，损失了灵活性。

2. 命名混乱

没有 CSS 模块化和统一的规范，会使得多人开发没有一个统一规范，比如命名一个类名，有的人用驼峰 .contextBox，有的人用下画线 .context_box，还有的人用中画线 .context-box，使得项目不堪入目。

3. CSS 代码冗余，体积庞大

这种情况也普遍存在，因为 React 中各个组件是独立的，所以导致引入的 CSS 文件也是相互独立的，比如在两个 CSS 中，有很多相似的样式代码，如果没有用到 CSS 模块化，构建打包上线的时候全部打包在一起，那么无疑会增加项目的体积。

为了解决如上问题，CSS 模块化应运而生了，关于 React 使用 CSS 模块化的思路主要有两种：

第一种 CSS modules，依赖于 webpack 打包构建和 CSS-loader 等 loader 处理，将 CSS 交给 JS 来动态加载。

第二种就是直接放弃 CSS，CSS IN JS 用 JS 对象方式写 CSS，然后作为 style 方式赋给 React 组件的 DOM 元素，这种写法将不需要.css .less .scss 等文件，取而代之的是每一个组件都有一个写对应样式的 JS 文件。

▶▶ 7.2.2　CSS 模块化之 CSS Modules

CSS Modules，使得在项目中可以像加载 JS 模块一样加载 CSS，通过自定义的命名规则生成唯一性的 CSS 类名，从根本上解决 CSS 全局污染，样式覆盖的问题。对于 CSS Modules 的配置，推荐使用

CSS-loader，因为它对 CSS Modules 的支持最好，而且很容易使用。接下来介绍一下配置的流程。

CSS-loader 配置：

```
{
    test: /\.css $/,/* 对于 css 文件的处理 */
    use:[
        'css-loader? modules'/* 配置 css-loader,加一个 modules */
    ]
}
```

CSS 文件：在 CSS 文件中这样写。

```
.text{
    color: blue;
}
```

JS 文件：这样就可以直接在 JS 文件中像引用其他 JS 文件一样引用 CSS 文件了。

```
import style from './style.css'
export default () => <div>
    <div className={ style.text } >验证 css modules </div>
</div>
```

CSS-loader 将 text 变成了全局唯一的类名_1WHQzhI7PwBzQ_NMib7jy6。这样有效避免了样式冲突，全局类名污染的情况。

自定义规则命名：

上述的命名有一个致命问题，就是命名中没有 text，在调试阶段，不容易找到对应的元素。对于这个问题可以自定义命名规则。只需要在 CSS-loader 配置项这样写：

```
{
    test: /\.css $/,/* 对于 css 文件的处理 */
    use:[
        {
            loader:'css-loader',
            options:{
                modules: {
                    localIdentName: "[path][name]__[local]--[hash:base64:5]", /* 命名规则
[path][name]__[local]开发环境 - 便于调试    */
                },
            }
        },
    ],
}
```

此时类名变成了, src-pages-cssModule-style__text--1WHQz，这个命名规则意义如下：

［path］［name］__［local］→开发环境，便于调试。可以直接通过 src-pages-cssModule-style 找到此类名对应的文件。

［hash：base64：5］→生产环境，1WHQz 便于生产环境压缩类名。

全局变量：

一旦经过 CSS Modules 处理的 CSS 文件类名，再引用的时候就已经无效了。因为声明的类名，比如如上的.text 已经被处理成了哈希形式。怎样快速引用声明好的全局类名呢？CSS Modules 允许使用：global（.className）的语法，声明一个全局类名。凡是这样声明的 class，都不会被编译成哈希字符串。

```
.text{
    color: blue;
}
:global(.text_bg) {
    background-color: pink;
}
import style from './style.css'
export default () =><div>
    <div className={ style.text +'text_bg'} >验证 CSS Modules </div>
</div>
```

这样就可以正常渲染组件样式了。

CSS Modules 还提供了一种显式的局部作用域语法：local（.text），等同于.text。

```
.text{
    color: blue;
}
/*  等价于 */
:local(.text_bg) {
    background-color: pink;
}
```

组合样式：

CSS Modules 提供了一种 Composes 组合方式，实现对样式的复用。比如通过 Composes 方式实现上面的效果。

```
.base{ /*  基础样式 */
    color: blue;
}
.text {
    /*  继承基础样式,增加额外的样式 backgroundColor */
    composes:base;
    background-color: pink;
}
```

JS 这样写：

```
import style from './style.css'
export default () =><div>
    <div className={ style.text } >验证 CSS Modules </div>
</div>
```

此时同样达到了上述效果。DOM 元素上的类名变成了如下的样子：

```
<div class="src-pages-cssModule-style__text--1WHQz src-pages-cssModule-style__base--2gced">
验证 css modules </div>
```

可以看到，用了 Composes 可以将多个 class 类名添加到元素中。Composes 还有一个更灵活的方法，支持动态引入别的模块下的类名。比如写的.base 样式在另外一个文件中，完全可以编写如下：

style1.css 中：

```
.text{
    color: pink;
}
```

style.css 中：

```
.text {
    /* 继承基础样式,增加额外的样式 backgroundColor */
    composes:base from './style1.css';  /* base 样式在 style1.css 文件中 */
    background-color: pink;
}
```

配置 less 和 sass：

配置 less 和 sass 的 CSS Modules 和配置 CSS 一模一样。以 less 为例子。接下来在刚才的基础上，配置一下 less 的 CSS Modules。

less webpack 配置。

```
{
    test: /\.less $/,
    use:[
        {
          loader:'css-loader',
          options:{
              modules: {
                  localIdentName:'[path][name]---[local]---[hash:base64:5]'
              },
          },
        },
        {
            // 可能是其他 loader,不过不重要。
        },
        'less-loader'
    ]
}
```

然后在刚才的文件同级目录下，新建 index.less
index.less 这样写：

```
.text{
    color: orange;
```

```
        background-color: #ccc;
    }
```

在 JS 中这样写：

```
import  React from 'react'
import style from './style.css'
  /* css  module */
import lessStyle from './index.less'/*    less css module */
export default ()=><div>
    <div className={ style.text } >验证 CSS Modules </div>
    <div className={ lessStyle.text } >验证 less + CSS Modules </div>
</div>
```

效果如图 7-2-1 所示。

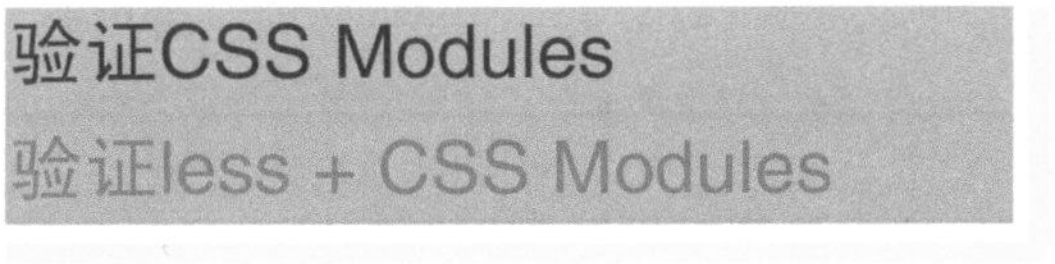

组合方案：

正常情况下，React 项目可能在使用 CSS 处理样式之外，还会使用 scss 或者 less 预处理。那么可不可以使用一种组合方法？

● 图 7-2-1

可以约定对于全局样式或者是公共组件样式，用.css 文件，不需要做 CSS Modules 处理，这样就不需要写:global 等烦琐的语法。对于项目中开发的页面和业务组件，统一用 scss 或者 less 等做 CSS Module，也就是 CSS 全局样式 + less / scss CSS Modules 方案。这样就会让 React 项目更加灵活地处理 CSS 模块化。笔者写一个 Demo，代码如下所示：

```
import  React from 'react'
import Style from './index.less'
/*    less css module */
export default ()=><div>
    {/*  公共样式 */}
    <button className="searchbtn" >公共按钮组件</button>
    <div className={ Style.text } >验证 less + css modules </div>
</div>
```

效果如图 7-2-2 所示。

● 图 7-2-2

动态添加 class：

CSS Modules 可以配合 classNames 库实现更灵活的动态添加类名。比如在 less 中这样写：

```
.base{ /* ...基础样式 */ }
.dark{ // 主题样式-暗色调
    background:#000;
    color: #fff;
}
.light{// 主题样式-亮色调
    border: 1px solid #000;
    color: #000;
    background: #fff;
}
```

在组件中引入 classNames 库：

```
import className from 'classnames'
import Style from './index.less' /*   less css module */
/* 动态加载 */
export default function Index(){
    const [ theme, setTheme  ] = React.useState('light')
    return <div  >
        <button
        className={ classNames(Style.base, theme === 'light' ? Style.light : Style.dark)
}
        onClick={ () => setTheme(theme === 'light'?'dark':'light')  }
        >
            切换主题
        </button>
</div>
    }
```

通过 CSS Modules 配合 classNames 灵活地实现了样式的动态加载。

▶▶ 7.2.3 CSS 模块化之 CSS IN JS

1. 概念和使用

CSS IN JS 相比 CSS Modules 更加简单，CSS IN JS 放弃了 CSS，用 JS 对象形式直接写 style。先看一个例子。在 index.js 中写 React 组件：

```
import React from 'react'
import Style from './style'
export default function Index(){
    return <div  style={ Style.boxStyle }  >
        <span style={ Style.textStyle }  >hi, i am CSS IN JS!</span>
    </div>
    }
```

在同级目录下，新建 style.js 用来写样式。

```
/* 容器的背景颜色 */
const boxStyle = {
```

```
    backgroundColor:'blue',
}
/* 字体颜色 */
const textStyle = {
    color:'orange'
}
export default {
    boxStyle,
    textStyle
}
```

2. 灵活运用

由于 CSS IN JS 就是运用 JS 中的对象形式保存样式，所以 JS 对象的操作方法可以灵活地用在 CSS IN JS 上。拓展运算符实现样式继承：

```
const baseStyle = { /* 基础样式 */ }

const containerStyle = {
    ...baseStyle,  // 继承 baseStyle 样式
    color:'#ccc'  // 添加的额外样式
}
```

动态添加样式变得更加灵活：

```
/* 暗色调 */
const dark = {
    backgroundColor:'black',
}
/* 亮色调 */
const light = {
    backgroundColor:'white',
}
<span style={ theme==='light' ? Style.light : Style.dark  } >
    hi, i am CSS IN JS!
</span>
```

3. 更加复杂的结构

```
<span style={ { ...Style.textStyle, ...(theme==='light' ? Style.light : Style.dark) }} >
hi, i am CSS IN JS!</span>
```

CSS IN JS 的实现也并非全是把 CSS 写成 JS 对象的形式，也可以是动态生成 style 标签的形式。这种方式下，开发者写的 CSS 不再是对象结构，而是字符串结构，在组件挂载的过程中，通过 document.createElement（'style'）来生成 style 标签元素，将 CSS 内容通过 innerHTML 形式动态注入 style 中，style 最终插入 head 标签中。这种方式的经典实现案例就是 style-components，接下来研究一下这个库。

4. style-components 库的使用

CSS IN JS 也可以由一些第三方库支持，比如即将介绍的 style-components。style-components 可以把写好的 CSS 样式注入组件中，项目中应用的已经是含有样式的组件。

5. 基础用法

```
import styled from 'styled-components'
/* 给 Button 标签添加样式,形成 Button React 组件 */
const Button = styled.button
    background: #6a8bad;
    color: #fff;
    min-width: 96px;
    height :36px;
    border :none;
    border-radius: 18px;
    font-size: 14px;
    font-weight: 500;
    cursor: pointer;
    margin-left: 20px ! important;
export default function Index(){
    return <div>
        <Button>按钮</Button>
    </div>}
```

6. 基于 props 动态添加样式

style-components 可以通过给生成的组件添加 props 属性，来动态添加样式。

```
const Button = styled.button`
    background: ${ props => props.theme ? props.theme : '#6a8bad'  };
    color: #fff;
    min-width: 96px;
    height :36px;
    border :none;
    border-radius: 18px;
    font-size: 14px;
    font-weight: 500;
    cursor: pointer;
    margin-left: 20px ! important;
export default function Index(){
    return <div>
        <Button theme={'#fc4838'}  >props 主题按钮</Button>
    </div>}
```

7. 继承样式

style-components 可以通过继承方式达到样式的复用。

```
const NewButton = styled(Button)`
    background: orange;
```

147.

```
    color: pink;`
export default function Index(){
    return <div>
        <NewButton > 继承按钮</NewButton>
    </div>}
```

style-components 还有一些其他的功能，这里就不逐一介绍了，感兴趣的读者可以了解一下官网。

▶▶ 7.2.4　CSS 模块化总结

接下来对两种 CSS 模块化的方式进行总结：

1. CSS Modules 优点

CSS Modules 的类名都有自己的私有域，可以避免类名重复/覆盖、全局污染等问题。

引入 CSS 更加灵活，CSS 模块之间可以互相组合。class 类名生成规则配置灵活，方便压缩 class 名。

2. CSS Modules 的注意事项

仅用 class 类名定义 CSS，不使用其他选择器。不要嵌套 css .a｜ .b｛｜｝或者重叠 css .a .b ｛｝。

3. CSS IN JS 特点

CSS IN JS 放弃了 CSS，变成了 CSS INLINE 形式，所以从根本上解决了全局污染、样式混乱等问题。可以运用 JS 特性，更灵活地实现样式继承，动态添加样式等场景。由于编译器对 JS 模块化支持度更高，可以在项目中更快地找到 style.js 样式文件，以及快捷引入文件中的样式常量。无须 webpack 额外配置 CSS、less 等文件类型。

4. CSS IN JS 注意事项

虽然运用灵活，但是写样式不如 CSS 灵活，由于样式用 JS 写，所以无法像 CSS 写样式那样可以支持语法高亮，样式自动补全等。所以要更加注意一些样式单词拼错的问题。还要注意 CSS IN JS 的注入时机。

7.3　React 服务端渲染

接下来介绍一下 React 在服务端渲染方向上的发展前景。提到服务端渲染 SSR，就会引出一个问题：为什么要用服务端渲染？

首先，在传统客户端渲染模式中，数据的请求和数据的渲染是通过浏览器来完成的。像基于 React 构建的 SPA 单页面应用中，在首次加载的时候，只是返回了只有一个挂载节点的 html，类似如下的样子：

```
<! DOCTYPE html>
<html lang="en">
  <head>
```

```html
    <meta charset="UTF-8" />
    <meta name="viewport" content="width=device-width, initial-scale=1.0" />
    <meta http-equiv="X-UA-Compatible" content="ie=edge" />
  </head>
  <body>
    <div id="app"></div>
    <script type="text/javascript" src="vendors~main.js"></script>
    <script type="text/javascript" src="main.js"></script>
  </body>
</html>
```

如上所示，在整个应用中，只有一个 App 根节点，整个页面的数据首先需要通过 JS 向服务器请求数据，然后需要插入并渲染大量的元素节点。在这其中会浪费很多时间，这段时间内，页面是没有响应的，给用户直观的感受就是"白屏"时间过长，这是非常不友好的用户体验。尤其是一些手机端 h5 活动页面，白屏时间长就可能让用户失去等待的耐心，从而导致转换率和留存率降低。为了解决这个问题，服务端渲染就应运而生了，服务端渲染在首次加载中，请求一个服务端，服务端去请求数据，得到数据后，渲染数据得到一个有数据的 html 文件，浏览器收到完整的 html，可以直接用来渲染。服务端渲染和客户端渲染相比，由于少了初始化请求数据和通过 JS 向 html 中填充 DOM 的环节，所以一定程度上会缩短首屏时间，也就是减少白屏时间。

还有一些网站，想要获取流量，就要通过搜索引擎来曝光，这个时候，就需要 SEO，但是我们知道，像 React 这种单页面应用，初始化的时候只有一个 App 节点，不能被爬虫爬取关键信息，所以也就对 SEO 不够友好，但是服务端渲染初始化的时候，是能够返回含有关键信息的 html 文件的，重要信息能够被获取，所以服务端渲染这种方式也就更加利于 SEO。讲到了服务端渲染的优点之后，我们来看一下 React 中的服务端渲染 SSR。

▶▶ 7. 3. 1　React SSR 流程分析

React SSR 既保证了单页面 SPA 的特性，又解决了客户端渲染带来的白屏时间长、SEO 等问题。React SSR 的流程和传统的客户端渲染有什么区别呢？

转成 html，当通过浏览器的 path 去跳转对应的页面时，首先访问的是一个 Node 服务器，Node 服务器会根据路径信息进行路由匹配，找到路由对应的组件。接下来请求组件需要的初始化数据，注意，此时请求的数据是在服务端完成的。请求数据之后，就可以通过 props 等方式把数据传递给组件，这里有的读者可能会有一些疑问，就是此时的运行明明在服务端，组件是怎样运行呢？

在 React 中，组件本身就是一个函数，函数返回的是 React Element 对象，如果脱离 DOM 层级，React Element 是可以存在在任何环境下的，包括服务端 Node.js。有了 Element 结构，React 就可以向页面组件中注入数据，但是在服务端不能形成真正的 DOM，不过只需要形成 html 模板就可以了，接下来交给浏览器，就会快速绘制静态 html 页面。如下就是组件转成 html 模块的方式：

```javascript
import { renderToString } from 'react-dom/server'
import Home from '../home'
```

```
import express from "express";
const app = express();
app.get('/home', (req, res) => {
    /* 模拟请求数据 */
    const dataSource = Home.fetchData()
    /* 产生 html  */
    const homeString = renderToString(<Home dataSource={dataSource} />)
    const html = `
        <html>
            <body> ${homeString}</body>
        </html>
    `
    /* express 提供的渲染方法  */
    res.render(html)});
app.listen(8080)
```

如上所示就是大致流程，这里要说的是 React 提供了 renderToString 方法，可以直接将注入数据的组件转成 html 结构。

React 提供了两种方式将数据组件转成初始化页面结构，除了上面的 renderToString，还有一个就是 renderToNodeStream。两者的区别如下：

renderToString：将 React 组件转换成 html 字符串，renderToStrin 生成的产物中会包含一些额外生成的特殊标记，代码体积会有所增大，这是为了后面通过 hydrate 复用 html 节点做的准备，至于 hydrate 是干什么用的，下文中会讲到。

renderToNodeStream：通过名字就可以猜出来，这个 API 是转换成"流"的方式传递给 response 对象的。也就是说浏览器不用等待所有 html 结构的返回。

接下来做个实验，看一下经过 renderToString 处理后，到底变成了什么样子。

```
function Home({ name }){
    return <div onClick={()=>console.log('hello,React!')} >
        name:{name}
    </div>
}
console.log(renderToString(<Home name={'React'} />))
```

如上的打印结果是：

```
<div>name:<!-- -→React</div>
```

可以看出 renderToString 转成了字符串 DOM 元素结构，不过有特殊的标记，对于一些事件，renderToString 的处理逻辑是直接过滤。

1. Hydrate 注水流程

经过上面的流程，已经能够返回给浏览器静态的 html 结构了，浏览器可以直接渲染 html 模板，解决了白屏时间过长和 SEO 的问题，接下来面临的问题如下：

返回的只是静态的 html 结构，如何把视图数据同步到客户端？因为我们知道 React 框架是基于数据驱动视图的，现在页面上只是"写死"的 html 结构，数据和视图是怎样交给 React 客户端应用的，怎样完成事件交互的？（因为 html 模板返回的 DOM 元素是没有绑定任何事件的）。

如何解决上面两个问题，让整个 React SSR 应用"变活"了呢？首先当完成初始化渲染之后，服务端渲染的使命就已经完成了，接下来的事情都是客户端（也就是浏览器）处理的，就需要在浏览器中真正运行 React 的应用。接下来的 React 应用，需要重新执行一遍，包括通过 JS 的方式来向服务端请求真正的数据，接管页面上已经存在的 DOM 元素，这个过程叫作"注水"（Hydrate），完成数据和视图的统一。在纯浏览器中的构建应用中，传统 legacy 模式下是通过 ReactDOM.render 构建整个 React 应用的。在传统模式下，是没有 DOM 元素的，而在服务端渲染模式下，是有 DOM 元素的，所以在初始化构建 React 应用的时候，要使用 ReactDOM 提供的 hydrate 方法，具体使用如下所示：

```
import React from 'react';
import ReactDOM from 'react-dom';
import Home from '../home'
ReactDOM.hydrate(<Home />, document.getElementById('app'));
```

如上所示，ReactDOM.hydrate 会复用服务端返回的 DOM 节点，然后会走一遍浏览器的流程，包括事件绑定，接下来就能进行正常的用户交互了。

React 服务端渲染整个流程如图 7-3-1 所示。

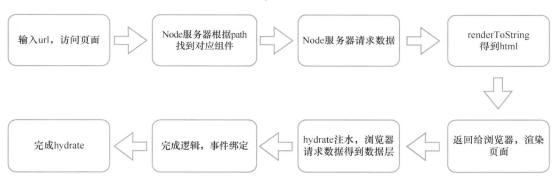

● 图 7-3-1

2. React SSR 技术处理细节

在 React SSR 中还有一些细节需要注意，在 React 构建的 SPA 应用中，会存在多个页面，就需要 React-Router 来注册多个页面，现在的问题就是在服务端是如何通过对应的路径，找到对应的路由组件呢？

有一个经典的处理方案，就是 React-Router-Config。在浏览器端，通过 React-Router-Config 提供的 renderRoutes 去渲染路由结构。

具体如下所示：

```
import { BrowserRouter } from 'react-router-dom'
import { renderRoutes } from 'react-router-config'
```

```
import Home from './Home'
import List from './List'
import Detail from './Detail'
export const routes = [
  {
    path: '/home',
    component: Home,
  },
  {
    path: '/list',
    component: List,
  },
  {
    path: '/detail',
    component: Detail,
  }]
const Routers = <BrowserRouter>{renderRoutes(routes)}<BrowserRouter/>
```

如上所示，一共有 Home、List 和 Detail 三个页面，那么当初始化的时候路由为/home，在服务端，同样需要 React-Router-Config 中提供的 matchRoutes 去找到对应的路由，如下所示：

```
import express from 'express'
import { matchRoutes } from 'react-router-config'
import { routes } from '../routes'

app.get('/home', () =>{
    /* 查找对应的组件 */
    const branch =  matchRoutes(routes,'/home');
    const Component = branch[0].route.component;
    /* 得到 html 字符串 */
    const html = renderToString(<Component />);
    /* 返回浏览器渲染 */
    res.end(html);
})
```

如上所示，通过 matchRoutes 来找到对应的组件，转换成 html 字符串，并进行渲染。

▶▶ 7.3.2　React SSR 框架 Next.js

Next.js 是一个轻量级的 React 服务端渲染应用框架。学习 Next.js 也非常简单。安装 next：

```
npm install --save next react react-dom
```

将下面的脚本添加到 package.json 中：

```
{
  "scripts": {
    "dev": "next",
```

```
    "build": "next build",
    "start": "next start"
  }
}
```

我们看一下用 Next 编写的 Demo 组件：

```
import App, {Container} from 'next/app' import React from 'react'
export default class MyApp extends App {
  static async getInitialProps ({ Component, router, ctx }) {
    let pageProps = {}
    if (Component.getInitialProps) {
      pageProps = await Component.getInitialProps(ctx)
    }
    return {pageProps}
  }
  render () {
    const {Component, pageProps} = this.props
    return <Container>
      <Component {...pageProps} />
    </Container>
  }
}
```

如上所示，就是用 Next 编写的组件，在 Next 中提供了一个钩子，就是 getInitialProps，getInitial-Props 会在服务端执行，一般用于请求初始化的数据。

感兴趣的读者可以写一个 Next.js 的项目练练手，官方文档也比较清晰，比较容易上手。

7.4 React Native 跨平台开发

React 在跨端领域也有一席之地，功劳来源于跨端方案 React Native，简称 RN。RN 是目前主流的动态化方案之一，是原 Facebook 于 2015 年开源的 JS 框架 React 在原生移动应用平台的跨平台技术，支持 Android 和 iOS 平台。RN 受欢迎并不仅仅是因为支持 Android 和 iOS 平台，还有一个重要的因素就是动态化，这种动态化相比于原生客户端有什么优点呢？

先来看看 Native 原生开发的一些不足之处：

（1）原生开发周期时间长，审核周期长，会影响到需求发布和迭代效率，有些场景下会更加棘手，比如修复线上紧急 Bug，或者是频繁迭代一些开发需求。

（2）目前移动端主要的平台就是 Android 和 iOS，如果一款前端应用想要同时运行在两个平台，采用 Native 就需要双端各自开发一遍，这样无疑浪费了资源，提高了维护成本。

（3）Native 开发代码要打包在客户端包中，这样增加了包的体积，用户下载的时候，会下载更多的资源，轻量级的包会提高运营效率，而且 Android 和 iOS 应用平台也对包体积严格把控。

RN 对于原生开发有着明显的优点：

（1）RN 是采用运行 React 的 JS 作为开发平台，这样可以让 Web 开发者也能够参与到 Native 开发中来，还有就是 RN 让一套代码可以运行在两端，大大减少了开发和维护成本。

（2）RN 是采用原生渲染的，性能和体验仅次于 Native 开发。

（3）还有一点也是最重要的，就是 RN 是动态化的方案，也就是 RN 打出来的应用包，并不是和 Native 包绑定在一起发布的，而是在运行 Native 的时候拉下 RN 的包，这样一是减少了 Native 包体积，二是 RN 包可以随时发布，提高了迭代效率，也让一些线上问题能够快速解决。

近两年，也有一些兴起的跨端技术方案，比如 Flutter、阿里巴巴开源的 Rax 等，相比这些动态化方法，RN 也有一定的优势：

（1）生态成熟，技术社区活跃，采用 React 语法，学习成本低。

（2）目前业界已经出现了很多成熟方案，比如京东的 JDReact 和美团的 MRN 等。

RN 是基于 React 框架开发的原生应用，React 凭借着 JSX 语法让使用者结合多种设计模式，使开发变得非常灵活。React 是 JavaScript（简称 JS）框架，如果想要运行 RN，就需要运行 JS。JS 作为脚本语言运行到浏览器端，或者运行在 Node.js 中，如今却能够作为跨端方案运行到 Native 应用中，这是为什么呢？

原来能够让 JS 运行到 Native 中的法宝就是 JS 引擎，最常见的 JS 引擎就是 V8，V8 使用在 Chrome 浏览器和 Node.js 中，构建了 JS 运行时环境，能够执行 JS 脚本。接下来看一下 RN 中的 JS 引擎。

▶▶ 7.4.1 从 JS 引擎到 JSI

计算机本身并不能读懂编程语言，只能读懂二进制文件，但是为了让编程语言能够被计算机读懂，就必须编译成二进制文件，这就是编译语言，比如 Java、Go 等都是编译型的语言，编译型语言在编译成二进制文件后，会保存二进制文件，在运行时，可以直接运行二进制文件，不需要重复编译。

还有一类语言，不需要编译成文件，而是需要通过解释器对语言进行动态解释和执行，这类语言就是解释型语言，比如 Python、JS 等。图 7-4-1 就是两种类型的语言执行过程。

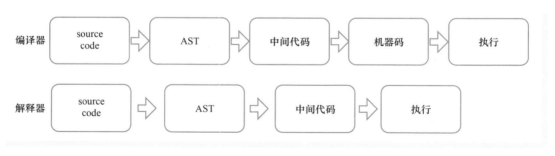

● 图 7-4-1

编译型语言启动需要编译成二进制文件，所以启动速度会很慢，但是执行的时候是直接使用编译好的二进制文件，所以执行速度会快一些。相比解释型语言，启动会很快，但是在执行时，需要通过解释器解析语法树变成中间代码，执行字节码，这样就浪费了时间，使得执行速度会变慢。

由于 JS 是解释型语言，它的执行需要宿主环境提供转成语法树，并且读懂语法树，再转换成字节码并执行的能力，V8 引擎的工作就需要有这些能力：

Parser：将 JS 源码转换成抽象语法树，什么是抽象语法？在计算机科学中，抽象语法树（Abstract Syntax Tree 或者缩写为 AST），或者语法树（Syntax Tree），是源代码的抽象语法结构的树状表现形式，这里特指编程语言的源代码。

Lgnition：interpreter 解释器，负责将 AST 转换成指令字节码，解释执行指令字节码（ByteCode），解释器执行的时候主要有 4 个模块：内存中的字节码、寄存器、栈、堆。

TurboFan：compiler 优化编译器，通过 Lgniton 收集的信息，将指令字节码转换成优化汇编代码。

Orinoco：garbage collector 简称 GC（垃圾回收模块），负责将程序不需要的内存空间回收，提升引擎性能。

还有一个问题，就是如果每一次通过 TurboFan 将指令字节码转换成汇编代码，那么这样十分浪费性能。在 V8 出现之前，所有的 JS 虚拟机采用的都是解释执行的方式，这是 JS 执行速度过慢的主要原因之一。

而 V8 率先引入了即时编译（JIT）的双轮驱动设计（混合使用编译器和解释器的技术），这是一种权衡策略，给 JS 的执行速度带来了极大的提升。

JIT 就是取编译执行语言和解释执行语言的长处，利用解释器对代码进行处理，对于频率高的代码进行热区收集，在指令字节码编译成机器码的时候，存储高频率的二进制机器码，之后就可以复用并执行二进制代码，以减少解释器和编译器的压力。V8 通过优化后的工作流程如图 7-4-2 所示。

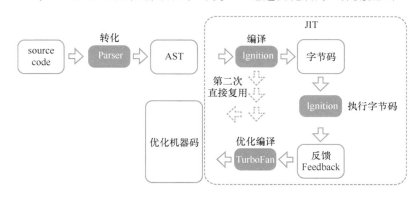

● 图 7-4-2

知道了 V8 JS 引擎的工作流程之后，在 RN 应用中用什么 JS 引擎呢？

RN 在 0.60 版本之前使用 JSCore 作为默认的 JS 引擎，JSCore 的全名是 JavaScriptCore。JSCore 是 WebKit 默认内嵌的 JS 引擎，JSCore 作为一个系统级 Framework，由苹果提供给开发者，作为苹果的浏览器引擎 WebKit 中的重要组成部分。所以在 iOS 应用中默认为 JSCore 引擎，这使得 RN 也用 SCore，但是 JSCore 没有对 Android 机型做好适配，在性能、体积和内存上，与 V8 有着明显的差别。

基于这个背景，RN 团队提供了 JSI（JavaScript Interface）框架，JSI 并不是 RN 的一部分，JSI 可以视作一个兼容层，意在磨平不同 JS 引擎中的差异。

JSI 实现了引擎切换，比如在 iOS 平台运行的是 JSCore，在 Andriod 中运行的是 V8 引擎。

JSI 同样提供了抽象的 API 接口，定义了与各个 JS 引擎交互的接口。在 JS 中调用 C++注入 JS 引擎中的方法，数据载体格式是通过 HostObject 接口规范化的，摒弃了旧架构中以 JSON 作为数据载体的异步机制，让 JS 和 C++相互感知，如图 7-4-3 所示。

明白了 RN 内部运转的背景之后，开始正式进入 RN 的世界。

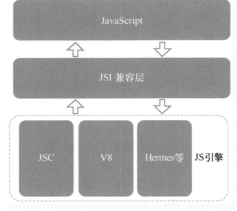

● 图 7-4-3

▶▶ 7.4.2　React Native 简介

React Native 将原生开发的最佳部分与 React 相结合，致力于成为构建用户界面的顶尖 JavaScript 框架。

React Native 开发和传统的 Web 端 React 应用开发类似，并且都是 JS 语言，使得 Web 开发者学习 RN 开发特别简单。

在 React Web 应用中，打包并部署到上线的产物，是一个 html、CSS、JS 文件的集合体，最后把这些产物放在服务器上就可以了。但是在 RN 中，最后打包的产物是一个 JS 文件，叫作 Jsbundle。在 Native 端运行 RN 项目，其实是远程拉取了 Jsbundle，并通过上述的 JS 引擎运行当前的 Jsbundle，每次运行一个 bundle 就需要外层容器提供一个 JS 引擎。

在 React 构建的应用为单页面应用，如果存在多个页面，可以通过路由的方式实现页面的跳转。在 RN 中，也有一些解决方案，通常的手段是一个 Jsbundle 对应一个页面，或者是一个 Jsbundle 对应多个页面，如图 7-4-4 所示。

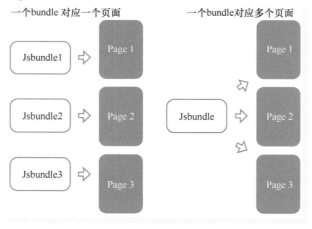

● 图 7-4-4

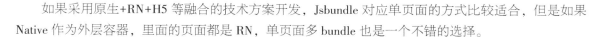

如果采用原生+RN+H5 等融合的技术方案开发，Jsbundle 对应单页面的方式比较适合，但是如果 Native 作为外层容器，里面的页面都是 RN，单页面多 bundle 也是一个不错的选择。

1. 基础用法

知道了 RN 的本质之后，看一下 RN bundle 的注册。在 RN 中，每一个应用都有一个入口文件，RN 中提供了注册根本应用的方法，那就是 AppRegistry。这一点和 React Web 应用会有一些区别。Web 应用中，主要依赖于 React-DOM 中提供的 API，但是在 RN 项目中，无须再下载 React-DOM，取而代之的是 React-Native 包。

我们先来试着注册一个 RN 应用：

```
import {AppRegistry} from 'react-native'
/* 根组件*
/import App from './app'
AppRegistry.registerComponent('Root', () => <App />)
```

如上所示，注册了 Root，指向了组件 App。接下来可以在 App 中正常开发了。在浏览器端，可以用 DOM 标签或者组件，但是在 RN 中是没有 DOM 的，如果想要引入原生的视图组件，就必须从 React-Native 中引入，下面编写一下 App 组件：

```
import react from 'react'
import { View, Text } from 'react-native';
function App(){
    return <View>
        <Text> Hello,React Native! </Text>
    </View>
}
```

除了基础的视图容器组件之外，RN 还提供了一些移动端常用的组件，比如列表组件 ScrollView、SectionList 等。

2. 事件

对于一些用户交互事件，RN 中也提供了对应事件组件载体，比如点击事件用的是 TouchableOpacity。如下所示：

```
function App(){
    /* 处理点击事件 */
    const handlePress = () =>{}
    return <TouchableOpacity onPress={handlePress} >
        <Text> click </Text>
    </TouchableOpacity>
}
```

3. 样式

在 RN 中，是没有 CSS 样式文件的，RN 中的样式就和 CSS IN JS 类似，都是通过 JS 来完成的，RN 提供了 StyleSheet，可以创建 style 对象，如下所示：

```
import { StyleSheet, View } from "react-native"
const styles = StyleSheet.create({
    container: {
        flex: 1,
        padding: 24,
        backgroundColor: "#eaeaea"
    }})
function App(){
    return <View style={styles.container} >
        样式处理
    </View>
}
```

对于 RN 的基础使用，如果参考官方文档，学习成本不高，上手也很快。

第 8 章

React架构设计

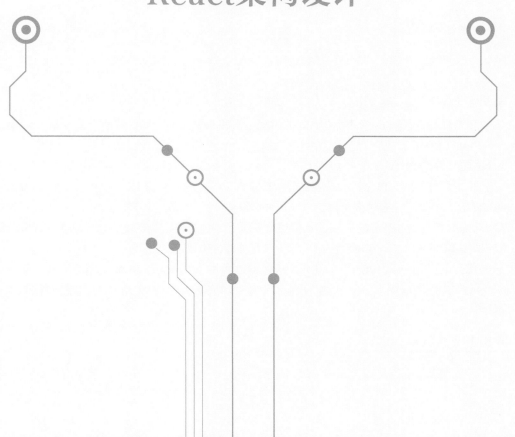

在第 2 章中的 Demo 2.1.1 案例中，讲到了 JSX 转换成 React Element 的流程。Element 就是 React 的最终形态吗？答案是否定的。Element 会进入 React 调和流程中，最终每个 Element 对象都会形成一个与之对应的 fiber 对象。

fiber 对象到底是什么？在这个 React 系统中，又起到了什么作用呢？本章将围绕 React fiber 架构，探索一下 React 底层的奥秘。

8.1 虚拟 DOM 与 fiber

什么是 Virtual DOM？众所周知，浏览器呈现出来的界面，都是由各种类型的元素节点构成，这些元素节点就是 DOM，它本身不属于 JavaScript 层面，但是 DOM 对象上保存了元素的各种属性，最后这些 DOM 组成了 DOM 树，并渲染成为整个文档页面。

▶▶ 8.1.1 虚拟 DOM

Virtual DOM 不是真实的 DOM，但是却以对象的形式描述着 DOM 的特征，如下所示：

```
<div class="vnode" id="vnode" >hello Virtual DOM</div>
```

上面是一个真实的 DOM 节点，接下来用一个对象来描述它：

```
{
    tag:'div',
    props:{
        id:'vnode',
        class:'vnode'
    },
    children:['hello Virtual DOM']
}
```

tag 代表元素类型，props 代表标签内部的属性，Children 代表元素标签子节点。这个对象就可以称为一个 Virtual DOM。

为什么要有虚拟 DOM？

一方面，浏览器向 JS 提供了各种各样的接口，去操控这些 DOM。比如 createElement、appendChild 等。但是浏览器频繁调用这些 API 的同时，做了计算、布局、绘制、栅格化、合成等操作，这些都是浪费浏览器性能的。JS 的执行速度要远优于浏览器渲染速度，如果先操作 Virtual DOM，然后统一调用 DOM API，一定程度上可以减少浏览器的性能消耗。

另一方面，有了 Virtual DOM，前端开发者无须过多关心怎样处理 DOM 元素等问题，而是直接根据 Data 数据改变虚拟 DOM 状态，再由 Virtual DOM 映射成真实的 DOM 元素，这就让数据驱动视图变得更加顺畅。

▶▶ 8.1.2 React fiber

React 自然也有一套自己的 Virtual DOM 体系，那就是 fiber 体系。fiber 的英文是纤维，fiber 诞生在 React V16 版本，整个 React 团队花费两年时间重构 fiber 架构，目的就是解决大型 React 应用卡顿；fiber 在 React 中是最小粒度的执行单元，上面已经讲到，无论是 React 还是 Vue，在遍历更新每一个节点的时候用的都不是真实 DOM，都是采用 Virtual DOM，可以理解成 fiber 就是 React 的 Virtual DOM。

为什么要用 fiber，fiber 解决了哪些问题？fiber 除了能够充当 Virtual DOM 角色之外，还有一个重要原因就是在 React V15 以及之前的版本，React 对于 Virtual DOM 是采用递归方式遍历更新的，比如一次更新，就会从应用根部递归更新，递归一旦开始，中途无法中断，随着项目越来越复杂，层级越来越深，导致更新的时间越来越长，给前端交互上的体验就是卡顿。

React V16 为了解决卡顿问题，引入了 fiber，为什么它能解决卡顿，更新 fiber 的过程叫作 Reconciler（调和器），每一个 fiber 都可以作为一个执行单元来处理，所以每一个 fiber 可以根据自身的过期时间 expirationTime（React V17 以上版本改成了 lane 架构）来判断是否需要更新，是否还有空间、时间执行更新，如果不需要更新，那么就直接跳过；如果没有时间更新，就要把主动权交给浏览器去渲染，做一些动画、重排（reflow）、重绘（repaints）之类的事情，这样就能给用户感觉不是很卡。然后等浏览器有空余时间，通过 scheduler（调度器）再次恢复渲染，这样就能把主动权交给浏览器，提高用户体验。

知道了 fiber 产生的初衷后，再来看一下 Element、fiber、真实 DOM 三者到底是什么关系？

Element 是 React 视图层在代码层级上的表象，也就是开发者写的 JSX 语法、写的元素结构，都会被创建成 Element 对象的形式。其中保存了 props、Children 等信息。

DOM 是元素在浏览器上给用户直观的表象。

fiber 可以说是 Element 和真实 DOM 之间的交流枢纽站，一方面每一个类型 Element，都会有一个与之对应的 fiber 类型，Element 变化引起更新流程，都是通过 fiber 层面做一次调和改变，然后对于元素，形成新的 DOM 做视图渲染。

fiber 是 ReactElement 在底层转换成的最终形态，每种类型 Element 都会有一种与之对应的 fiber 类型，来看一下 Element 与 fiber 之间的对应关系。

```
export const FunctionComponent = 0;          // 对应函数组件 export const ClassComponent = 1;
                                             // 对应的类组件
export const IndeterminateComponent = 2;     // 初始化的时候不知道是函数组件还是类组件 export
const HostRoot = 3;  // Root Fiber 可以理解为根元素,通过 reactDom.render()产生的根元素 export
const HostPortal = 4;                        // 对应 ReactDOM.createPortal产生的 Portal
export const HostComponent = 5;              // DOM 元素比如<div>
export const HostText = 6;                   // 文本节点
export const Fragment = 7;                   // 对应<React.Fragment>
export const Mode = 8;                       // 对应<React.StrictMode>
export const ContextConsumer = 9;            // 对应<Context.Consumer>
export const ContextProvider = 10;           // 对应<Context.Provider>
export const ForwardRef = 11;                // 对应 React.ForwardRef
export const Profiler = 12;                  // 对应<Profiler/ >
export const SuspenseComponent = 13;         // 对应<Suspense>
export const MemoComponent = 14;             // 对应 React.memo 返回的组件
```

上面的常量代表什么意思呢？比如一个函数组件在 JSX 中这样写：<FunctionComponent />，最后会变成类型为 FunctionComponent = 0 的 fiber。

知道了 fiber 的类型之后，看看 fiber 的真实面目：

```
function FiberNode(tag,pendingProps,key,mode){
    this.tag = tag;                          // 证明是什么类型 fiber
    this.key = key;                          // key 调和子节点时用到
    this.type = null;                        // DOM 元素是对应的元素类型,比如 div,组件指向组件对应的类或者函数
    this.stateNode = null;                   // 指向对应的真实 DOM 元素,类组件指向组件实例,可以被 ref 获取
    this.return = null;                      // 指向父级 fiber
    this.child = null;                       // 指向子级 fiber
    this.sibling = null;                     // 指向兄弟 fiber
    this.index = 0;                          // 索引
    this.ref = null;                         // ref 指向,函数或者 ref 对象
    this.pendingProps = pendingProps;        // 在一次更新中,代表重新创建 Element 生成的 props
    this.memoizedProps = null;               // 记录上一次更新完毕后的 props
    this.updateQueue = null;                 // 更新队列
    this.memoizedState = null;               // 类组件保存 State 信息,函数组件保存 Hooks 信息,DOM 元素为 null
    this.dependencies = null;                // Context 依赖项
    this.mode = mode;                        // 描述 fiber 树的模式,比如 ConcurrentMode 模式

    // ==========V16 老版本=============
    this.effectTag = NoEffect;               // effect 标签,用于收集 effectList
    this.nextEffect = null;                  // 指向下一个 effect
    this.firstEffect = null;                 // 第一个 effect
    this.lastEffect = null;                  // 最后一个 effect
    this.expirationTime = NoWork;            // 过期时间,判断任务是否过期,在 React V17 以上版本用 lane 表示
    // ==============================

    // ==========React V17 以上新版本=========
    this.flags = NoFlags;                    // 类似于 effectTag
    this.subtreeFlags = NoFlags;             // 当前 fiber 的子代 fiber 是否有 flags
    this.lanes = NoLanes;                    // 是否有更新标志
    this.childLanes = NoLanes;               // Children 是否有更新标志
    // ==============================
    this.alternate = null;                   // 双缓存树,指向缓存的 fiber。更新阶段,两棵树互相交替
}
```

上面就是一个 fiber 节点的基本属性，在 React V17 版本会对部分属性有所改动，后续章节中会讲到。fiber 对象上保留了很多信息。有的是描述元素的状态；有的是指针指向上下游或者兄弟元素，构建整个 fiber 树；还有一些是为了给更新阶段提供标识，证明当前节点是更新还是删除等，这些在后续的章节里会逐一揭晓。

8.2 fiber 架构

明白了 fiber 的由来和基本属性之后，接下来看一下 fiber 的整体结构体系，我们都知道页面是由

DOM 树构成的，每个 DOM 元素并非独立的，DOM 元素之间通过 Children 等属性构建起来。回过来再看 fiber 节点，每个 fiber 也并非是独立的个体，每个 fiber 之间是需要建立起关联的，如何建立起关联呢？

▶▶ 8.2.1 fiber 树的构成

在描述 fiber 节点的属性时，应该会留意到三个属性指针，分别是 Return、Child、Sibling，在整个 React 应用中，所有的 fiber 就是通过这三个属性建立起关联的。先来看看它们的具体含义：

Return：指向父级 fiber 节点。

Child：指向子 fiber 节点。

Sibling：指向兄弟 fiber 节点。

比如项目中有一个组件是这样的：

```
function Index(){
    return <div>
        Hello,world
        <p > Let us learn React!    </p>
        <button >Go</button>
    </div>
}
```

如果在 React 应用中使用了这个组件之后，Index 会生成一个 fiber，那么以当前 fiber 为起点的 fiber 会变成什么样子，一起来看一下。

最终形成的 fiber 树结构如图 8-2-1 所示，可以清楚地看到 fiber 树上每个元素的关系和 fiber 的类型。

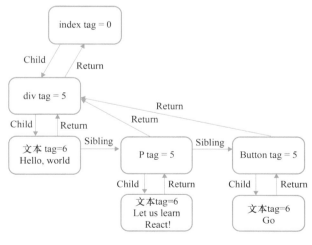

● 图 8-2-1

▶▶ 8.2.2   fiber 树的创建流程

明白了 fiber 树的真实面目之后，fiber 树是如何形成的呢？接下来将从初始化和更新两个方向入手，深入研究一下 fiber 树的形成过程。

还是以传统 legacy 模式下的 React 为例子，我们都知道在这个模式下，创建一个 React 应用需要通过 ReactDOM.render 方法。

```
ReactDOM.render(<Index/>, document.getElementById('app'));
```

这就是 React 应用的起点。接下来 React 内部会创建两个节点，分别是 fiberRoot 和 Rootfiber，来看一下它们是什么。

fiberRoot：首次构建应用，创建一个 fiberRoot，作为整个 React 应用的根基。

Rootfiber：通过 ReactDOM.render 渲染出来，Index 可以作为一个 Rootfiber。一个 React 应用可以有多个 ReactDOM.render 创建的 Rootfiber，但是只能有一个 fiberRoot（应用根节点）。

第一次挂载的过程中，会将 fiberRoot 和 Rootfiber 建立起关联。

```
function createFiberRoot(containerInfo,tag){
    /* 创建一个 fiberRoot */
    const root = new FiberRootNode(containerInfo,tag)
    const rootFiber = createHostRootFiber(tag);
    /* 创建一个 Rootfiber */
    root.current = Rootfiber
    return root
}
```

如上所示，可以看出 fiberRoot 是通过 fiberRootNode 构造函数创建的特殊 fiber 对象，在 8.1 节里讲到的 fiberNode 对象的一些常用属性，fiberRootNode 的属性会和普通的 fiberNode 有一些区别。而 Rootfiber 是通过 createHostRootfiber 创建出来的类型为 HostRoot 的 fiberNode，并且两者之间通过 Current 指针建立起关联，如图 8-2-2 所示。

既然有了应用的根基节点，接下来就会形成 workInProgress 树和 Current 树了，先抛开这两棵树不说，来看一个新概念——双缓冲树。

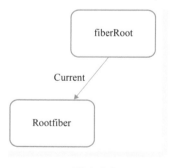

● 图 8-2-2

1. 双缓冲树

canvas 绘制动画的时候，如果上一帧计算量比较大，导致清除上一帧画面到绘制当前帧画面之间有较长的间隙，就会出现白屏。为了解决这个问题，canvas 在内存中绘制当前动画，绘制完毕后，直接用当前帧替换上一帧画面，由于省去了两帧替换间的计算时间，不会出现从白屏到画面的闪烁情况。这种在内存中构建并直接替换的技术叫作双缓存。

React 用 workInProgress 树（内存中构建的树）和 Current（渲染树）来实现更新逻辑。双缓存一个在内存中构建，一个渲染视图，两棵树用 alternate 指针相互指向，在下一次渲染时，直接复用缓存树作为下一次渲染树，上一次的渲染树又作为缓存树，这样可以防止只用一棵树更新状态丢失的情况，又加快了 DOM 节点的替换与更新。

workInProgress 树：正在内存中构建的 fiber 树称为 workInProgress fiber 树。在一次更新中，所有的更新发生在 workInProgress 树上。在一次更新之后，workInProgress 树上的状态是最新的，它将变成 Current 树，用于渲染视图。

Current 树：正在视图层渲染的树叫作 Current 树。

明白了双缓冲树的概念之后，目前存在一个 Rootfiber 将作为 Current 树的起点，首先会复用当前 Current 树（Rootfiber）的 alternate 作为 workInProgress，因为没有 alternate（初始化的 Rootfiber 是没有 alternate 的），会创建一个 fiber 作为 workInProgress。会用 alternate 将新创建的 workInProgress 与 Current 树建立起关联。这个关联过程只有初始化第一次创建 alternate 时进行。

```
currentFiber.alternate = workInProgressFiber
workInProgressFiber.alternate = currentFiber
```

这个时候形成的结构如图 8-2-3 所示。

既然有了 workInProgress，接下来可以深度调和子元素节点了。首先就是 Index 入口组件，Index 会被 React.createElement 创建成 Element 元素，接下来 Element 元素会通过初始化流程创建一个类型为 FunctionComponent = 0 的 fiberNode。这个 fiberNode 将作为处于 workInProgress 状态的 Rootfiber 子节点。

此时的结构如图 8-2-4 所示。

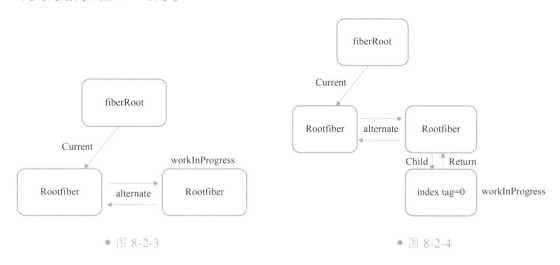

• 图 8-2-3　　　　　　　　　　　　　• 图 8-2-4

这里有一个细节，就是在内存中构建的树叫作 workInProgress 树，因为树上的节点是一个接着一个创建更新的，所以正在构建的 fiberNode 就叫作 workInProgress。当创建完 Index 组件对应的 fiberNode 之后，这个 fiberNode 就作为了新的 workInProgress。workInProgress 就像一个一直变动的指针，永远指向正在工作更新的 fiberNode。

然后就会执行 Index 组件了，在第 3 章中，讲到了 Index 组件函数会通过 renderWithHooks 执行，得到新的 Children，此时的 Children 并不是 fiberNode，而是 ReactElement 对象，接下来做的事情就是让 Element 树结构变成 fiber 树结构。

首先来看一下 Child 指针是如何形成的。这里提取了和 Child 形成有关的核心代码。

2. Child 指针的形成

```
/* 函数组件 */
function updateFunctionComponent(current,workInProgress,Component,...){
    /*
        执行 renderWithHooks 得到 nextChildren,通过 createElement 形成了 Element 对象。
        Current 节点
        workInProgress 节点
        Component 为函数组件,这里指 Index 组件函数本身
     */
    nextChildren = renderWithHooks(
        current,
        workInProgress,
        Component,
        ...
    );
    /* 生成子代 fiber 树结构 */
    reconcileChildren(current, workInProgress, nextChildren, ...);
    return workInProgress.child; /* 返回已经形成的子代 fiber 树。*/
}
```

经过 renderWithHooks 生成的 Element 结构会被 reconcileChildren 调和形成真正的 fiber，再来看一下 reconcileChildren 的核心流程：

```
function reconcileChildren(current,workInProgress,nextChildren,...){
    if (current === null) { /* 初始化流程,形成子代 fiber */
        workInProgress.child = mountChildFibers(
            workInProgress,
            null,
            nextChildren,
            ...
        );
    } else {
        /* 更新流程,形成子代 fiber */
        workInProgress.child = reconcileChildFibers(
            workInProgress,
            current.child,
            nextChildren,
            ...
        );
    }
}
```

因为在初始化的时候只有 Rootfiber 有 Current 树，其他的子代 fiberNode 是没有 Current 的，所以初始化 Current 为 null，通过上面的代码非常清晰地看到 Child 结构构建流程。

3. return 指针的形成

目前暴露出两个问题：

第一个就是 Element 是如何变成 fiber 的。第二个是 workInProgress 和 Child 是如何建立起 Return 关系的。

为了接着往下研究 fiber 树的构建流程，按照初始化流程往下走，因为 Index 是一个组件类型的 fiber，这种 fiberNode 上只有一个单一的 Child 节点，在案例中对应的就是 div 元素节点。在 React 系统中会按照 SingleElement 逻辑处理。

为了方便阅读，这里还是只保留了核心流程，包括一些代码变量名称也做了处理：

```
function reconcileSingleElement(workInProgress,child,nextChildren){
    /*
      workInProgress 为 Index 对应的 fiber 对象。
      Child 指的是 Current 树上的 Child,因为初始化没有 Current,所以 Child 为 null
      nextChildren 为 renderWithHooks 生成的 ReactElement 元素。
     */
    /* 通过 Element 创建一个 fiber   */
    const created = createFiberFromElement(nextChildren, ...);
    /* 建立 return 指针 */
    nextChildren.return  = created
}
```

上面这个方法，首先会把 Element 元素创建成 fiber，具体怎样创建的呢，首先会解析 props 上面的属性，比如解析 Element 元素的类型变成 fiber 的类型 tag，解析 Element 上的 props 变成 pendingProps，最后通过 New 一个 fiberNode 形成一个 fiber 对象。

```
new fiberNode(tag, pendingProps, key, mode);
```

接下来把新创建的 fiber 的 return 指针指向父级 fiber。至此完成了子代 fiber 树的构建流程。

还有一个问题没有解决，就是兄弟之间的 fiber 树是如何构建的呢，比如案例中的 p 标签和 button 标签就是兄弟节点关系，所以接下来看一下 sibling 的构建流程。

4. sibling 指针的形成

前面介绍了单一子节点的情况，但是如果有多个子节点的情况，这个时候 React 的底层处理逻辑就是 reconcileChildrenArray，具体实现如下：

```
function reconcileChildrenArray(
    returnFiber,// 这个指的是父级节点
    currentFirstChild, // 存在 Current 树,就是 Current 树的第一个子代节点
    newChildren // 多个子节点的情况,这个是子代 Element 构成的数组结构){
    let newIdx = 0;
    let oldFiber = currentFirstChild; // 因为初始化 Current 不存在,所以 oldfiber 为 null
    let previousNewFiber = null;
```

```
    if (oldFiber === null) {
        for (; newIdx < newChildren.length; newIdx++) {
            /* 创建一个 fiber,指针 return 指向父级 fiber */
            const newFiber = createFiberFromElement(newChildren[newIdx], ...);
            newFiber.return = returnFiber
            /* 保存第一个 fiber   */
            if (previousNewFiber === null) {
                resultingFirstChild = newFiber;
            } else {
                /* 兄弟 fiber 之间构建 sibling 流程 */
                previousNewFiber.sibling = newFiber;
            }
            /* 保存上一个 fiber   */
            previousNewFiber = newFiber;
        }
        /* 返回第一个 fiber   */
        return resultingFirstChild;
    }
}
```

如上就是多个子节点构建 fiber 的流程，大致就是先遍历子代 Element 对象，然后逐一创建 fiber，每个子代 fiber 的 return 指针都指向父级 fiber，每个子代 fiber 通过 sibling 建立起关系。

经过上面的 fiber 创建流程之后，会形成如图 8-2-5 所示的 fiber 树结构。

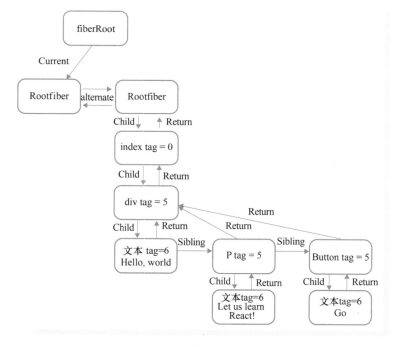

● 图 8-2-5

最后会以形成的整个 workInProgress 树作为最新的渲染树，fiberRoot 的 Current 指针指向 workIn-Progress 树，使其变为 Current fiber 树。到此完成初始化流程。

▶▶ 8.2.3　fiber 树的更新流程

如上是整个 fiber 树初始化流程，目前明确的是已经构建了一颗完整的 fiber 树，作为 Current 树，用于渲染视图，如果再一次发生更新，接下来会发生什么呢？

首先会复用当前 Current 树（Rootfiber）的 alternate 作为 workInProgress 树的起点，如图 8-2-6 所示。

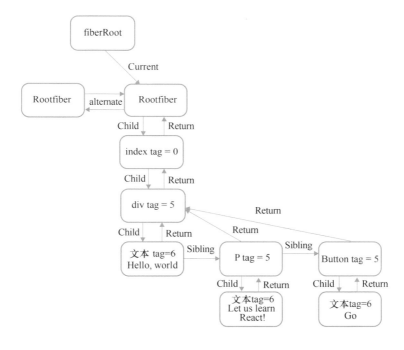

● 图 8-2-6

找到了 workInProgress 的起点后，接下来会完整地构建一颗 fiber 树，复用当前 Current 树上的 al-ternate，作为新的 workInProgress，由于初始化 Rootfiber 有 alternate，所以对于剩余的子节点，React 还需要创建一份，和 Current 树上的 fiber 建立起 alternate 关联。

对于 Index 对应 fiber，先重新创建一个 fiberNode，如图 8-2-7 所示。

接下来还会通过 renderWithHooks 执行函数组件，得到新的 Children，然后会执行 update 更新流程，大体和初始化流程类似，有区别的是现在已经存在了 Current 树，所以会复用 Current 树上的一些状态，重新形成 workInProgress 树，整个 workInProgress 树构建之后，fiberRoot 的 Current 指针指向 workInProgress 树，使其变为 Current fiber 树，完成更新流程，如图 8-2-8 所示。

本节主要介绍了 fiber 树的创建和更新流程，详细介绍了 Child、Return、Sibling，以及双缓冲树的构建过程，掌握这些知识对于后面的阅读和理解非常有帮助。

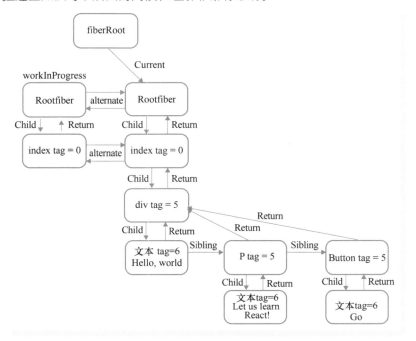

● 图 8-2-7

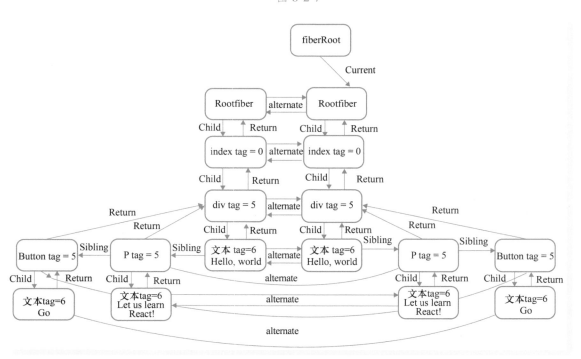

● 图 8-2-8

8.3 React 中的位运算

React 中运用了很多位运算的场景，比如在更新优先级模型中采用新的 lane 架构模型，还有判断更新类型中的 Context 模型，以及更新标志模型。如果想要弄清楚 React 的设计方式和内部运转机制，就需要弄明白 React 架构设计为什么使用位运算和 React，底层源码中如何使用的位运算。

▶▶ 8.3.1　为什么要用位运算

1. 什么是位运算

计算机专业的读者都知道，程序中的所有数在计算机内存中是以二进制的形式存储的。位运算就是直接对整数在内存中的二进制位进行操作。如图 8-3-1 所示。

0 在二进制中用 0 表示，我们用 0000 代表。

1 在二进制中用 1 表示，我们用 0001 代表。

先看两个位元算符号 & 和 |：

& 对于每一个比特位，两个操作数都为 1 时，结果为 1，否则为 0。

| 对于每一个比特位，两个操作数都为 0 时，结果为 0，否则为 1。

我们看一下两个 1 & 0 和 1 | 0。

如上 1 & 0 = 0，1 | 0 = 1。

```
0        0 0 0 0
1        0 0 0 1
0 & 1 = 0 0 0 0 = 0

0        0 0 0 0
1        0 0 0 1
0 | 1 = 0 0 0 1 = 1
```

● 图 8-3-1

2. 常用的位运算

先来看一下基本的位运算，如表 8-3-1 所示。

表 8-3-1　常用的位运算

运　算　符	用　　法	描　　述
与 &	a&b	如果两位都是 1，则运算结果为 1
或 |	a | b	两个位都是 0，结果为 0
异或 ^	a^b	如果两位只有一位为 1，则运算结果为 1
非 ~	~a	反转操作数的比特位，即 0 变成 1，1 变成 0
左移（<<）	a<<b	将 a 的二进制形式向左移 b（<32）比特位，右边用 0 填充
有符号右移（>>）	a>>b	将 a 的二进制形式向右移 b（<32）比特位，丢弃被移除的位，左侧以最高位来填充
无符号右移（>>>）	a>>>b	将 a 的二进制形式向右移 b（<32）比特位，丢弃被移除的位，并用 0 在左侧填充

3. 位运算的场景

在一个场景下，会有很多状态常量 A、B、C，这些状态在整个应用中的一些关键节点中做流程控制，比如：

```
if(value === A){
    // TODO...
}
```

如上所示，判断 value 等于常量 A，进入到 if 的条件语句中。

此时 value 属性是简单的一对一关系，但是实际场景下，value 可能是好几个枚举常量的集合，也就是一对多的关系，此时 value 可能同时代表 A 和 B 两个属性，如图 8-3-2 所示。

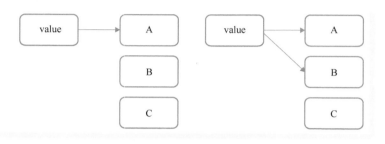

● 图 8-3-2

此时的问题就是如何用一个 value 表示 A 和 B 两个属性的集合。

这个时候位运算就派上用场了，因为可以把一些状态常量用 32 位的二进制来表示（这里也可以用其他进制），比如：

```
const A = 0b00000000000000000000000000000001
const B = 0b00000000000000000000000000000010
const C = 0b00000000000000000000000000000100
```

通过移位的方式让每一个常量单独占一位，这样在判断一个属性是否包含常量的时候，可以根据当前位数的 1 和 0 来判断。

这样如果一个值既代表 A 又代表 B，那么就可以通过位运算的 | 来处理。就有：

AB = A | B = 0b00000000000000000000000000000011

如果把 AB 的值赋给 value，那么此时的 value 就可以用来代表 A 和 B。

此时当然不能直接通过等于或者恒等来判断 value 是否为 A 或 B，此时就可以通过 & 来判断。具体实现如下：

```
const A = 0b00000000000000000000000000000001
const B = 0b00000000000000000000000000000010
const C = 0b00000000000000000000000000000100
const N = 0b00000000000000000000000000000000
const value = A | B
console.log((value & A) !== N) // true
console.log((value & B) !== N) // true
console.log((value & C) !== N) // false
```

如上引入一个新的常量 N，它所有的位数都是 0，本身的数值也就是 0。

可以通过（value & A）！= = 0 为 true 来判断 value 中是否含有 A。

同样也可以通过（value & B）！= = 0 为 true 来判断 value 中是否含有 B。

当然 value 中没有属性 C，所以（value & C）！= = 0 为 false。

4. 位掩码

对于常量的声明（如上的 A、B、C）必须满足只有一个 1 位，而且每一个常量二进制 1 的所在位数都不同，如下所示：

```
0b00000000000000000000000000000001 = 1
0b00000000000000000000000000000010 = 2
0b00000000000000000000000000000100 = 4
0b00000000000000000000000000001000 = 8
0b00000000000000000000000000010000 = 16
0b00000000000000000000000000100000 = 32
0b00000000000000000000000001000000 = 64
...
```

可以看到二进制满足的情况都是 2 的幂数。如果声明的常量满足如上这个情况，就可以用不同的变量来删除、比较、合并这些常量。

实际像这种通过二进制存储，再通过位运算计算的方式，在计算机中叫作位掩码。

React 应用中有很多位运算的场景，接下来枚举几个重要的场景。

▶▶ 8.3.2　React 位掩码场景——更新优先级

1. 更新优先级

React 中是存在不同优先级任务的，比如用户文本框输入内容，需要 input 表单控件。如果控件是受控的（受数据驱动更新视图的模式），也就是当我们输入内容的时候，需要改变 State 触发更新，再把内容实时呈现到用户的界面上，这个更新任务就是比较高优先级的任务。

相比表单输入的场景，比如一个页面从一个状态过渡到另一个状态，或者一个列表内容的呈现，这些视觉的展现，并不要求太强的时效性，期间还可能涉及与服务端的数据交互，所以这个更新相比于表单输入，就是一个低优先级的更新。

如果一个用户交互中，仅仅出现一个更新任务，那么 React 只需要公平对待这些更新即可。但是问题是可能存在多个更新任务，举一个例子：远程搜索功能。当用户输入内容，触发列表内容的变化时，如果把输入表单和列表更新放在同一个优先级，无论在 JS 执行还是浏览器绘制，列表更新需要的时间远大于一个输入框更新的时间，所以输入框频繁改变内容，会造成列表频繁更新，列表的更新会阻塞到表单内容的呈现，这样就造成了用户不能及时看到输入的内容，也就造成了一个很差的用户体验。

所以 React 解决方案就是多个更新优先级的任务存在的时候，高优先级的任务会优先执行，等到执行完高优先级的任务，再回过头来执行低优先级的任务，这样保证了良好的用户体验。也就解释了为什么会存在不同优先级的任务，那么 React 用什么标记更新优先级呢？

2. Lane

在 React V17 及以上的版本中，引入了一个新的属性，用来代表更新任务的优先级，它就是 Lane，用这个代替了老版本的 expirationTime，对于为什么用 Lane 架构代替 expirationTime 架构，会在接下来的章节讲到。

在新版本的 React 中，每一个更新中会把待更新的 fiber 增加一个更新优先级，这里称为 Lane，而且存在不同的更新优先级，这里枚举了一些优先级，如下所示：

```
export const NoLanes = /*                        */ 0b0000000000000000000000000000000;
const SyncLane = /*                              */ 0b0000000000000000000000000000001;
const InputContinuousHydrationLane = /*          */ 0b0000000000000000000000000000010;
const InputContinuousLane = /*                   */ 0b0000000000000000000000000000100;
const DefaultHydrationLane = /*                  */ 0b0000000000000000000000000001000;
const DefaultLane = /*                           */ 0b0000000000000000000000000010000;
const TransitionHydrationLane = /*               */ 0b0000000000000000000000000100000;
const TransitionLane = /*                        */ 0b0000000000000000000000001000000;
```

如上所示，SyncLane 代表的数值是 1，它却是最高的优先级，也可以说 Lane 代表的数值越小，此次更新的优先级就越大，在新版本的 React 中，还有一个新特性，就是渲染阶段可能被中断，在此期间，会产生一个更高优先级的任务，会再次更新 Lane 属性，这样多个更新就会合并，一个 Lane 可能需要表现出多个更新优先级。

所以通过位运算，让多个优先级的任务合并，这样可以通过位运算分离出高优先级和低优先级的任务。

3. 分离高优先级任务

我们来看一下 React 是如何通过位运算分离出优先级的。

当存在多个更新优先级的时候，React 肯定需要优先执行高优先级的任务，首先就是需要从合并的优先级 Lane 中分离出高优先级的任务，来看一下实现细节。

```
function getHighestPriorityLanes(lanes) {
    /* 通过 getHighestPriorityLane 分离出高优先级的任务 */
    switch (getHighestPriorityLane(lanes)) {
        case SyncLane:
            return SyncLane;
        case InputContinuousHydrationLane:
            return InputContinuousHydrationLane;
        ...
    }
}
```

在 React 底层就是通过 getHighestPriorityLane 分离出高优先级的任务，这个函数主要做了什么呢？

```
function getHighestPriorityLane(lanes) {
  return lanes & -lanes;
}
```

如上所示，就是通过 lanes & -lanes 分离出最高优先级的任务，我们来看一下具体的流程。

比如 SyncLane 和 InputContinuousLane 合并之后的任务优先级 Lane 为：

```
SyncLane = 0b0000000000000000000000000000001
InputContinuousLane = 0b0000000000000000000000000000100
lane = SyncLane | InputContinuousLane
lane = 0b0000000000000000000000000000101
```

通过 lanes & -lanes 分离出 SyncLane。首先看一下-lanes，在二进制中需要用补码表示为：

```
-lane = 0b1111111111111111111111111111011
```

接下来执行 lanes&-lanes。& 的逻辑是如果两位都是 1，则设置改为 1，否则为 0。

lane & -lane 只有一位（最后一位）全是 1，所有合并后的内容为：

```
lane & -lane = 0b0000000000000000000000000000001
```

可以看得出来 lane & -lane 的结果是 SyncLane，所以通过 lane & -lane 就能分离出最高优先级的任务。

```
const SyncLane = 0b0000000000000000000000000000001
const InputContinuousLane = 0b0000000000000000000000000000100
const lane = SyncLane | InputContinuousLane
console.log((lane & -lane) === SyncLane ) // true
```

▶▶ 8.3.3　React 位掩码场景——更新上下文

Lane 是标记了更新任务的优先级属性，Lane 决定了更新与否，那么进入了更新阶段，也有一个属性用于判断现在更新上下文的状态，这个属性就是 ExecutionContext。

更新上下文状态：ExecutionContext

为什么用一个状态证明当前更新上下文呢？列举一个场景，我们从 React 批量更新说起，比如在一次点击事件更新中，多次更新 State，在 React 中会被合成一次更新，那么就会产生一个问题，React 如何知道当前的上下文中需要合并更新的呢？这个时候更新上下文状态 ExecutionContext 就派上用场了，通过给 ExecutionContext 赋值不同的状态，来证明当前上下文的状态，点击事件里面的上下文会被赋值独立的上下文状态。具体实现细节如下所示：

```
function batchedEventUpdates(){
    var prevExecutionContext = executionContext;
    executionContext |= EventContext;  // 赋值事件上下文 EventContext
    try {
        return fn(a);  // 执行函数
    }finally {
        executionContext = prevExecutionContext; // 重置之前的状态
    }
}
```

在 React 事件系统中给 ExecutionContext 赋值 EventContext，在执行完事件后，再重置到之前的状态。在事件系统中的更新能感知到目前的更新上下文是 EventContext，那么在这里的更新就是可控的，就可以实现批量更新的逻辑了。

我们看一下 React 中常用的更新上下文，这个和最新的 React 源码有一些出入：

```
export const NoContext = /*                    */ 0b0000000;
const BatchedContext = /*                      */ 0b0000001;
const EventContext = /*                        */ 0b0000010;
const DiscreteEventContext = /*                */ 0b0000100;
const LegacyUnbatchedContext = /*              */ 0b0001000;
const RenderContext = /*                       */ 0b0010000;
const CommitContext = /*                       */ 0b0100000;
export const RetryAfterError = /*              */ 0b1000000;
```

和 lanes 的定义不同，ExecutionContext 类型的变量，在定义的时候采取的是 8 位二进制表示，在最新的源码中 ExecutionContext 类型变量采用 4 位的二进制表示。

```
export const NoContext = /*                    */ 0b000;
const BatchedContext = /*                      */ 0b001;
const RenderContext = /*                       */ 0b010;
const CommitContext = /*                       */ 0b100;
let executionContext = NoContext;
```

对于 React 内部变量的设计，我们无须关注，这里重点关注的是如何运用状态来管理 React 上下文中一些关键节点的流程控制。

在 React 整体设计中，ExecutionContext 作为一个全局状态，指引 React 更新的方向，在 React 运行时的上下文中，无论是初始化还是更新，都会走一个入口函数，它就是 scheduleUpdateOnFiber，这个函数会使用更新上下文来判别更新的下一步走向。

这个流程在第 10 章会详细讲到，先来看一下 scheduleUpdateOnFiber 中 ExecutionContext 和位运算的使用：

```
if (lane === SyncLane) {
    if (
        (executionContext & LegacyUnbatchedContext) !== NoContext && // unbatch 情况，比
如初始化
        (executionContext & (RenderContext |CommitContext)) === NoContext) {
        // 直接更新
    }else{
        if (executionContext === NoContext) {
            // 放入调度更新
        }
    }
}
```

如上就是通过 ExecutionContext，以及位运算来判断是否直接更新，还是放入调度中去更新。

▶▶ 8.3.4　React 位掩码场景——更新标识

经历了更新优先级 Lane 判断是否更新，又通过更新上下文 ExecutionContext 来判断更新的方向后，到底更新什么？又有哪些种类的更新呢？这里就涉及 React 中 fiber 的另一个状态——flags，这个状态证明了当前 fiber 存在什么种类的更新，如图 8-3-3 所示。

判断任务进入更新　　　　　　更新流程控制　　　　　　更新标志

● 图 8-3-3

先来看一下 React 应用中存在什么种类的 flags（标志）：

```
export const NoFlags = /*                        */ 0b00000000000000000000000000;
export const PerformedWork = /*                  */ 0b00000000000000000000000001;
export const Placement = /*                      */ 0b00000000000000000000000010;
export const Update = /*                         */ 0b00000000000000000000000100;
export const Deletion = /*                       */ 0b00000000000000000000001000;
export const ChildDeletion = /*                  */ 0b00000000000000000000010000;
export const ContentReset = /*                   */ 0b00000000000000000000100000;
export const Callback = /*                       */ 0b00000000000000000001000000;
export const DidCapture = /*                     */ 0b00000000000000000010000000;
export const ForceClientRender = /*              */ 0b00000000000000000100000000;
export const Ref = /*                            */ 0b00000000000000001000000000;
export const Snapshot = /*                       */ 0b00000000000000010000000000;
export const Passive = /*                        */ 0b00000000000000100000000000;
export const Hydrating = /*                       */ 0b00000000000001000000000000;
export const Visibility = /*                      */ 0b00000000000010000000000000;
export const StoreConsistency = /*                */ 0b00000000000100000000000000;
```

这些标志代表了当前 fiber 处于什么种类的更新状态。React 对于这些状态也是由专门的阶段去处理。具体的流程我们在接下来的章节中会讲到，首先形象地描述一下过程：

比如一些小朋友在做一个寻宝的游戏，在沙滩中埋了很多宝藏，有专门搜索这些宝藏的仪器，也有挖这些宝藏的工具，小朋友们会分成两组，一组负责拿仪器寻宝，另外一组负责挖宝，寻宝的小朋友在前面，找到宝藏之后不去直接挖，而是插上标志证明这个地方有宝藏，接下来挖宝的小朋友统一拿工具挖宝。这个流程非常高效，把不同的任务分配给不同的小朋友，各尽其职。

React 的更新流程和这个游戏如出一辙，也是分了两个阶段，第一个阶段就像寻宝的小朋友一样，找到待更新的地方，设置更新标志，接下来在另一个阶段，通过标志来证明当前 fiber 发生了什么类型的更新，然后执行这些更新。

```
const NoFlags=0b00000000000000000000000000;
const PerformedWork=0b00000000000000000000000001;
```

```
const Placement=0b000000000000000000000000000010;
const Update=0b000000000000000000000000000100;
// 初始化
let flag=NoFlags
// 发现更新,打更新标志
flag = flag |PerformedWork |Update
// 判断是否有 PerformedWork 种类的更新
if(flag & PerformedWork){
    // 执行
    console.log('执行 PerformedWork')
}
// 判断是否有 Update 种类的更新
if(flag & Update){
    // 执行
    console.log('执行 Update')}
if(flag & Placement){
    // 不执行
    console.log('执行 Placement')
}
```

如上所示，会打印执行 PerformedWork，前面的流程清晰地描述了在 React 中的更新标志，又是如何判断更新类型的。

希望读者记住在 React 中位运算的三种情况，以及解决了什么问题，应用在哪些场景中，这对接下来深入学习 React 原理会很有帮助。

8.4　React 数据更新架构设计

前面讲到了 React 位运算的三种场景，提到了 Lane 模型，更新上下文 Context，接下来还是以 React 数据更新为主线，看一下数据更新的架构设计。

▶▶ 8.4.1　React 更新前置设计

1. 批量更新：减少更新次数

虽然 JS 执行是快速的,但是浏览器绘制的成本却是昂贵的,所以良好的性能保障如下：

（1）减少更新次数,从而减少浏览器的渲染绘制操作,比如重绘、回流等。

（2）避免 JS 的执行,影响到浏览器的绘制。

我们都知道 React 也是采用数据驱动的,所以当每一次触发 setState 或者 useState 更新 State 的时候,都是数据变化→DOM 元素变化→浏览器绘制。正常情况下,比如在点击事件中,可能会触发多次更新,接下来就会多次更改 DOM 状态,进而占用浏览器大量的时间,所以为了避免这种情况发生,React 通过更新上下文的方式,来判断每一次更新是在什么上下文环境下,比如在 React 事件系统中,就有 Event-Context。在这些上下文中的更新,都是可控的,进而可以批量处理这些更新任务。

这种批量更新的方式,一定程度上减少了更新次数,但是这种控制手段也仅仅对同一上下文中的更新生效,比如一些微任务中的更新,这种更新就不受 React 更新上下文的控制了,这样浏览器还是需要处理一个更新之后,马上执行下一个任务,如果有很多这样的任务,就会导致一直执行 JS 线程,从而阻塞了渲染线程的绘制。

2. 更新调度:更新由浏览器控制

React 中有一个重要的模块可以处理更新,那就是 Scheduler。在 React 中维护了一个更新队列,去保存这些更新任务,当第一次产生更新的时候,会先把当前更新任务放入更新队列中,然后执行更新,接下来调度会向浏览器请求空闲时间,在此期间,如果有其他更新任务插入,比如上述的微任务,就会放入更新队列中,如果浏览器空闲了,就会判断更新队列中是否还有待更新的任务,如果有,则执行,接下来向浏览器请求下一个空闲帧,一直到待更新队列中没有更新任务,这样就保证了多个更新任务不会造成浏览器卡住的情况发生,把更新的主动权交给了浏览器。

有了批量更新和更新调度,就解决了上面的两种性能保障问题,不过问题又来了,那就是更新任务并不是相同的,而是有不同优先级的任务,就像一条业务线的产品,在给研发提需求的时候,每一个需求的优先级是不同的,有一些需求是高优先级,有一些就不是那么重要,如果一视同仁地处理这些需求,就不是很合理。

这个时候就需要把这些任务做一些区别,来满足一些复杂的场景。

3. 更新标识 Lane 和 ExpirationTime

为了区别更新任务,每一次更新都会创建一个 Update,并把 Update 赋予一个更新标识,在之前的老版本中用的是 ExpirationTime,但是在新版本 React 中,用的是 Lane。

老版本 ExpirationTime 代表的是过期时间,当每次执行任务时,会通过 ExpirationTime 来计算当前任务是否过期,如果过期了,说明需要马上优先执行,如果没有过期,就让更高优先级的任务先执行,比如会把每一个需求增加一个 deadline(过期时间),来确保需求的迫切性。

如果把每次事件中产生的任务公平对待,ExpirationTime 就不会出现什么问题,但是 concurrent 模式下有一个并发场景,比如通过一个输入框,来搜索数据并展示列表,本质上是产生了两个更新任务,一个是表单内容的变化,另外一个列表的展示,表单变化是急迫的任务,但是列表的展示相比表单内容显得不是那么重要。这时如果两个更新任务继续合并,需要列表更新才能返回更新的内容,列表的更新会影响到表单的输入,反映到用户眼中的就是输入内容的延时。这时就需要把表单内容更新和列表的更新当成两个任务去处理。

这时一个 ExpirationTime 并不能描述出当前 fiber 上有两个不同优先级的任务。ExpirationTime 只能反映出更新的时间节点,无法处理任务交割的场景。

所以就采用了另外一个模式,那就是 Lane 模型,Lane 采用位运算的方式,一个 Lane 上可以有多个任务合并,这样能够描述出一个 fiber 节点上,存在多个更新任务,就可以优先处理高优先级任务,我们还是列举上面产品需求的例子,在 Lane 模式下,每个需求设置 P0、P1 等不同的等级,这样就保证了需求进行的有序性。

4. 进入更新

有了更新标识和 Update 之后，就可以更新了吗，显然不能。众所周知，整个 React 应用中会有很多 fiber 节点，而函数组件和类组件也是 fiber，和其他 fiber 不同的是组件可以触发更新，这个更新标识描绘出 React 的更新时机和更新特点。

在前面的章节中，我们讲到了 React 每一个更新都是从根节点开始向下调和，在此期间，会把双缓冲树交替使用作为最新的渲染 fiber 树。在构建最新 fiber 树的时候，没有发生更新的地方是不需要处理的，直接跳过更新即可，这也是一种性能上的优化，React 首先要做的事情就是根据更新标识找到发生更新的源头，但是在众多 fiber 中如何快速找到更新源呢？这还是在标记更新标识的时候，会通过当前 fiber 的 Return 属性更新父级 fiber 链上的属性 ChildLanes，这样在从 Root 开始向下调和的时候，就能够直接通过这个属性找到发生更新的组件对应的 fiber，接下来执行更新。

▶▶ 8.4.2　React 更新后置设计

前面说到了 React 在进入更新之前有哪些操作，比如控制更新频率，防止 JS 阻塞浏览器，已经通过 Lane 处理不同优先级的更新任务，解决更新的并发场景，接下来看一下进入到更新流程之后，React 会有哪些设计方式。

React 在进入到更新流程之后，并不是马上更新数据，更新 DOM 元素，而是通过渲染和 commit 两大阶段来处理整个流程。

在渲染阶段中，核心思想就是 diff 对比，整个渲染围绕着 diff 展开，首先就是 React 需要通过对比 ChildLanes 来找到更新的组件。找到对应的组件后，就会执行组件的渲染函数，然后会得到新的 Element 对象，接下来就是新 Element 和老 fiber 的 diff，通过对比单元素节点和多元素节点来复用老 fiber，创建新 fiber。在此期间，会通过对比 props 或者 State 等手段判断组件是否更新。React 开发者控制渲染的手段基本上是在渲染阶段执行的。

在渲染阶段 React 并不会实质性地执行更新，而是只会给 fiber 打上不同的 flag 标志，证明当前 fiber 发生了什么变化。在渲染阶段中，会通过 fiber 上面的 Child、Return 和 Sibling 三个指针来遍历，找到需要更新的 fiber 并且执行更新。此时，会采用优先深度遍历的方式，遍历 Child，当没有 Child 之后，会遍历 Sibling 兄弟节点，最后到父元素节点。这种方式的好处就是可以方便形成真实 DOM 树结构，在 fiber 初始化流程中，创建 DOM 元素是在渲染阶段完成的。

经历了渲染阶段之后，就进入到 commit 阶段，commit 阶段会执行更新，然后就会执行一些生命周期和更新回调函数，所以 React 开发者就可以拿到更新后的 DOM 元素。

在第 10 章会重点讲两大阶段的细节，这里就不赘述了。

8.5　React 事件系统设计

前面的章节对 React 的虚拟 DOM 设计、更新设计、数据驱动模型等做了深入探讨，本节继续围绕 React 设计展开，看看对于事件系统，React 是如何处理的。

在进入正题之前，先问一个问题，那就是事件系统重要吗？

事实上，前端应用因为离用户最近，所以会有很多交互逻辑，就会有很多事件与之绑定。正是有这些事件，才让页面"活"起来，才能让用户通过浏览器完成想要做的事情。所以事件系统对于用户是非常重要的。

▶▶ 8.5.1　React 事件系统介绍

对于不同的浏览器，对事件存在不同的兼容性，React 想实现一个兼容全浏览器的框架，为了实现这个目标，就需要创建一个兼容全浏览器的事件系统，以此抹平不同浏览器的差异。

所以 React 也开发了一套自己的事件系统。正常在 React 中绑定事件，如下所示：

```
const handleClick = ()=>{console.log('冒泡阶段执行')}
<button onClick={handleClick} >event</button>
```

如上所示，给按钮绑定了一个 onClick 事件，事件处理函数是 handleClick，那么真的就给 button 元素绑定事件了吗？实际上并没有，为了证实这一点，打开浏览器调试工具，如图 8-5-1 所示。

● 图 8-5-1

可以看到在 Event Listeners 中，button 的处理事件并不是 handleClick，而是一个空函数 noop，这个函数是 React 底层绑定的。通过上面我们能知道，在 React 应用中，所看到的 React 事件都是"假"的！主要体现在：

（1）给元素绑定的事件，不是真正的事件处理函数。

（2）甚至在事件处理函数中拿到的事件源 e，也不是真正的事件源 e。

1. 事件系统介绍

在传统的 DOM 事件中，事件模型是这样的：事件捕获阶段→事件执行阶段→事件冒泡阶段。

在 React 应用中，也可以让事件执行在捕获阶段，或者是冒泡阶段，以点击事件为例子，当给元素绑定 onClick，执行时机类似于冒泡阶段，当给元素绑定 onClickCapture，执行时机就类似于捕获阶段，来看一个 Demo，如下所示：

```
function Index(){
    const refObj = React.useRef(null)
    useEffect(()=>{
        const handler = ()=>{
```

```
            console.log('事件监听')
        }
        refObj.current.addEventListener('click',handler)
        return () => {
            refObj.current.removeEventListener('click',handler)
        }
    },[])
    const handleClick = () =>{
        console.log('冒泡阶段执行')
    }
    const handleCaptureClick = () =>{
        console.log('捕获阶段执行')
    }
    return <button
        ref={refObj}
        onClick={handleClick}
        onClickCapture={handleCaptureClick} >点击</button>
}
```

通过 onClick、onClickCapture 和原生的 DOM 监听器给元素 button 绑定了三个事件处理函数，当触发一次点击事件的时候，处理函数的执行，打印顺序如下所示：

捕获阶段执行→事件监听→冒泡阶段执行。

通过上面的打印结果，可以明白：

冒泡阶段：开发者正常给 React 绑定的事件，比如 onClick、onChange，执行时机类似于冒泡阶段。

捕获阶段：如果想要在类似捕获阶段执行，可以在事件后面加上 Capture 后缀，比如 onClickCapture、onChangeCapture。

阻止事件冒泡：

```
function Index(){
    const handleClick=(e)=> {
        /* 阻止事件冒泡,handleFatherClick 事件将不再触发 */
        e.stopPropagation()
    }
    const handleFatherClick=()=> console.log('冒泡到父级')
    return <div onClick={ handleFatherClick } >
        <div onClick={ handleClick } >点击</div>
    </div>
}
```

React 阻止冒泡和原生事件中的写法差不多，当在 handleClick 上阻止冒泡，父级元素的 handleFatherClick 将不再执行，但是内部实现上和原生的事件有差异。

2. 阻止默认行为

React 阻止默认行为和原生的事件也有一些区别。

原生事件：e.preventDefault( )和 return false 可以用来阻止事件默认行为，由于在 React 中给元素的事件并不是真正的事件处理函数，所以导致 return false 方法在 React 应用中完全失去了作用。

React 事件：在 React 应用中，可以用 e.preventDefault( )阻止事件默认行为，这个方法并非是原生事件的 preventDefault，由于 React 事件源 e 也是独立组建的，所以 preventDefault 也是单独处理的。

▶▶ 8.5.2 事件系统设计

明白了 React 事件流中一些基础细节之后，来看一下 React 事件系统是如何设计的。

1. 事件可控性

在前面的章节中，我们知道在 React 运行过程中，有一个状态可以反映出当前更新上下文状态，那就是 ExecutionContext，在 React 事件系统中触发的事件，ExecutionContext 会合并 EventContext，接下来在执行上下文中，就可以通过 EventContext 判断是否是事件内部触发的更新，也就能方便做一些事情，比如像 legacy 模式的批量更新。

设想一下，如果给真实的 DOM 绑定事件，那么用户触发 DOM 事件，React 就不能及时感知到有事件触发了，即便是可以通过事件监听器的方式，但是也很难改变事件触发的上下文，还是前面的例子，如何在事件执行的时候，能够判断 ExecutionContext 中存在 EventContext，并且当事件执行完毕后，可以重置 ExecutionContext 状态。

能够解决以上问题的就是，让 React 能够感知到事件的触发，并且让事件变成可控的。这样给 onClick 绑定的事件处理函数 handleClick 就不能直接绑定在原生 DOM 上，而是由外层 App 统一做事件代理，再主动去改变上下文状态，并且执行事件处理函数。逻辑类似如下：

```
/* 改变状态 */
fn()
/* 执行事件处理函数 */
/* 重置状态 */
```

2. 跨平台兼容

React 并不仅仅能够运行在 Web 平台，同样也适用于一些跨端的场景，比如 Taro RN、微信小程序等，在这些跨平台场景中，是不能给元素绑定事件的，以微信小程序来说，虽然微信小程序是采用 Webview 的方式，但是对于原生 DOM 的操作，小程序并没有给开发者开口子，也就是说在小程序里如果想要使用 React 框架，就不能使用 DOM 的相关操作，也就不能直接绑定事件。但是 React 事件系统的设计，就能够解决这个问题，因为 React 独立的事件系统，能够把原生 DOM 元素和事件执行函数隔离开，统一管理事件，这样事件的触发由 DOM 层面变成了 JS 层面。为 React 做跨平台兼容提供了技术支撑。

3. 事件合成机制

React 对于事件的处理有一种事件合成的机制，首先需要弄清楚什么是事件合成？

本质上来说就是一个 React 事件，可能由多个原生事件合成。比如给 input 绑定一个 onChange

事件。

```
function Index(){
  const handleChange = () => {}
  return <div >
    <input onChange={ handleChange }  />
  </div>}
```

在原生 DOM 中是没有 onChange 事件的，对于 onChange 事件，原生事件中会有多个事件与之对应。比如上面的 onChange 事件，会绑定 blur、change、focus、keydown、keyup 等多个事件。

在 React 应用中，元素绑定的事件并不是原生事件，而是 React 合成的事件，比如 onClick 由 click 合成，onChange 由 blur、change、focus 等多个事件合成。底层 React 用一个对象 registrationNameDependencies 保存 React 事件和合成的原生事件的映射关系。来看一下这个对象，如图 8-5-2 所示。

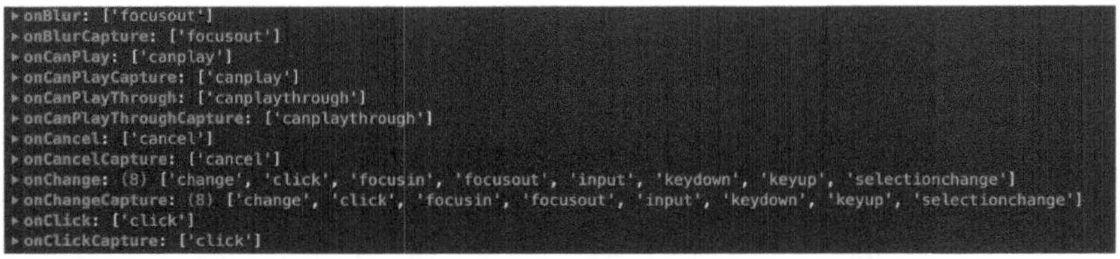

● 图 8-5-2

当然上面只是对象的一部分。事件系统大致思路：在 React 中有一套事件系统来处理 DOM 事件，React 的事件系统大致可以分为三个部分来消化。

第一个是事件合成系统，根据运行的平台，做事件的初始化操作。第二个就是在一次渲染过程中，收集并处理标签中的事件。第三个就是一次用户交互，事件触发，到事件执行的一系列过程。

我们看一下这三个部分的关联和每一个部分都做了哪些事情。

上面说到，React 中的事件并不是注册到真实 DOM 中的，而是通过事件系统统一处理的，首先就需要事件系统在初始化的时候，统一监听注册这些事件。在 React V18 新版本中，会在入口函数中，统一注册并监听事件，并且是在 React Root 挂载容器上。在新版本 React 中，入口文件应该像如下的样子：

```
const root = ReactDOM.createRoot(document.getElementById('app'))
```

这个 App 就是绑定事件监听器的容器。在 React V17 之前，React 事件都是绑定在 document 上，React V17 之后，React 把事件绑定在应用对应的容器 container 上，将事件绑定在同一容器统一管理。事件绑定采用的是 addEventListener 的方式。

4. 事件统一处理函数

以 React 中的点击事件为例子，都是通过 addEventListener 进行监听的，但是处理点击事件的函数只有一个，在事件处理函数中，可以通过事件源来找到点击事件到底发生在哪个 DOM 上，这个方式在传统的事件流中叫作事件委托。

而在 React 中，也是收敛到一个函数中去执行，也就是说，当项目有很多个按钮时，无论点击哪个按钮，都会由同一个函数去处理并执行，这个函数就是 dispatchEvent。

5. 冒泡和捕获的处理

明白了事件注册之后，还有一个问题，就是事件冒泡和捕获是如何处理的呢？为什么 onClick 会在事件冒泡阶段执行，而 onClickCapture 会在事件捕获阶段执行呢？

想要解决这个问题也很容易，还是以点击事件 click 为例子，addEventListener 在绑定事件的时候，可以通过第三个参数来确定是在冒泡阶段执行，还是在捕获阶段执行：

```
addEventListener(type, listener, useCapture)
```

第一个参数，事件名称、字符串，必填，比如 click。第二个参数，执行函数，必填。第三个参数、触发类型、布尔型，可以为空。true 事件在捕获阶段执行，false 事件在冒泡阶段执行，默认是false。

言归正传，在绑定事件监听器的时候，绑定两次就可以了，也就是在冒泡和捕获阶段各绑定一次。

```
addEventListener('click',dispatchEvent $1,true)
addEventListener('click',dispatchEvent $2,false)
```

这样 onClick 事件就可以在冒泡阶段执行，onClickCapture 事件也可以在捕获阶段执行了。

6. 收集预处理事件

在整个应用渲染阶段的时候，遍历 fiber 节点的时候，会对比 props 中的属性，来对事件做预处理，在老版本 React 事件系统中，事件函数是在这个阶段绑定的。

7. 事件执行

如果触发一次点击事件，那么在新版 React 中会触发两次 React 的统一处理函数：第一次是捕获执行，onClick 就会在此执行。第二次是冒泡执行，onClickCapture 也会执行了。这样就保证了事件处理函数（例如 onClick 和 onClickCapture）与原生的事件流保持一致。

▶▶ 8.5.3　新老版本事件系统差异

老版本事件系统在 React V17 以前的版本中，对于事件系统的处理有一些不同之处。我们还是以刚开始的 Demo 为例子，当给 button 元素绑定 onClick、onClickCapture 时，还有一个事件监听器，当触发点击事件的时候，新老版本打印的差异如下：

新版本事件系统：捕获阶段执行→事件监听→冒泡阶段执行。

老版本事件系统：事件监听→捕获阶段执行→冒泡阶段执行。

从前面直观地看出新版本的事件是最接近原生事件流的，老版本事件系统执行顺序差别更大一些，至于为什么我们马上会讲到。

对于新老版本事件系统差异，还是比较大的，如事件初始化差异、事件执行差异、事件收集差异。

1. 事件初始化差异

与新版本不同的是，老版本事件系统初始化过程中，并没有直接注册事件，取而代之的是形成了一个事件插件对象 registrationNameModules。

React 有一种事件插件机制，比如上述 onClick 和 onChange，会有不同的事件插件 SimpleEventPlugin、ChangeEventPlugin 处理，先不必关心事件插件做了些什么，在后面会有相关的介绍。我们看一下老版本 registrationNameModules 长什么样子：

```
const registrationNameModules = {
    onBlur: SimpleEventPlugin,
    onClick: SimpleEventPlugin,
    ...
}
```

registrationNameModules 记录了 React 事件（比如 onBlur）和与之对应的处理插件映，比如上述的 onClick，就会用 SimpleEventPlugin 插件处理，onChange 就会用 ChangeEventPlugin 处理。应用于事件触发阶段，根据不同的事件使用不同的插件。

为什么要用不同的事件插件处理不同的 React 事件？首先对于不同的事件，有不同的处理逻辑；对应的事件源对象也有所不同，React 的事件和事件源是自己合成的，所以对于不同的事件需要不同的事件插件处理。

2. 事件收集差异

在老版本事件系统中，在渲染阶段会执行事件的收集和绑定，前面说到在老版本事件系统中，初始化阶段会处理 props，比如发现了 onClick 事件，那么才向外层容器中绑定 click 事件，如果发现了 onChange 事件，才向容器中绑定 blur、change、focus 等事件，而不是在初始化过程中统一绑定的。

3. 事件执行差异

在事件执行阶段，老版本和新版本的事件系统也有本质的区别：

新版本事件系统会触发两次事件，分别是冒泡和捕获事件，优先执行捕获事件、onClickCapture 等事件。接下来执行冒泡事件、onClick 事件。

在老版本事件系统中，只会执行一次事件，本质上是在冒泡阶段执行的。而捕获阶段执行的事件，是事件系统模拟的。具体是如何模拟的呢？React 会在事件底层用一个数组队列来收集 fiber 树上一条分支上的所有 onClick 和 onClickCapture 事件，遇到捕获阶段执行的事件，比如 onClickCapture，就会通过 unshift 放在数组的前面，如果遇到冒泡阶段执行的事件，比如 onClick，就会通过 push 放在数组的后面，最后依次执行队列中的事件处理函数，模拟事件流。这就是为什么老版本的事件系统执行时机和真实的事件流相差很大的原因。

至于老版本事件系统的一些实现细节，在接下来的 10.8 节会讲到。用一幅图描述一下，新老版本事件系统的差异，如图 8-5-3 所示。

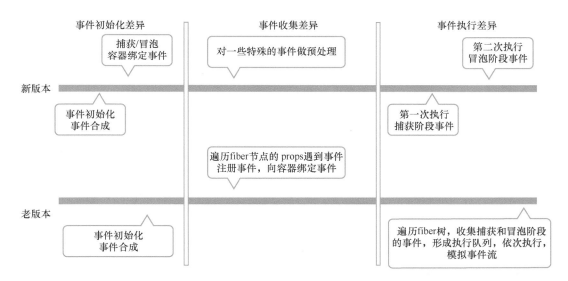

事件初始化差异

事件收集差异

事件执行差异

捕获/冒泡
容器绑定事件

对一些特殊的事件做预处理

第二次执行
冒泡阶段事件

新版本

事件初始化
事件合成

第一次执行
捕获阶段事件

遍历fiber节点的 props遇到事件
注册事件，向容器绑定事件

老版本

事件初始化
事件合成

遍历fiber树，收集捕获和冒泡阶段
的事件，形成执行队列，依次执行，
模拟事件流

● 图 8-5-3

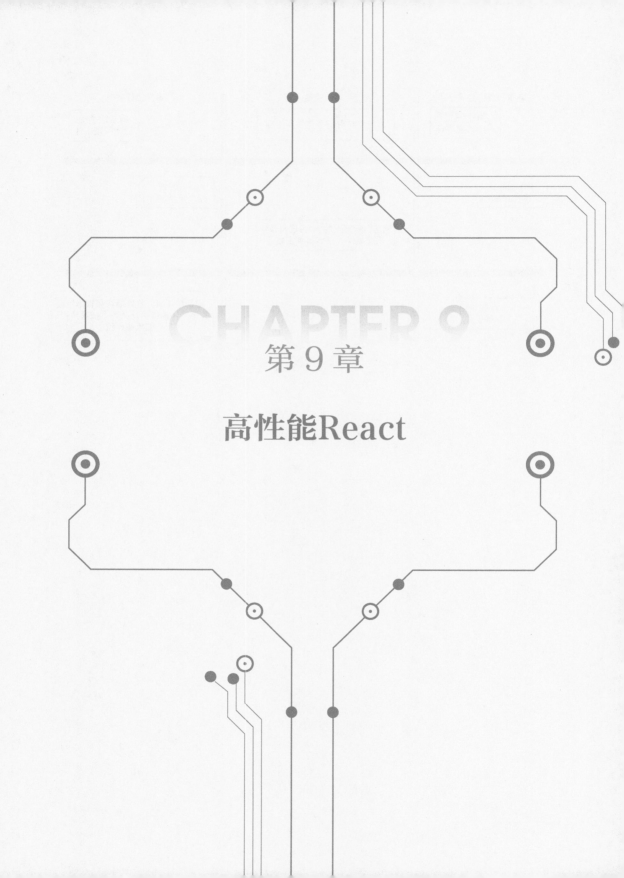

第9章

高性能React

性能优化是一个老生常谈的话题，React 框架自然也有属于自己的性能优化策略，本章就来聊聊如何打造高性能的 React 应用。

React 底层有很多自我调节优化的手段，其中最重要的一部分就是更新，前面讲到过，React 应用由一个个元素节点 fiber 构成，一次更新需要把每一个 fiber 节点都更新一遍吗，答案是否定的，所以在调和子代元素节点时，需要用到 diff，来对比到底是哪些元素需要更新。组件渲染是更新视图的主要手段，所以组件的更新很可能带来浏览器的重绘、回流、绘制，这些都是影响性能的瓶颈，所以减少组件的无效渲染势在必行，一方面 React 在内部通过 batching update 来减少渲染更新次数，另一方面 React 也向开发者们提供了外部控制更新的方法。

但是单单从控制更新次数上还是不行的，还有一个重要指标就是控制更新的频率，比如频发的触发更新会让浏览器把大量的时间浪费在执行 JS 上，而没有时间去更新浏览器视图，这样就会让用户等待视图的响应。为了解决这个问题，React 建立了自己的调度系统，有条不紊地执行这些更新任务。

控制了更新的数量和频率就可以了吗？显然不是这样的，因为用户在与浏览器打交道的过程中，会产生很多上述的更新任务，如何去执行这些任务，常规逻辑下，按顺序处理这些更新任务就可以了，但是实际情况却不是这样的，比如一个输入查询列表场景，用户输入字符改变表单对于性能的损耗是很小的，并且用户迫切希望输入框能够及时展现输入的内容，但是列表更新对于性能的损耗是巨大的，相比输入框的及时变化，对于列表数据的更新就不显得那么迫切。如果处理两个任务是平等的，就会造成用户输入一个字符便更新列表，更新列表任务执行后，会影响到下一个字符的输入，这样造成的直观感受就是卡顿，用户体验非常差。

React 为了解决这个问题，在并发模式 concurrent 下，有一种更新任务的方式，叫作 transition 过渡更新任务，它可以将更新任务分成不同的执行优先级，急迫的任务优先于不急迫任务执行。比如上述的输入框视图变化就是急迫的任务，而列表更新相比之下就不那么紧急，所以过渡任务对于这种场景是恰到好处的。

React 框架开发人员把大量的精力用在了提高用户体验上，虽然框架底层做了大部分的优化事项，但是还有一些场景需要留给用户去自己解决，比如 React 开发者怎样去处理海量数据渲染的场景。众所周知，一次性渲染大量的 DOM 元素是十分浪费性能的。除了海量数据源之外，还有一些在开发 React 应用时开发者需要注意的细节，也是值得关注的。

本章就从内部调优到外部控制，从上游的更新调度到下游的任务过渡，从大量数据源渲染到微小细节处理角度出发，来探索如何打造高性能的 React 应用。

9.1　React 内部更新调优

React 内部已经做了很多更新流程中的性能优化手段。本节来探讨一下 React 内部的调优手段。

▶▶ 9.1.1　调和优化手段

通过第 8 章我们知道了在 React 的世界里，所有的元素节点是由 fiber 构成的，假设发生一次更新，需要从 fiberRoot 开始向下调和，这里暴露了一个问题，在这个过程中所有的 fiber 需要调和吗？答案是否定的，如果所有 fiber 调和，那么肯定是一种性能上的浪费，这个时候 React 会通过更新标志来找到哪些 fiber 需要调和，哪些 fiber 需要更新。

第 8 章也讲到了这个更新标志，在老版本用 expirationTime 来表示，在新版本的 Lane 来表示，比如一个组件发生了更新，从当前组件对应的 fiber 开始，到 Root 都会重新标记，以 Lane 架构为例，发生更新的 fiber 节点会更新 Lane 属性，这个 fiber 的所有父级节点会更新 ChildLanes 属性。

```
function markUpdateLaneFromFiberToRoot(
    sourceFiber,          // 发生更新的 fiber
    lane                  // 触发了更新,产生的 Lane){
  /*  更新当前 fiber 的 lanes 属性 */
  sourceFiber.lanes = mergeLanes(sourceFiber.lanes, lane);
  let parent = sourceFiber.return;
  /*  递归一直到 Root,更新父级 fiber 的 ChildLanes 属性 */
  while (parent !== null) {
    parent.childLanes = mergeLanes(parent.childLanes, lane);
    parent = parent.return;
  }
}
```

比如整个 fiber 树的结构如图 9-1-1 所示。

如果 D 是一个组件，并且触发了 useState 或者 setState，那么第一步就会从它开始向上更新状态，可以直接通过 fiber 的 return 节点向上递归。

D 本身会更新 Lane 属性，A 和 B 会更新 ChildLanes 属性，最后会变成图 9-1-2 的结构。

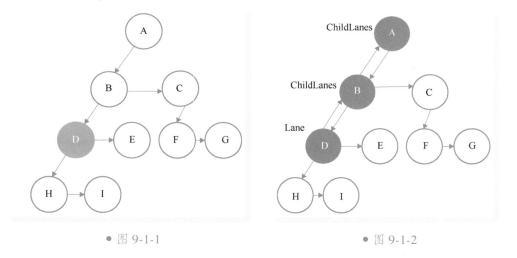

● 图 9-1-1　　　　　　　● 图 9-1-2

接下来就会从 Root 开始向下调和，在正式说向下调和的优化手段之前，先来看看 fiber 的调和和组件的渲染。

1. fiber 调和和组件渲染

当从 Root 开始向下更新 fiber 状态进入 workLoop 的过程叫作调和，而且仅当组件类型的 fiber 调和时，通过执行渲染函数产生新的 React Element 的过程是组件渲染，组件的渲染只是 fiber 树调和的一部分。

组件渲染会产生新的 Element，如果组件的子代 fiber 没有做额外处理，接下来就会进入调和流程中。

知道了这些，再来看一下 Root 向下的调和流程，首先想一个问题就是，D 的渲染函数是怎样执行的，如何精确地找到 D 并触发渲染呢？

通过上面我们知道 A、B 元素对应的 fiber 因为有 ChildLanes 的更新状态，所以通过这个线索，找到当事人 D，并触发渲染。至于没有 ChildLanes 的分支，比如 C→F-G 就会跳过调和过程，这样就起到了性能优化的作用，也证实了一个事实，一次更新并不是所有的 fiber 会进入调和流程中。

其中有一个问题就是如果 B 也是组件，那么现在知道的是 B 肯定会调和，但是 B 会重新渲染吗？

2. 组件类型的 fiber 调和，但不一定渲染

在这里大家要记住的是，如果是一个组件类型的 fiber（FunctionComponent 或 ClassComponent）进入调和过程中，但是并不会触发渲染，原因是它没有发生更新，Lane 没有变化，而是它的子代 fiber 发生了更新，ChildLanes 发生变化，所以它就跳过了渲染的过程，也不会重新生成 Element 对象。

所以 B 不会执行渲染，到了 D 组件，因为它的 Lane 发生变化，所以会触发 Update，进而触发组件渲染，产生了新的 Element。

接下来就到了 D 的子代元素更新流程，因为 D 产生了新的 Element（包括 Element 上面的 props 也是新的），所以子代元素更新也就在所难免了。发生了更新，就有可能更新真实的 DOM 元素，但是理想状态下，我们能够复用原来的 DOM，而不会创建新的 DOM，因为 DOM 操作是十分浪费性能的，这个时候就需要状态的复用了，复用就需要从老的元素节点中，找到与新的节点对应的老节点，而这个优化的过程用到了一个技巧，它就是 diff 算法。

▶▶ 9.1.2 diff 算法

在讲 diff 算法之前，我们先来确定两个问题：问题一：React 的 diff 算法，到底是谁跟谁 diff？问题二：diff 的范围是什么？

首先回答第一个问题，通过之前的分析，我们知道组件更新会产生新的 Element，Element 要变成新的 fiber，所以需要从老的 fiber 中找到与新的 Element 对应的 fiber 节点，diff 算法是老的 fiber 和新的 Element 之间的 diff。

然后看一下第二个问题，那就是 diff 的范围，diff 会对比同一 old fiber 对象和新的 Element 元素，比如还是上述的 fiber 结构，图 9-1-3 就是 diff 的分组关系：

在 Element 中，多个子元素是用数组结构存储的，而在 fiber 中，是使用 Child + Sibling 指针的对象结构存储的。

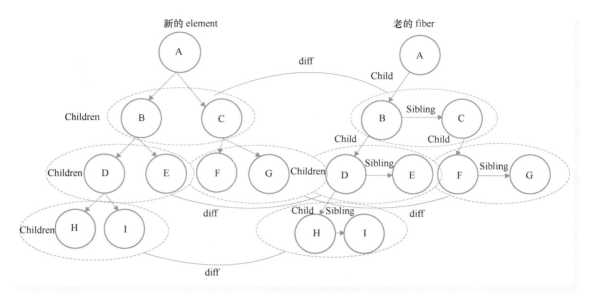

● 图 9-1-3

说到 diff 就必须关联到 fiber 的另外一个属性，在 diff 过程中就是参考这个属性来找老 fiber 的，合理地使用 key 有助于精准地找到用于新节点复用的老节点。下面就来看看 React 是如何 diff Children 的。

首先 React 在一次更新中，当发现通过渲染得到的 Children 时，如果是一个数组，就会调用 reconcileChildrenArray 来调和子代 fiber，整个对比的流程就是在这个函数中进行的。

这里有一个值得注意的地方就是，diff 主要是针对 Children 是数组的情况，如果对于单一的元素子节点，那么直接复用就可以了。

看一下 reconcileChildrenArray 中 diff Children 的流程，因为 reconcileChildrenArray 的流程很长，因此把它分解成 5 步来消化。

1. 第一步：遍历新 Children，复用 oldFiber

```
function reconcileChildrenArray(){
    /* 第一步 */
    for (; oldFiber !== null && newIdx < newChildren.length; newIdx++) {
        if (oldFiber.index > newIdx) {
            nextOldFiber = oldFiber;
            oldFiber = null;
        } else {
            nextOldFiber = oldFiber.sibling;
        }
        const newFiber = updateSlot(returnFiber,oldFiber,newChildren[newIdx],expirationTime,);
        if (newFiber === null) { break }
```

```
        // ..一些其他逻辑
    }
  }
}
```

第一步对于 React.createElement 产生新的 Child 组成的数组，首先会遍历数组，因为 fiber 对于同一级兄弟节点使用 Sibling 指针指向，所以 Children 遍历，Sibling 指针同时移动，找到与 Child 对应的 oldFiber。

然后调用 updateSlot，updateSlot 内部会判断当前的 tag 和 key 是否匹配，如果匹配，复用老的 fiber 形成新的 fiber，如果不匹配，返回 null，此时 newFiber 等于 null。

2. 第二步：统一删除 oldFiber

```
if (newIdx === newChildren.length) {
    deleteRemainingChildren(returnFiber, oldFiber);
    return resultingFirstChild;
}
```

第二步适用于以下情况，当第一步结束 newIdx === newChildren.length ，此时证明所有 newChild 已经被遍历，剩下的没有遍历的 oldFiber 也就没有用了，可以调用 deleteRemainingChildren 统一删除剩余的 oldFiber。

情况一：节点删除，如图 9-1-4 所示。

```
Old Child: A B C D
New Child: A B
```

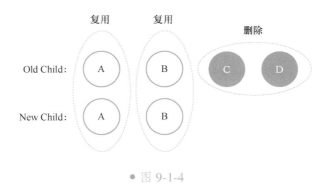

● 图 9-1-4

AB 经过第一步遍历复制完成，New Child 遍历完成，此时 CD 已经没有用了，统一删除 CD。

3. 第三步：统一创建 newFiber

```
if(oldFiber === null){
    for (; newIdx < newChildren.length; newIdx++) {
```

```
            const newFiber = createChild(returnFiber,newChildren[newIdx],expirationTime,)
            // ...
        }
    }
```

第三步适合如下的情况，当经历过第一步时，oldFiber 为 null，证明 oldFiber 复用完毕，如果还有新的 Children，说明都是新的元素，只需要调用 createChild 创建新的 fiber。

情况二：节点增加。

Old Child：A B

New Child：A B C D

AB 经过第一步遍历复制完成，oldFiber 没有可以复用的了，直接创建 CD，如图 9-1-5 所示。

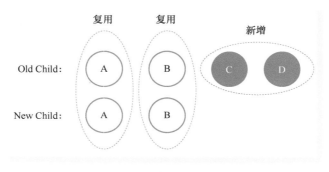

• 图 9-1-5

4. 第四步：针对发生移动和更复杂的情况

```
const existingChildren = mapRemainingChildren(returnFiber, oldFiber);
for (; newIdx < newChildren.length; newIdx++) {
    const newFiber = updateFromMap(existingChildren,returnFiber)
    /* 从 mapRemainingChildren 删掉已经复用的 oldFiber */
    }
```

mapRemainingChildren 返回一个 map，map 里存放剩余的老的 fiber 和对应的 key（或 index）的映射关系。

接下来遍历剩下没有处理的 Children，通过 updateFromMap，判断 mapRemainingChildren 中有没有可以复用的 oldFiber，如果有，那么复用；如果没有，新创建一个 newFiber。

复用的 oldFiber 会从 mapRemainingChildren 中删掉。

情况三：节点位置改变。

Old Child：A B C D

New Child：A B D C

AB 在第一步被有效复用，第二步和第三步不符合，直接进行第四步，CD 被完全复用，existing-Children 为空，如图 9-1-6 所示。

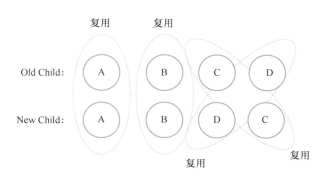

● 图 9-1-6

5. 第五步：删除剩余没有复用的 oldFiber

```
if (shouldTrackSideEffects) {
    /* 删除没有复用到的 oldFiber */
    existingChildren.forEach(child => deleteChild(returnFiber, child));
}
```

最后一步对于没有复用的 oldFiber，统一删除处理。

情况四：复杂情况（删除+新增 + 移动），如图 9-1-7 所示。

```
Old Child: A B C D
New Child: A E D B
```

● 图 9-1-7

首先 A 节点在第一步被复用，接下来直接到第四步，遍历 newChild，E 被创建，DB 从 existing-Children 中被复用，existingChildren 还剩一个 C 在第五步会删除 C，完成整个流程。

关于 diff Child 思考和 key 的使用建议。React diff Child 时间复杂度 $O(n^3)$ 优化到 $O(n)$；React key 最好选择唯一性的 ID，上述流程，如果选择 Index 作为 key，且元素发生移动，那么从移动节点开始，接下来的 fiber 都不能得到合理的复用。Index 拼接其他字段也会造成相同的效果。

9.2 React 外部渲染控制

在 9.1 节中，我们讲到 React 在更新流程中内部的优化手段，接下来看一下 React 内部控制渲染的手段。

▶▶ 9.2.1 React 渲染本质

渲染阶段作用是什么？首先来思考一个问题，组件在一次更新中，类组件执行渲染，执行函数组件 renderWithHooks（renderWithHook 内部执行 React 函数组件本身），它们的作用是什么呢？它们并没有渲染真实 DOM，它们的作用是根据一次更新中产生的新状态值，通过 React.createElement，替换成新的状态，得到新的 ReactElement 对象，新的 Element 对象上保存了最新状态值。createElement 会产生一个全新的 props。到此渲染函数的使命完成了。

接下来 React 会调和由渲染函数产生 Children，将 Element 对象变成 fiber 对象（这个过程如果存在 alternate，会复用 alternate 进行克隆，如果没有 alternate，那么将创建一个），将 props 变成 pendingProps，至此，当前组件更新完毕。

如果 Children 是组件，会继续重复上一步，直到全部 fiber 调和完毕，完成渲染流程。

对于 React 整个渲染，并不仅仅是上述渲染的流程，事实上，从调度更新任务到调和 fiber，再到浏览器绘制真实 DOM，每一个环节都是渲染的一部分，至于期间的性能优化，React 在底层已经处理了大部分细节，比如在 9.1 节中，留给 React 开发者需要做的，就是告诉 React 哪些组件需要更新，哪些组件不需要更新。

如何告诉 React 在什么场景下更新，什么场景下不更新？这时就需要 React 提供几个控制更新的手段了。

▶▶ 9.2.2 React 渲染控制手段

React 提供了几种控制渲染的方式，接下来会介绍原理和使用。

首先说到对渲染的控制，主要有以下两种方式：

第一种就是从父组件直接隔断子组件的渲染，经典的就是 Memo，缓存 Element 对象。

第二种就是组件从自身来控制是否渲染，比如：PureComponent、shouldComponentUpdate。

所以主流的方式主要有以下 4 种：缓存 Element 对象、高阶组件 Memo、React 提供的基础组件 PureComponent、类组件生命周期 shouldComponentUpdate。

1. 第一种：缓存 Element 对象

首先就是对 React.element 对象的缓存。这是一种父对子的渲染控制方案，来源于一种场景，父组件渲染，子组件有没有必要跟着父组件一起渲染，如果没有必要，则需要阻断更新流，先举两个小例子：

```
/* 子组件 */
function Children ({ number }){
    console.log('子组件渲染')
    return <div>let us learn React!    { number } </div>
}
/* 父组件 */
export default class Index extends React.Component{
    state={
        numberA:0,
        numberB:0,
    }
    render(){
        return <div>
            <Children number={ this.state.numberA } />
            <button onClick={ ()=> this.setState({ numberA:this.state.numberA + 1 }) } >改变
numberA -{ this.state.numberA } </button>
            <button onClick={ ()=> this.setState({ numberB:this.state.numberB + 1 }) } >改变
numberB -{ this.state.numberB }</button>
        </div>
    }
}
```

对于子组件 Children，只有 props 中的 numberA 更新才是有用的，numberB 更新带来渲染，Children 根本不需要。但是如果不处理子组件，就会出现如下情况。无论改变 numberA，还是改变 numberB，子组件都会重新渲染，显然这不是想要的结果。

怎样用缓存 Element 来避免 Children 没有必要的更新呢？将如上父组件做如下修改。

```
export default class Index extends React.Component{
    constructor(props){
        super(props)
        this.state={
            numberA:0,
            numberB:0,
        }
        this.component = <Children number={this.state.numberA} />
    }
    controllComponentRender=()=>{ /* 通过此函数判断 */
        const { props } = this.component
        if(props.number !== this.state.numberA){
          /* 只有 numberA 变化的时候,重新创建 Element 对象   */
            return this.component =
          React.cloneElement(this.component,{ number:this.state.numberA })
        }
        return this.component
    }
    render(){
```

```
        return <div>
            { this.controllComponentRender()  }
            <button onClick={ () => this.setState({ numberA:this.state.numberA + 1 }) } >改变
numberA</button>
            <button onClick={ () => this.setState({ numberB:this.state.numberB + 1 }) }  >改
变 numberB</button>
        </div>
    }
}
```

首先把 Children 组件对应的 Element 对象挂载到组件实例的 component 属性下。通过 controllComponentRender 控制渲染 Children 组件，如果 numberA 变化了，证明 Children 的 props 变化了，那么通过 cloneElement 返回新的 Element 对象，并重新赋值给 component；如果没有变化，那么直接返回并使用缓存的 component。

这种写法可能很少见，需要开发者对 React 有一定的基础，所以不推荐在 React 类组件中这样写，对于基础不够扎实的读者，很容易出现错误。这里推荐大家用函数组件加上 React Hook 来合理地缓存 Element 对象，可以用 useMemo 达到如上类组件的效果。代码如下所示：

```
function Index(){
    const [ numberA, setNumberA ] = React.useState(0)
    const [ numberB, setNumberB ] = React.useState(0)
    const childrenElement = useMemo(() => <Children number={numberA} />,[ numberA ])
    return <div>
        { childrenElement }
        <button onClick={ () => setNumberA(numberA + 1) }>改变 numberA</button>
        <button onClick={ () => setNumberB(numberB + 1) }>改变 numberB</button>
    </div>
}
```

用 React.useMemo 可以达到同样的效果，需要将更新的值 numberA 放在 deps 中，numberA 改变，重新形成 Element 对象，否则通过 useMemo 拿到上次的缓存值。达到如上同样的效果。比起类组件，更推荐函数组件用 useMemo 这种方式。

这里提到了 useMemo，我们来认识一下这个 Hook。

useMemo 用法：

```
const cacheSomething = useMemo(create,deps)
```

create：第一个参数为一个函数，函数的返回值作为缓存值，如上所示，在 Demo 中把 Children 对应的 Element 对象缓存起来。

deps：第二个参数为一个数组，存放当前 useMemo 的依赖项，在函数组件下一次执行的时候，会对比 deps 依赖项里面的状态，是否有改变，如果有改变，重新执行 create，得到新的缓存值。

cacheSomething：返回值，执行 create 的返回值。如果 deps 中有依赖项改变，重新执行 create 产生的值，否则取上一次缓存值。

useMemo 原理：useMemo 的原理实际很简单，它会记录上一次执行 create 的返回值，并把它绑定在函数组件对应的 fiber 对象上，只要组件不销毁，缓存值就一直存在，但是 deps 中如果有一项改变，就会重新执行 create，返回值作为新的值记录到 fiber 对象上。

useMemo 应用场景：可以缓存 Element 对象，从而达到按条件渲染组件，优化性能的作用。如果组件中不期望每次渲染都重新计算一些值，可以利用 useMemo 把它缓存起来。可以把函数和属性缓存起来，作为 PureComponent 的绑定方法，或者配合其他 Hooks 一起使用。

言归正传，回到缓存 React.element 对象上来，前面讲了利用 Element 的缓存，实现了控制子组件不必要的渲染，究其原理是什么呢？

原理其实很简单，上述每次执行渲染时，createElement 会产生一个新的 props，这个 props 将作为对应 fiber 的 pendingProps，在此 fiber 更新调和阶段，React 会对比 fiber 上老的 oldProps 和新的 newProp（pendingProps）是否相等，如果相等，函数组件就会放弃子组件的调和更新，从而使子组件不会重新渲染；如果上述把 Element 对象缓存起来，上面的 props 也就和 fiber 上的 oldProps 指向相同的内存空间，也就判定是相等的，从而跳过了本次更新。

2. 第二种：PureComponent

纯组件是一种发自组件本身的渲染优化策略，当开发类组件选择了继承 PureComponent，就意味着要遵循其渲染规则。规则就是浅比较 State 和 props 是否相等。

首先来看一下 PureComponent 的基本使用：

```
/* 纯组件本身 */
class Children extends React.PureComponent{
    state={
        name:'React',
        age:18,
        obj:{
            number:1,
        }
    }
    changeObjNumber=()=>{
        const { obj } = this.state
        obj.number++
        this.setState({ obj })
    }
    render(){
        console.log('组件渲染')
        return <div  >
            <div>组件本身改变 State </div>
            <button onClick={() => this.setState({ name:'React' }) } >state 相同情况</button>
            <button onClick={() => this.setState({ age:this.state.age + 1  }) }>state 不同情况</button>
            <button onClick={ this.changeObjNumber } >state 为引用数据类型时</button>
        </div>
```

```
}}/* 父组件 */export default function Home (){
const [ numberA, setNumberA ] = React.useState(0)
const [ numberB, setNumberB ] = React.useState(0)
return <div>
    <div>父组件改变 props </div>
    <button onClick={ ()=> setNumberA(numberA + 1) }>改变 numberA</button>
    <button onClick={ ()=> setNumberB(numberB + 1) }>改变 numberB</button>
    <Children number={numberA}  />
</div>
}
```

对于 props，PureComponent 会浅比较 props 是否发生改变，再决定是否渲染组件，所以只有点击 numberA，才会促使组件重新渲染。

对于 State，也会浅比较处理，当上述触发 "State 相同情况" 按钮时，组件没有渲染。浅比较只会比较基础数据类型，对于引用类型，比如 Demo 中 State 的 obj，单纯地改变 obj 属性是不会促使组件更新的，因为浅比较两次 obj 还是指向同一个内存空间。想要解决这个问题也很容易，浅复制就可以解决，将如上的 changeObjNumber 这样修改。这样就重新创建了一个 obj，所以浅比较会不相等，组件就会更新了。

```
changeObjNumber=()=>{
    const { obj } = this.state
    obj.number++
    this.setState({ obj:{...obj} })
}
```

3. PureComponent 原理及其浅比较原则

PureComponent 内部是如何工作的呢，首先选择基于 PureComponent 继承的组件，原型链上会有 isPureReactComponent 属性。

先来看一下创建 PureComponent：

```
/*
pureComponentPrototype 纯组件构造函数的 prototype 对象,绑定 isPureReactComponent 属性。
*/
pureComponentPrototype.isPureReactComponent = true;
```

isPureReactComponent 这个属性是在更新组件 updateClassInstance 方法中使用的，在生命周期章节中已经讲过，相信看过的读者都会有印象，这个函数在更新组件的时候被调用，在这个函数内部，有一个专门负责检查是否更新的函数 checkShouldComponentUpdate。

```
function checkShouldComponentUpdate(){
    /* shouldComponentUpdate 逻辑 */
    if (typeof instance.shouldComponentUpdate === 'function') {
        return instance.shouldComponentUpdate(newProps,newState,nextContext)
    }
    /* 浅比较 props 和 State */
```

```
if (ctor.prototype && ctor.prototype.isPureReactComponent) {
    return !shallowEqual(oldProps, newProps) ||!shallowEqual(oldState, newState)
}
}
```

isPureReactComponent 就是判断当前组件是不是纯组件的，如果是，PureComponent 会浅比较 props 和 State 是否相等。

还有一点值得注意的就是：shouldComponentUpdate 的权重，会大于 PureComponent。

shallowEqual 是如何浅比较的呢？我们来用文字描述一下浅比较流程：

第一步，首先会直接比较新老 props 或者新老 State 是否相等。如果相等，那么不更新组件。

第二步，判断新老 State 或者 props，有不是对象或者为 null 的，直接返回 false，更新组件。

第三步，通过 Object.keys 将新老 props 或者新老 State 的属性名 key 变成数组，判断数组的长度是否相等，如果不相等，证明有属性增加或者减少，那么更新组件。

第四步，遍历老 props 或者老 State，判断对应的新 props 或新 State，有没有与之对应并且相等的（这个相等是浅比较），如果有一个不对应或者不相等，那么直接返回 false，更新组件。到此为止，浅比较流程结束，PureComponent 就是这样做渲染节流优化的，如图 9-2-1 所示。

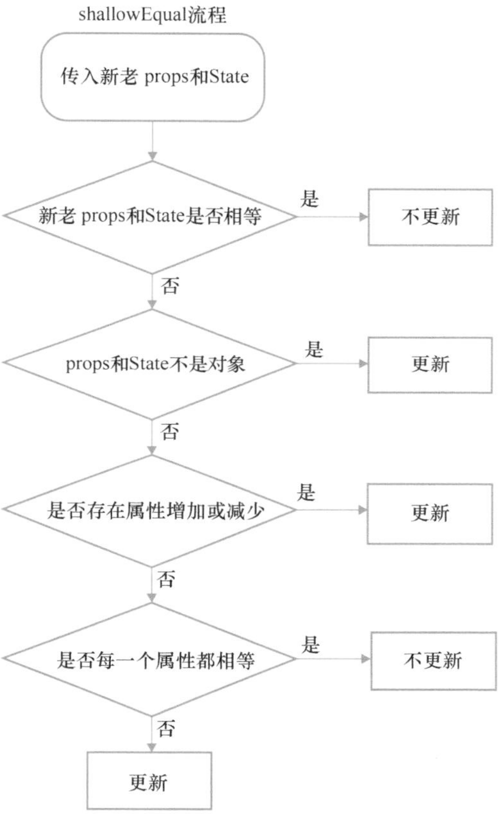

● 图 9-2-1

4. PureComponent 注意事项

PureComponent 可以让组件自发地做一层性能上的调优，但是父组件给是 PureComponent 类型的子组件绑定事件要格外小心，避免两种情况发生：

（1）避免使用箭头函数。不要给是 PureComponent 类型的子组件绑定箭头函数，因为父组件每一次渲染，如果是箭头函数绑定，都会重新生成一个新的箭头函数，PureComponent 对比新老 props 时，因为是新的函数，所以会判断不相等，而让组件直接渲染，PureComponent 作用终会失效。

```
class Index extends React.PureComponent{}
class Father extends React.Component{
    render = () => <Index callback={()=>{}}  />
}
```

（2）PureComponent 的父组件是函数组件的情况，绑定函数要用 useCallback 或者 useMemo 处理。这种情况还是很容易发生的，就是在用 class + function 组件开发项目的时候，如果父组件是函数，子组件是 PureComponent，那么绑定函数要小心，因为函数组件每一次执行，如果不处理，还会声明一个新的函数，所以 PureComponent 对比同样会失效，情况如下：

```
class Index extends React.PureComponent{}
export default function (){
    const callback = function handerCallback(){}
    /* 每一次函数组件执行重新声明一个新的 callback,PureComponent 浅比较会认为不相等,促使组件更新
    */
    return <Index callback={callback}  />
}
```

可以用 useCallback 或者 useMemo 解决这个问题，useCallback 是首选，这个 Hooks 就是为了解决这种情况的。

```
function Index (){
    const callback = React.useCallback(function handerCallback(){},[])
    return <Index callback={callback}  />
}
```

useCallback 接受两个参数，第一个参数就是需要缓存的函数，第二个参数为 deps。deps 中依赖项改变，返回新的函数。如上处理之后，就能从根本上解决 PureComponent 的失效问题。

至于 useCallback 和 useMemo 有什么区别呢？useCallback 第一个参数就是缓存的内容，useMemo 需要执行第一个函数，返回值为缓存的内容，比起 useCallback，useMemo 更像是缓存了一段逻辑，或者说执行这段逻辑获取的结果。

5. 第三种：shouldComponentUpdate

有的时候，把控制渲染、性能调优交给 React 组件本身处理显然是靠不住的，React 需要提供给使用者一种配置更灵活的自定义渲染方案，使用者可以自己决定是否更新当前组件，shouldComponentUpdate 就能达到这种效果。在生命周期章节介绍了 shouldComponentUpdate 的用法，接下来看一下 shouldComponentUpdate 如何使用。

```
class Index extends React.Component{ // 子组件
    state={
        stateNumA:0,
        stateNumB:0
    }
    shouldComponentUpdate(newProp,newState,newContext){
        if(newProp.propsNumA !== this.props.propsNumA ||
        newState.stateNumA !== this.state.stateNumA){
            return true
        /* 只有当 props 中的 propsNumA 和 State 中的 stateNumA 变化时,更新组件   */
        }
```

```
        return false
    }
    render(){
        console.log('组件渲染')
        const { stateNumA,stateNumB } = this.state
        return <div>
            <button onClick={ () => this.setState({ stateNumA: stateNumA + 1 }) } >改变 state
中 numA</button>
            <button onClick={ () => this.setState({ stateNumB: stateNumB + 1 }) } >改变 stata
中 numB</button>
            <div>hello,let us learn React!</div>
        </div>
    }}export default function Home(){ // 父组件
const [ numberA, setNumberA ] = React.useState(0)
const [ numberB, setNumberB ] = React.useState(0)
return <div>
    <button onClick={ () => setNumberA(numberA + 1) } >改变 props 中的 numA</button>
    <button onClick={ () => setNumberB(numberB + 1) } >改变 props 中的 numB</button>
    <Index propsNumA={numberA}  propsNumB={numberB}  />
</div>
}
```

shouldComponentUpdate 可以根据传入的新的 props 和 State 来确定是否更新组件，比如上面的例子，只有当 props 中的 propsNumA 属性和 State 中的 stateNumA 改变的时候，组件才渲染。但是有一种情况就是如果子组件的 props 是引用数据类型，比如 object，还是不能直观比较是否相等。如果想要对比新老属性相等，又该怎样对比呢？而且很多情况下，组件中的数据可能来源于服务端交互，对于属性结构是未知的。

immutable.js 可以解决此问题，immutable.js 不可变的状态，对 Immutable 对象的任何修改、添加、删除操作，都会返回一个新的 Immutable 对象。鉴于这个功能，可以把需要对比的 props 或者 State 数据变成 Immutable 对象，通过对比 Immutable 是否相等，来证明状态是否改变，从而确定是否更新组件。

对于 shouldComponentUpdate 生命周期章节和其他章节都有提及，在 checkShouldComponentUpdate 会执行此生命周期。

6. 第四种：React.memo

```
React.memo(Component,compare)
```

React.memo 可作为一种容器化的控制渲染方案，通过对比 props 变化，来决定是否渲染组件，首先来看一下 Memo 的基本用法。React.memo 接受两个参数，第一个参数 Component 是原始组件本身，第二个参数 compare 是一个函数，可以根据一次更新中的 props 是否相同，决定原始组件是否重新渲染。

Memo 的几个特点如下：

React.memo：第二个参数返回 true 组件不渲染，返回 false 组件重新渲染。和 shouldComponentUpdate 相反，shouldComponentUpdate：返回 true 代表组件会渲染，返回 false 代表组件不会渲染。

Memo 当两个参数 compare 不存在时，会用浅比较原则处理 props，相当于仅比较 props 版本的

pureComponent。Memo 同样适合类组件和函数组件。被 memo 包裹的组件，element 会被标记 REACT_MEMO_TYPE 类型的 element 标签，在 Element 变成 fiber 时，fiber 会被标记成 MemoComponent 的类型。

```
function memo(type,compare){
  const elementType = {
    $$typeof: REACT_MEMO_TYPE,
    type,  // 我们的组件
    compare: compare === undefined ? null : compare,  // 第二个参数,一个函数用于判断 prop,控制更新方向。
  };
  return elementType
}
case REACT_MEMO_TYPE:
fiberTag = MemoComponent;
```

对于 MemoComponent React 内部又是如何处理的呢？首先 React 对 MemoComponent 类型的 fiber 有单独的更新处理逻辑 updateMemoComponent。

看一下主要逻辑：

```
function updateMemoComponent(){
    let compare = Component.compare;
    // 如果 Memo 有第二个参数,则用两个参数判定,没有则浅比较 props 是否相等。
    compare = compare !== null ? compare : shallowEqual
    if (compare(prevProps, nextProps) && current.ref === workInProgress.ref) {
        // 已经完成工作,停止向下调和节点。
        return
bailoutOnAlreadyFinishedWork(current,workInProgress,renderExpirationTime);
    }
    // 返回将要更新的组件,Memo 包装的组件对应的 fiber,继续向下调和更新。
}
```

Memo 主要逻辑如下：

通过 Memo 第二个参数，判断是否执行更新，如果没有，那么第二个参数以浅比较 props 为 diff 规则。如果相等，当前 fiber 完成工作，停止向下调和节点，所以被包裹的组件即将不更新。Memo 可以理解为包了一层的高阶组件，它的阻断更新机制，是通过控制下一级 Children，也就是 Memo 包装的组件，是否继续调和渲染，来达到目的。

7. Memo 案例

接下来做一个小案例，利用 Memo 做到自定义 props 渲染。规则：控制 props 中的 number。①只有 number 更改，组件渲染。②只有 number 小于 5，组件渲染。

```
const controlIsRender = (pre,next)=>{
    return (pre.number === next.number) ||
(pre.number !== next.number && next.number > 5)
    // number 不改变或 number 改变,但值大于 5→不渲染组件 | 否则渲染组件
}
```

读者可扫描二维码，查看运行效果。

扫码 codesandbox

Memo 注意事项，像如下这样，一般情况下不要试图通过第二个参数直接返回 true 来阻断渲染。这样可能会造成很多麻烦。

```
// 尽量不要这样尝试
const NewIndex = React.memo(Index,() => true)
```

8. 打破渲染限制

如上几种方式一定能够控制组件的渲染吗？当然不是，有几种情况下的渲染，上述控制方法将失效：

（1）forceUpdate。类组件更新如果调用的是 forceUpdate，而不是 setState，会跳过 PureComponent 的浅比较和 shouldComponentUpdate 自定义比较。其原理是组件中调用 forceUpdate 时，全局会开启一个 hasForceUpdate 的开关。当组件更新的时候，检查这个开关是否打开，如果打开，就直接跳过 shouldUpdate。

（2）contex 穿透。上述的几种方式本质上都不能阻断 context 改变而带来的渲染穿透，所以开发者在使用 Context 时要格外小心，既然选择了消费 Context，就要承担 Context 改变带来的更新作用。

用一幅图来描述这几种渲染控制方式的核心流程，如图 9-2-2 所示。

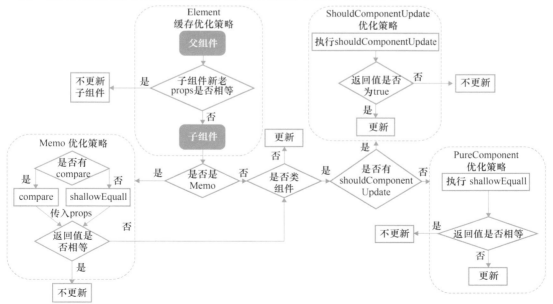

● 图 9-2-2

▶▶ 9.2.3 对 React 渲染的思考

1. 有没有必要在乎组件渲染次数

在正常情况下，无须过分在乎 React 渲染次数，要理解执行渲染不等于真正的浏览器渲染视图，渲染阶段执行是在 JS 中。在 JS 中运行代码远快于浏览器的 Rendering 和 Painting，更何况 React 还提供了 diff 算法等手段，去复用真实 DOM。

2. 什么时候需要注意渲染节流

对于以下情况，值得开发者注意，需要采用渲染节流：

第一种情况：数据可视化的模块组件（展示了大量的数据），这种情况要比较小心，因为一次更新可能伴随大量的 diff，数据量越大，也就越浪费性能，所以对于数据展示模块组件，有必要采取 Memo、shouldComponentUpdate 等方案控制自身组件渲染。

第二种情况：含有大量表单的页面，React 一般会采用受控组件的模式去管理表单数据层，表单数据层完全托管于 props 或是 State，而用户操作表单往往是频繁的，需要频繁改变数据层，所以很有可能让整个页面组件高频率渲染。

第三种情况：越是靠近 app Root 根组件，越值得注意，根组件渲染会涉及整个组件树重新渲染，子组件渲染，一是浪费性能，二是可能执行 useEffect、componentWillReceiveProps 等钩子，造成意想不到的情况。

3. 对于开发者控制渲染的建议

开发过程中对于大量数据展示的模块，开发者有必要用 shouldComponentUpdate、PureComponent 来优化性能。对于表单控件，最好的办法是单独抽离组件，独自管理自己的数据层，这样可以让 State 改变，涉及的范围更小。如果需要更精致化渲染，可以配合 immutable.js。组件颗粒化，配合 Memo 等 API，可以制定私有化的渲染空间。

9.3 任务调度

前两节分别介绍了 React 内部和外部控制更新的方法，本节介绍 React 中的一个手段，那就是 Scheduler（调度），调度是独立于 React 系统的模块，调度的是 React 的更新任务。

Scheduler 做了一个独立的 npm 包，也就证明了不只是 React 应用可以使用调度。如果有其他的场景，也可以单独使用 Scheduler 模块提供的 API。那么 Scheduler 到底为 React 做了些什么？

▶▶ 9.3.1 为什么要使用异步调度

在正式讲解调度之前，有个问题可能大家都清楚，那就是 GUI 渲染线程和 JS 引擎线程是相互排斥的，比如开发者用 JS 写了一个遍历大量数据的循环，在执行 JS 时，会阻塞浏览器的渲染绘制，给用户直观的感受就是卡顿。

V15 版本的 React 同样面临着如上的问题，对于大型的 React 应用，会存在一次更新，递归遍历大量的虚拟 DOM，占用 JS 线程，使得浏览器没有时间去做一些动画效果，伴随着项目越来越大，项目会越来越卡。

如何解决以上的问题呢，首先对比一下 Vue 框架，Vue 有着 template 模板收集依赖的过程，轻松构建响应式，使得在一次更新中，Vue 能够迅速响应，找到需要更新的范围，然后以组件粒度更新组件，渲染视图。但是在 React 中，一次更新 React 无法知道此次更新的波及范围，所以 React 选择从根节点开始 diff，查找不同，更新这些不同。

React 似乎无法打破从 Root 开始"找不同"的命运，但是还是要解决浏览器卡顿问题，怎么办，解铃还须系铃人，既然更新过程阻塞了浏览器的绘制，那么把 React 的更新交给浏览器自己控制不就可以了吗，如果浏览器有绘制任务，那么执行绘制任务，在空闲时间执行更新任务，就能解决卡顿问题了。与 Vue 更快的响应，更精确的更新范围，React 选择更好的用户体验。而接下来的主角——调度（Scheduler）就是具体的实践方式。

用一段简单的例子描述调度到底做了什么事。假设每一个更新可以看作一个人拿着材料去办事处办理业务，办事处处理每一个人的业务需要时间，并且工作人员需要维护办事处的正常运转，不能全身心给顾客办理业务，那么办事处应该如何处理呢？

（1）首先需要所有来访的顾客排成一队。然后工作人员开始逐一受理业务，不能让工作人员一直办理业务，如果一直办理，假设任务过多，那么会一直占用工作人员时间，前面说到办事处需要正常运转，如果这样，就无法正常运转了。

（2）工作人员每次办理一个任务后，就先维持办事处的正常运转，等到工作人员有闲暇的时间，再来办理下一个业务。

如此调度的作用就显而易见了，首先调度一定是在多个任务情况下，多个任务的情况下，如果一口气执行完所有更新任务，就会阻塞浏览器的正常渲染，用户体验上就是卡住的。调度任务就是每一次执行一个任务，先让浏览器完成后续的渲染操作，在空暇时间，再执行下一个任务。

在 React V18 中调度任务还有一些调整。还是以办理业务为例。

Legacy 模式下：在 React V17 及其以下版本，所有的任务都是紧急任务，所有来办理的人员都是平等的，所以工作人员只需要按序办理业务即可。

React V18Concurrent 模式下：在 React V18 模式下，正常紧急的任务可以看作会员，一些优先级低的任务（比如 transtion 过渡任务），可以看作非会员。如果会员和非会员排列到一起，那么会优先办理会员的业务（正常的紧急优先任务）。正常情况下，会办理完所有的会员业务，才开始办理非会员任务；但是在一些极端的情况下，怕会员一直办理，非会员无法办理，所以会设置一个超时时间，达到超时时间，会破格执行一个非会员任务。

▶▶ 9.3.2　Scheduler 核心实现

先抛开调度核心原理不说，看一下浏览器在一帧时会做哪些事情。首先浏览器每次执行一次事件循环（一帧）都会做如下事情：处理事件，执行 JS，调用 requestAnimation，布局 Layout，绘制 Paint，在一帧执行后，如果没有其他事件，那么浏览器会进入休息时间。

调度的本质就是使浏览器合理工作与休息，合理分配任务，第一个问题就是如何知道浏览器有空闲时间？

requestIdleCallback 是 Google 浏览器提供的一个 API，在浏览器有空余的时间，浏览器就会调用 requestIdleCallback 的回调。首先看一下 requestIdleCallback 的基本用法：

```
requestIdleCallback(callback,{ timeout })
```

callback 回调，浏览器空余时间执行回调函数。

timeout 超时时间。如果浏览器长时间没有空闲，那么回调就不会执行，为了解决这个问题，可以通过 requestIdleCallback 的第二个参数指定一个超时时间。

既然在 JS 层面可以感知到浏览器的休息时间，那么就可以合理地管控更新任务的执行。

1. 时间分片

假设在短时间内 React 应用产生了 10 个更新任务，如果浏览器一口气执行，那么会在 JS 层面占用大量的时间，浏览器也就没有时间去执行绘制等操作，这样卡顿现象就产生了，如何解决这个问题呢？实际很简单，把 10 个任务分片成 10 份，一次执行一个任务，浏览器每次有空闲，就执行下一个任务，这样就能让更新有序地进行了，同时也不会造成浏览器阻塞的情况。

调度可以使用 requestIdleCallback 去向浏览器做一帧一帧请求，等到浏览器有空余时间，去执行 React 的异步更新任务，这样保证页面的流畅。

2. 模拟 requestIdleCallback

但是 requestIdleCallback 目前只有 Google 浏览器支持，为了兼容每个浏览器，React 需要自己实现一个 requestIdleCallback，就要具备两个条件：①实现的这个 requestIdleCallback，可以主动让出主线程，让浏览器去渲染视图；②一次事件循环只执行一次，因为执行一次以后，还会请求下一次的时间片。

能够满足上述条件的只有宏任务。宏任务是在下次事件循环中执行，不会阻塞浏览器更新，而且浏览器一次只会执行一个宏任务。首先看一下两种满足情况的宏任务。

3. setTimeout

setTimeout（fn，0）可以满足创建宏任务，让出主线程，为什么 React 没选择用它实现 Scheduler 呢？原因是递归执行 setTimeout(fn,0)时，最后间隔时间会变成 4ms 左右，而不是最初的 1ms。所以 React 优先选择的并不是 setTimeout 实现方案。

接下来模拟一下 setTimeout 4ms 延时的真实场景：

```
let time = 0 let nowTime = +new Date()let timerconst poll = function(){
    timer = setTimeout(()=>{
        const lastTime = nowTime
        nowTime = +new Date()
        console.log('递归 setTimeout(fn,0)产生时间差:', nowTime -lastTime)
```

```
        poll()
    },0)
    time++
    if(time === 20) clearTimeout(timer)}poll()
```

效果如图 **9-3-1** 所示。

4. MessageChannel

为了让视图流畅地运行，可以按照人类能感知到的最低限度每秒 60 帧的频率划分时间片，这样每个时间片就是 16ms。也就是这 16ms 要完成如上的 JS 执行、浏览器绘制等操作，而上述 setTimeout 带来的浪费就足足有 4ms，React 团队应该是注意到这 4ms 有点过于长，所以才采用了一个新的方式去实现，那就是 MessageChannel。

MessageChannel 接口允许开发者创建一个新的消息通道，并通过它的两个 MessagePort 属性发送数据。

MessageChannel.port1 只读返回 channel 的 port1。

MessageChannel.port2 只读返回 channel 的 port2。下面来模拟一下 MessageChannel 是如何触发异步宏任务的。

```
递归setTimeout(fn,0)产生时间差： 1
递归setTimeout(fn,0)产生时间差： 2
递归setTimeout(fn,0)产生时间差： 4
递归setTimeout(fn,0)产生时间差： 5
递归setTimeout(fn,0)产生时间差： 4
递归setTimeout(fn,0)产生时间差： 6
递归setTimeout(fn,0)产生时间差： 4
递归setTimeout(fn,0)产生时间差： 5
递归setTimeout(fn,0)产生时间差： 4
递归setTimeout(fn,0)产生时间差： 5
递归setTimeout(fn,0)产生时间差： 4
```

● 图 9-3-1

```
let scheduledHostCallback = null
  /* 建立一个消息通道 */
  var channel = new MessageChannel();
  /* 建立一个 port 发送消息 */
  var port = channel.port2;

  channel.port1.onmessage = function(){
      /* 执行任务 */
      scheduledHostCallback()
      /* 执行完毕,清空任务 */
      scheduledHostCallback = null
  };
  /* 向浏览器请求执行更新任务 */
  requestHostCallback = function (callback) {
    scheduledHostCallback = callback;
    if (!isMessageLoopRunning) {
      isMessageLoopRunning = true;
      port.postMessage(null);
    }
  };
```

在一次更新中，Scheduler 会调用 requestHostCallback，把更新任务赋值给 scheduledHostCallback，然后 port2 向 port1 发起 postMessage 消息通知。

port1 会通过 onmessage，接受来自 port2 的消息，然后执行更新任务 scheduledHostCallback，置空

scheduledHostCallback，借此达到异步执行的目的。

在 Scheduler 中就是通过如上 MessageChannel 的方式向浏览器请求是否有空闲时间执行下一个更新任务的，但是对于浏览器可能存在的兼容性问题，Scheduler 在底层做了兼容方案，如果不支持 MessageChannel，那么会用 setTimeout 做降级处理。

9.4 过渡更新任务

通过前面的学习，大家应该对于 React 的核心理念有所了解，从 React V16 的 fiber 再到 React V18 的 concurrent，都在围绕一个主题展开，那就是良好的用户体验，React 是如何提升自己的用户体验的呢？那就是本节即将讲的内容。

在 React V18 最新的版本中，引进了一个新的 API——startTransition，还有两个新的 Hooks——useTransition 和 useDeferredValue，它们离不开一个概念 Transition。

通过本节的学习，将收获以下内容：Transition 解决了什么问题；startTransition 的用法和原理；useTransition 的用法和原理；useDeferredValue 的用法和原理。

Transition 英文翻译为"过渡"，这里的过渡指的就是在一次更新中，数据展现从无到有的过渡效果。用 ReactWg 中的一句话描述 startTransition。

在大屏幕视图更新时，startTransition 能够保持页面有响应，这个 API 能够把 React 更新标记成一个特殊的更新类型 Transition，在这种特殊的更新下，React 能够保持视觉反馈和浏览器的正常响应。

单从上述对 startTransition 的描述，我们很难理解这个新的 API 到底解决什么问题。不过不要紧，接下来逐步分析这个 API 到底做了什么，以及它的应用场景。

▶▶ 9.4.1 Transition 使命

Transition 解决了渲染并发的问题，在 React V18 关于 startTransition 描述的时候，多次提到"大屏幕"的情况，这里的大屏幕并不是单指尺寸，而是一种数据量大，DOM 元素节点多的场景，比如数据可视化大屏情况，在这一场景下，一次更新带来的变化可能是巨大的，所以频繁更新，执行 JS 频繁调用，浏览器要执行大量的渲染工作，给用户的感觉就是卡顿。

ansition 用于一些不是很急迫的更新上。在 React V18 之前，所有的更新任务被视为急迫的任务，React V18 诞生了 concurrent 模式，在这个模式下，渲染可以中断，让高优先级的任务先更新渲染。可以说 React V18 更青睐于良好的用户体验。从 concurrent 到 suspense 再到 startTransition，无疑都是围绕着更优质的用户体验展开。

startTransition 依赖于 concurrent 渲染并发模式。也就是说，在 React V18 中使用 startTransition，要先开启并发模式。开启 concurrent 模式主要就是通过 createRoot 创建 Root。

明白了 startTransition 使用条件后，接下来探讨一下 startTransition 到底应用于什么场景。前面说了 React V18 确定了不同优先级的更新任务，为什么会有不同优先级的任务。世界上本来没有路，走的人多了就成了路，优先级产生也是如此，React 本来没有优先级，场景多了就出现了优先级。

如果一次更新中都是同样的任务，那么也就无任务优先级可言，统一按批次处理任务就可以了，可现实恰好不是这样的。举一个很常见的场景：有一个 input 表单，并且有一个大量数据的列表，通过表单输入内容，对列表数据进行搜索、过滤。在这种情况下，就存在了多个并发的更新任务。分别如下：

第一种：input 表单要实时获取状态，所以是受控的，那么更新 input 的内容，就要触发更新任务。

第二种：input 内容改变，过滤列表，重新渲染列表也是一个任务。

第一种类型的更新，在输入的时候，希望视觉上马上呈现变化。如果输入的时候，输入的内容延时显示，会给用户一种极差的视觉体验。第二种类型的更新就是根据数据的内容，去过滤列表中的数据，渲染列表，这个种类的更新，和上一种比起来优先级就没有那么高。如果 input 搜索过程中用户优先希望的是输入框的状态改变，那么正常情况下，在 input 中绑定 onChange 事件用来触发上述两种类的更新。

```
const handleChange = (e) =>{
    /* 改变搜索条件 */
    setInputValue(e.target.value)
    /* 改变搜索过滤后的列表状态 */
    setSearchQuery(e.target.value)
}
```

上述这种写法，setInputValue 和 setSearchQuery 带来的更新就是一个相同优先级的更新。而前面提到，输入框状态改变更新优先级要大于列表的更新优先级。这个时候主角就登场了。用 startTransition 把两种更新区别开。

```
const handleChange = () =>{
    /* 高优先级任务——改变搜索条件 */
    setInputValue(e.target.value)
    /* 低优先级任务——改变搜索过滤后的列表状态  */
    startTransition(() =>{
        setSearchQuery(e.target.value)
    })
}
```

如上所示，通过 startTransition 把不是特别迫切的更新任务 setSearchQuery 隔离出来。这样真实的情景效果如何呢？我们来测试一下。

▶▶ 9.4.2 Transition 模拟场景

接下来模拟一下上述场景。流程大致是这样的：

有一个搜索框和一个 10000 条数据的列表，列表中每一项有相同的文案。

Input 框值的变化要实时改变 Input 的内容（第一种更新），然后高亮列表里面相同的搜索值（第

二种更新）。用一个按钮控制常规模式 | Transition。

```
/*    模拟数据    */
const mockDataArray = new Array(10000).fill(1)
/*  高量显示内容 */
function ShowText({ query }){
    const text = 'asdfghjk'
    let children
    if(text.indexOf(query) > 0){
        /*  找到匹配的关键词 */
        const arr = text.split(query)
        children = <div>{arr[0]}<span style={{ color:'pink' }} >{query}</span>{arr[1]} </div>
    }else{
        children = <div>{text}</div>
    }
    return <div>{children}</div>
}
/*  列表数据 */function List ({ query }){
    console.log('List 渲染')
    return <div>
        {
            mockDataArray.map((item,index)=><div key={index} >
                <ShowText query={query} />
            </div>)
        }
    </div>}
/*  memo 做优化处理    */
const NewList = memo(List)
```

List 组件渲染 10000 个 ShowText 组件。在 ShowText 组件中会通过传入的 query 实现动态高亮展示。

因为每一次改变 query 都会让 10000 个组件重新渲染更新，并且还要展示 query 的高亮内容，所以满足并发渲染的场景。

接下来就是 App 组件的编写。

```
export default function App(){
    const [ value,setInputValue ] = React.useState('')
    const [ isTransition, setTransition ] = React.useState(false)
    const [ query,setSearchQuery  ] = React.useState('')
    const handleChange = (e) => {
        /*  高优先级任务——改变搜索条件 */
        setInputValue(e.target.value)
        if(isTransition){ /* transition 模式 */
            React.startTransition(()=>{
                /*  低优先级任务——改变搜索过滤后的列表状态    */
                setSearchQuery(e.target.value)
            })
        }else{ /*  不加优化,传统模式 */
```

```
            setSearchQuery(e.target.value)
        }
    }
    return <div>
        <button onClick={()=>setTransition(!isTransition)} >
          {isTransition ?'transition':'normal'} </button>
        <input onChange={handleChange}
            placeholder="输入搜索内容"
            value={value}
        />
        <NewList  query={query} />
    </div>
}
```

看一下 App 做了哪些事情。首先通过 handleChange 事件来处理 onchange 事件。button 按钮用来切换 Transition（设置优先级）和 normal（正常模式）。接下来就是见证神奇的时刻。

常规模式下的效果：

扫码 codesandbox 点击 normal

在常规模式下输入内容，内容呈现时变得异常卡顿，给人一种极差的用户体验。Transition 模式下的效果：

扫码 codesandbox 点击 Transition

把大量并发任务通过 startTransition 处理之后，可以清楚地看到，input 会正常呈现，更新列表任务变得滞后，不过用户体验大幅度提升。

1. 为什么不是 setTimeout

上述的问题能够把 setSearchQuery 的更新包装在 setTimeout 内部，如下所示。

```
const handleChange=()=>{
    /* 高优先级任务——改变搜索条件 */
    setInputValue(e.target.value)
    /* 把 setSearchQuery 通过延时器包裹   */
    setTimeout(()=>{
        setSearchQuery(e.target.value)
    },0)
}
```

这里通过 setTimeout，把更新放在 setTimeout 内部，我们都知道 setTimeout 是属于延时器任务，它不会阻塞浏览器的正常绘制，浏览器会在下次空闲时间执行 setTimeout。读者可扫描二维码，查看运行效果。

扫码 codesandbox 点击 setTimeout

通过 setTimeout 确实可以让输入状态好一些，但是由于 setTimeout 本身也是一个宏任务，而每一次触发 onchange 也是宏任务，所以 setTimeout 还会影响页面的交互体验。

综上所述，startTransition 相比 setTimeout 的优势和异同是：一方面：startTransition 的处理逻辑和 setTimeout 有一个很重要的区别，setTimeout 是异步延时执行，而 startTransition 的回调函数是同步执行的。在 startTransition 之中任何更新都会标记上 Transition，React 将在更新的时候，判断这个标记来决定是否完成此次更新。所以 Transition 可以理解成比 setTimeout 更早更新。但是同时要保证 UI 的正常响应，在性能好的设备上，Transition 两次更新的延迟会很小，但是在性能不好的设备上，延时会很大，不过不会影响 UI 的响应。另一方面，通过上面的例子可以看到，对于渲染并发的场景，setTimeout 仍然会使页面卡顿。因为超时后，还会执行 setTimeout 的任务，它们与用户交互同样属于宏任务，所以仍然会阻止页面的交互。那么 Transition 就不同了，在 conCurrent mode 下，startTransition 是可以中断渲染的，所以它不会让页面卡顿，React 让这些任务，在浏览器空闲时间执行，所以上述输入 input 内容时，startTransition 会优先处理 input 值的更新，而之后才是列表的渲染。

2. 为什么不是节流防抖

我们再想一个问题，为什么不是节流和防抖。首先节流和防抖能够解决卡顿的问题吗？答案是一定的，在没有 Transition 这样的 API 之前，就只能通过防抖和节流来处理这件事，接下来用防抖处理一下。

```
const SetSearchQueryDebounce =
    useMemo(() => debounce((value) => setSearchQuery(value),1000) ,[])
const handleChange = (e) => {
    setInputValue(e.target.value)
    /* 通过防抖处理后的 setSearchQuery 函数。 */
    SetSearchQueryDebounce(e.target.value)
}
```

将 setSearchQuery 防抖处理后，扫描如下二维码，看一下效果。

扫码 codesandbox 点击 debounce

通过上面可以直观地感受到通过防抖处理后，基本上已经不影响 input 输入了。但是面临一个问题就是 list 视图改变的延时时间变长了。Transition 和节流防抖的区别是：一方面，节流防抖也是 set-Timeout，只不过控制了执行的频率，通过打印的内容就能发现，原理就是让渲染次数减少了。而 Transition 和它相比，并没有减少渲染的次数。另一方面，节流和防抖需要有效掌握 Delay Time 延时时间，如果时间过长，那么给人一种渲染滞后的感觉，如果时间过短，那么就类似于 setTimeout(fn,0) 还会造成前面的问题。而 startTransition 就不需要考虑这么多。实际证明 Transition 在处理慢的计算机上效果更加明显。

▶▶ 9. 4. 3　Transition 具体实现

既然已经讲了 Transition 产生的初衷，接下来看 Transition 的具体实现。

过渡任务：一般会把状态更新分为两类：第一类紧急更新任务。比如一些用户交互行为、按键、点击、输入等。第二类就是过渡更新任务。比如 UI 从一个视图过渡到另外一个视图。

startTransition：上边已经用了 startTransition 开启过渡任务，对于 startTransition 的用法，相信很多读者已经清楚了。

```
startTransition(scope)
```

scope 是一个回调函数，里面的更新任务会被标记成过渡更新任务，过渡更新任务在渲染并发场景下，会被降级更新优先级，中断更新。

具体使用如下：

```
startTransition(()=>{
    /* 更新任务 */
    setSearchQuery(value)
})
```

1. useTransition

上面介绍了 startTransition，又讲到了过渡任务，过渡任务有一个过渡期，在此期间当前任务是被中断的，在过渡期间，应该如何处理呢，或者说告诉用户什么时候过渡任务处于 pending 状态，什么时候 pending 状态完毕。

为了解决这个问题，React 提供了一个带有 isPending 状态的 Hooks——useTransition。useTransition 执行返回一个数组。数组有两个状态值：

第一个是处于过渡状态的标志——isPending。

第二个是一个方法，可以理解为上述的 startTransition。把里面的更新任务变成过渡任务。

```
import { useTransition } from 'react'
/* 使用 */
const [ isPending, startTransition ] = useTransition()
```

当任务处于悬停状态时，isPending 为 true，可以作为用户等待的 UI 呈现。比如：

```
{ isPending && < Spinner / > }
```

2. useTranstion 例子

接下来做一个 useTranstion 的实践，还是复用上述 Demo。对上述 Demo 进行改造。

```
export default function App(){
    const [ value,setInputValue ] = React.useState("")
    const [ query,setSearchQuery  ] = React.useState("")
    const [ isPending, startTransition ] = React.useTransition()
    const handleChange = (e) => {
        setInputValue(e.target.value)
        startTransition(()=>{
            setSearchQuery(e.target.value)
        })
    }
    return  <div>
    {isPending && <span>isTransition</span>}
    <input onChange={handleChange}
        placeholder="输入搜索内容"
        value={value}
    />
    <NewList  query={query} /></div>
}
```

如上所示，用 useTransition、isPending 代表过渡状态，当处于过渡状态时候，显示 isTransition 提示。

3. useDeferredValue

通过如上场景我们发现，query 也是 value，不过 query 的更新要滞后于 value 的更新。React V18 提供了 useDeferredValue，可以让状态滞后派生。useDeferredValue 的实现效果也类似于 Transition，当迫切的任务执行后，再得到新的状态，而这个新的状态就称为 DeferredValue。

useDeferredValue 和上述 useTransition 有什么异同呢？

（1）相同点：

useDeferredValue 和内部实现与 useTransition 一样，都是标记成了过渡更新任务。

（2）不同点：

useTransition 是把 startTransition 内部的更新任务变成了过渡任务 Transition，而 useDeferredValue 是把原值通过过渡任务得到新的值，这个值作为延时状态。一个是处理一段逻辑，另一个是生产一个新的状态。

useDeferredValue 还有一个不同点就是这个任务在 useEffect 内部执行，而 useEffect 内部逻辑是异步执行的，所以它一定程度上更滞后于 useTransition。useDeferredValue = useEffect + Transition。

回到 Demo，似乎 query 变成 DeferredValue 更适合现实情况，那么对 Demo 进行修改。

```
export default function App(){
    const [ value,setInputValue ] = React.useState("")
    const query = React.useDeferredValue(value)
```

```
    const handleChange = (e) => {
        setInputValue(e.target.value)
    }
    return  <div>
    <button>useDeferredValue</button>
    <input onChange={handleChange}
        placeholder="输入搜索内容"
        value={value}
    />
    <NewList  query={query} />
    </div>
}
```

如上可以看到 query 是 value 通过 useDeferredValue 产生的。

9.4.4　Transition 实现原理

接下来从 startTransition 到 useTransition 再到 useDeferredValue，介绍一下底层实现原理。

1. startTransition

首先看一下最基础的 startTransition 是如何实现的。

```
export function startTransition(scope) {
  const prevTransition = ReactCurrentBatchConfig.transition;
  /*  通过设置状态 */
  ReactCurrentBatchConfig.transition = 1;
  try {
     /*  执行更新 */
    scope();
  } finally {
    /*  恢复状态 */
    ReactCurrentBatchConfig.transition = prevTransition;
  }
}
```

startTransition 原理特别简单，有点像上一节中提到的批量处理逻辑。就是通过设置开关的方式，而开关就是 Transition = 1，然后执行更新，里面的更新任务会获得 Transition 标识。

接下来在 concurrent 模式下会单独处理 Transition 类型的更新优先级。

2. useTransition

看一下 useTransition 的内部实现。

```
function mountTransition(){
    const [isPending, setPending] = mountState(false);
    const start = (callback)=>{
        setPending(true);
        const prevTransition = ReactCurrentBatchConfig.transition;
        ReactCurrentBatchConfig.transition = 1;
```

```
        try {
            setPending(false);
            callback();
        } finally {
            ReactCurrentBatchConfig.transition = prevTransition;
        }
    }
    return [isPending, start];
}
```

这段代码不是源码，将源码里面的内容进行组合、压缩。

从上面可以看到，useTransition 就是 useState + startTransition。

通过 useState 来改变 pending 状态。在 mountTransition 执行过程中，会触发两次 setPending，一次在 Transition = 1 之前，一次在之后。一次会正常更新 setPending（true），一次会作为 Transition 过渡任务更新 setPending（false），所以能够精准捕获到过渡时间。

3. useDeferredValue

最后看一下 useDeferredValue 的内部实现原理。

```
function updateDeferredValue(value){
    const [prevValue, setValue] = updateState(value);
    updateEffect(() => {
        const prevTransition = ReactCurrentBatchConfig.transition;
        ReactCurrentBatchConfig.transition = 1;
        try {
            setValue(value);
        } finally {
            ReactCurrentBatchConfig.transition = prevTransition;
        }
    }, [value]);
    return prevValue;
}
```

useDeferredValue 处理流程是这样的。从上面可以看到 useDeferredValue 是 useDeferredValue = useState + useEffect + Transition。通过传入 useDeferredValue 的 value 值，useDeferredValue 通过 State 保存状态。然后在 useEffect 中通过 Transition 模式来更新 value。这样保证了 DeferredValue 滞后于 state 的更新，并且满足 Transition 过渡更新原则。

9.5 异步组件和懒加载

我们知道了在 React 中可以通过 Transition 来创建不同优先级的更新任务，以保障良好的用户体验，实际上 concurrent 模式下的诸多细节都是围绕着提升用户体验的，包括接下来要讲的异步组件，那么异步组件又是什么，应用于什么场景呢？

我们先来想想传统的 React 应用中使用 ajax 或者 fetch 进行数据交互场景，基本上就是这样的，先渲染组件，然后在类组件中 componentDidMount 或者函数组件 effect 中进行数据交互，请求数据并且渲染，在此期间，没有数据的空架子页面会优先渲染出来，等数据返回来之后，数据再注入页面中，这样有一个问题：初始化页面没有数据，然后突然间有了数据，这样的用户体验非常差。我们先写一个 demo，描述一下在传统模式下的数据交互流程。

传统模式下，数据交互流程是这样的：

```
function Index(){
    const [ userInfo, setUserInfo ] = React.useState(0)
    React.useEffect(()=>{
        /* 请求数据交互 */
        getUserInfo().then(res=>{
            setUserInfo(res)
        })
    },[])
    return <div>
        <h1>{userInfo.name}</h1>;
    </div>
}
```

传统模式：渲染组件→请求数据→再渲染组件。页面初始化挂载，在 useEffect 里请求数据，通过 useState 改变数据，二次更新组件渲染数据。

显然传统方式并不是最佳的方案，数据突然从无到有是一个突兀的效果，理想的方案是数据请求先不渲染组件，在此期间有一个过渡效果，然后直接显示填充完数据的页面，这样用户的感觉会更加友好。就像初始化加载页面，从白屏直接过渡到页面展示一样，用户更期望的是骨架屏或者有一个加载的状态。

理想模式：请求数据→过渡效果→直接展示组件。

这个理想的模式怎样实现呢？这里想说的是 React 正在想着帮开发者实现这个效果，这个就是 Suspense。Suspense 英文意思是悬停，就像英文的意思一样，它能够让渲染先悬停下来，等到达到一定条件后，再渲染组件，这样听着不可能的事情，Suspense 却办到了。

▶▶ 9.5.1　异步组件和 Suspense

Suspense 是 React 提出的一种同步的代码来实现异步操作的方案。

Suspense 是组件，有一个 fallback 属性，用来代替当 Suspense 处于 loading 状态下渲染的内容，Suspense 的 Children 可以是异步组件，也可以是正常的组件，如果是正常的组件或者元素，那么 Suspense 会正常渲染。多个异步组件可以用 Suspense 嵌套使用。

它能让组件等待异步操作，异步请求结束后，再进行组件的渲染，也就是所谓的异步渲染，但是这个功能目前还在实验阶段，相信不久之后这种异步渲染的方式就能和大家见面了。

下面是一个异步渲染的例子：

```
function FutureAsyncComponent (){
    const userInfo = getUserInfo()
    return <div>
        <h1>{userInfo.name}</h1>;
    </div>}
/* 未来的异步模式 */
function Home(){
    return <div>
        <React.Suspense  fallback={<div  > loading...</div> } >
            <FutureAsyncComponent/>
        </React.Suspense>
    </div>
}
```

Suspense 包裹异步渲染组件 FutureAsyncComponent，当 FutureAsyncComponent 处于数据加载状态下，展示 Suspense 中 fallback 的内容。但是目前这只能作为一段伪代码，并不能投入实践中，至于什么原因，在 9.5.3 小节中会详细讲解。

▶▶ 9.5.2　Suspense 实现懒加载

Suspense 带来的异步组件的更新还没有一个实质性的成果，目前版本没有正式投入使用，但是 React.lazy 是目前 Suspense 的最佳实践。我们都知道 React.lazy 配合 Suspense 可以实现懒加载，按需加载，这样很利于代码分割，不会让初始化的时候加载大量的文件，减少首屏时间。

```
const LazyComponent = React.lazy(()=>import('./test.js'))
```

React.lazy 接受一个函数，这个函数需要动态调用 import( )。它必须返回一个 Promise，该 Promise 需要 resolve 一个 default export 的 React 组件。

先来看看 React.lazy 的基本使用：

```
const LazyComponent = React.lazy(() => import('./test.js'))
function Index(){
    return <Suspense fallback={<div>loading...</div>} >
        <LazyComponent />
    </Suspense>
}
```

这种方式为什么能够分割代码，减少白屏时间呢？像 React 单页面应用，如果不做处理，所有的组件的代码会被打包到一个主 JS 文件下，这样会让 JS 文件非常大，而项目初始化的时候需要加载主 JS，然后才能渲染视图，如果 JS 体积过大，必然会造成加载时间过长，这个时候就需要 import 动态引入了，这主要得益于 Webpack 编译过程中，对 import 加载的模块会单独打包成独立的模块，这样就把 import 加载的文件和主体文件分离。既然分离了，又如何加载呢？在 runtime 运行时代码执行到 import 的位置时，被 Webpack 编译替换成了指定的 Webpack_require 方法，这个方法会返回一个 Promise，在这个 Promise 中会通过 document.createElement('script') 的方式动态创建一个 script 标签，这个标签会加载分离出去的文件，这样就执行了分离的文件，回到 React 应用中，组件就会被加载出来了，这也就解释了为什么 React.lazy 的第一个函数参数必须返回一个 Promise 了。

知道了分割代码的原理，再回顾上述代码，看一下 Suspense 和 React.lazy 的实现流程，首先 Suspense 并不会真实加载 LazyComponent 组件，而是交给 React.lazy 去通过异步加载组件，就像通过请求函数异步加载数据一样，这个过程中展示的是 fallback 里面的内容，等到 React.lazy 加载完组件，再通过 Suspense 去渲染真正的组件，从而达到分割代码的目的。

▶▶ 9.5.3　Suspense 和 React.lazy 原理实现

知道了 Suspense 配合 React.lazy 实现代码分割的原因之后，我们乘胜追击，揭开 Suspense 和 React.lazy 内部运行机制。

在正式讲解之前，重温一下第 5 章讲到的一个类组件生命周期 componentDidCatch，这个生命周期可以捕获渲染过程中出现的错误，并且在这个生命周期中，可以触发 setState 来处理错误，降级 UI，值得注意的是 componentDidCatch 捕获渲染错误原理是什么呢？

我们都知道 JS 可以通过 try {} catch（error）{} 来捕获异常，在 React 中的渲染过程中，也是在 JS 中，所以理所当然可以通过它来捕获出现的组件渲染异常，componentDidCatch 也正是这个道理。如下所示：

```
try {
  // 尝试渲染子组件}
catch (error) {
  // 出现错误,componentDidCatch 被调用,
}
```

Suspense 就是应用了 componentDidCatch 这种思想，回到 Suspense 实现上来，Suspense 在加载 React.lazy 的时候，是需要停下来，优先去触发 import 来动态加载组件的。这里就暴露出两个问题：第一，React.lazy 是如何让 Suspense 停止渲染的。第二，React.lazy 会执行 Promise 加载组件，加载组件之后，Suspense 又是怎样恢复渲染的。

第一个问题，Suspense 对于渲染终止，可不可以让 React.lazy 抛出异常来实现呢？抛出异常可以让 JS 中断，Suspense 只要通过 try{}catch（error）{}就可以捕获异常，并且在 catch 里面继续执行 JS，再进入后续的渲染工作就可以了。

至于第二个问题，Suspense 又是怎样恢复渲染的，首先 React.lazy 的 Promise 是异步执行的，它的 resolved（已完成）的改变状态时机是未知的，如果能够让 Suspense 获取到 resolved 状态，那么只能把 Promise 返回给 Suspense 来处理，Promise 是如何传递的呢？上面说到 React.lazy 会主动 throw 一个异常，这个异常是一个 promise 即可，Suspense 可以通过 catch 的参数获取。

这里总结一下主要流程：Suspense 首次渲染 React.lazy 返回的组件 LazyComponent → LazyComponent 通过 throw 终止第一次渲染，并向 Suspense 传递 Promise → LazyComponent，接收到 Promise 获取 resolved 状态得到懒加载真正的组件，然后 Suspense 渲染真正的组件即可。

Suspense 就是用抛出异常的方式中止的渲染，Suspense 需要一个 createFetcher 函数封装异步操作，当尝试从 createFetcher 返回的结果读取数据时，有两种可能：一种是数据已经就绪，直接返回结果；还有一种可能是异步操作还没有结束，数据没有就绪，这时 createFetcher 会抛出一个"异常"。

用 Suspense 实现的异步组件也是这个道理，如果让异步的代码放在同步执行，是肯定不会正常渲染的，还是要先请求数据，等到数据返回，再用返回的数据进行渲染，也是利用 createFetcher 的特性来实现的。

接下来模拟一下 createFetcher 和 Suspense。

模拟一个简单的 createFetcher。

```
/* *
 * @param {* } fn   我们请求数据交互的函数,返回一个数据请求的 Promise
 */
function createFetcher(fn){
    const fetcher = {
        status:'pending',
        result:null,
        p:null
    }
    return function (){
      const getDataPromise = fn()
      fetcher.p = getDataPromise
      getDataPromise.then(result=>{ /* 成功获取数据 */
          fetcher.result = result
          fetcher.status = 'resolve'
      })

      if(fetcher.status === 'pending'){ /* 第一次执行中断渲染,第二次 */
          throw fetcher
      }
      /* 第二次执行 */
      if(fetcher.status)
      return fetcher.result
    }
}
```

createFetcher 通过闭包的方式返回一个函数，在渲染阶段执行，第一次组件渲染，由于 status = pending，所以抛出异常 fetcher 给 Suspense，渲染中止。

Suspense 会在内部 componentDidCatch 处理这个 fetcher，执行 getDataPromise.then，这个时候 status 已经是 resolve 状态，数据也能正常返回了。

接下来 Suspense 再次渲染组件，此时就能正常获取数据了。

模拟一个简单的 Suspense：

```
export class Suspense extends React.Component{
    state={ isRender: true  }
```

```
componentDidCatch(e){
  /* 异步请求中,渲染 fallback */
  this.setState({ isRender:false })
  const { p } = e
  Promise.resolve(p).then(()=>{
    /* 数据请求后,渲染真实组件 */
    this.setState({ isRender:true })
  })
}
render(){
  const { isRender } = this.state
  const { children, fallback } = this.props
  return isRender ? children : fallback
}
}
```

用 componentDidCatch 捕获异步请求,如果有异步请求渲染 fallback,等到异步请求执行完毕,渲染真实组件,借此整个异步流程完毕。但为了让大家明白流程,这只是一次模拟异步的过程,实际流程要比这个复杂得多。

知道了 Suspense 内部运行机制之后,再来看 React.lazy 的原理。React.lazy 是如何配合 Suspense 实现动态加载组件效果的呢? 实际上, lazy 内部就是实现了一个 createFetcher,相比于异步组件通过 Promise 请求数据,而 React.lazy 请求的是一个动态的组件。我们看一下源码中的实现。

```
function lazy(ctor){
  return {
    $$typeof: REACT_LAZY_TYPE,
    _payload:{
      _status: -1,   // 初始化状态
      _result: ctor,
    },
    _init:function(payload){
      if(payload._status===-1){ /* 第一次执行会走这里   */
        const ctor = payload._result;
        const thenable = ctor();
        payload._status = Pending;
        payload._result = thenable;
        thenable.then((moduleObject)=>{
          const defaultExport = moduleObject.default;
          resolved._status = Resolved; // 1 成功状态
          resolved._result = defaultExport;/* defaultExport 为我们动态加载的组件本身   */
        })
      }
      if(payload._status === Resolved){ // 成功状态
        return payload._result;
      }
      else {   // 第一次会抛出 Promise 异常给 Suspense
```

```
                        throw payload._result;
                }
        }
    }
}
```

React.lazy 包裹的组件会标记 REACT_LAZY_TYPE 类型的 element，在调和阶段会变成 LazyComponent 类型的 fiber，React 对 LazyComponent 会有单独的处理逻辑，第一次渲染首先会执行_init 方法。此时这个_init 方法就可以理解成 createFetcher。

我们再来看一下_init 是在哪里执行的。

```
function mountLazyComponent(){
    const init = lazyComponent._init;
    let Component = init(payload);
}
```

结合两段代码逻辑，大体流程是这样的：

第一次渲染首先会执行 init 方法，里面会执行 lazy 的第一个函数，得到一个 Promise，绑定 Promise.then 成功回调，回调函数中得到将要渲染的组件 defaultExport，这里要注意的是，当第二个 if 判断的时候，因为此时状态不是 Resolved，所以会走 else，抛出异常 Promise，会让当前渲染终止。

这个异常 Promise 会被 Suspense 捕获到，Suspense 会处理 Promise，Promise 执行成功回调得到 defaultExport（将想要渲染组件），然后 Suspense 发起第二次渲染，第二次 init 方法已经是 Resolved 成功状态，直接返回 result 也就是真正渲染的组件，这时候就可以正常渲染组件了。

▶▶ 9.5.4 React V18 SuspenseList

通过 Suspense 的介绍，我们知道 Suspense 异步组件的原理是让组件先挂起来，等到请求数据之后，再直接渲染已经注入数据的组件。

但是如果存在多个 Suspense 异步组件，并且想要控制这些组件的展示顺序，那么此时通过 Suspense 很难满足需求，如图 9-5-1 所示。

如上 CDE 都是需要 Suspense 挂起的异步组件，但是因为受到数据加载时间和展示优先级的影响，期望 C→D→E 的展示顺序，这个时候传统的 Suspense 解决不了问题。

React V18 提供了一个新组件——SuspenseList，它通过编排向用户显示这些组件的顺序，来帮助协调许多可以挂起的组件。SuspenseList 目前并没有在最新的 React V18 版本正式露面。

React 的核心开发人员表示，这个属性被移动到@experimental npm 标签中，它没有放在 React

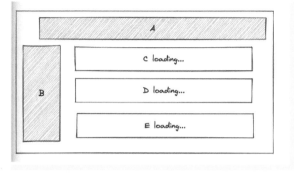

● 图 9-5-1

V18.0.0 版本，可以在 React V18.x 的后续版本中与大家见面。

虽然没有正式出现，不过来看一下如何使用 SuspenseList 处理组件展示顺序。可以理解成 SuspenseList 可以管理一组 Suspense，并且可以控制 Suspense 的展示顺序。

SuspenseList 接受两个 props：

第一个就是 revealOrder，这个属性表示了 SuspenseList 子组件应该显示的顺序。属性值有三个：

forwards：从前向后展示，也就是如果后面的先请求到数据，也会优先从前到后。

backwards：和 forwards 刚好相反，从后向前展示。

Together：在所有的子组件准备好了的时候显示它们，而不是一个接着一个显示。

比如看一下官方的例子：

```
<SuspenseList revealOrder="forwards">
  <Suspense fallback={'加载中...'}>
    <CompA />
  </Suspense>
  <Suspense fallback={'加载中...'}>
    <CompB />
  </Suspense>
  <Suspense fallback={'加载中...'}>
    <CompC />
  </Suspense>
  ...
</SuspenseList>
```

当 revealOrder 属性设置成 forwards 之后，异步组件会按照 CompA → CompB → CompC 顺序展示。

另外一个属性就是 tail，这个属性决定了如何显示 SuspenseList 中未加载的组件。默认情况下，SuspenseList 会显示列表中每个 Suspense 的 fallback。collapsed 仅显示 Suspense 列表中下一个 Suspense 的 fallback。hidden 未加载的组件不显示任何信息。

比如将案例中的 SuspenseList 加入 tail = collapsed 之后，CompA、CompB、CompC 的加载顺序如图 9-5-2 所示。

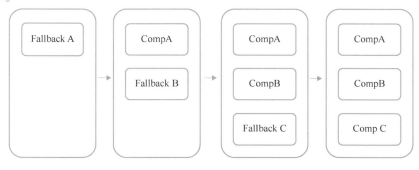

• 图 9-5-2

▶▶ 9.5.5　hydrate 模式下的 Suspense 新特性

在 React V18 中对服务端渲染 SSR 增加了流式渲染的特性 New Suspense SSR Architecture in React V18，那么这个特性是什么呢？我们来看一下，如图 9-5-3 所示。

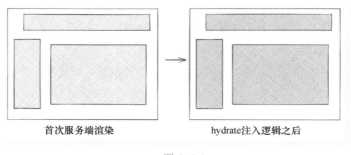

首次服务端渲染　　　　　　　　hydrate注入逻辑之后

● 图 9-5-3

刚开始的时候，因为服务端渲染，只会渲染 html 结构，此时还没注入 JS 逻辑，所以将它用灰色不能交互的模块表示（灰色的模块不能做用户交互，比如点击事件之类的）。

JS 加载之后，此时的模块可以正常交互，所以用绿色的模块展示，可以将视图注入 JS 逻辑的过程叫作 hydrate（注水）。

如果其中一个模块，服务端请求数据，数据量比较大，耗费时间长，我们不期望在服务端完全形成 html 之后再渲染，那么 React V18 给了一个新的可能性。可以使用 Suspense 包装页面的一部分，然后让这一部分的内容先挂起。

接下来会通过 Script 加载 JS 的方式，流式注入 html 代码的片段，来补充整个页面。接下来的流程如图 9-5-4 所示。

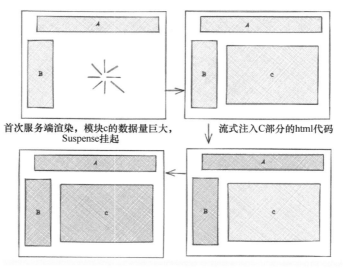

首次服务端渲染，模块c的数据量巨大，　　流式注入C部分的html代码
Suspense挂起

● 图 9-5-4

页面 A、B 是初始化渲染的，C 是 Suspense 处理的组件，在开始的时候 C 没有加载，C 通过流式渲染的方式优先注入 html 片段。

接下来 A、B 注入逻辑，C 并没有注入。

A、B 注入逻辑之后，接下来 C 注入逻辑，这时整个页面就可以交互了。

在这个原理基础之上，React 这个特性叫作 Selective Hydration，可以根据用户交互改变 hydrate 的顺序。比如有两个模块是通过 Suspense 挂起的，当两个模块发生交互逻辑时，会根据交互来选择性地改变 hydrate 的顺序，如图 9-5-5 所示。

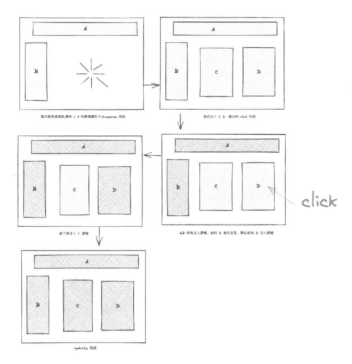

● 图 9-5-5

我们来看一下如上的 hydrate 流程，在 SSR 上的流程如下：

初始化的渲染 A、B 组件，C 和 D 通过 Suspense 的方式挂起。

接下来会优先注水 A、B 的组件逻辑，流式渲染 C、D 组件，此时 C、D 并没有注入逻辑。

如果此时 D 发生交互，比如触发一次点击事件，D 会优先注入逻辑。

接下来才是 C 注入逻辑，整个页面 hydrate 完毕。

▶▶ 9.5.6　Suspense 未来可期

我们再来回顾一下现在的 Suspense 能做些什么？

目前的 Suspense 可以配合 React.lazy 实现懒加载（代码分割），本质上减少了初次加载的 JS 体积，间接地减少了项目白屏时间。

1. 现在的 Suspense 哪里需要完善

当下并不使用 Relay，暂时无法在应用中试用 Suspense。因为迄今为止，在实现了 Suspense 的库中，Relay 是我们唯一在生产环境测试过，且对它的运作有把握的一个库。

目前 Suspense 还并不能作为异步组件来使用，如果开发者想使用，可以尝试一下在生产环境使用集成了 Suspense 的 Relay。

如果想推广使用 Suspense 作为加载远程数据的异步组件，那么问题在于 Suspense 的生态发展，有一个稳定的数据请求库与 Suspense 完美契合。React 团队能够让未来的 Suspense 更灵活，有一套更清晰明确的 createFetcher 制作手册，也是未来的 Suspense 脱颖而出的关键。

2. Suspense 即将登场的新特性是什么

Suspense 的新特性 SuspenseList 将在不久的 React V18.x 版本与大家见面，SuspenseList 能够让多个 Suspense 编排展示更加灵活。

3. Suspense 在 SSR 中的应用是什么

在 React V18 新特性中，Suspense 能够让 React SSR 流式渲染 html 片段，并且根据用户行为，自主选择 hydrate 的顺序。

相信不久以后，Suspense 的新特性能够凸显出对于用户体验上的价值。

9.6 React 海量数据处理

在 React 应用中，存在渲染大量数据源的场景，这里枚举了常见的两种情况：

第一种就是数据可视化，比如像热力图、地图、大量的数据点位的情况。第二种情况是长列表渲染。

对于第一种情况，即便是有 React V18 的 concurrent 并发特性来处理更新任务，有 diff 等优化手段来做对比复用提升性能，但是大量的数据源还是要渲染到页面上，这是一个开发者必须要面对的事实，服务端一次性返回成千上万的数据源，React 应用中如何在不影响性能，保持良好用户体验的前提下，去消化这些数据源呢？

第二种情况普遍存在于一些电商的 Web 项目中，长列表是一个很普遍的场景，在加载大量的列表数据的过程中，可能会遇到手机卡顿、白屏等问题。也许数据进行分页处理可以防止一次性加载数据带来的性能影响，但是随着数据量越来越大，还是会让 Web 应用越来越卡顿，响应速度越来越慢。接下来针对这两种情况，讨论一下相应的处理方案。

▶▶ 9.6.1 渲染切片

Web 程序如果一次性渲染大量的数据，发生卡顿是在所难免的事情，究其原因就是渲染成千上万个元素节点要创建真实的 DOM 元素，并且还要将元素插入到视图过程中，浏览器执行 JS 速度要比渲染 DOM 速度快得多，JS 通过执行上万次循环创建元素，本身已经存在性能上的开销了，并且还要把这些元素节点渲染到浏览器上，这就造成浏览器卡住，给用户带来了不好的体验。

如何处理一次性渲染大量元素的情景呢？可以用渲染切片来解决，渲染切片主要解决初次加载，一次性渲染大量数据造成的卡顿现象，其实并没有减少浏览器的工作量，而是将一次性任务分割开来，给用户一种流畅的体验效果。

就像建造房子，如果一口气完成，那么会把人累死，所以要设置任务，每次完成任务的一部分，这样就能有效合理地解决问题。渲染切片也是这个道理，如果一次性渲染 10000 条数据，我们不让浏览器一次性渲染完成，而是分成 20 次，一次渲染 500 条数据，这样就不会让浏览器卡住，保证了浏览器与用户之间的正常交互。接下来做一个实验，一次性加载 20000 个元素块，元素块的位置和颜色是随机的。首先假设对 Demo 不做任何优化处理。

色块组件：

```
/* 获取随机颜色 */
function getColor(){
    const r = Math.floor(Math.random()* 255);
    const g = Math.floor(Math.random()* 255);
    const b = Math.floor(Math.random()* 255);
    return 'rgba('+ r +','+ g +','+ b +',0.8)';
}/* 获取随机位置 */function getPostion(position){
    const { width, height } = position
    return { left: Math.ceil(Math.random() * width) +'px',
            top: Math.ceil(  Math.random() * height) +'px'}}
/* 色块组件 */function Circle({ position }){
    const style = React.useMemo(()=>{ // 用 useMemo 缓存，计算出来的随机位置和色值。
        return {
            background : getColor(),
            ...getPostion(position)
        }
    },[])
    return <div style={style} className="circle" />
}
```

子组件接受父组件的位置范围信息，通过 useMemo 缓存计算出来随机的颜色、位置，并绘制色块。

父组件：

```
class Index extends React.Component{
    state={
        dataList:[],                     // 数据源列表
        renderList:[],                   // 渲染列表
        position:{ width:0,height:0 }    // 位置信息
    }
    box = React.createRef()
    componentDidMount(){
```

```
        const { offsetHeight, offsetWidth } = this.box.current
        const originList = new Array(20000).fill(1)
        this.setState({
            position: { height:offsetHeight,width:offsetWidth },
            dataList:originList,
            renderList:originList,
        })
    }
    render(){
        const { renderList, position } = this.state
        return <div className="bigData_index" ref={this.box}  >
            {
                renderList.map((item,index)=><Circle  position={ position } key={index}  />)
            }
        </div>
}}/* 控制展示 Index */export default () =>{
const [show, setShow] = useState(false)
const [ btnShow, setBtnShow ] = useState(true)
const handleClick=()=>{
    setBtnShow(false)
    setTimeout(()=>{ setShow(true) },[])
}
return <div>
    { btnShow &&  <button onClick={handleClick} >show</button> }
    { show && <Index />  }
</div>
}
```

读者可扫描二维码，查看运行效果。

扫码 codesandbox 点击 show old

可以直观地看到这种方式渲染的速度特别慢，而且是一次性突然出现，体验不好，所以接下来要用时间分片做性能优化。

```
// 改造方案
class Index extends React.Component{
    state={
        dataList:[],                        // 数据源列表
        renderList:[],                      // 渲染列表
        position:{ width:0,height:0 },      // 位置信息
        eachRenderNum:500,                  // 每次渲染数量
    }
```

```
    box = React.createRef()
    componentDidMount(){
        const { offsetHeight, offsetWidth } = this.box.current
        const originList = new Array(20000).fill(1)
        const times = Math.ceil(originList.length / this.state.eachRenderNum) /* 计算需要渲
染次数 */
        let index = 1
        this.setState({
            dataList:originList,
            position: { height:offsetHeight,width:offsetWidth },
        },()=>{
            this.toRenderList(index,times)
        })
    }
    toRenderList = (index,times)=>{
        if(index > times) return /* 如果渲染完成,那么退出 */
        const { renderList } = this.state
        renderList.push(this.renderNewList(index)) /* 通过缓存 element 把所有渲染完成的 list
缓存下来,下一次更新,直接跳过渲染 */
        this.setState({
            renderList,
        })
        requestIdleCallback(()=>{ /* 用 requestIdleCallback 代替 setTimeout 浏览器空闲执行下
一批渲染 */
            this.toRenderList(++index,times)
        })
    }
    renderNewList(index){  /* 得到最新的渲染列表 */
        const { dataList, position, eachRenderNum } = this.state
        const list = dataList.slice((index-1) * eachRenderNum, index * eachRenderNum  )
        return <React.Fragment key={index} >
            {
                list.map((item,index) => <Circle key={index} position={position}  />)
            }
        </React.Fragment>
    }
    render(){
        return <div className="bigData_index" ref={this.box}  >
            { this.state.renderList }
        </div>
    }
}
```

第一步：计算时间片，首先用 eachRenderNum 代表一次渲染多少个，除以总数据就能得到渲染多少次。第二步：开始渲染数据，通过 index > times 判断渲染完成，如果没有渲染完成，那么通过 requestIdleCallback代替 setTimeout 浏览器空闲执行下一帧渲染。第三步：通过 renderList 把已经渲染的

element 缓存起来。在渲染控制章节讲过，这种方式可以直接跳过下一次的渲染。实际每一次渲染的数量仅为 Demo 中设置的 500 个。

读者可扫描如下二维码，查看运行效果。

扫码 codesandbox 点击 show new

这样就可以达到理想化的效果，浏览器不会卡住，保持了正常的交互响应。

▶▶ 9.6.2　长列表优化方案

现在滑动加载是 M 端和 PC 端一种常见的数据请求加载场景，这种数据交互有一个问题：如果没经过处理，加载完成后，数据展示的元素显示在页面上。如果伴随着数据量越来越大，会使页面中的卡片 item 越来越多，伴随而来的就是 DOM 越来越多，即便是像 React 可以良好地运用 diff 来复用老节点，但也不能保证大量的 diff 带来的性能开销。

综上所述，解决长列表的手段本身就是控制 item 的数量，原理就是当数据填充的时候，理论上数据是越来越多的，但是可以通过手段，让视图上的 item 渲染，而不在视图范围内的数据不需要渲染，那就不去渲染，这样的好处如下：

由于只渲染视图部分，非视图部分不需要渲染，或者只放一个 skeleton 骨架元素展位就可以了，首先这大大减少了元素的数量，也减少了图片的数量，直接减少了应用占用的内存量，也减少了白屏的情况发生。

由于 item 数量减少了，也就减少了 diff 对比的数量，提升了对比的效率。

明白了基本原理之后，接下来看一下具体的实现方案。

因为让视图区域的 item 真实地渲染，这是长列表优化的主要手段，第一个问题就是如何知道哪些 item 在可视区域内。正常情况下，当在移动端滑动设备的时候，只有手机屏幕内可视区域是真正需要渲染的部分，如图 9-6-1 所示。

首先就要知道哪些 item 在屏幕区域内，一般情况下，这种长列表都是基于 scrollView 实现的，在 Web 端并没有现成的 scrollView 组件，但是可以手动封装，比如在 5.5 节中，就是监听容器的 scroll 事件。

封装的 scrollView 提供了很多回调函数，可以处理滚动期间发生的事件。比如 scroll（滚动触发）、scrolltoupper（滚动到顶触发）、scrolltolower（滚动到底触发）等。

在 scroll 滑动过程中，可以通过 srollTop 和 scrollView 的高度，

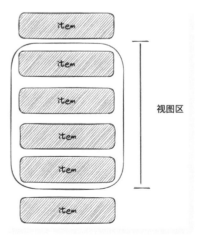

● 图 9-6-1

以及每一个 item 的高度，来计算哪些 item 是在视图范围内的。

下面简单计算一下，在视图区域内的 item 索引。startIndex 为在视图区域内的起始索引。endIndex 为在视图区域内的末尾索引。计算流程如图 9-6-2 所示。

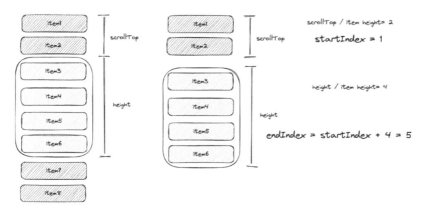

● 图 9-6-2

通过 scrollTop 和每个 item 的高度 itemHeight 计算起始索引 startIndex。再通过 startIndex 和容器高度 height 计算出末尾索引 endIndex。处于 startIndex 和 endIndex 的 item 就是在视图区域的 item。通过 slice 截取到的列表就是需要渲染的内容。

```
this.setState({
    renderList:dataList.slice(startIndex,endIndex)
})
```

如果只让视图中的 item 进行渲染，那么其他 item 的地方如何处理呢？因为需要 scrollView 构造出真实滑动到当前位置的效果，这个时候为了创建出 scrollView 真实的滑动效果，不需要渲染数据的地方可以用一个空的元素占位。

1. 缓冲区

但是正常情况下，不会直接将 startIndex 和 endIndex 作为真正渲染的内容。因为滑动的速度是快速的，以竖直方向上的滑动为例子，如果快速上滑或者下滑过程中，需要触发 setState 改变渲染的内容，那么更新不及时的情况下，不会让用户看到真实的列表内容，这样就会造成一个极差的用户体验。

为了解决这个问题，引出了一个上下缓冲的概念，就是在渲染真实的列表 item 的时候，在滑动的两个边界加上一定的缓冲区，在缓冲区的 item 也会正常渲染。

还是以上下滑动为例子，我们来看一下缓冲区是如何定义的。

比如在视图区域的 item 的起始索引为 startIndex，如果留一定的缓冲区，那么起始索引就变成了 startIndex - bufferCount（这里直接认为 startIndex > bufferCount 的前提下）。

同理，视图区域 item 的末尾索引为 endIndex，需要在 endIndex 的基础上加上缓冲区，所以就变成了 endIndex + bufferCount。［ startIndex - bufferCount，endIndex + bufferCount ］为真正的渲染区间，在这个区间内部的 item 都会真实地渲染。如图 9-6-3 所示，我们来看一下在滑动过程中，渲染区间的变化情况：

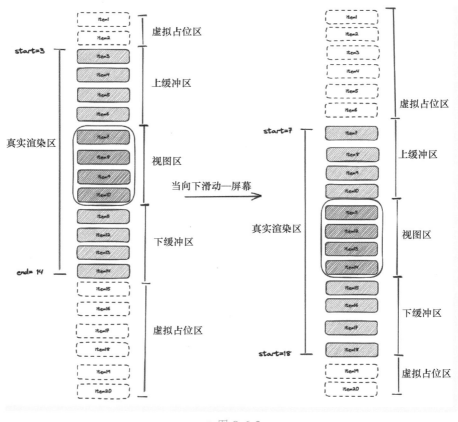

● 图 9-6-3

对于 bufferCount，总结的好处有以下两点：

缓冲区防止在快速上滑或者下滑过程中，setState 更新数据不及时，带来不友好的视觉效果。有了 bufferCount，可以让滑动到达一定长度再重新计算渲染边界，这样有效减少了滑动过程中 setState 的频率。bufferCount 缓冲数量越大，setState 频率就会越小，但是如果 bufferCount 过大，就违背了虚拟列表的初衷——减少元素数量，所以开发者需要合理地控制 bufferCount 的大小，正常情况下，屏幕的一屏或者两屏为宜。

知道了长列表的实现原理之后，介绍一下长列表的一个经典落地方案——Taro 虚拟列表方案。

2. Taro 虚拟列表方案

Taro 是多端统一开发的解决方案，可以一套代码运行到移动 Web 端、小程序端、React Native 端。Taro 的实现原理也如出一辙，比起全量渲染数据生成的视图，Taro 只渲染当前可视区域（Visible

Viewport）的视图，非可视区域的视图在用户滚动到可视区域再渲染。如图 9-6-4 所示。

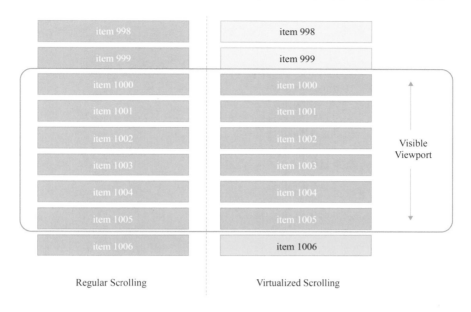

● 图 9-6-4

  Taro 的实现原理和上述方案如出一辙，Taro 支持 React 框架来开发应用，我们看一下 Taro 长列表的基本使用。

  使用 React/Nerv 可以直接从@tarojs/components/virtual-list 引入虚拟列表（VirtualList）组件：

```
import VirtualList from '@tarojs/components/virtual-list'
```

接下来看一下 VirtualList 的具体使用：

```
function buildData (offset = 0) {
  return Array(100).fill(0).map((_, i) => i + offset);
}
const Row = React.memo(({ id, index, style, data }) => {
  return (
    <View id={id} className={index % 2 ?'ListItemOdd':'ListItemEven'} style={style}>
      Row {index} : {data[index]}
    </View>
  );
})
export default class Index extends Component {
  state = {
    data: buildData(0),
  }
```

```
  render() {
    const { data } = this.state
    const dataLen = data.length
    return (
      <VirtualList
        height={500} /* 列表的高度 */
        width='100%' /* 列表的宽度 */
        itemData={data} /* 渲染列表的数据 */
        itemCount={dataLen} /*  渲染列表的长度 */
        itemSize={100} /* 列表单项的高度  */
      >
        {Row} /* 列表单项组件,这里只能传入一个组件 */
      </VirtualList>
    );
  }
}
```

VirtualList 的 5 个属性都是必填项。VirtualList 的数据处理、数据截取、空白填充都是内部实现的，开发者只需要关注将 Data 数据注入 VirtualList 就可以了。这样让虚拟列表使用成本大大降低，也降低了和业务的耦合度。

参考文档：

Taro：长列表渲染（虚拟列表）

9.7 React 使用细节处理

前面的章节已经从底层到开发者的使用上，从内而外介绍了 React 的性能优化手段，但是除此之外，对于 React 开发者来说，还有一些细节值得注意。

▶▶ 9.7.1 React 中的防抖和节流

防抖和节流在 React 应用中是很常用的，防抖很适合 React 表单的场景，比如表单输入关键词去查询接口，类似于远程搜索功能，每次输入一个字符，就去查询一次接口，这样很不合理，理想的方式就是用防抖函数处理调用接口的函数，让函数在一定时间内，如果多次执行，那么只执行最后一次即可，这样很有效地减少了请求的次数。

一个简单的防抖函数如下，其实就是闭包。

```
function debounce(fn,time){
    let timer = null
    return function (...n){
        if(timer) clearTimeout(timer)
        timer = setTimeout(() => {
            fn(...n)
```

```
    }, time);
    }
}
```

可以看出来，在规定的时间（time）内不管 fn 执行多少次，都会执行最后一次，下面看一下具体使用：

```
constructor(props){
    super(props)
    this.state={ value:" }
    this.fetchData = debounce(this.fetchData,500)
    /* 防抖 500ms */
    }
handleChange=(e)=>{
    this.setState({
        value:e.target.value
    })
    this.fetchData()
}
fetchData(){
    // 请求数据
    console.log('请求数据函数执行')
}
render(){
    console.log('渲染次数')
    return  <input value={this.state.value}
    placeholder="远程搜索" onChange={this.handleChange}  />
}
```

如上所示，用 debounce 处理请求函数 fetchData，当输入值改变的时候，表单值是立即更新的，但请求数据的函数是延时执行的，并且减少了执行次数。

节流函数一般也用于频繁触发的事件中，比如监听滚动条滚动。一个简单的节流函数如下所示，原理和防抖函数差不多。

```
function throttle(fn,delay){
    let flag = false
    return function (...arg){
        if(flag) return
        flag = true
        setTimeout(() => {
            fn(...arg)
            flag = false
        }, delay);
    }
}
```

使用：

```
function Index(){
    const currentFn = React.useRef()
    const fn = function(){
        /* 可以做一些操作,比如曝光上报等 */
    }
    currentFn.current = fn
    /* useMemo 防止每次组件更新都重新绑定节流函数  */
    const handleScroll = React.useMemo(()=> throttle(()=>{
        currentFn.current()
    },300),[])
    return <div  onScroll={handleScroll} >
        { /* ... */ }
    </div>
}
```

如上所示，将监听滚动函数做节流处理，300ms 触发一次。用 useMemo 防止每一次组件更新重新绑定节流函数。

防抖节流总结：防抖函数一般用于表单搜索、点击事件等场景，目的就是为了防止短时间内多次触发事件。节流函数一般为了降低函数执行的频率，比如滚动条滚动。

▶▶ 9.7.2　React 中的动画

React 写动画也是一个比较棘手的问题。高频率的 setState 或者 useState 会给应用性能带来挑战，这种情况在 M 端更加明显，因为 M 端的渲染能力受到手机性能的影响较大。所以对 React 动画的处理要格外注意。这里总结了三种 React 使用动画的方式，以及它们的权重。

第一种：动态添加类名。这种方式是通过 Transition、animation 实现动画，然后写在 class 类名里面，通过动态切换类名，达到动画的目的。

```
function Index(){
    const [ isAnimation, setAnimation ] = useState(false)
    return <div>
        <button onClick={ ()=> setAnimation(true)  } >改变颜色</button>
        <div className={ isAnimation ?'current animation':'current'  } ></div>
    </div>
}
.current{
    width: 50px;
    height: 50px;
    border-radius: 50%;
    background: #fff;
    border: 1px solid #ccc;}.animation{
    animation: 1s changeColor;
    background:yellowgreen;}@keyframes changeColor {
    0%{background:#c00;}
    50%{background:orange;}
```

```
100%{background:yellowgreen;}
}
```

这种方式是笔者最优先推荐的方式，这种方式既不需要频繁 setState 或 useState，也不需要改变 DOM。

第二种：操作原生 DOM。如果第一种方式不能满足要求，或者必须做一些 JS 实现复杂的动画效果，可以获取原生 DOM，然后单独操作 DOM 实现动画功能，这样就避免了组件 state 改变带来 React Fiber 深度调和渲染的影响。

```
export default function Index(){
    const dom = useRef(null)
    const changeColor = ()=>{
        const target =  dom.current
        target.style.background = '#c00'
        setTimeout(()=>{
            target.style.background = 'orange'
            setTimeout(()=>{
                target.style.background = 'yellowgreen'
            },500)
        },500)
    }
    return <div>
        <button onClick={ changeColor } >改变颜色</button>
        <div className='current' ref={ dom }  ></div>
    </div>
}
```

这样和第一种方式达到了同样的效果。

第三种：setState + css3，如果第一种和第二种都不能满足要求，一定要使用 setState 实时改变 DOM 元素状态的话，那么尽量采用 css3。css3 开启硬件加速，使 GPU（Graphics Processing Unit）发挥功能，从而提升性能。

比如想要改变元素位置 left、top 值，可以换一种思路改变 transform：translate。transform 是由 GPU 直接控制渲染的，所以不会造成浏览器的重排。

```
export default function Index(){
    const [ position, setPosition ] = useState({ left:0,top:0 })
    const changePosition = ()=>{
        let time = 0
        let timer = setInterval(()=>{
            if(time === 30) clearInterval(timer)
            setPosition({ left:time * 10, top:time * 10 })
            time++
        },30)
    }
    const { left, top } = position
```

```
return <div>
    <button onClick={ changePosition } >改变位置</button>
    <div className='current'
    style={{ transform:`translate(${ left }px, ${ top }px)` }}  ></div>
</div>
}
```

如上所示，通过 setInterval 模拟动画帧数，通过 useState 和 css3 的 transform 属性，来实时改变元素的位置。

▶▶ 9.7.3 在 React 中防止内存泄露

如果在 React 项目中，用到了定时器、延时器和事件监听器，注意要在对应的生命周期清除它们，不然可能会造成内部泄露的情况。

类组件：

```
class Index extends React.Component{
    current = null
    handleScroll=()=>{} /* 处理滚动事件 */
    componentDidMount(){
        this.timer = setInterval(()=>{
            /* 每2s(秒)执行一次 */
        },2000)
        this.current.addEventListener('scroll',this.handleScroll)
    }
    componentWillUnmount(){
        clearInterval(this.timer) /* 清除定时器 */
        this.current.removeEventListener('scroll',this.handleScroll)
    }
    render(){
        return <div ref={(node)=>this.current = node  } >hello,let us learn React!</div>
    }
}
```

如上所示，在 componentWillUnmount 生命周期及时清除延时器和事件监听器。

函数组件：

```
function Index(){
    const dom = React.useRef(null)
    const handleScroll = ()=>{}
    useEffect(()=>{
        let timer = setInterval(()=>{
            /* 每2s( )秒( )执行一次 */
        },2000)
        dom.current.addEventListener('scroll',handleScroll)
        return function(){
            clearInterval(timer)
```

```
        dom.current.removeEventListener('scroll',handleScroll)
    }
},[])
return <div ref={ dom }  >hello,let us learn React!</div>
}
```

在 useEffect 或者 useLayoutEffect 第一个参数 create 的返回函数 destory 中，做一些清除定时器/延时器的操作。

▶▶ 9.7.4 在 React 中合理使用状态

React 并不像 Vue 那样是响应式数据流。在 Vue 中有专门的 dep 做依赖收集，可以自动收集字符串模板的依赖项，只要没有引用的 Data 数据，通过 this.aaa = bbb，在 Vue 中是不会更新渲染的。但是在 React 中只要触发 setState 或 useState，如果没有渲染控制的情况下，组件就会渲染，这会暴露一个问题，如果视图更新不依赖于当前 state，那么这次渲染也就没有意义。所以对于视图不依赖的状态，就可以考虑不放在 state 中。

比如想在滚动条滚动事件中，记录一个 scrollTop 位置，在这种情况下，用 state 保存 scrollTop 就没有任何意义，而且浪费性能。

```
class Index extends React.Component{
    node = null
    scrollTop = 0
    handleScroll=()=>{
        const {  scrollTop } = this.node
        this.scrollTop = scrollTop
    }
    render(){
        return <div ref={(node)=> this.node = node } onScroll={this.handleScroll} ></div>
    }
}
```

如上所示，把 scrollTop 直接绑定在 this 上，而不是通过 state 管理，这样的好处是滚动条滚动不需要触发 setState，从而避免了无用的更新。

对于函数组件，因为不存在组件实例，但是函数组件有 Hooks，可以通过一个 useRef 实现同样的效果。

```
function Index(){
    const dom = useRef(null)
    const scrollTop = useRef(0)
    const handleScroll = ()=> {
        scrollTop.current = dom.current.scrollTop
    }
    return <div ref={ dom } onScroll={handleScroll} ></div>
}
```

如上所示，用 useRef 来记录滚动条滚动时 scrollTop 的值。

9.8 React 性能问题检测

讲完了 React 开发中的一些细节，还有一个开发者比较注意的问题，就是性能问题和一些开发中的问题检测。我们来看看 React 对于这两个问题，有什么出奇制胜的法宝。

▶▶ 9.8.1 Profiler 性能检测工具

前端开发一般是最接近用户的，所以良好的用户体验是非常重要的，而性能是良好用户体验的基石，在前面的几章中，详细介绍了 React 中性能优化的常用手段，而衡量性能的标准就是性能指标。

对于性能指标，在 React 中也提供了检测性能指标的工具，那就是 Profiler。Profiler 这个 API 一般用于开发阶段的性能检测，检测一次 React 组件，性能开销。

尽管 Profiler 是一个轻量级组件，我们依然应该在需要时才去使用它。对一个应用来说，每添加一些，都会给 CPU 和内存带来一些负担。

Profiler 虽然是一个性能检测的组件，但是会给应用带来一些负担，所以它在生产构建中会被禁用，官方推荐也是只有在检测组件渲染性能的时候，再使用这个组件，Profiler 本身是一个 React 的内置组件，Profiler 的常用 props 有两个：第一个参数：是 id，用于标识唯一性的 Profiler。第二个参数：onRender 回调函数，用于渲染完成，接受此次渲染的参数。

```
<Profiler id="root" onRender={onRenderCallback}/>
```

所有的性能信息在 onRender 的回调函数中，onRenderCallback 回调函数一般会接受 6 个参数，我们来看看这 6 个参数分别代表什么：

```
function onRenderCallback(
  id, /* 发生提交的 Profiler 树的"id" */
  phase, /* "mount" (如果组件树初始化)或者"update" (发生更新) */
  actualDuration, /* 本次更新在渲染 Profiler 和它的子代上花费的时间 */
  baseDuration, /* 在 Profiler 树中最近一次每一个组件渲染的持续时间 */
  startTime, /* 本次更新中 React 开始渲染的时间 */
  commitTime, /* 本次更新中 React commit 阶段结束的时间戳 */)
{
  // 合计或记录渲染时间
}
```

phase 为 mount，代表组件是初始化，如果 phase 为 update，代表组件是更新。actualDuration 和 baseDuration 能够直接反馈出渲染阶段的性能消耗，比如渲染长列表，或者耗性能的可视化组件。commitTime-startTime 能够反映出渲染的时长，这个时间越长，代表用户等待响应的时间越长。

接下来举一个例子，看一下影响 Profiler 指数的因素：

```
function Index() {
    const [list, setList] = React.useState([])
```

```
const onRenderCallback = (...arg) => {
    console.log(arg)
}
const handleClick = () => {
    const arr = new Array(10000).fill(0).map((i, index) => index)
    setList(arr)
}
return <Profiler id="root" onRender={onRenderCallback} >
    <p>hello,Profiler</p>
    <ul>
        {list.map(item => <li key={item} >{item}</li>)}
    </ul>
    <button onClick={handleClick} >render list</button>
</Profiler>
}
```

如上所示，初始化的时候，会执行一遍 onRenderCallback，当点击 render list 按钮后，会更新组件，渲染 10000 条，再次执行一次 onRenderCallback。两次的性能数据如下：

初始化打印参数：

```
0: "root"
1: "mount"
2: 1.2999999970197678
3: 0.19999999552965164
4: 326.40000000596046
5: 328.40000000596046
```

渲染 10000 条列表之后，打印参数：

```
0 : "root"
1 : "update"
2 : 67.50000005215406
3 : 24.500000022351742
4 : 660173.5
5 : 660403.5
```

从上面可以明显看出渲染 10000 个列表的场景下，渲染阶段和 commit 渲染阶段用时明显增加。

▶▶ 9.8.2 StrictMode 严格模式

StrictMode 也是 React 的内置组件，StrictMode 见名知意，严格模式，用于检测 React 项目中潜在的问题。与 Fragment 一样，StrictMode 不会渲染任何可见的 UI。它为其后代元素触发额外的检查和警告。

严格模式检查仅在开发模式下运行，它们不会影响生产构建。StrictMode 目前有助于：识别不安全的生命周期。关于使用过时字符串 ref API 的警告。关于使用废弃的 findDOMNode 方法的警告。检测意外的副作用。检测过时的 context API。

下面做一个实践 Demo，用严格模式识别不安全的生命周期。

```
class Children extends React.Component {
    /* 不安全生命周期 UNSAFE_componentWillReceiveProps */
    UNSAFE_componentWillReceiveProps(){
    }
    render(){
        return <div>
            child 子组件
        </div>
    }}function Index() {
    return <React.StrictMode>
        <p>hello,StrictMode</p>
        <Children />
    </React.StrictMode>
}
```

如上所示，外层父组件开启严格模式 StrictMode，子组件 Children 使用了不安全的生命周期
UNSAFE_componentWillReceiveProps，在生命周期章节中，我们讲到在 React V18 中，渲染阶段是可以
被中断的，这就会导致在渲染阶段执行的生命周期有可能被执行多次，所以以除了静态生命周期之外，
其他生命周期被打了 UNSAFE 不安全标识符。

由于上面的例子，父组件开启了严格模式，所以在浏览器调试工具中，会给予这样的警报，如
图 9-8-1 所示。

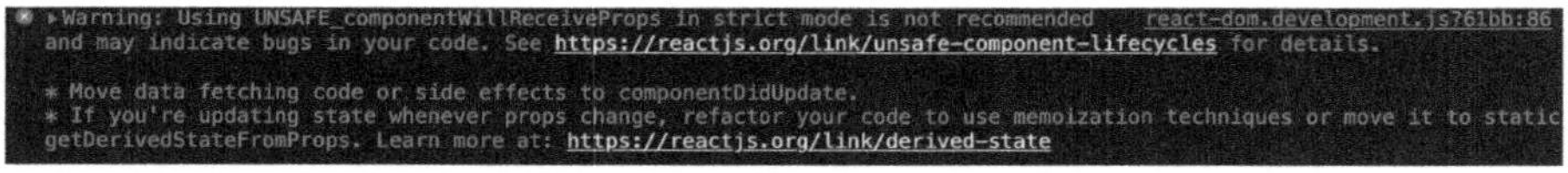

• 图 9-8-1

开启严格模式还会有一个副作用，就是在一次更新中被 StrictMode 包裹的子组件会执行两次渲
染，我们在上面的例子中做如下修改：

```
class Children extends React.Component {
    render(){
        console.log('子组件渲染次数')
        return <div>
            child 子组件
        </div>
    }}
function Index() {
    const [number, setNumber] = React.useState(0)
    console.log('渲染次数')
    return <React.StrictMode>
        <p>hello,StrictMode</p>
        <Children />
```

```
        <button onClick={() => setNumber(number+1) } >点击触发 render</button>
    </React.StrictMode>
}
```

点击按钮，触发渲染，浏览器打印内容如图 **9-8-2** 所示。

● 图 9-8-2

▶▶ 9.8.3 调试工具 react-devtools

对于调试工具，React 官方也提供了 devtools 调试工具 react-devtools。

react-devtools 可以调试非浏览器的应用程序，例如 React Native、移动浏览器或嵌入式 Web 视图、Safari。react-devtools 上手非常容易，首先需要安装 react devtools 插件包：

```
# Yarn
yarn global add react-devtools
# NPM
npm install -g react-devtools
```

上面是通过全局安装的方式。react-devtools 既适合浏览器端，也适合 React Native 端。感兴趣的读者可以按照官方文档尝试一下 react-devtools。

第 10 章

React运行时原理探秘

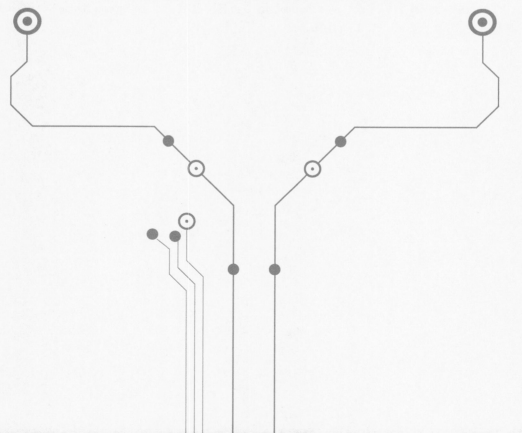

本章以 React 的运行时（runtime）为中心，以"初始化"和"更新"两条线索为突破口，研究一下 React 内部原理。

React 触发一次 setState 或 useState 会经历哪些流程？在这些流程中，React 又是如何找到对应的组件并执行更新的？执行更新后，DOM 在什么时候会更新？componentDidMount 和 useEffect 又是在什么时机执行的呢？这些问题将在本章找到答案。

一方面本章会沿着 React 底层运行时的主线程开始说起；另一方面，会逐一揭秘 React 各个模块的实现原理，比如 state 更新背后的真相，ref 是如何传递并获取原生 DOM 的，Context 状态传递和订阅更新的原理是什么。相信通过本章，会让大家对 React 内部运行机制有一个全新的认识。

在第 8 章中，读者对 React 的技术架构有了一个新的认识，包括 fiber 架构和 lane 模型等，本章将以这一理论模型为基石，探索 React 内部运转的奥秘！

10.1 React 运行时总览

【学习目标】

如果想要掌握 React 运行时的奥秘，需要从两个方向入手：

第一就是 React 应用从创建到第一次内容呈现，经历了哪些流程。

第二就是初始化完毕，比如发生一次 SetState 或者 useStat，React 是怎样更新的。

明白了 React 运行时的流程，能让我们对于 React 实现原理有一个更清晰的认识，也能更方便地理解之前章节讲到的每个 API 的奥秘。

▶▶ 10.1.1 初始化流程

对于初始化流程，我们以 React V16、React V17 版本的 ReactDOM.render 为突破口。假设现在开始初始化应用，在 Legacy 模式下是从 ReactDOM.render 开始的，应用入口应该是这样写的：

```
import ReactDOM from 'react-dom'
/* 通过 ReactDOM.render  */
ReactDOM.render(<App />,document.getElementById('app'))
```

ReactDOM.render 到底做了什么呢？它接受三个参数：

第一个参数：element 对象，也就是整个应用对应的 element 树结构。

第二个参数：真实的 DOM 对象，用于挂载应用。

第三个参数：callback 回调函数，在形成 DOM 树结构后被调用。

ReactDOM.render 做的事情是形成一个 Fiber Tree 挂载到 App 上，渲染真实 DOM，形成整个页面。来看一下主要流程：

```
export function render(element,container,callback) {
    return legacyRenderSubtreeIntoContainer(
```

```
    null,
    element,
    container,
    false,
    callback,
);}
```

ReactDOM.render 就是调用的 legacyRenderSubtreeIntoContainer，跟着这个函数继续往下看：

```
function legacyRenderSubtreeIntoContainer(
    parentComponent,          // null
    children,                 // <App/> 根部组件
    container,                // app dom 元素
    forceHydrate,             // Hydrate 服务端渲染模式
    callback                  // ReactDOM.render 第三个参数回调函数){
    let root = container._reactRootContainer
    let fiberRoot
    if(!root){
        /* 创建 fiber Root */
        root=container._reactRootContainer=
legacyCreateRootFromDOMContainer(container,forceHydrate);
        fiberRoot = root._internalRoot;
        /* 处理 callback 逻辑,这里可以省略 */
        /* 注意初始化这里用的是 unbatch */
        unbatchedUpdates(() => {
            /*   开始更新   */
            updateContainer(children, fiberRoot, parentComponent, callback);
        });
    }}
```

调用 ReactDOM.render 就是 legacyRenderSubtreeIntoContainer 方法。这个方法主要做的事情如下：

创建整个应用的 FiberRoot，然后调用 updateContainer 开始初始化更新。应该注意的是，用的是 unbatch（非批量的情况），并不是批量更新的 batchUpdate。在 unbatchedUpdates 中会把此次更新标志变成 LegacyUnbatchedContext。

所有更新流程矛头指向了 updateContainer，接下来看一下 updateContainer 主要做了哪些事。

```
export function updateContainer(element,container,parentComponent,callback){
    /* 计算优先级,在 React V16 及以下版本用的是 expirationTime,在 React V17、React V18 版本,用的是
lane。  */
    const lane = requestUpdateLane(current);
    /* 创建一个 update */
    const update = createUpdate(eventTime, lane);
    enqueueUpdate(current, update, lane);
    /* 开始调度更新 */
    const root = scheduleUpdateOnFiber(current, lane, eventTime);}
```

通过上面代码的简化，可以清晰地看出 updateContainer 做了哪些事。

首先计算更新优先级 lane，然后创建一个 update，通过 enqueueUpdate 把当前的 update 放入待更新队列 updateQueue 中。

接下来开始调用 scheduleUpdateOnFiber，正式进入调度更新流程中。

到此为止，可以总结出，初始化更新的时候，最后调用的是 scheduleUpdateOnFiber。

▶▶ 10.1.2　更新流程

上面说到了初始化流程，接下来如果发生一次更新，比如一次点击事件带来的 state 更新，则分类组件和函数组件分别如下：指的就是接下来的两个代码片段。

在前面讲到过，触发 setState 本质上是调用 enqueueSetState。

```
enqueueSetState(inst,payload,callback){
    /* 创建一个更新优先级 */
    var lane = requestUpdateLane(fiber);
    /* 创建一个 update */
    const update = createUpdate(eventTime, lane);
    enqueueUpdate(fiber, update, lane);
    const root = scheduleUpdateOnFiber(fiber, lane, eventTime);
}
```

这个函数和初始化流程一样，最终也是调用 scheduleUpdateOnFiber 方法。那么再看一下 Hooks 的 useState。

```
function dispatchAction(fiber, queue, action) {
    /* 创建一个更新优先级 */
    var lane = requestUpdateLane(fiber);
    scheduleUpdateOnFiber(fiber, lane, eventTime);
}
```

当调用 useState 的更新函数时，就是调用 React 底层的 dispatchAction 方法。上面只保留了 dispatchAction 的核心逻辑，可以清楚地发现，无论是初始化，还是 useState，setState 最后都是调用 scheduleUpdateOnFiber 方法，如图 10-1-1 所示。

这就是整个更新的入口，那么这个方法做了些什么事情呢？

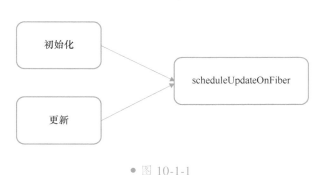

初始化

更新

scheduleUpdateOnFiber

● 图 10-1-1

▶▶ 10.1.3　更新入口 scheduleUpdateOnFiber

scheduleUpdateOnFiber 是整个 React 应用开始初始化和更新的入口。

```
export function scheduleUpdateOnFiber(fiber,lane,eventTime){
    /* 递归向上标记更新优先级 */
```

```
    const root = markUpdateLaneFromFiberToRoot(fiber, lane);
    if (root === null) {
        return null;
    }
    if (lane === SyncLane) {
        if (
            (executionContext & LegacyUnbatchedContext) !== NoContext && // unbatch 情况,比
如初始化
            (executionContext & (RenderContext | CommitContext)) === NoContext) {
            /* 开始同步更新,进入 workloop 流程 */
            performSyncWorkOnRoot(root);
        }else{
            /* 进入调度,把任务放入调度中 */
            ensureRootIsScheduled(root, eventTime);
            if (executionContext === NoContext) {
                /* 当前的执行任务类型为 NoContext,说明当前任务是非可控的,会调用 flushSync-
CallbackQueue 方法。*/
                flushSyncCallbackQueue();
            }
        }
    }
}
```

scheduleUpdateOnFiber 的核心逻辑如上，正常情况下，大多数任务是同步任务，也就是 SyncLane，比如前面讲到的 Transition，此时就不会走这里的流程。当然 React V18 的代码和这里有一些出入，不过不要紧，这里讲的是运行时的宏观流程，React V18 的更新流程会在 10.4 节讲到。

即便在异步任务里面触发的更新，比如在 Promise 或者是 setTimeout 里面的更新，也是 SyncLane，两者之间没有太大的联系。所以在上述核心代码中，只保留了 SyncLane 的逻辑。

在 scheduleUpdateOnFiber 内部主要做的事情如下：

（1）通过当前的更新优先级 lane，将当前 fiber 到 rootFiber 的父级链表上的所有优先级更新。

（2）在 unbatch 的情况下，会直接进入 performSyncWorkOnRoot，接下来会进入调和流程的两大阶段：渲染和 commit。

（3）任务是 useState 和 setState，会进入 else 流程，接下来进入 ensureRootIsScheduled 调度流程。

（4）当前的执行任务类型为 NoContext，说明当前任务是非可控的，会调用 flushSyncCallbackQueue 方法。

在前面讲到了非可控任务，现在回顾一下 legacy 模式下的可控任务和非可控任务。

可控任务：在前面讲到过，对于 React 事件系统中发生的任务，会标记成 EventContext，在 batchUpdate API 里面的更新任务，会标记成 BatchedContext，那么这些任务是 React 可以检测到的，所以 executionContext！==NoContext，不会执行 flushSyncCallbackQueue。

非可控任务：在延时器（Timer）队列或微任务队列（Microtask）中，React 是无法控制执行时机的，所以说这种任务就是非可控的任务。比如 setTimeout 和 promise 里面的更新任务，那么 execution-

Context = = = NoContext，接下来会执行一次 flushSyncCallbackQueue。

我们看一下 scheduleUpdateOnFiber 的几个主要函数，如图 10-1-2 所示。

markUpdateLaneFromFiberToRoot：会找到 Root 节点，更新父级链上的 childLanes，具体细节马上会讲到。

performSyncWorkOnRoot：这个方法会直接进入调和阶段，也就是更新 fiber 树的状态，接下来渲染真实的 DOM 元素节点，更新视图。

ensureRootIsScheduled：这个方法会进入调度流程，会将更新任务放在更新队列中，最终执行的也是 performSyncWorkOnRoot，如果不是同步模式，会通过调度执行 performConcurrentWorkOnRoot。

flushSyncCallbackQueue：当前的执行任务类型为 NoContext，说明当前任务是非可控的，通过上一步，ensureRootIsScheduled 已经把任务放在更新队列中了，接下来会调用 flushSyncCallbackQueue 方法，直接执行任务队列里面的任务，如图 10-1-2 所示。

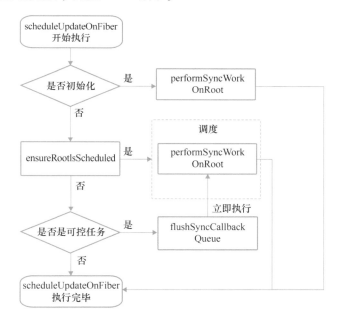

● 图 10-1-2

ensureRootIsScheduled 和 flushSyncCallbackQueue 我们在 10.4 节会讲到，接下来重点看一下 markUpdateLaneFromFiberToRoot。

▶▶ 10.1.4　更新准备工作：标记 ChildLanes

前面提到了 fiber 的一个新属性，它就是 ChildLanes，那么 markUpdateLaneFromFiberToRoot 是如何处理 ChildLanes 的呢？这一点很重要，请往下看：

```
react-reconciler/src/ReactFiberWorkLoop.new.js →markUpdateLaneFromFiberToRoot
/* *
 * @param {*} sourceFiber 发生 state 变化的 fiber,比如组件 A 触发了 useState,那么组件 A 对应的 fi-
ber 就是 sourceFiber
 * @param {*} lane   产生的更新优先级
 *
/function markUpdateLaneFromFiberToRoot(sourceFiber,lane){
    /* 更新当前 fiber 上的 lane */
    sourceFiber.lanes = mergeLanes(sourceFiber.lanes, lane);
    /* 更新缓存树上的 lanes */
    let alternate = sourceFiber.alternate;
    if (alternate ! == null) alternate.lanes = mergeLanes(alternate.lanes, lane);
    /* 当前更新的 fiber */
    let node = sourceFiber;
    /* 找到并返回父级 */
    let parent = sourceFiber.return;
    while(parent ! == null){
        /* TODO:更新 ChildLanes 字段 */
        parent.childLanes = mergeLanes(parent.childLanes, lane);
        if (alternate ! == null) {
            alternate.childLanes = mergeLanes(alternate.childLanes, lane);
        }
        /* 递归遍历更新 */
        node = parent;
        parent = parent.return;
    }
}
```

markUpdateLaneFromFiberToRoot 做的事很重要。

首先会更新当前 fiber 上的优先级。在前面讲过,fiber 架构采用 "连体婴" 形式的双缓冲树,所以还要更新当前 fiber 的缓冲树 alternate 上的优先级。

接下来会递归向上将父级上的 ChildLanes 都更新,更新成当前的任务优先级。

到这里就引发了两个问题:

(1) ChildLanes 在整个 React 应用中究竟起到了什么作用?

在整个初始化阶段,因为整个 fiber 树并没有构建,这个过程中,ChildLanes 也就没什么作用,当一个组件 A 发生更新的时候,只要发生更新的组件的父组件上有一个属性能够证明子代组件发生更新即可,可以根据 ChildLanes 找到发生更新的 A 组件。

(2) 为什么要向上递归更新所有父级的 ChildLanes 呢?

首先,前面讲过,所有的 fiber 是通过一棵 fiber 树关联到一起的,如果组件 A 发生一次更新,React 是从 Root 开始深度遍历更新 fiber 树。

更新过程中需要深度遍历整个 fiber 树吗?当然也不是,只有一个组件更新,所有的 fiber 节点都调和,无疑是性能上的浪费。

既然要从头更新，又不想调和整个 fiber 树，如何找到更新的组件 A 呢？这时 ChildLanes 就派上用场了。如果 A 发生了更新，那么先向上递归更新父级链的 ChildLanes，接下来从 Root Fiber 向下调和时，发现 ChildLanes 等于当前更新优先级，说明它的 child 链上有新的更新任务，则会继续向下调和，反之退出调和流程。

Root Fiber 是通过 ChildLanes 逐渐向下调和找到需要更新的组件的，为了更清晰地了解流程，这里画了一个流程图，如图 10-1-3 所示。

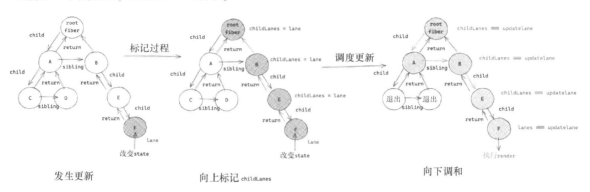

● 图 10-1-3

该图说明了当 fiber 节点 F 对应的组件触发一次更新后，React 是如何找到 F 组件，并触发重新渲染更新组件的。

第一阶段是发生更新，产生一个更新优先级 lane。

第二阶段向上标记 ChildLanes 过程。

第三阶段是向下调和过程。有的读者会问：为什么 A 会被调和？原因是 A 和 B 是同级，如果父级元素调和，并且向下调和，那么父级的第一级子链上的 fiber 都会进入调和流程。从 fiber 关系上看，Root 先调和的是 Child 指针上的 A，然后 A 会退出向下调和，接下来才是 sibling B，B 会向下调和，通过 ChildLanes 找到当事人 F，然后 F 会触发渲染更新。

现在我们知道了如何找到 F 并执行渲染，那么还有一个问题，就是 B、E 会向下调和，如果它们是组件，那么会重新渲染吗？答案是否定的，要记住的是调和过程并非渲染过程，调和过程有可能会触发渲染函数，也有可能只是继续向下调和，而本身不会执行渲染。具体的实现原理将在 10.2 节中揭秘。

知道了 markUpdateLaneFromFiberToRoot 的作用是为更新之前做准备工作，接下来就到了更新的核心流程 performSyncWorkOnRoot 上了。

▶▶ 10.1.5　开始更新：两大阶段渲染和 commit

SyncLane 更新优先级下无论是初始化还是 state 更新，最后都要执行 performSyncWorkOnRoot 函数。这个函数到底起什么作用呢？我们来看一下：

```
function performSyncWorkOnRoot(){
    /* 渲染阶段 */
    let exitStatus = renderRootSync(root, lanes);
    /* commit 阶段 */
    commitRoot(
      root,
      workInProgressRootRecoverableErrors,
      workInProgressTransitions,
    );
    /* 如果有其他等待中的任务,那么继续更新 */
    ensureRootIsScheduled(root, now());
}
```

上面只保留了 performSyncWorkOnRoot 的核心流程。可以看出 performSyncWorkOnRoot 函数最核心的部分是执行了两个函数 renderRootSync 和 commitRoot,这两个函数为整个 React Reconciler 调和的两大阶段:渲染阶段和 commit 阶段,在 10.2 和 10.3 节会重点介绍这两个阶段。我们先来概括一下两大阶段都做了些什么。

渲染阶段:这个过程中会执行类组件的渲染函数,也会执行函数组件本身,目的是得到新的 React element, diff 比较出来哪里需要更新,会处理每一个待更新的 fiber 节点,给这个 fiber 打上 flag 标志。

commit 阶段:经过渲染阶段后,待更新的 fiber 会存在不同的 flag 标志,在这个阶段会处理这些 fiber,包括操作真实的 DOM 节点、执行生命周期等。

整个 React 运行时的内部流程如图 10-1-4 所示。

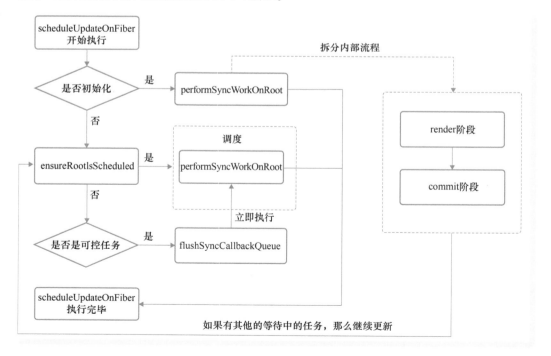

● 图 10-1-4

非 SyncLane 的情况下：

通过上面的内容很多读者会发现，如果不是 SyncLane 的情况会如何处理呢？会执行 performConcurrentWorkOnRoot。

在之前的章节中讲过，在 concurrent 并发模式下，可以对更新进行分片处理，高优先级的更新任务优先执行，performConcurrentWorkOnRoot 就是这个特性的具体实现，在 performConcurrentWorkOnRoot 内部会调用 renderRootConcurrent 方法和 commitRoot，如图 10-1-5 所示。

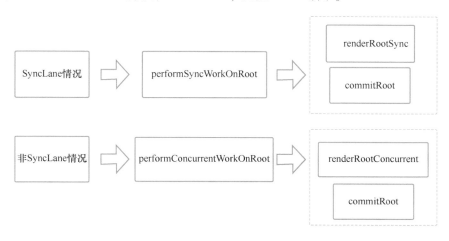

● 图 10-1-5

到此为止，一次更新任务的主体流程工作完成。接下来重点看一下渲染阶段和 commit 阶段的实现细节。

10.2 渲染阶段流程探秘

【学习目标】

渲染阶段到底做了哪些事情呢？我们接着以 renderRootSync 为线索，看一下渲染阶段究竟做了些什么。

▶▶ 10.2.1 fiber 更新循环 workLoop

```
function renderRootSync(root,lanes){
    workLoopSync();
    /* workLoop 完毕,证明已遍历所有节点,那么重置状态,进入 commit 阶段 */
    workInProgressRoot = null;
    workInProgressRootRenderLanes = NoLanes;
}
```

renderRootSync 的流程十分简单。执行 workLoopSync，在 concurrent 模式下则是 workLoopConcurrent，这里为了方便，统一称为 workLoop。workLoop 将更新待更新的元素节点。workLoop 完毕，证明已遍历所有节点，那么重置状态，进入 commit 阶段。

首先想一个问题：workLoop 到底是什么？

我们用一个例子来形容 workLoop，假设将应用看作一台设备，每一次更新看作一次检修维护，维修师傅应该如何检修呢？维修师傅会用一台机器（workLoop 可以看作这台机器），依次检查每一个需要维护更新的零件（fiber 可以看作零件），每一个需要检修的零件会进入检查流程。如果需要更新，那么会更新；如果有子零件更新（子代 fiber），父代本身也会进入机器运转（workLoop）流程中。

Legacy 模式下的 workLoop——workLoopSync：在这个模式下，所有的零件维修，没有优先级的区分，所有的更新工作被维修师傅依次检查执行。

Concurrent 模式下的 workLoop——workLoopConcurrent：我们都清楚，设备的维修，实际有很多种类，比如影响设备运转的，那么这种维修任务迫在眉睫，还有一种就是相比不是那么重要的，比如机器打蜡、清理等，在 Concurrent 下的 workLoop，就像师傅在用机器检修零件，但是遇到更高优先处理的任务，就会暂定当前零件的检修，而去检修更重要的任务一样。

workLoop 是一个工作循环：

在初始化过程中，fiber 树通过 workLoop 过程去构建。在一次更新中，并不是所有的 fiber 会进入 workLoop 中，而是每一个待更新或者有 Child 需要更新的 fiber，会进入 workLoop 流程。

workLoop 在整个渲染流程中的角色非常重要，可以将 workLoop 当作一个循环运作的加工器，每一个需要调和的 fiber 可以当作一个零件，每一个零件需要进入加工器，如果没有待加工的零件，加工器才停止运转。我们回到 workLoopSync 上看一下具体实现。

```
function workLoopSync() {
  /* 循环执行 performUnitOfWork,一直到 workInProgress 为空 */
  while (workInProgress !== null) {
    performUnitOfWork(workInProgress);
  }
}
```

如上所示，只要 workInProgress 不为 null（还有需要调和的 fiber），workLoopSync 就会循环调用 performUnitOfWork。

在第 8 章讲过，在 Concurrent 模式下会通过 shouldYield 来判断有没有高优先级任务，如果有，会中断 workLoop。在 10.7 节会讲 shouldYield 原理，这里不做过多赘述。

```
while (workInProgress !== null && !shouldYield()) {
  performUnitOfWork(workInProgress);
}
```

回到 workLoopSync 流程。8.2 节讲过 fiber 树是通过深度优先遍历得到的，在遍历完父节点后，就会遍历子节点。其中需要更新的 fiber 就会进入 workLoop 流程。

workLoop 的执行单元就是 fiber 节点，而且更新每一个 fiber 的函数叫作 performUnitOfWork。这个函数内部都做了些什么呢?

```
function performUnitOfWork(unitOfWork){
    /* 执行 */
    let  next = beginWork(current, unitOfWork, subtreeRenderLanes);
    unitOfWork.memoizedProps = unitOfWork.pendingProps;
    /* 优先将 next 赋值给 workInProgress,如果没有 next,那么调用 completeUnitOfWork 向上归并处理。
    */
    if (next === null) {
        completeUnitOfWork(unitOfWork);
    } else {
        workInProgress = next;
    }
}
```

beginWork:是向下调和的过程。就是由 fiberRoot 按照 Child 指针逐层向下调和,期间会执行函数组件、实例类组件、diff 调和子节点,打不同的标签。

completeUnitOfWork:是向上归并的过程,如果有兄弟节点,会返回 sibling 兄弟,没有返回 return 父级,一直返回到 fiberRoot,对于初始化流程会创建 DOM,对于 DOM 元素进行事件收集,处理 style、className 等。

这样一上一下,完成了整个 fiber 树的 workLoop 流程。

以 8.2 节中的例子为例,看一下 fiber 树是怎样通过 beginWork 和 completeUnitOfWork 生成并更新的。

```
function Index(){
    return <div>
        Hello,world
        <p > Let us learn React!    </p>
        <button >Go</button>
    </div>
}
```

在初始化或者一次更新中调和顺序是怎样的呢? beginWork 和 completeUnitOfWork 的执行先后顺序如图 10-2-1 所示。

```
1 beginWork → rootFiber
2 beginWork → Index fiber
3 beginWork → div fiber
4 beginWork → hello,world fiber
5 completeWork → hello,world fiber (completeWork 返回 sibling)
6 beginWork → p fiber
7 completeWork → p fiber
8 beginWork → button fiber
9 completeWork → button fiber (此时没有 sibling,返回 return)
10 completeWork → div fiber
11 completeWork → Index fiber
12 completeWork → rootFiber (完成整个 workLoop)
```

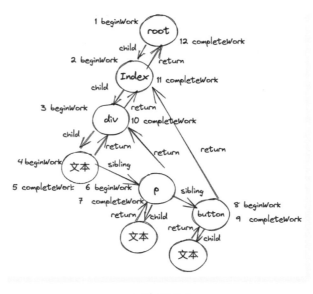

● 图 10-2-1

细心的读者可能会发现，没有文本节点 Let us learn React！和 Go 的执行流程，是因为作为一种性能优化手段，针对只有单一文本子节点的 fiber，React 会特殊处理。

通过 beginWork 向下调和与 completeWork 向上归并，完成了渲染阶段的整体流程。下面针对这两部分展开研究，看一下具体的实现细节。

▶▶ 10.2.2 最小的更新单元

通过上面的内容，我们知道了 workLoop 是 fiber 的更新单元，那么什么决定了 fiber 的更新呢？毫无疑问就是 state 的改变。在 React 应用中，更新基本来源于内部 state 的改变。

如果有一个组件 A，想要它更新，那么场景有如下情况：

组件本身改变 state。函数组件触发 useState 或者 useReducer，类组件触发 setState 或者 forceUpdate。

props 改变，由组件更新带来的子组件的更新。

Context 更新，并且该组件消费了当前 Context。

无论是上面哪种方式，都是 state 的变化：props 改变来源于父级组件的 state 变化。Context 变化来源于 Provider 中的 value 变化，而 value 一般情况下也是 state 或 state 的衍生产物。

state 改变是在组件对应的 fiber 单位上的，之前的 fiber 章节讲到了在 React 的世界里会存在多种多样的 fiber 类型，而开发者平时使用的组件 function Component 或者 Class Component 也是两种不同的 fiber 类型，而且 React 底层对它们的处理逻辑也不相同。

比如更新类组件用的是 updateClassComponent，它做的事情是初始化时实例化类组件，更新时直接调用渲染得到新的 Children。

更新函数组件用的是 updateFunctionComponent，里面调用 renderWithHooks 执行函数组件并依次调用 Hooks。这里细节问题不需要拘泥。

在整个 React 系统中，能够更新 state 的基本都在组件层面上，换句话说，只有组件才能触发更新，比如 div 元素 hostComponent 类型的 fiber，它是无法独立自我更新的，只能依赖于父类的组件更新 state，但是在调和阶段，它也会作为一个任务单元进入 workLoop 中。

综上所述，可以这样理解：

fiber 是调和过程中的最小单元，每一个需要调和的 fiber 会进入 workLoop 中。而组件是最小的更新单元，React 的更新源于数据层 state 的变化。所以以组件为主角，看一下组件进入 beginWork 的全流程。

假设有一个组件 fiber 链。在这个 fiber 链上暂且忽略其他类型的 fiber，只保留组件类型的 fiber。结构如图 10-2-2 所示。

● 图 10-2-2

而主角就是组件 B，以组件 B 作为参考，来看一下 React 是如何调和的。一次更新就有可能有三种场景：

场景一：更新 A 组件 state，A 触发更新，如果 B、C 没有做渲染控制处理（比如 memo PureComponent），那么更新会影响 B、C，而 A、B、C 会重新渲染。如图 10-2-3 所示。

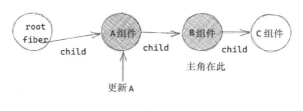

● 图 10-2-3

场景二：当更新 B 组件，那么组件 A fiber 会被标记，然后 A 会调和，但是不会重新渲染；组件 B 是当事人，既会进入调和，也会重新渲染；组件 C 受到父组件 B 的影响，会重新渲染。如图 10-2-4 所示。

场景三：当更新 C 组件，那么 A、B 会进入调和流程，但是不会重新渲染，C 是当事人，会调和并重新渲染。

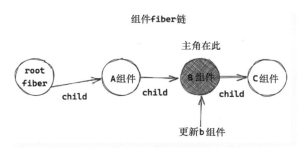

● 图 10-2-4

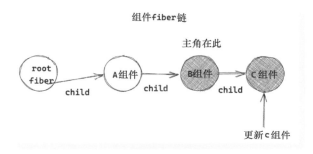

● 图 10-2-5

如上的场景是在 beginWork 中进行的。

▶▶ 10.2.3　从 beginWork 到组件更新全流程

接下来从 beginWork 开始，重点研究一下流程。

```
/**
 * @param {*} current              current 树 fiber
 * @param {*} workInProgress       workInProgress 树 fiber
 * @param {*} renderLanes          当前的渲染优先级
 * @returns
*/function beginWork(current,workInProgress,renderLanes){
    /* ------------------第一部分-------------------- */
    if(current !== null){
        /* 更新流程 */
        /* current 树上上一次渲染后的 props */
        const oldProps = current.memoizedProps;
        /* workInProgress 树上这一次更新的 props   */
        const newProps = workInProgress.pendingProps;

        if(oldProps !== newProps || hasLegacyContextChanged()){
          didReceiveUpdate = true;
        }else{
```

```
            /*  props 和 Context 没有发生变化,检查是否更新来自自身或者 Context 的改变 */
            const hasScheduledUpdateOrContext =
checkScheduledUpdateOrContext(current,renderLanes)
        if(!hasScheduledUpdateOrContext){
            didReceiveUpdate = false;
            return
attemptEarlyBailoutIfNoScheduledUpdate(current,workInProgress,renderLanes)
        }
        /* 这里省略了一些判断逻辑 */
        didReceiveUpdate = false;
    }

    }else{
      didReceiveUpdate = false
    }
    /* ------------------第二部分-------------------- */
    /* TODO: 走到这里会触发组件更新,比如函数执行,类组件会执行渲染。*/
    switch(workInProgress.tag){
        /* 函数组件的情况 */
        case FunctionComponent: {
            return updateFunctionComponent(current, workInProgress, Component, resolved-
Props, renderLanes)
        }
        /* 类组件的情况 */
        case ClassComponent:{
            return
updateClassComponent(current,workInProgress,Component,resolvedProps,renderLanes)
        }
        /* 元素类型 fiber <div>, <span>  */
        case HostComponent:{
          return updateHostComponent(current, workInProgress, renderLanes)
        }
        /* 其他 fiber 情况 */
    }
}
```

如上所示,就是 beginWork 的全流程,这里将整个流程分为两个阶段。

1. 第一阶段

这个阶段非常重要,也就是判断更新情况。前面的三种场景可以在第一阶段进行判断处理。先来分析一下第一阶段做了哪些事。正式讲解之前,先来看一个变量的意义,也就是 didReceiveUpdate。

didReceiveUpdate:这个变量主要证明当前更新是否来源于父级的更新,那么自身并没有更新。比如更新 B 组件,那么 C 组件也会跟着更新,这个情况下 didReceiveUpdate = true。

首先通过 current! == null 来判断当前 fiber 是否创建过,如果第一次 mounted,那么 current 为 null,而第一阶段主要针对更新的情况。如果初始化,那么直接跳过第一阶段,到第二阶段。

如果是更新流程，那么判断 oldProps === newProps（源码中还判断了老版本 Context 是否变化），两者相等。一般会有以下几种情况：

情况一：还是回到上面的场景，如果 C 组件更新，那么 B 组件被标记 ChildLanes，会进入 begin-Work 调和阶段，但是 B 组件本身 props 不会发生变化。

情况二：通过 useMemo 等方式缓存了 React element 元素，在渲染控制章节讲到过。

情况三：就是更新发生在当前组件本身，比如 B 组件发生更新，但是 B 组件的 props 并没有发生变化，所以也会走到这个流程上。

反之如果两者不相等，证明父级 fiber 重新渲染，导致了 props 改变，此时 didReceiveUpdate = true，那么第一阶段完成，进入第二阶段。

刚才讲到如果新老 props 相等，会有一些处理逻辑。那么如何处理呢？第一个就是调用 checkScheduledUpdateOrContext。

```
function checkScheduledUpdateOrContext(current,renderLanes){
    const updateLanes = current.lanes;
    /* 这种情况说明当前更新 */
    if (includesSomeLane(updateLanes, renderLanes)) {
      return true;
    }
     /* 如果该 fiber 消费了 Context,并且 Context 发生了改变。*/
    if (enableLazyContextPropagation) {
      const dependencies = current.dependencies;
      if (dependencies !== null && checkIfContextChanged(dependencies)) {
        return true;
      }
    }
  return false;
}
```

当新老 props 相等时，首先会检查当前 fiber 的 lane 是否等于 updateLanes，如果相等，那么证明更新来源于当前 fiber，比如 B 组件发生更新，会走这里（情况三）。当然期间也会判断是否有消费 context 并发生了变化。最后返回状态 hasScheduledUpdateOrContext。

如果 hasScheduledUpdateOrContext 为 false，证明当前组件没有更新，也没有 Context 上的变化，还有一种情况就是 Child 可能有更新，但是当前 fiber 不需要更新（情况一）。直接返回 attemptEarlyBailoutIfNoScheduledUpdate，退出第二阶段。

attemptEarlyBailoutIfNoScheduledUpdate 这个函数会处理部分 Context 逻辑，但是最重要的是调用了 bailoutOnAlreadyFinishedWork。

```
function bailoutOnAlreadyFinishedWork(current,workInProgress,renderLanes){
    /* 如果 Children 没有高优先级的任务,说明所有的 Child 没有更新,那么直接返回,Child 也不会被调和
*/
    if (!includesSomeLane(renderLanes, workInProgress.childLanes)) {
      /* 这里做了流程简化 */
      return null
```

```
    }
    /* 当前 fiber 没有更新。但是它的 Children 需要更新。    */
    cloneChildFibers(current, workInProgress);
    return workInProgress.child;
}
```

baileoutOnAlreadyFinishedWork 流程非常重要。它主要做了两件事。

首先通过 includesSomeLane 判断 ChildLanes 是不是高优先级任务，如果不是，那么所有子孙 fiber 不需要调和，直接返回 null，Child 也不会被调和。

如果 ChildLanes 优先级高，那么说明 Child 需要被调和，但是当前组件不需要，所以会克隆一下 Children，返回 Children，本身不会重新渲染。

到这里第一阶段完成了组件更新流程的所有情况。第一阶段完成后，会进入更新的第二阶段。

2. 第二阶段

从 beginWork 的源码中可以看到，第二阶段就是更新 fiber，比如函数组件，就会调用 updateFunctionComponent，类组件就会调用 updateClassComponent，然后进行重新渲染。

3. 流程总结

接下来以上述组件 B 为例子，总结一下更新流程。

场景一：当更新 A 时，A 组件的 fiber 会进入调和流程，执行渲染形成新的组件 B 对应的 element 元素，接下来调和 B，因为 B 的 newProps 不等于 oldProps，所以会执行 didReceiveUpdate = true，然后更新组件，也会触发渲染（这里都是默认没有渲染控制的场景，比如 memo PureComponent 等）。如图 10-2-6 所示。

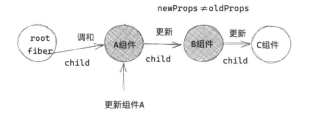

● 图 10-2-6

场景二：当更新 B 时，A 组件会被标记为 ChildLanes，所以 A 会被调和，但是不会渲染，然后到了主角 B，由于新老 props 相等，所以会进入 checkScheduledUpdateOrContext 流程，判断 lane 是否等于 renderLanes，检查到 lane 等于 renderLane，所以会执行更新，触发渲染，C 组件也会跟着更新。这就说明了组件调和，但是不一定会触发重新渲染，如果组件发生重新渲染，那么它一定会进入 beginWork 调和流程。如图 10-2-7 所示。

场景三：当更新 C 时，A 和 B 组件会标记 ChildLanes，所以 A 和 B 会被调和，但是不会更新，然后到 C，C 会走正常流程。如图 10-2-8 所示。

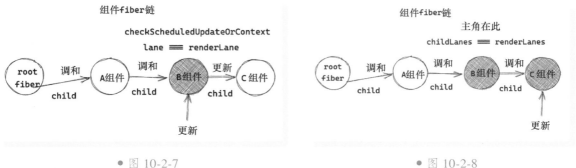

● 图 10-2-7　　　　　　　　　　　　　　　● 图 10-2-8

场景四：还有一种情况，什么时候 B 会跳出调和流程呢？如上所示，当 B 组件的兄弟 D 发生更新，到组件 B 时，就会有 ChildLanes = renderLanes，也就会跳出接下来的调和流程，C 组件也就不会进入 beginWork 流程。

beginWork 对组件的处理流程如图 10-2-9 所示。

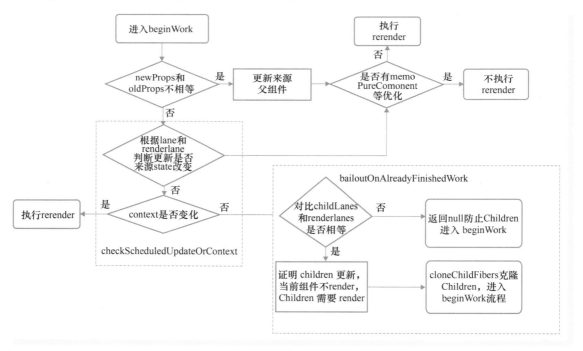

● 图 10-2-9

到此为止，完成了 beginWork 流程。在 beginWork 中不同类型的 fiber 针对不同的情况会打不同的 flag 标志，比如元素新增会打 Placement 标志，元素删除会打 ChildDeletion 标志。接下来在 commit 阶段会根据这些标志，执行对应的操作。

接下来用一个案例对组件 beginWork 流程做一个巩固练习。

组件更新案例：

```
/* 子组件 2 */
function child2(){
    return <div>子组件 2</div>}/* 子组件 1 */function child1(){
    const [ num, setNumber ] = React.useState(0)
    return <div>
        子组件{num}
        <button onClick={() => setNumber(num+1)} >按钮 1</button>
      </div>}/* 父组件 */function Index(){
    const [ num, setNumber ] = React.useState(0)
    return <div>
        <p>父组件{num} </p>
        <child1 />
        <child2 />
        <button onClick={() => setNumber(num+1)} >按钮 2</button>
    </div>
  }
```

场景一：在案例中，当点击 child1 的按钮 1 时，child1 会渲染，child1 自然会进入 beginWork 流程中，那么疑问来了：

问题一：父组件 Index 没有更新，会重新渲染吗？会进入 beginWork 流程吗？

问题二：child2 会进入 beginWork 流程吗？

问题三：如果 Index 会 beginWork，那么 React 从 Root fiber 开始调和时，是如何找到更新的事发点 Index 的呢？

场景二：在 demo 中，当单击 Index 中的按钮 2 时：

问题四：Index 因为本身的 state 改变会更新，那么 child1 和 child2 为什么会跟着更新？

▶▶ 10.2.4　completeWork 阶段细节

上面以组件为例介绍了 beginWork 的更新流程，接下来看一下 completeWork 阶段有哪些细节，以及 completeWork 阶段做了些什么。

在执行完 beginWork 之后，接下来就会执行 completeUnitOfWork：

```
function completeUnitOfWork(unitOfWork){
    let completedWork = unitOfWork;
    do {
        /* 向上找到父级 fiber   */
        const current = completedWork.alternate;
        const returnFiber = completedWork.return;
        /* 执行 completeWork */
        completeWork(current, completedWork, subtreeRenderLanes);
```

```
        const siblingFiber = completedWork.sibling;
        /* 当前 fiber 如果有兄弟节点,那么停止循环,将当前兄弟节点赋值给 workInProgress,然后这个节点
会进入接下来的 workLoop 中。*/
        if (siblingFiber ! == null) {
            workInProgress = siblingFiber;
            return;
        }
        completedWork = returnFiber;
        workInProgress = completedWork;

    }while (completedWork! == null);
    }
```

completeUnitOfWork 流程如下:

创建一个循环,通过 return 指针向上归并。

会让 fiber 执行 completeWork。

当前 fiber 如果有兄弟节点,则停止循环,将当前兄弟节点赋给 workInProgress,然后这个节点会进入接下来的 workLoop 中。

这里再次证实了 beginWork 和 completedWork 的分工,beginWork 会一直向下找到最底层的 fiber 节点,而 completedWork 会根据 sibling 和 return 属性向上归并,让所有待更新的 fiber 能经历 workLoop 过程。

另外 completeWork 做了些什么? 我们暂且不管,首先想一个问题,就是 beginWork 会通过 diff 等手段找到发生更新的 fiber,给 fiber 元素增加 flag 标志。因为 flag 标志在 commit 阶段会被统一处理,那么在 commit 阶段,是通过什么手段找到 flag 标志的呢? 肯定不会盲目地递归所有的 fiber 节点。

实际上解决这个问题很简单,在 ChildLanes 方式中,父组件通过 ChildLanes 来证明子代 fiber 发生了更新,那么在 commit 阶段父级 fiber 是不是也可以通过一个属性来证明子代 fiber 中含有 flag 标志? 答案是可以的,这个属性就是 fiber 的属性 subtreeFlags。

我们不难推测出,在 completeWork 中,会根据 beginWork 流程中的 flag 建立 subtreeFlags 属性。

除此之外,completeWork 也会在初始化的过程中,创建真实的 DOM,当然还有一些其他的操作,比如标记 ref 等。因为 completeWork 流程非常长,所以下面只以普通组件和 DOM 类型的 fiber 作为参考,看一看它做了些什么。

```
function completeWork(current,workInProgress,renderLanes){
    const newProps = workInProgress.pendingProps;
    switch (workInProgress.tag) {
        /* 如果是类组件,那么执行 bubbleProperties */
        case ClassComponent: {
            bubbleProperties(workInProgress);
            return null;
        }
```

```
        /* DOM 元素 */
        case HostComponent: {
            if (current !== null && workInProgress.stateNode!= null) {
                /* 更新流程 */

updateHostComponent(current,workInProgress,type,newProps,rootContainerInstance)
                if (current.ref!== workInProgress.ref) {
                    /* 当 ref 变化,会重新标记 ref */
                    markRef(workInProgress);
                }
            }else{ /* 初始化流程 */
                if (wasHydrated) {
                    // 服务端渲染,这里暂时不考虑
                }else{
                    /* 创建 DOM 元素 */
                    const instance = createInstance(type,newProps,rootContainerInstance,curr-
entHostContext,workInProgress,);
                        /* 插入真实的 DOM 元素 */
                        appendAllChildren(instance, workInProgress, false, false);
                }
            }
            bubbleProperties(workInProgress);
            return null;
        }
        // ...省略其他 fiber 的流程
    }
}
```

以类组件 ClassComponent 和 DOM 元素的 HostComponent 类型的 fiber 作为参考，执行流程是这样的：如果是类组件，会直接执行 bubbleProperties，bubbleProperties 的目的就是根据子代 fiber 的 flag 属性，更新 subtreeFlags 属性。看一下这个函数的代码片段：

```
subtreeFlags =
  var child = completedWork.child;
  while (child!== null) {
      subtreeFlags |= child.subtreeFlags;
      subtreeFlags |= child.flags; //
      child = child.sibling;
  }
```

subtreeFlags 同样采用了计算机中的位运算，在前面已经讲到过，通过不同的位运算，可以根据父级 fiber 中的 subtreeFlags 来证明子代中是否有对应的 flags 标志。这样在 commit 阶段就能更方便地处理这些标志。

```
/* 保留核心代码 *
/function createInstance(){
    var domElement =createElement(type, props, rootContainerInstance, parentNamespace);
```

```
    return domElement
}
```

如果是 DOM 类型的 fiber，那么除了通过 bubbleProperties 标记 subtreeFlags 之外，可以看到对于初始化流程还会通过 createInstance 创建真实的 DOM 元素，并且通过 appendAllChildren 插入新创建的子 DOM 元素。

这样就完成了渲染阶段的主要流程，我们总结一下渲染阶段做了哪些事情：

beginWork：找到发生更新的类组件，执行类组件和函数组件获得新 element，diff 生成新的 fiber。根据不同类型的 fiber，处理不同的逻辑。fiber 中有需要更新的地方，打上标志。

completeWork：根据子代 fiber 的标志，形成父级的 subtreeFlags 属性。初始化阶段会创建元素，建立 DOM 树结构。

10.3　Commit 阶段流程探秘

【学习目标】

在渲染阶段，针对不同种类的更新，比如插入元素、更新元素、删除元素，会给对应的 fiber 打上不同的标志。在接下来的 commit 阶段，主要就是处理这些标志，在正式讲解处理标志细节之前，先来想几个问题：

- commit 阶段具体分为哪几个部分，分别做了哪些事？
- 父子组件在 commit 阶段各个部分的执行顺序是什么样的？
- 如何执行生命周期和 Hooks 钩子的回调函数？
- commit 阶段如何更新 DOM 节点？

带着这些疑问，先来看一段代码：

```
function Son(){
    React.useEffect(()=>{
        console.log('-------Son useEffect-------')
    })
    React.useLayoutEffect(()=>{
        console.log('-------Son useLayoutEffect-------')
    })
    React.useInsertionEffect(()=>{
        console.log('-------Son useInsertionEffect-------')
    })
    return <div>子组件</div>}
function Father(){
    React.useEffect(()=>{
        console.log('-------Father useEffect-------')
    })
```

```
React.useLayoutEffect(()=>{
    console.log('-------Father useLayoutEffect------')
})
React.useInsertionEffect(()=>{
    console.log('-------Father useInsertionEffect------')
})
return <div>
    <div>父组件</div>
    <Son/>
</div>
}
```

打印顺序:

```
-------Son useInsertionEffect------
-------Father useInsertionEffect------
-------Son useLayoutEffect------
-------Father useLayoutEffect------
-------Son useEffect------
-------Father useEffect------
```

在第 5 章讲解了不同 effect 的钩子函数的执行时机,在 10.1 节讲到 commit 阶段具体又分为三个小阶段: before mutation、mutation 和 layout,而 DOM 的改变是在 mutation 阶段进行的。

effect 钩子在 commit 阶段执行时机如下:

useInsertionEffect 是在 mutation 阶段执行的,虽然 mutation 是更新 DOM,但是 useInsertionEffect 是在更新 DOM 之前。

useLayoutEffect 是在 layout 阶段执行,此时 DOM 已经更新了。

useEffect 是在浏览器绘制之后异步执行的。

明白了 effect 每个钩子的执行时机,从前面的例子中还可以总结出,不同的 effect 钩子父子组件的执行顺序是:先子后父。这里可以透露一下,commit 阶段的生命周期函数或 effect 钩子都有这个特点。

```
function Index(){
    const [ color, setColor ] = React.useState('#000')
    React.useEffect(()=>{
        console.log('-------useEffect------')
    })
    React.useLayoutEffect(()=>{
        console.log('-------useLayoutEffect------')
    })
    React.useInsertionEffect(()=>{
        console.log('-------useInsertionEffect------')
    })
    return <div>
        <div id="text" style={{ color }}> hello,react </div>
```

```
            <button onClick={() => setColor('red')} >点击改变颜色</button>
        </div>
    }
```

如上点击按钮，触发 useState。接下来为了让大家明白各个流程，笔者在 React 源码中获取 text 的颜色。commit 阶段主要的执行函数就是 commitRootImpl，我们打印 commitRootImpl 代码中的关键节点。

```
function commitRootImpl(){
    if ((finishedWork.subtreeFlags & PassiveMask)!== NoFlags ||(finishedWork.flags & Pas-
siveMask)!== NoFlags) {
        /* 通过异步的方式处理 useEffect  */
        scheduleCallback $1(NormalPriority, function () {
            flushPassiveEffects();
            return null;
        });
    }
    /* BeforeMutation 阶段执行 */
    const text = document.getElementById('text')
    console.log('-----BeforeMutation 执行-------')
    commitBeforeMutationEffects(root, finishedWork);
    console.log('-----BeforeMutation 执行完毕------')
    /* Mutation 阶段执行 */
    console.log('-----Mutation 执行-----')
    if(text) console.log('颜色获取:',window.getComputedStyle(text).color)
    commitMutationEffects(root, finishedWork, lanes);
    console.log('-----Mutation 执行完毕-----')
    if(text) console.log('颜色获取:',window.getComputedStyle(text).color)
    /* Layout 阶段执行 */
    console.log('-----Layout 执行-----')
    commitLayoutEffects(finishedWork, root, lanes);
    console.log('-----Layout 执行完毕-----')
}
```

接下来看一下打印内容，如图 10-3-1 所示。

可以看出，真实 DOM 的改变确实是在 mutation 阶段执行的，在 mutation 前后的两次打印，可以看出打印颜色的变化。

前面两个例子直观地表现出在 commit 阶段的大致更新流程。接下来将围绕流程的细节，探索一下在 commit 阶段有什么奥秘。

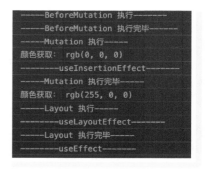

▶▶ 10.3.1 更新标志

我们知道在渲染阶段，会遍历 fiber 树，收集需要更新的地方，打不同的标志，这些标志代表的意义各不相同，比如执行生命周期，或者元素操作，这些标志的处理会在 commit 阶段执行。这里整理了大部分的标志，如下所示：

● 图 10-3-1

更新相关：Update（组件更新标志），Ref-处理绑定元素和组件实例。

元素相关：Placement（插入元素），Update（更新元素），ChildDeletion（删除元素），Snapshot（元素快照），Visibility（offscreen 新特性），ContentReset（文本内容更新）。

更新回调，执行 effect：Callback-root 回调函数，类组件回调，Passive（useEffect 的钩子函数），Layout（useLayoutEffect 的钩子函数），Insertion（useInsertionEffect 的钩子函数）。

这些标志在 commit 各阶段执行，看一下具体标志的执行时机：

```
/* Before Mutation 阶段标志*
/var BeforeMutationMask = Update |Snapshot
  /* Mutation 阶段标志*
/var MutationMask = Placement |Update |ChildDeletion |ContentReset |Ref |Visibility;
/* Layout 阶段标志 */
var LayoutMask = Update |Callback |Ref |Visibility;/* useEffect 阶段标志 */var PassiveMask =
Passive |ChildDeletion;
```

如图 10-3-2 所示，在 commit 阶段执行哪些任务？

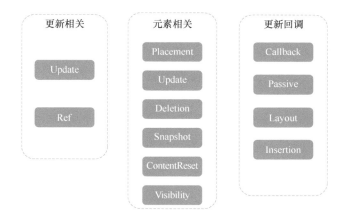

● 图 10-3-2

这些标志在整个 React 应用中充当什么角色呢？React 又是怎样找到并且处理任务的呢？接下来从 beforeMutation 开始寻找线索。

▶▶ 10.3.2　beforeMutation 阶段

在 beforeMutation 阶段会做哪些事情呢？接着从 commitRootImpl 中的 commitBeforeMutationEffects 来看一下，对于 commitRootImpl，在 10.1 节已经讲过，当完成 fiber 在渲染阶段的更新之后，会立即执行这个函数，进入 commit 阶段。

```
function commitBeforeMutationEffects(root, firstChild) {
    /* root 为 fiberRoot, firstChild 为渲染阶段调和完毕的 fiber 节点  */
    nextEffect = firstChild;
```

```
    /* 进入 Before Mutation 流程 */
    commitBeforeMutationEffects_begin();
}
```

commitBeforeMutationEffects 为 Before Mutation 阶段的入口函数。nextEffect 为整个 commit 阶段将要处理的 fiber 节点，类似于渲染阶段的 workInProgress。接下来会执行 begin 流程。

```
function commitBeforeMutationEffects_begin() {
    while (nextEffect !== null) {
        var fiber = nextEffect;
        var child = fiber.child;
        if ((fiber.subtreeFlags & BeforeMutationMask) !== NoFlags && child !== null)
{
            /* 这里如果子代 fiber 树有 Before Mutation 的标志,那么把 nextEffect 赋值给子代 fiber */
            nextEffect = child;
        } else {
            /* 找到最底层有 Before Mutation 标志的 fiber,执行 complete */
            commitBeforeMutationEffects_complete();
        }
    }
}
```

begin 流程解决了一个重要的问题，就是 commit 阶段执行的生命周期或者 effect 钩子为什么先子后父。首先为什么是先子后父执行呢?

本质上 commit 阶段处理的事情和 DOM 元素有关系，commit 阶段的生命周期是可以改变真实 DOM 元素状态的，如果在子组件生命周期内改变 DOM 状态，并且想要在父组件的生命周期中同步状态，就需要确保父组件的生命周期执行时机晚于子组件。

回到 begin 流程，begin 流程主要做了两件事，如果子代 fiber 树有 Before Mutation 的标志，那么把 nextEffect 赋值给子代 fiber。这里可以理解 begin 会向下递归，找到最底部并且有此标志的 fiber。找到最底层有 Before Mutation 标志的 fiber，执行 complete。

begin 流程由上到下遍历，找到最底层的节点。接下来看一下 complete 流程。

```
function commitBeforeMutationEffects_complete(){
    while (nextEffect !== null) {
        var fiber = nextEffect;
        try{
            /* 真正的处理 Before Mutation 需要做的事情。*/
            commitBeforeMutationEffectsOnFiber(fiber);
        }
        /* 优先处理兄弟节点上的 Before Mutation  */
        var sibling = fiber.sibling;
        if (sibling !== null) {
            nextEffect = sibling;
            return;
        }
```

```
        /*  如果没有兄弟节点,那么返回父级节点,继续进行如上流程。*/
        nextEffect = fiber.return;
    }
}
```

complete 的流程是向上归并的流程，首先会执行 commitBeforeMutationEffectsOnFiber 真正处理 Before Mutation 需要做的事情。

在向上归并的过程中，会先处理兄弟节点上的 Before Mutation，如果没有兄弟节点，那么返回父级节点，继续进行如上流程。

比如整个 fiber 树的结构如图 10-3-3 所示。

begin 流程如图 10-3-4 所示。

complete 流程如图 10-3-5 所示。

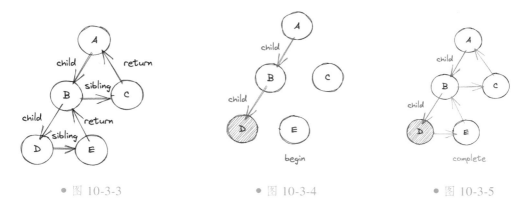

• 图 10-3-3　　　　　　• 图 10-3-4　　　　　　• 图 10-3-5

最重要的部分来了，就是 commitBeforeMutationEffectsOnFiber 做了什么事情：

```
function commitBeforeMutationEffectsOnFiber(){
    if ((flags & Snapshot) !== NoFlags) { /*  如果有 Snapshot 标志 */
        switch (finishedWork.tag) {
            case ClassComponent:
                var snapshot = instance.getSnapshotBeforeUpdate(finishedWork.elementType ===
finishedWork.type ? prevProps : resolveDefaultProps(finishedWork.type, prevProps), prevState);
                instance.__reactInternalSnapshotBeforeUpdate = snapshot;
            }
        }
    }
}
```

commitBeforeMutationEffectsOnFiber 主要是用来处理 Snapshot，获取 DOM 更新前的快照信息，包括类组件执行生命周期 getSnapshotBeforeUpdate。到此为止，Before Mutation 事情执行完毕。

▶▶ 10.3.3　mutation 阶段

接下来就到了 mutation 阶段，mutation 阶段确实地更新了 DOM 元素，这个阶段对于整个 commit

阶段起着举足轻重的作用，mutation 的入口函数是 commitMutationEffects，这个函数和 Before Mutation 做的事情差不多。

通过 Before Mutation 一下一上的操作之后，nextEffect 又返回起点。接下来会和 Before Mutation 的操作一样，进入向下遍历，向上归并的流程，执行所有 mutation 阶段应该做的任务。

这里对比 Before Mutation，看看 Mutation 会有哪些不同点。

```
function commitMutationEffects_begin(root, lanes) {
    while (nextEffect !== null) {
        var deletions = fiber.deletions;
        if (deletions !== null) {
            for (var i = 0; i < deletions.length; i++) {
                var childToDelete = deletions[i];
                commitDeletion(root, childToDelete, fiber);
            }
        }
    }
/* 这里做的事情和 commitBeforeMutationEffects_begin 一样,找到最底层有 Mutation 标志的 fiber,执
行 complete */
}
```

Mutation begin 做的事情，除了和 BeforeMutation 一样，找到最底层有 Mutation 标志的 fiber，执行 complete 外，还有一件事情就是通过调用 commitDeletion 来执行删除元素操作。

在这里简化 commitDeletion 流程，commitDeletion 会调用方法 unmountHostComponents。

如果是销毁，则删除真实 DOM 节点；如果 fiber 类型是 HostComponent（DOM 元素节点）HostText 文本元素节点，则会走如下逻辑：

```
if (node.tag === HostComponent || node.tag === HostText) {
    /* 省去一些逻辑,这里调用真实 DOM 操作方法,删除 DOM 元素。*/
    currentParent.removeChild(node.stateNode);
}
```

如果是 DOM 元素，那么会调用 removeChild 方法，删除 DOM 元素。

如果是其他类型的 fiber，会调用 commitUnmount 方法。看一下 commitUnmount 会做些什么事情。

```
switch (current.tag) {
    case FunctionComponent:
    case ForwardRef:
    case MemoComponent:
    case SimpleMemoComponent:
        do {
            /* 函数组件执行所有 effect, */
              if (destroy !== undefined) {
                  if ((tag & Insertion) !== NoFlags $1) {
                      /* 执行 useInsertionEffect 的 destroy */
                    safelyCallDestroy(current, nearestMountedAncestor, destroy);
                  }else if((tag & Layout) !== NoFlags $1){
```

```
                /*  执行 useLayoutEffect 的 destroy  */
                safelyCallDestroy(current, nearestMountedAncestor, destroy);
            }
        }

    }
}
```

如果是销毁，执行 destroy 函数，对于函数组件，commitUnmount 会执行所有 useInsertionEffect 和 useLayoutEffect，销毁函数 destroy。

如果是销毁，则置空 ref。

```
case ClassComponent:
    {
        /*  清空 ref   */
        safelyDetachRef(current, nearestMountedAncestor);
        var instance = current.stateNode;
        if (typeof instance.componentWillUnmount === 'function') {
          /*  调用类组件生命周期 componentWillUnmount   */
          safelyCallComponentWillUnmount(current, nearestMountedAncestor, instance);
        }
        return;
    }
```

对于类组件，commitUnmount 会清空 ref 对象，如果有生命周期 componentWillUnmount，会调用该生命周期。

在 Mutation 的 begin 里面会做这些操作，接下来在 complete 函数里会做同样的事情，优先处理兄弟节点，最后处理父节点，然后分别调用 commitMutationEffectsOnFiber，那么这个函数又做了哪些事情呢？

commitMutationEffectsOnFiber 做的事情比较重要，这里重点分了几个部分：

```
function commitMutationEffectsOnFiber(){
    /*  如果是文本节点,那么重置节点内容 */
    if (flags & ContentReset) {
      commitResetTextContent(finishedWork);
    }
    /*  如果是 ref 更新,那么重置 alternate 属性上的 ref */
    if (flags & Ref) {
      var current = finishedWork.alternate;
      if (current !== null) {
        commitDetachRef(current);
      }
    }
    if(flags & Visibility){
        /*  这一块和 React V18 新属性有关,下面会进行介绍 */
    }
```

```
var primaryFlags = flags & (Placement |Update);
switch (primaryFlags) {
  /* 如果新插入节点 */
  case Placement:
    {
      commitPlacement(finishedWork);

      finishedWork.flags &= ~Placement;
      break;
    }
  /* ...省去其他的相关逻辑 */
  /* 对于更新会有 Update */
  case Update:
    {
      var _current5 = finishedWork.alternate;
      commitWork(_current5, finishedWork);
      break;
    } `
}
```

commitMutationEffectsOnFiber 阶段要做的事情很多，这里列举了几个非常重要的节点，对于 ContentReset，执行 commitResetTextContent 置空文本节点的内容。

```
// node 为 stateNode 属性,为 fiber 元素的真实节点。
var firstChild = node.firstChild;
if (firstChild && firstChild === node.lastChild && firstChild.nodeType === TEXT_NODE)
{
    firstChild.nodeValue = '';
    return;
}
```

1. 置空文本节点和 ref 属性

对于文本节点，会先做准备工作，置空文本节点的内容。对于 ref 属性，也会调用 commitDetachRef，做更新前的重置 ref。commitDetachRef 在 ref 章节已经讲解了，这里就不赘述了。

```
if (current! == null) {
    commitDetachRef(current);
}
```

如果是插入新的 fiber 节点，会调用 commitPlacement。commitPlacement 做了些什么事情呢?

```
function commitPlacement(finishedWork){
    /* 获取父级 fiber */
    var parentFiber = getHostParentFiber(finishedWork);
    switch (parentFiber.tag) {
        /* 如果节点类型是元素类型,比如 div */
        case HostComponent:
```

```
    /* 获取下一个兄弟节点 */
    var before = getHostSibling(finishedWork);
    /* 执行 insertOrAppendPlacementNode,插入节点。*/
    insertOrAppendPlacementNode(finishedWork, before, parent);
  }
}
```

可以看出 commitPlacement 主要找到当前元素的父级和兄弟 fiber，然后执行 insertOrAppendPlace-mentNode，这个方法做了如下事情。

2. 插入元素节

```
if (before) {
    insertBefore(parent, stateNode, before);}
else {
    appendChild(parent, stateNode);
}
```

如果有兄弟节点，那么调用 insertBefore 往兄弟节点之前插入就可以了。如果没有之后的兄弟节点，说明需要插入最后一个子节点，调用 appendChild 插入节点就可以了。最后对于更新节点，调用 commitWork 就可以了。

```
function commitWork(current, finishedWork) {
    switch (finishedWork.tag) {
        case FunctionComponent:
        case ForwardRef:
        case MemoComponent:
        case SimpleMemoComponent:
            /* 先执行上一次 useInsertionEffect 的 destroy */
            commitHookEffectListUnmount(Insertion |HasEffect, finishedWork, finishedWork.return);
            /* 执行 useInsertionEffect 的 create   */
            commitHookEffectListMount(Insertion |HasEffect, finishedWork);
        case HostComponent:
            /* 元素节点会执行 commitUpdate */
            if (updatePayload ! == null) {
                commitUpdate(instance, updatePayload, type, oldProps, newProps);
            }
        case HostText:
            /* 文本节点更新 */
            commitTextUpdate(textInstance, oldText, newText);
            return
    }}
```

3. 执行 hooks useInsertionEffect

可以看到 commitWork 对于函数组件会执行 hooks useInsertionEffect，也就证实了 useInsertionEffect 是在 Mutation 阶段执行的。

在 effect 的执行特点上，所有的 effect hooks 会先执行上一次的 destroy 函数，然后调用本次的

create 函数，比如在 effect 里面绑定事件监听器，如果绑定新的监听器，需要先解绑老的监听器。

4. 更新文本节点

上面说到了文本节点已经重置，接下来会调用 commitTextUpdate 更新文本节点的 nodeValue 属性。

5. 更新元素节点

对于元素的更新，可以调用 commitUpdate，commitUpdate 会更新元素的属性，比如 style 等内容。

```
if (propKey === STYLE) {
    /* 更新 style 信息。*/
     setValueForStyles(domElement, propValue);
    } else if (propKey === DANGEROUSLY_SET_INNER_HTML) {
    /* 更新 innerHTML。*/
     setInnerHTML(domElement, propValue);
    } else if (propKey === CHILDREN) {
    /* 更新 nodeValue 属性 */
     setTextContent(domElement, propValue);
    } else {
    /* 更新元素的 props   */
     setValueForProperty(domElement, propKey, propValue, isCustomComponentTag);
}
```

commitUpdate 主要负责更新元素的状态，到此为止，Mutation 阶段执行完毕。

▶▶ 10.3.4 layout 阶段

接下来到了 layout 阶段，Mutation 阶段做了一些真实的 DOM 操作，比如元素删除、元素更新、元素添加等，那么 layout 阶段已经能够获取更新之后的 DOM 元素。在执行完 commitMutationEffects 之后，会执行 commitLayoutEffects，这个方法做的事情和 Mutation 阶段一样。接下来也会走 begin 和 complete 流程。

```
function commitLayoutEffects_begin(){
    while (nextEffect! == null) {
        if (fiber.tag === OffscreenComponent && isModernRoot) {
            /* 对于 OffscreenComponent 逻辑 */
        }
    }}
```

Layout 的 begin 流程和 Mutation 差不多，Layout 阶段 complete 也没有特殊处理。

重点就是 Layout 阶段的 commitLayoutEffectOnFiber 函数。这个函数非常重要，主要看一下 commitLayoutEffectOnFiber 做了哪些事情？

```
function commitLayoutEffectOnFiber(finishedRoot,current, finishedWork, committedLanes)
{
    if ((finishedWork.flags & LayoutMask) !== NoFlags) {
        switch (finishedWork.tag) {
            /* 对于函数组件,执行 useLayoutEffect */
```

```
case FunctionComponent:
case ForwardRef:
case SimpleMemoComponent:
    commitHookEffectListMount(Layout | HasEffect, finishedWork);
/* 对于类组件,如果初始化会执行 d,如果更新会执行 componentDidUpdate  */
case ClassComponent:
    var instance = finishedWork.stateNode;
    if (finishedWork.flags & Update) {
        if (current === null) {
            /* 执行 componentDidMount 生命周期 */
            instance.componentDidMount();
        }else{
            /* 执行 componentDidUpdate 生命周期 */
            instance.componentDidUpdate(prevProps,prevState, instance.__reac-
tInternalSnapshotBeforeUpdate);
        }
    }
    var updateQueue = finishedWork.updateQueue;
    /* 如果有 setState 的 callback,执行回调函数。*/
    if (updateQueue !== null) {
        commitUpdateQueue(finishedWork, updateQueue, instance);
    }
}
if (finishedWork.flags & Ref) {
    /* 更新 ref 属性 */
    commitAttachRef(finishedWork);
}
}
```

commitLayoutEffectOnFiber 做了非常重要的事，首先对于函数组件，执行 useLayoutEffect 对于类组件，如果初始化，会执行 componentDidMount，如果更新会执行 componentDidUpdate。如果类组件触发 setState，并且有第二个参数 callback，那么这些 callback 会被放进 updateQueue 中，接下来会通过 commitUpdateQueue 执行每个 callback 回调函数。

接下来会更新 ref 属性。

整个 Layout 阶段结束了，Layout 阶段主要是执行回调函数，比如 setState 的 callback 和生命周期等，再比如 useLayoutEffect 的钩子就是在这里执行。

如上所示，还有一个问题，就是 useEffect 的钩子函数还没有执行，对于 useEffect 处理，主要在 commitRootImpl 开始的时候通过 flushPassiveEffects 来执行，但是细心的读者会发现，flushPassiveEffects 是在 scheduleCallback 中执行的。

scheduleCallback 是在异步模式下进行的，所以 useEffect 的钩子函数是在异步条件下执行的。

flushPassiveEffects 会调用 flushPassiveEffectsImpl。flushPassiveEffectsImpl 内部会执行 commitPassive-MountEffects。

commitPassiveMountEffects 会通过 begin、complete 来从上到下找到最底部 fiber，然后从下到上执行 fiber 树上的所有 effect，最后执行 commitPassiveMountOnFiber。

commitPassiveMountOnFiber 如果是函数组件，会通过 commitHookEffectListMount 执行所有的 useEffect 钩子函数。

最后看一下 commitHookEffectListMount 做了哪些事情：

```
function commitHookEffectListMount(flags, finishedWork) {
    var updateQueue = finishedWork.updateQueue;
    var lastEffect = updateQueue !== null ? updateQueue.lastEffect : null;
    if (lastEffect !== null) {
        var firstEffect = lastEffect.next;
        var effect = firstEffect;
        do {
            if ((effect.tag & flags) === flags) {
                var create = effect.create;
                /* 执行 effect hooks 钩子函数,得到 destroy 函数 */
                effect.destroy = create();
            }
        }
    }
}
```

如图 10-3-6 所示，commit 阶段的流程概览：

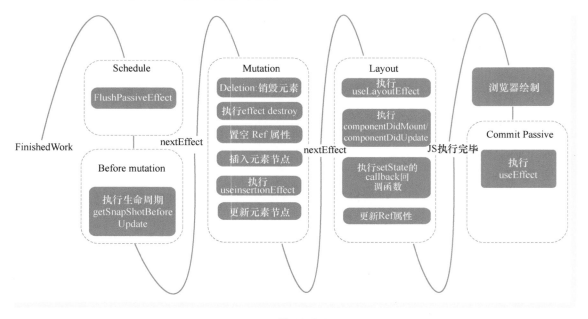

● 图 10-3-6

10.4 State 更新揭秘

前面分别讲了 React 运行时两大阶段：渲染阶段和 commit 阶段的流程细节，那么还有一些细节没有弄明白，在 10.1 节中讲到对于初始化会进入 performSyncWorkOnRoot 流程，如果是 state 更新，那么会先通过 ensureRootIsScheduled 将更新放入调度中，然后通过调度器来让 performSyncWorkOnRoot 执行。还有一点就是 React 对于多个任务更新，会采用合并处理的模式，那么原理又是什么呢？

接下来的内容将揭晓上面的两个问题，让整个 React 更新流程更加连贯。

▶▶ 10.4.1 React 批量更新原理

我们再回顾一下 state 更新的两种方式：

第一种：通过不同的更新上下文状态 executionContext，在开关里的任务是可控的，可以进行批量处理。

第二种：先把更新任务放在队列中，然后通过一个微任务去执行队列，这样一次上下文中的更新任务可以统一处理。

实际上上述两种方式都用到过，在老版本 legacy 模式下，React V17 及其以下版本是采用第一种方式进行更新的。我们再回顾一下新老版本的批量更新区别：

在老版本事件系统中：

```
export function batchedEventUpdates(fn,a){
    isBatchingEventUpdates = true; // 打开批量更新开关
    try{
        fn(a)   // 事件在这里执行
    }finally{
        isBatchingEventUpdates = false // 关闭批量更新开关
        if (executionContext === NoContext) {
            flushSyncCallbackQueue(); // TODO:这个很重要,用来同步执行更新队列中的任务
        }
    }
}
```

通过开关 isBatchingEventUpdates 来让 fn 里面的更新变成可控的，可以进行批量更新。接下来就是 flushSyncCallbackQueue 用来同步执行更新队列中的任务。在新版本的 React V18 事件系统中，事件变成了这样（这个代码和代码仓库有一些出入，这里只关心流程即可）。

```
function batchedEventUpdates(){
    var prevExecutionContext = executionContext;
    executionContext |= EventContext;  // 运算赋值
    try {
        return fn(a);  // 执行函数
    }finally {
```

```
        executionContext = prevExecutionContext; // 重置之前的状态
        if (executionContext === NoContext) {
            flushSyncCallbacksOnlyInLegacyMode() // 同步执行更新队列中的任务
        }
    }
}
```

从上述代码中可以清晰地看到，流程大致是这样的：

也是通过类似开关状态来控制的，在刚开始的时候将赋值给 EventContext，在事件执行之后，赋值给 prevExecutionContext。

之后同样会触发 flushSyncCallbacksOnlyInLegacyMode，不过通过函数名称就可以大胆猜想，这个方法主要是针对 legacy 模式的更新，那么 concurrent mode 也就不会走 flushSyncCallback 的逻辑了。

为了证明这个猜想，一起来看一下 flushSyncCallbacksOnlyInLegacyMode 做了些什么事：

```
export function flushSyncCallbacksOnlyInLegacyMode(){
    if(includesLegacySyncCallbacks){ /* 只有在 legacy 模式下,才会走这里的流程。*/
        flushSyncCallbacks();
    }}
```

验证了之前的猜测，只有在 legacy 模式下，才会执行 flushSyncCallbacks 来同步执行任务。

在这里暂且不管 flushSyncCallbacks 内部到底做了些什么，这里以一个代码片段中的一次点击事件为例子，看一下在 legacy 模式下和 concurrent 模式下的更新有什么不同。具体的 demo 如下：

```
function Index(){
    const [ number, setNumber ] = React.useState(0)
    /* 同步条件下 */
    const handleClickSync = () => {
        setNumber(1)
        setNumber(2)
    }
    /* 异步条件下 */
    const handleClick = () => {
        setTimeout(()=>{
            setNumber(1)
            setNumber(2)
        },0)
    }
    console.log('----组件渲染----')
    return <div>
        {number}
        <button onClick={handleClickSync} >同步环境下点击</button>
        <button onClick={handleClick} >异步环境下点击</button>
    </div>}
```

首先是 legacy 模式下的更新：

如上所示，当在同步环境下点击时，组件会渲染一次，打印结果如下：

----组件渲染----

实际很容易解释为什么通过 useState 产生两次更新，为什么组件只会渲染一次，因为这两次更新本质上是执行在 batchedEventUpdates 中的 fn 内部的，可以在更新上下文中 executionContext 判断含有状态 EventContext，这样如果 useState 底层触发 ensureRootIsScheduled 之后，可以先把更新任务放在队列中不执行，接下来会通过 flushSyncCallbacks 去执行更新任务，具体细节我们会在 10.4.2 小节在探讨。

当在异步环境下点击之后，组件会更新两次，打印结果如下：

----组件渲染----
----组件渲染----

这是为什么呢？实际也很好理解，我们看到在异步环境下是通过 setTimeout 去延时执行更新任务的，此时 setTimeout 会让两次 useState 的更新不在 fn 内部执行，而是在下一次事件循环中执行，那么此时 executionContext 的状态已经不是 EventContext，而是重置成原来的状态，这样每一次触发 useState，都会执行 scheduleUpdateOnFiber 里面同样会调用 flushSyncCallbackQueue 立即执行更新，所以就会更新了两次。

```
export function scheduleUpdateOnFiber(fiber,lane,eventTime){
    if (lane === SyncLane) {
        if (/* 初始化情况 */) {
            // 直接更新
        }else{
            /* 进入调度,把任务放入调度中 */
            ensureRootIsScheduled(root, eventTime);
            if (executionContext === NoContext) {
                /* 当前的执行任务类型为 NoContext,说明当前任务是非可控的,那么会调用 flushSync-
CallbackQueue 方法。*/
                flushSyncCallbackQueue();
            }
        }
    }}
```

我们再次回顾一下 scheduleUpdateOnFiber 的流程，在 setTimeout 中的更新会走 else 流程，此时的 executionContext 已经被重置成 NoContext，所以此时已经执行 flushSyncCallbackQueue 更新了。

接下来就是在 React V18 concurrent 模式下更新。当在这个模式时，无论是在同步环境下点击，还是异步环境下点击，组件都会执行一次。

----组件渲染----

现在暴露出两个问题：①ensureRootIsScheduled 是怎样处理两种模式下的批量更新流程的？②在 legacy 模式下，flushSyncCallbackQueue 又具体做了什么呢？我们分别看一下两种模式下 ensureRootIsScheduled 的更新流程。

▶▶ 10.4.2 legacy 模式更新流程

首先是 legacy 模式下的 ensureRootIsScheduled 进入调度。老版 React：

```
function ensureRootIsScheduled(root,currentTime){
    /* 计算一下执行更新的优先级 */
    var newCallbackPriority = returnNextLanesPriority();
    /* 当前 Root 上存在的更新优先级 */
    const existingCallbackPriority = root.callbackPriority;
    /* 如果两者相等,说明是在一次更新中,那么将退出 */
    if(existingCallbackPriority === newCallbackPriority){
        return
    }
    if (newCallbackPriority === SyncLanePriority) {
        /* 在正常情况下,会直接进入调度任务中。*/
        newCallbackNode = scheduleSyncCallback(performSyncWorkOnRoot.bind(null, root));
    }else{
        /* 这里先忽略 */
    }
    /* 将当前 Root 的更新优先级,绑定到最新的优先级   */
    root.callbackPriority = newCallbackPriority;
}
```

ensureRootIsScheduled 主要做的事情如下:

首先会计算最新的调度更新优先级 newCallbackPriority,接下来获取当前 Root 上的 callback-Priority,判断两者是否相等。如果两者相等,那么将直接退出,不会进入调度中。如果不想等,那么会真正进入调度任务 scheduleSyncCallback 中。需要注意的是,放入调度中的函数就是调和流程的入口函数 performSyncWorkOnRoot。函数最后会将 newCallbackPriority 赋值给 callbackPriority。

什么情况下会存在 existingCallbackPriority === newCallbackPriority,退出调度的情况?

我们注意到在一次更新中,最后 callbackPriority 会被赋值成 newCallbackPriority。如果在正常模式下(非异步),一次更新中触发了多次 setState 或者 useState,那么第一个 setState 进入 ensureRootIsScheduled 就会有 root.callbackPriority = newCallbackPriority,接下来如果还有 setState 或者 useState,那么就会退出,将不进入调度任务中,原来这才是批量更新的原理,多次触发更新只有第一次会进入调度中。

1. 进入调度任务

当进入 scheduleSyncCallback 中会发生什么呢?顺着线索往下看:

```
function scheduleSyncCallback(callback) {
    if (syncQueue === null) {
        /* 如果队列为空 */
        syncQueue = [callback];
        /* 放入调度任务 */
        immediateQueueCallbackNode =
Scheduler_scheduleCallback(Scheduler_ImmediatePriority, flushSyncCallbackQueueImpl);
    }else{
        /* 如果任务队列不为空,那么将任务放入队列中。*/
        syncQueue.push(callback);
    }
}
```

flushSyncCallbackQueueImpl 会真正执行 callback，本质上就是调和函数 performSyncWorkOnRoot。Scheduler_scheduleCallback 就是在调度章节讲的调度的执行方法，就是通过 MessageChannel 向浏览器请求下一个空闲帧，在空闲帧中执行更新任务。

scheduleSyncCallback 做的事情如下：

如果执行队列为空，那么把当前任务放入队列中，然后执行调度任务。

如果队列不为空，此时已经在调度中，那么不需要执行调度任务，只需要把当前更新放入队列中即可，调度中心会逐一按照顺序执行更新任务。

到现在，已经知道了调和更新任务是如何进入调度的，也知道了在初始化和改变 state 带来的更新原理。

接下来有一个问题：比如在浏览器空闲状态下发生一次 state 更新，那么最后一定会进入调度，等到下一次空闲帧执行吗？

答案是否定的，如果这样，那么就是一种性能的浪费，因为正常情况下，发生更新希望的是在第一次事件循环中执行完更新并且渲染视图，如果在下一次事件循环中执行，那么更新肯定会延时。但是 React 是如何处理这个情况的呢？

2. 空闲期的同步任务

在没有更新任务空闲期的条件下，为了让更新变成同步的，也就是本次更新不在调度中执行，React 对于更新，会用 flushSyncCallbackQueue 立即执行更新队列，发起更新任务，目的就是让任务不延时到下一帧。但是此时调度会正常执行，不过调度中的任务已经被清空。

有的同学可能会产生疑问，既然不让任务进入调度，而选择同步执行任务，那么调度的意义是什么呢？

调度的目的是处理存在多个更新任务的情况，比如发生了短时间内连续的点击事件，每次点击事件都会更新 state，那么对于这种更新并发的情况，第一个任务以同步任务执行，接下来的任务将放入调度，等到调度完成后，在下一个空闲帧时执行。

发生一次同步任务之后，React 会让调度执行，但是会立即执行同步任务。原理就是通过 flushSyncCallbackQueue 方法。对于可控的更新任务，比如事件系统里的同步 setState 或者 useState，再比如 batchUpdate，如果此时处理空闲状态，在内部会触发一个 flushSyncCallbackQueue 来立即更新。

如果是非可控的更新任务，比如在 setTimeout 或者 Promise 里面的更新，就会在 scheduleUpdateOnFiber 中触发一次 flushSyncCallbackQueue。

3. 同步异步模式下的更新流程总结

接下来串联前几个章节，做一个更新流程的总结。

初始化流程：ReactDOM.render → unbatchContext 开关打开→ updateContainer。

updateContainer：scheduleUpdateOnFiber → performSyncWorkOnRoot → renderRoot → commitRoot → unbatchContext 开关关闭 →浏览器绘制。如图 10-4-1 所示。

4. 同步更新流程

接下来看一下同步（可控任务）更新流程，如图 10-4-2 所示。

初始化流程

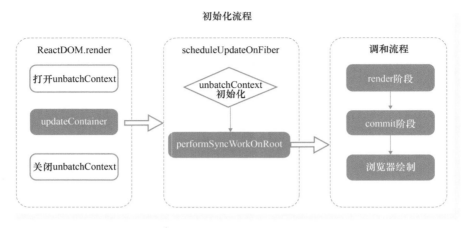

● 图 10-4-1

同步更新流程

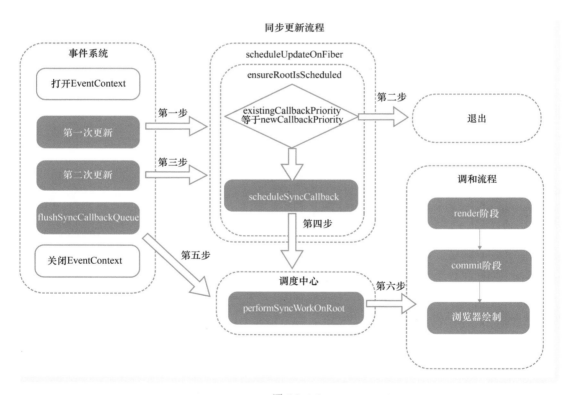

● 图 10-4-2

```
function Test(){
    const [ number, setNumber ] = React.useState(0)
```

```
const handleClick = () =>{ /* 同步条件下 */
    setNumber(1)
    setNumber(2)
}
return <div>
    {number}
    <button onClick={handleClick} >点击</button>
</div>
}
```

当点击按钮的时候，会触发两次 setNumber，那么这两次 setNumber 都做了些什么呢？

整个流程如下：

事件上下文：开启事件开关 →进入第一次 setNumber。

第一次 setNumber 上下文：scheduleUpdateOnFiber → ensureRootIsScheduled → scheduleSyncCallback（放入回调函数 performSyncWorkOnRoot）。

第二次 setNumber 上下文：scheduleUpdateOnFiber → ensureRootIsScheduled → 退出。

事件上下文：关闭事件开关 → flushSyncCallbackQueue。

flushSyncCallbackQueue →执行回调函数 performSyncWorkOnRoot →进入调和阶段→ renderRoot → commitRoot →浏览器绘制。

5. 异步更新流程

```
const handleClick = () =>{
    setTimeout(() => { /* 异步条件下 */
        setNumber(1)
        setNumber(2)
    },0)
}
```

在 setTimeout 中的更新，变成了异步更新。整个流程如图 10-4-3 所示。

事件上下文：开启事件开关 →关闭事件开关 → flushSyncCallbackQueue（此时更新队列为空）。

setTimeout 上下文：执行第一次 setNumber。

第一次 setNumber 上下文：scheduleUpdateOnFiber → ensureRootIsScheduled → scheduleSyncCallback（放入回调函数 performSyncWorkOnRoot）→ flushSyncCallbackQueue →执行回调函数 performSync-WorkOnRoot →进入调和阶段→ renderRoot → commitRoot。

回到 setTimeout 上下文：执行第二次 setNumber。

第二次 setNumber 上下文：scheduleUpdateOnFiber → ensureRootIsScheduled → scheduleSyncCallback（放入回调函数 performSyncWorkOnRoot）→ flushSyncCallbackQueue →执行回调函数 performSync-WorkOnRoot →进入调和阶段→ renderRoot → commitRoot。

JS 执行完毕，浏览器进行绘制。这种情况下渲染了两遍。到此为止，legacy 模式下更新流程真相大白了。

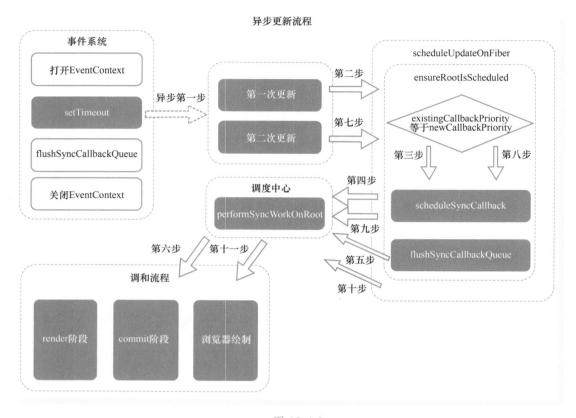

● 图 10-4-3

▶▶ 10.4.3　Concurrent 模式更新流程

再来探究一下 Concurrent 的更新原理。我们还是按照同步和异步两个方向去探索。无论是哪种条件下，只要触发 React 的 setState 或者 useState，最终进入调度任务开始更新的入口函数都是 ensureRootIsScheduled，所以同样可以从这个函数找到线索。

新版 React：

```
function ensureRootIsScheduled(root,currentTime){
    var existingCallbackNode = root.callbackNode;

    var newCallbackPriority = getHighestPriorityLane(nextLanes);
    var existingCallbackPriority = root.callbackPriority;

    if (existingCallbackPriority === newCallbackPriority &&
    !(ReactCurrentActQueue.current!== null && existingCallbackNode !== fakeActCallback-
Node)) {
        /*  批量更新退出*  */
```

```
        return;
    }

    /*  同步更新条件下,会走这里的逻辑 */
    if (newCallbackPriority === SyncLane) {
        scheduleSyncCallback(performSyncWorkOnRoot.bind(null, root));
        /*  用微任务去立即执行更新    */
        scheduleMicrotask(flushSyncCallbacks);

    }else{
        var schedulerPriorityLevel
        // ...计算当前的优先级
        /*  不是同步的情况下,会走这里 */
        newCallbackNode = scheduleCallback(
            schedulerPriorityLevel,
            performConcurrentWorkOnRoot.bind(null, root),
        );
    }
    /*  这里很重要就是给当前 Root 赋予 callbackPriority 和 callbackNode 状态 */
    root.callbackPriority = newCallbackPriority;
    root.callbackNode = newCallbackNode;}
```

1. 同步条件下的逻辑

首先来看一下同步更新的逻辑,前面讲到在 Concurrent 中已经没有可控任务逻辑。所以核心更新流程如下:

当同步状态下触发多次 useState 的时候:

首先第一次进入 ensureRootIsScheduled,会计算出 newCallbackPriority,可以理解成执行新的更新任务的优先级。那么和之前的 callbackPriority 进行对比,如果相等,则退出流程,第一次两者肯定是不相等的。

同步状态下常规的更新 newCallbackPriority 是等于 SyncLane 的,会执行两个函数,scheduleSyncCallback 和 scheduleMicrotask。

scheduleSyncCallback 会把任务 syncQueue 同步更新到队列中。来看一下这个函数:

```
export function scheduleSyncCallback(callback: SchedulerCallback) {
  if (syncQueue === null) {
    syncQueue = [callback];
  } else {
    syncQueue.push(callback);
  }}
```

注意:接下来就是 Concurrent 下更新的区别了。老版本的 React 是基于事件处理函数执行的 flushSyncCallbacks,而新版本的 React 是通过 scheduleMicrotask 执行的。

```
react-reconciler/src/ReactFiberHostConfig.js → scheduleMicrotask
var scheduleMicrotask = typeof queueMicrotask === 'function' ? queueMicrotask : typeof
Promise !== 'undefined' ? function (callback) {
```

```
return Promise.resolve(null).then(callback).catch(handleErrorInNextTick);} : schedule-
Timeout;
```

scheduleMicrotask 就是 Promise.resolve，还有一个 setTimeout 向下兼容的情况。通过 scheduleMicrotask 去进行调度更新。

如果发生第二次 useState，则会出现 existingCallbackPriority ＝＝＝ newCallbackPriority 的情况，接下来就会 return，退出更新流程了。

2. 异步条件下的逻辑

在异步情况下（比如在 setTimeout 或者是 Promise.resolve 条件下的更新），会走哪些逻辑呢？

第一步也会判断 existingCallbackPriority ＝＝＝ newCallbackPriority 是否相等，相等则退出。第二步就有点区别了，会直接执行 scheduleCallback，然后得到最新的 newCallbackNode，并赋值给 Root。

接下来第二次 useState，同样会 return 跳出 ensureRootIsScheduled。看一下 scheduleCallback 做了哪些事。

```
function scheduleCallback(priorityLevel, callback) {
    var actQueue = ReactCurrentActQueue.current;
    if (actQueue !== null) {
      actQueue.push(callback);
      return fakeActCallbackNode;
    } else {
      return scheduleCallback(priorityLevel, callback);
    }
}
```

最后用一幅流程图描述一下流程，如图 10-4-4 所示。

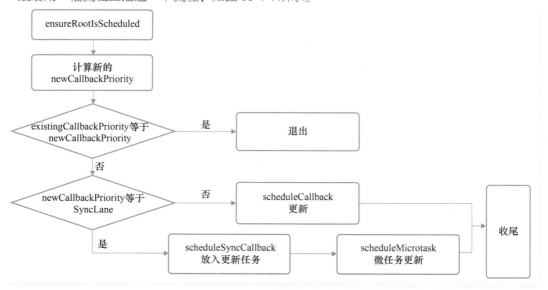

● 图 10-4-4

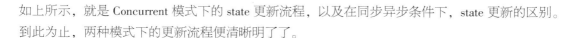

如上所示，就是 Concurrent 模式下的 state 更新流程，以及在同步异步条件下，state 更新的区别。到此为止，两种模式下的更新流程便清晰明了了。

10.5　Context 原理揭秘

【学习目标】

Context 是一种非常重要的状态传递方式，它适合跨层级组件之间的通信，而且还有消费订阅的功能，我们在使用 Context 的时候，有没有想过一些相关 Context 的问题，比如：

（1）Provider 如何传递 Context？

（2）三种获取 Context 的原理是什么（Consumer、useContext、contextType）？

（3）消费 Context 的组件，Context 改变，为什么会订阅更新（如何实现）？

（4）Context 更新，如何避免 pureComponent、shouldComponentUpdate 渲染控制策略的影响？

（5）如何实现 Context 嵌套传递（多个 Provider）？

想要搞清楚这些问题，就必须弄清楚 Context 原理，对于 Context 的原理，将其重点流程放在新版 Context 的传递和更新两个方面。

▶▶ 10.5.1　Context 对象的本质

上述所说的老版本 Context 就是 Legacy Context 模式下的 Context，老版本的 Context 是采用约定式的使用规则，于是有了 getChildContext 和 childContextTypes 协商的属性和方法，这种方式不仅不够灵活，而且对于函数组件也存在局限性，所以在 React V16.3 的基础上推出了新版本的 Context，开发者能够更加灵活地运用 Context。新版本引入 Context 对象的概念，而且 Context 对象上除了保留了传递的信息 value 外，还有提供者 Provder 和消费者 Consumer。

新版本的 Context 是采用 createContext 创建出来的 Context 对象。我们以 createContext 为线索，看一下 Context 对象到底是什么？

```
export function createContext(defaultValue){
    /* Context 对象本质,这里只保留了核心属性 */
    const context  = {
        $$typeof: REACT_CONTEXT_TYPE, /* 本质上就是 Consumer element 类型 */
        _currentValue: defaultValue,
        Provider: null,
        Consumer: null,
    };
    /* 本质上就是 Provider element 类型。   */
    context.Provider = {
        $$typeof: REACT_PROVIDER_TYPE,
        _context: context,
```

```
    };
    context.Consumer = context
    return context;
}
```

createContext 接受一个参数，将作为初始化 Context 传递的值_currentValue。返回的值就是 Context 对象本身，如上所示，可以很容易地看清楚 Context 对象的本质，这里重点介绍三个属性：

Provider 是一个 element 对象 $\$\$typeof \leftarrow$ REACT_PROVIDER_TYPE。Consumer 也是一个 element 对象 $\$\$typeof \leftarrow$ REACT_CONTEXT_TYPE。_currentValue 用来保存传递给 Provider 的 value。

▶▶ 10.5.2　Provider(提供者)

明白了 Provider 本质上是一个特殊的 React Element 对象后，接下来重点看一下 Provider 的实现原理，研究 Provider 重点围绕这两点。

Provider 如何传递 Context 状态。Provider 中的 value 改变，如何通知订阅 Context。

前面的章节已经讲述了 jsx → element → fiber 的流程，按照这个逻辑，Provider 也会有一个与之对应的 fiber 对象。

首先标签形式就是 REACT_PROVIDER_TYPE 的 React Element。→ REACT_PROVIDER_TYPE React element。

接下来 element 会转换成 fiber，fiber 类型为 ContextProvider，React element → ContextProvide fiber。ContextProvider 类型的 fiber，在 fiber 调和阶段会进入 beginWork 流程，这个阶段会发生两件事。

如果当前类型的 fiber 不需要更新，那么会（FinishedWork）中止当前节点和子节点的更新。

如果当前类型 fiber 需要更新，那么会调用不同类型的 fiber 的处理方法。当然 ContextProvider 也有特有的 fiber 更新方法——updateContextProvider，如果想要深入 Provder 的奥秘，有必要看一下这个方法做了些什么?

```
function updateContextProvider(current,workInProgress,renderLanes) {
  const oldProps = workInProgress.memoizedProps;
  /*   获取 Provder 上的 value   */
  pushProvider(workInProgress, newProps.value;);
  /* 有 oldProps,证明组件在更新,更新 Context   */
  if (oldProps !== null) {
    const oldValue = oldProps.value;
    /* 判断新老 value 是否相等 */
    if (is(oldValue, newValue)) {
      // Context 没有变化。如果 Children 没有变化,那么不需要更新
      if (
        oldProps.children === newProps.children &&
        !hasLegacyContextChanged()
      ) {
        return ...  // 停止调合子节点,收尾工作
      }
```

```
    } else { /* Context 改变,更新 Context */
        propagateContextChange(workInProgress,context, renderLanes);
    }
}
/* 继续向下调和子代 fiber  */
...}
```

保留了 updateContextProvider 的核心流程如下：

第一步：首先会调用 pushProvider，pushProvider 会获取 type 属性上的_Context 对象，就是上述通过 createContext 创建的 Context 对象。

然后将 Provider 的 value 属性赋值给 Context 的_currentValue 属性。这里解释了 Provider 通过什么手段传递 Context value，即通过挂载 Context 的_currentValue 属性。

第二步：在更新 Provider 的时候，如果 Context 传递的值 value 没有发生变化，那么还会浅比较 Children 是否发生变化，还有就是有没有 legacy Context（老版本 Context），如果这三点都满足，那么会判断当前 Provider 和子节点不需要更新，会（return）停止向下调和子节点。

第三步（重点）：在实际开发中，当绝大多数 value 发生变化，会走 propagateContextChange 这个流程，也是 Provider 更新的特点。那么这个方法到底做了些什么呢？接下来重点看一下这个函数做了些什么？

propagateContextChange 函数流程很烦琐，这里简化了流程，保留了最核心的部分。

```
function propagateContextChange(workInProgress,context){
    let fiber = workInProgress.child;
    if (fiber ! == null) {
        fiber.return = workInProgress;
    }
    while(fiber ! == null){
        const list = fiber.dependencies;
        while (dependency ! == null) {
            if (dependency.context === context){
                /* 类组件:不受 PureComponent 和 shouldComponentUpdate 影响 */
                if (fiber.tag === ClassComponent) {
                    /* 会走 forceUpdate 逻辑 */
                    const update = createUpdate(renderLanes, null);
                    update.tag = ForceUpdate;
                    enqueueUpdate(fiber, update);
                }
                /* 重要:TODO:提高 fiber 的优先级,让当前 fiber 可以 beginWork,并且向上更新父级
    fiber 链上的优先级 */
                ...
            }
        }
}}
```

propagateContextChange 非常重要，它的职责就是深度遍历所有的子代 fiber，然后找到里面具有

dependencies 的属性，对比 dependencies 中的 Context 和当前 Provider 的 Context 是否是同一个，如果是同一个，且当前 fiber 是类组件，那么会绑定一个 forceUpdate 标识。然后会提高 fiber 的更新优先级 lane，让 fiber 在接下来的调和过程中，处于一个高优先级待更新的状态。

接下来的代码比较长，这里没有全部罗列出来，大致逻辑就是，找到当前 fiber 向上的父级链上的 fiber，统一更新它们的 childLanes，使之变成待调和状态。

上述流程中暴露出几个问题：

（1）什么情况下 fiber 会存在 dependencies，首先 dependencies 在前面讲过，它保存的是 Context 的依赖项，那么什么情况下会存在 Context 依赖项？

（2）为什么对于 class 类组件会创建一个 ForceUpdate 类型的 update 对象呢？

先抛开这些问题，我们看一下 ForceUpdate 类型的 update。在类组件中，通过调用 this.forceUpdate() 带来的更新，就会被打上 ForceUpdate 类型的 update tag，这里可以理解为强制更新。在生命周期章节中讲过，在类组件更新流程中，强制更新会跳过 PureComponent 和 shouldComponentUpdate 等优化策略。

针对上面这两个问题，我们跟上思路逐一突破。

第一个问题：dependencies 属性，这个属性可以把当前的 fiber 和 context 建立起关联，可以理解成，使用了当前 Context 的 fiber 会将 Context 放在 dependencies 中，dependencies 属性本身是一个链表结构，一个 fiber 可以有多个 Context 与之对应。反过来推测一下，什么情况下会使用 Context 呢？有以下几种可能：

（1）有 ContextType 静态属性指向的类组件；

（2）使用 useContext hooks 的函数组件；

（3）Context 提供的 Consumer。

可以大胆地推测一下，使用过 ContextType、useContext 的组件对应 fiber，还有就是 Consumer 类型 fiber，会和 dependencies 建立起联系，会把当前消费的 Context 放入 dependencies 中，下面会详细解释。

第二个问题：为什么对于 class 组件会创建一个 ForceUpdate 的 update 呢？

在生命周期章节和渲染控制章节讲到过，如果想要让类组件必须调用渲染，得到新的 Children，那么就要通过 PureComponent 和 shouldComponentUpdate 等层层阻碍，现在 Context 要突破这些控制，想要做到当 value 改变，消费 Context 的类组件一定更新，则需要通过 forceUpdate 强制更新，这样就解决了类组件更新限制。

总结一下流程，当 Provider 的 value 更新之后，Provider 下面只要有消费了 Context 的类组件，就会触发强制更新。这也就解释了最开始的问题——Context 更新，如何避免 pureComponent，shouldComponentUpdate 渲染控制策略的影响。

用一幅流程图描述一下，如图 10-5-1 所示。

如图 10-5-1 所示，当一个 Context 的 Provider 中的 value 改变的时候，类组件 D 消费了此 Context，那么会从 Provider 开始深度递归遍历找到类组件 D，并且给组件 D 打上 ForceUpdate 更新标识。

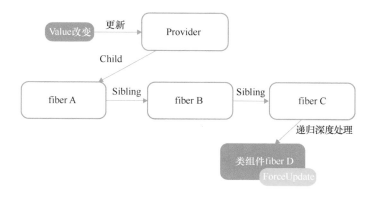

▶▶ 10.5.3 Context 更新流程

更新流程：明白了 updateContextProvider 功能之后，看一下子代 fiber 是如何更新的。
列举如下例子：

```
const Context = React.createContext()
function ComponentA() {
  return <div />
}
function ComponentB() {
  return <div >
      <div/>
      <ComponentC />
  </div>
}
class ComponentC extends React.Component{
  render(){
    return <div />
  }
}
ComponentC.contextType = Context
const MemoComponent = memo(function (){
    return <div>
        <ComponentA />
        <div><span/></div>
        <ComponentB />
    </div>
})
function Index() {
  const [number, setNumber] = React.useState(0)
  return <div>
```

```
    <Context.Provider value={{ num: 1 }} >
      <MemoComponent />
    </Context.Provider>
    <button onClick={()=>setNumber(number+1)} >click</button>
  </div>
}
```

  Index 组件使用了 Provider 传递 Context 值。MemoComponent 组件通过 memo 做了优化，当 Index 中的按钮被点击后，Provider 的 value 改变，但是 MemoComponent 并不会更新，包括 ComponentA 和 ComponentB 也不会更新。因为 ComponentC 通过 contextType 的方式消费了 Context，现在 Context 的 value 属性改变了，所以 ComponentC 会更新。下面结合前面 React 新流程的讲解，研究一下 fiber 是如何更新的。

  首先如上所示，结构在 React 底层会形成 fiber 树结构，这里只以 Provider 为起点，看一下 fiber 树的结构，如图 10-5-2 所示。

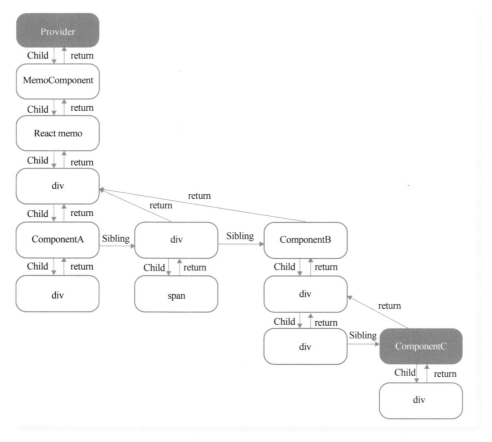

● 图 10-5-2

当点击按钮触发 useState 后，会通过 fiberRoot 更新到 Provider 对应的 fiber，然后就会调用 update-ContextProvider 方法，那么 updateContextProvider 会通过递归方式找到 ComponentC。流程如图 10-5-3 所示。

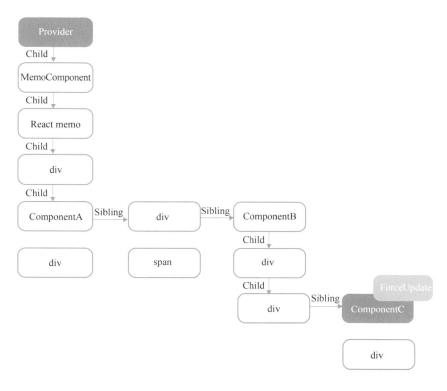

● 图 10-5-3

接下来会向上更新优先级，通过 return 指针把父级链上的 ChildLanes 属性都给更新一遍，如图 10-5-4所示。

在前两小节中，我们讲到了 workLoop 的更新调和策略（前面讲到 beginWork 是 workLoop 的一部分），回到 workLoop 更新流程上，上面说到 Provider 更新会递归所有的子组件，只要消费了 Context 的子代 fiber，都会给一个高优先级 lane。而且向上更新父级 fiber 链上的优先级，让所有父级 fiber 有一个 ChildLanes。接下来高优先级的 fiber 都会进入调和 workLoop 流程中。然后找到 ComponentC 组件，因为 ComponentC 已经是带有 ForceUpdate 的更新标签，所以会重新渲染 ComponentC 组件，流程如图 10-5-5所示。

1. 状态读取

对于 Context 改变触发的更新流程，相信大家已经明白了运行的本质，我们在前面说到消费了 Context 的组件类型的 fiber，会有 dependency 属性，那么这个 dependency 属性是怎样加上去的。实际

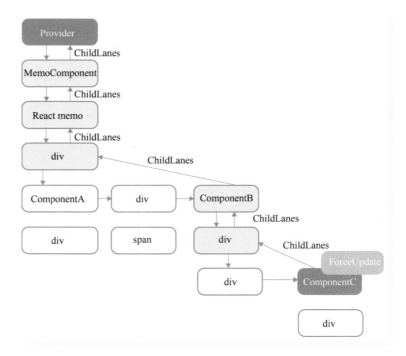

● 图 10-5-4

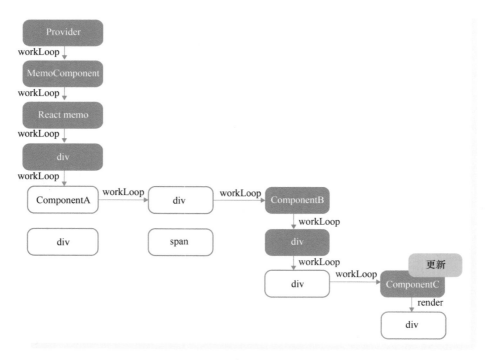

● 图 10-5-5

上消费 Context 的方式有 Consumer、useContext 和 contextType，这三种本质上是一样的，都调用了同一个方法，那就是 readContext。readContext 是除了 Provider 之外，第二个核心知识点。我们看一下 readContext 主要做了些什么？

```
let lastContextDependency = null
export function readContext(context){
    /* 创建一个 contextItem */
    const contextItem = {
      context,
      next: null,
    };
    /* 不存在上一个 Context Dependency   */
    if (lastContextDependency === null) {
      lastContextDependency = contextItem;
      currentlyRenderingFiber.dependencies = {
        expirationTime: NoWork,
        firstContext: contextItem,
        responders: null,
      };
    } else {
      /* 存在的情况 */
      lastContextDependency = lastContextDependency.next = contextItem;
    }
    return isPrimaryRenderer? context._currentValue: context._currentValue2;
  }
```

readContext 主要做的事情是这样的，首先会创建一个 contextItem，上述说到过 fiber 上会存在多个 dependencies，它们以链表的形式联系到一起，如果不存在前一个 Context dependency，证明 Context dependencies 为空，那么会创建第一个 dependency；如果存在最后一个 dependency，那么 contextItem 会以链表形式保存，并变成最后一个 lastContextDependency。说到这里，我们就明白了 fiber 的 dependencies 是怎样和 Context 建立起关联的了。

2. 多个 Provider 嵌套

如果有多个 Provider 的情况，那么后一个 contextValue 会覆盖前一个 contextValue，在开发者脑海中，要有一个定律就是：Provider 是用来传递 value，而非保存 value 的。

▶▶ 10.5.4　Consumer、useContext 和 contextType

前面已经讲了 Provider 核心原理，又讲到了把 fiber 和 Context 建立起关联的 readContext 函数，还有一个问题就是 Consumer、useContext 和 contextType 是怎样用到 readContext 的，我们逐一揭晓答案：

1. Consumer 原理

Consumer 是类型为 REACT_CONTEXT_TYPE 的 element 对象。在调和阶段，会转换成 ContextConsumer 类型的 fiber 对象。在 beginwork 中，会调用 updateContextConsumer 方法。那么这个方法做了些什么呢？

```
function updateContextConsumer(current,workInProgress,renderLanes) {
  let context  = workInProgress.type;
  const newProps = workInProgress.pendingProps;
  /* 得到 render props children */
  const render = newProps.children;
  /* 读取 Context */
  prepareToReadContext(workInProgress, renderLanes);
  /* 得到最新的新的 context value */
  const newValue = readContext(context, newProps.unstable_observedBits);
  let newChildren;
  /* 得到最新的 Children element */
  newChildren = render(newValue);
  workInProgress.flags |= PerformedWork;
  /* 调和 Children */
  reconcileChildren(current, workInProgress, newChildren, renderLanes);
  return workInProgress.child;
}
```

updateContextConsumer 的核心流程：首先调用 readContext 获取最新的 value，readContext 会将当前 Context 和 fiber 建立起关联。然后通过 render props 函数，传入最新的 value，得到最新的 Children，接下来调和 Children。

2. useContext 原理

```
const HooksDispatcherOnMount ={
   useContext: readContext
}
```

函数组件通过 readContext，将函数组件的 dependencies 和当前 Context 建立起关联，Context 改变，将当前函数组件设置高优先级，促使其渲染。

3. contextType 原理

类组件的静态属性 contextType 和 useContext 一样，就是调用 readContext 方法。

```
function constructClassInstance(workInProgress,ctor,props){
   if (typeof contextType === 'object' && contextType ! == null) {
      /* 读取 context   */
      context = readContext(contextType);
   }
   const instance = new ctor(props, context);
}
```

静态属性 contextType，在类组件实例化的时候被使用，也是调用 readContext 将 Context 和 fiber 上的 dependencies 建立起关联。

▶▶ 10.5.5　Context 流程总结

下面对整个 Context 原理部分进行总结。

Provider 传递流程：Provider 的更新，会深度遍历子代 fiber，消费 Context 的 fiber 和父级链会提升更新优先级。对于类组件的 fiber，会 forceUpdate 处理。接下来所有消费的 fiber，都会 workLoop。

Context 订阅流程：contextType、useContext、Consumer 会内部调用 readContext，readContext 会把 fiber 上的 dependencies 属性和 Context 对象建立起关联。

10.6 ref 原理揭秘

【学习目标】

之前的两小节中分别讲了 state 和 Context 的内部运行机制，还有一个细节就是 React 对 ref 属性是如何处理的呢？

fiber 章节中我们知道了 ref 是 fiber 上一个特有的属性，它并不是一个 props。在 10.3 节中我们知道如果一个 element 元素标记并更新了 ref 属性，会有独特的 ref 标签来标记。

标志一般会在 commit 阶段被处理，这样也是理所当然的，因为 ref 就是处理 DOM 和组件实例，在 commit 阶段讲到过 ref 的处理时机，接下来看一下具体的实现细节。

▶▶ 10.6.1 ref 的处理时机和逻辑

ref 的处理是在 commit 阶段进行的，这里不管删除元素的情况，在一次更新中，ref 是怎样获取元素 DOM 的呢？先来看一个代码片段（这个 demo 暂且叫作 demoref，请大家记住，下文中还会提及此 demo 代码片段）：

```
class Index extends React.Component{
    state={ num:0 }
    node = null
    render(){
       return <div >
         <div ref={(node)=>{
           this.node = node
           console.log('此时的参数是什么:', this.node)
         }}  >ref 元素节点</div>
         <button onClick={()=> this.setState({ num: this.state.num + 1  }) } >点击</button>
       </div>
    }
}
```

在 ref 使用章节中，我们讲到过对于 ref 的属性，支持字符串、ref 对象和函数三种方式，如上所示，是通过函数的方式赋给 ref 属性的。如果此时点击 button 按钮，那么 console.log 会执行几次呢？如图 10-6-1 所示。

此时的参数是什么: null
此时的参数是什么: \<div>ref元素节点\</div>

● 图 10-6-1

console.log 会执行两次，第一次打印为 null，第二次才是 div，为什么会这样呢？这样的意义又是什么呢？

对于 ref 处理逻辑，React 底层用两个方法处理：commitDetachRef 和 commitAttachRef，上述两次 console.log 一次为 null，一次为 div，就是分别调用了上述的方法。这两次正好，一次在 DOM 更新之前，一次在 DOM 更新之后。

其流程大致是这样的：

第一阶段：一次更新中，在 commit 的 mutation 阶段，执行 commitDetachRef，commitDetachRef 会清空之前的 ref 值，使其重置为 null，先来看一下源码。

```
function commitDetachRef(current: Fiber) {
  const currentRef = current.ref;
  if (currentRef !== null) {
    if (typeof currentRef === 'function') { /* function 和字符串获取方式。*/
      currentRef(null);
    } else {  /* ref 对象获取方式 */
      currentRef.current = null;
    }
  }
}
```

commitDetachRef 的逻辑很简单，如果是函数<div ref={(node)=> this.node = node} />或者是字符串<div ref='node' />这两种情况，那么会执行 currentRef 函数，所以第一次打印就会传入这个 null。这里读者会产生一个疑问，为什么 ref="node" 字符串，最后会按照函数方式处理呢？原因是当 ref 属性是一个字符串的时候，React 底层会自动绑定一个函数，用来处理 ref 逻辑。

```
const ref = function(value) {
    let refs = inst.refs;
    if (refs === emptyRefsObject) {
        refs = inst.refs = {};
    }
    if (value === null) {
        delete refs[stringRef];
    } else {
        refs[stringRef] = value;
    }
};
```

当这样绑定 ref='node'，会被绑定在组件实例的 refs 属性下面。比如：

```
<div ref="node" ></div>
```

ref 函数在 commitAttachRef 中最终会这样处理：

```
ref(<div>)等于 inst.refs.node = <div>
```

回到 commitDetachRef 流程上来，如果 currentRef 是 ref 对象，那么会 currentRef.current = null；重

置 current 属性为 null。

第二阶段：DOM 更新阶段，这个阶段会根据不同的标志，真实地操作 DOM。在 commit 章节已经讲到了元素的相关操作。

第三阶段：layout 阶段，在更新真实元素节点之后，此时需要更新 ref。

```
function commitAttachRef(finishedWork: Fiber) {
  const ref = finishedWork.ref;
  if (ref !== null) {
    const instance = finishedWork.stateNode;
    let instanceToUse;
    switch (finishedWork.tag) {
      case HostComponent: // 元素节点获取元素
        instanceToUse = getPublicInstance(instance);
        break;
      default:  // 类组件直接使用实例
        instanceToUse = instance;
    }
    if (typeof ref === 'function') {
      ref(instanceToUse);  // * function 和字符串获取方式。*/
    } else {
      ref.current = instanceToUse; /* ref 对象方式 */
    }
  }
}
```

这一阶段主要判断 ref 获取的是组件还是 DOM 元素，如果是 DOM 元素 finishedWork.tag === HostComponent，就会获取更新之后最新的 DOM 元素。

接下来回到三种获取 ref 的方式上来，如果是字符串 ref="node" 或是函数式 ref={(node)=> this.node = node }，会执行 ref 函数，重置新的 ref。此时的 instanceToUse 就已经是 DOM 元素或者是组件实例了。如果是 ref 对象方式：

```
node = React.createRef()
<div ref={ node }></div>
```

会更新 ref 对象的 current 属性 ref.current = instanceToUse，达到更新 ref 对象的目的，如图 10-6-2 所示。

● 图 10-6-2

接下来看一下 ref 在什么场景下会发生更新。

10.6.2 ref 的处理特性

首先来看一下上述没有提及的一个问题，React 被 ref 标记 fiber，那么每一次 fiber 更新都会调用

commitDetachRef 和 commitAttachRef 更新 ref 吗？

答案是否定的，只有在 ref 更新的时候，才会调用如上方法更新 ref，究其原因还要从如上两个方法的执行时机说起。

1. 更新 ref 属性

在 commit 阶段 commitDetachRef 和 commitAttachRef 是在什么条件下被执行的呢？来看一下 commitDetachRef 调用时机：

```
function commitMutationEffects(){
    /* 当标记了 ref   */
    if (flags & Ref) {
      const current = nextEffect.alternate;
      if (current!==null) {
        commitDetachRef(current);
      }
    }
}
```

commitAttachRef 调用时机：

```
function commitLayoutEffects(){
    if (flags & Ref) {
      commitAttachRef(nextEffect);
    }
}
```

从上可以清晰地看到只有含有 Ref tag 的时候，才会执行更新 ref，那么是每一次更新都会打 Ref tag 吗？继续往下看，什么时候标记的 ref。

```
function markRef(current: Fiber |null, workInProgress: Fiber) {
  const ref = workInProgress.ref;
  if (
    (current === null && ref !== null) ||         // 初始化的时候
    (current !== null && current.ref !== ref)     // ref 指向发生改变
  ) {
    workInProgress.flags |= Ref;
  }
}
```

首先 markRef 方法在两种情况下执行：第一种就是类组件的更新过程中。第二种就是更新 HostComponent 的时候，什么是 HostComponent 就不必多说了。

markRef 会在以下两种情况下标记 ref，只有标记了 Ref tag，才会有后续的 commitAttachRef 和 commitDetachRef 流程（current 为当前调和的 fiber 节点）。

第一种 current === null && ref !== null：就是在 fiber 初始化的时候，第一次 ref 处理的时候，是一定要标记 ref 的。

第二种 current !== null && current.ref !== ref：就是 fiber 更新的时候，但是 ref 对象的指向

变了。

只有在 Ref tag 存在的时候，才会更新 ref，那么回到最初的 DemoRef 上来，为什么每一次按钮，都会打印 ref，那么也就是 ref 的回调函数执行了，ref 更新了。

```
<div ref={(node)=>{
    this.node = node
    console.log('此时的参数是什么:', this.node)}}  >
    ref 元素节点
</div>
```

如上所示，每一次更新的时候，都给 ref 赋值了新的函数，那么 markRef 中就会判断成 current. ref！== ref，所以就会重新打 ref 标签。在 commit 阶段，就会更新 ref 执行 ref 回调函数了。

给 DemoRef 做如下修改：

```
class Index extends React.Component{
    state={ num:0 }
    node = null
    getDom= (node)=>{
        this.node = node
        console.log('此时的参数是什么:', this.node)
    }
    render(){
        return <div >
            <div ref={this.getDom}>ref 元素节点</div>
             <button onClick={() => this.setState({ num: this.state.num + 1  })} >点击</
button>
        </div>
    }
}
```

在点击按钮更新的时候，由于此时 ref 指向相同的函数 getDom，所以就不会打 ref 标签，不会更新 ref 逻辑，直观上的体现就是 getDom 函数不会再执行。

2. 卸载 ref

前面讲了 ref 更新阶段的特点，接下来分析一下当组件或者元素卸载的时候，ref 的处理逻辑是怎样的。

```
this.state.isShow && <div ref={()=>this.node = node} >元素节点</div>
```

如上所示，在一次更新的时候，改变 isShow 属性，使之由 true 变成了 false，那么 div 元素会被卸载，而 ref 会怎样处理呢？

被卸载的 fiber 会被打成 Deletion flags tag，然后在 commit 阶段会进入 commitDeletion 流程。对于有 ref 标记的 ClassComponent（类组件）和 HostComponent（元素），会统一进入 safelyDetachRef 流程，这个方法就是用来卸载 ref 的。

```
function safelyDetachRef(current) {
  const ref = current.ref;
```

```
if (ref ! == null) {
  if (typeof ref === 'function') {  // 函数式 | 字符串
    ref(null)
  } else {
    ref.current = null;  // ref 对象
  }
}
```

对于字符串 ref = "dom" 和函数类型 ref = | (node) = > this.node = node | 的 ref，会执行传入 null 置空 ref。对于 ref 对象类型，会清空 ref 对象上的 current 属性。借此完成卸载 ref 流程。

10.7　scheduler 异步调度原理

【学习目标】

在 9.3 节中讲到过异步调度的原理是通过时间分片的模式切割任务，通过向浏览器请求空闲时间，来执行更新任务。

在 10.4 节中讲到了当触发 state 更新的时候，会调用 scheduleCallback 来处理这些更新。那么 scheduleCallback 是怎样处理更新任务的？又是怎样和前面的时间分片建立起关联的呢？接下来就让我们揭晓答案。

▶▶ 10.7.1　进入调度 scheduleCallback

在 10.2 节中，讲到 Concurrent 模式和 legacy 模式下的区别就是 Concurrent 模式下会调用 shouldYield 来判断是否有更优先级的任务，如果有更高优先级的任务，那么会终止当前的 workLoop，也就是说，渲染阶段是可以中断的。

这个 shouldYield 就是调度系统暴露的接口。它是怎样判断有更高优先级任务的呢？我们暂且把这个问题记录下来往下看。

在 10.4 节中讲到，同步更新任务会通过 scheduleSyncCallback 放入更新队列中，scheduleSyncCallback 中有一段代码：

```
immediateQueueCallbackNode=scheduleCallback(ImmediatePriority,
flushSyncCallbackQueueImpl);
```

flushSyncCallbackQueueImpl 为真正执行更新的方法。ImmediatePriority 为当前更新的优先级，为立即更新的任务。

如果只有一个更新任务，那么放入队列中，接下来会立即执行。如果有多个任务，执行完第一个之后，下一个就需要交给 scheduleCallback 处理。先来看看 scheduleCallback 的用法：

1. scheduleCallback（level，callback）

接受两个参数：第一个 level 为调度的优先级。第二个执行更新的回调函数。

但是如上所示，都是 SyncLane 的情况，如果不是 SyncLane 的情况，则在 ensureRootIsScheduled 中会进入这里的逻辑：

```
var schedulerPriorityLevel
switch (lanesToEventPriority(nextLanes)) {
  // 这里会通过 lane 计算优先级,得到 schedulerPriorityLevel
}
newCallbackNode=scheduleCallback(schedulerPriorityLevel,
performConcurrentWorkOnRoot.bind(null, root));
```

当不是立即更新任务的时候，会走如上的流程，首先就是通过 lanesToEventPriority lane 换取调度优先级 Priority。

在调度中设置了几个关键的优先级，如下：

```
var ImmediatePriority = 1;
var UserBlockingPriority = 2;
var NormalPriority = 3;
var LowPriority = 4;
var IdlePriority = 5;
```

当 SyncLane 的情况下，得到的优先级是 ImmediatePriority，在这个版本的 React 中，Priority 的数值越小，优先级越高。

在 9.4 节讲到的过渡任务 Transition，会把更新任务处于一个较低的优先级，那么也就会走如上的逻辑，与之对应的调度优先级大概率是 NormalPriority。

最后在 performConcurrentWorkOnRoot 中就可以通过 shouldYield 判断是否存在比当前更新优先级更高的更新任务，如果有，那么低优先级就会让高优先级先执行。

接下来正式进入调度入口，看一下调度到底做了些什么事情：

```
function scheduleCallback(priorityLevel,callback){

    /*  通过优先级计算出超时时间 */
    switch (priorityLevel) {
      case ImmediatePriority:
        timeout = IMMEDIATE_PRIORITY_TIMEOUT;
        break;
      case UserBlockingPriority:
        timeout = USER_BLOCKING_PRIORITY_TIMEOUT;
        break;
      case IdlePriority:
        timeout = IDLE_PRIORITY_TIMEOUT;
        break;
      case LowPriority:
        timeout = LOW_PRIORITY_TIMEOUT;
```

```
    break;
case NormalPriority:
default:
  timeout = NORMAL_PRIORITY_TIMEOUT;
  break;
}
/* 计算过期时间：超时时间 ＝开始时间 (现在时间)
+ 任务超时的时间 (上述设置五个等级)    */
const expirationTime = startTime + timeout;
/* 创建一个新任务 */
const newTask = { ...,callback,expirationTime }
if (startTime > currentTime) {
    /* 通过开始时间排序 */
    newTask.sortIndex = startTime;
    /* 把任务放在 timerQueue 中 */
    push(timerQueue, newTask);
    /*  执行 setTimeout, */
    requestHostTimeout(handleTimeout, startTime - currentTime);
}else{
   /* 通过 expirationTime 排序   */
   newTask.sortIndex = expirationTime;
   /* 把任务放入 taskQueue */
   push(taskQueue, newTask);
   /* 没有处于调度中的任务，然后向浏览器请求一帧,浏览器空闲执行 flushWork */
    if (!isHostCallbackScheduled && !isPerformingWork) {
      isHostCallbackScheduled = true;
      requestHostCallback(flushWork)
    }
  }
}
```

对于调度本身，有几个概念必须掌握。

taskQueue，里面存的都是过期的任务，依据任务的过期时间（expirationTime）排序，需要在调度的 workLoop 中循环执行完这些任务。

timerQueue，里面存的都是没有过期的任务，依据任务的开始时间（startTime）排序，在调度 work-Loop 中会用 advanceTimers 检查任务是否过期，如果过期了，放入 taskQueue 队列。scheduleCallback 流程如下。

创建一个新的任务 newTask。通过任务的开始时间（startTime）和当前时间（currentTime）比较：当 startTime > currentTime，说明未过期，存到 timerQueue，当 startTime <= currentTime，说明已过期，存到 taskQueue。如果任务过期，并且没有调度中的任务，那么调度 requestHostCallback。本质上调度的是 flushWork。如果任务没有过期，用 requestHostTimeout 延时执行 handleTimeout。

关于 taskQueue 和 timerQueue 的数据存储是采用二叉堆的方式，堆排序是利用二叉堆的特性，对根节点（最大或最小）进行循环提取，从而达到排序目的（堆排序是一种选择排序），时间复杂度为

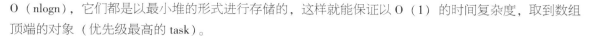

O（nlogn），它们都是以最小堆的形式进行存储的，这样就能保证以 O（1）的时间复杂度，取到数组顶端的对象（优先级最高的 task）。

二叉堆提供了对应的操作方法：

peek 函数：查看堆的顶点，也就是优先级最高的 task 或 timer。

pop 函数：将堆的顶点提取出来，并删除顶点之后，需要调用 siftDown 函数向下调整堆。

push 函数：添加新节点，添加之后，需要调用 siftUp 函数向上调整堆。

2. requestHostTimeout

当一个任务没有超时，那么 React 把它放入 timerQueue 中了，但是它什么时候执行呢？这个时候 Schedule 用 requestHostTimeout 让一个未过期的任务能够到达恰好过期的状态，那么需要延迟 startTime-currentTime 毫秒就可以了。requestHostTimeout 就是通过 setTimeout 来进行延时指定时间的。

```
requestHostTimeout = function (cb, ms) {
_timeoutID = setTimeout(cb, ms);};
cancelHostTimeout = function () {clearTimeout(_timeoutID);};
```

requestHostTimeout 延时执行 handleTimeout，cancelHostTimeout 用于清除当前的延时器。

3. handleTimeout

延时指定时间后，调用的 handleTimeout 函数会把任务重新放在 requestHostCallback 调度。

```
function handleTimeout(){
  isHostTimeoutScheduled = false;
  /* 将 timeQueue 中过期的任务,放在 taskQueue 中。*/
  advanceTimers(currentTime);
  /* 如果没有处于调度中 */
  if(!isHostCallbackScheduled){
    /* 判断有没有过期的任务, */
    if (peek(taskQueue) !== null) {
    isHostCallbackScheduled = true;
    /* 开启调度任务 */
    requestHostCallback(flushWork);
    }
  }
}
```

通过 advanceTimers 将 timeQueue 中过期的任务转移到 taskQueue 中，然后调用 requestHostCallback 调度过期的任务。

4. advanceTimers

```
function advanceTimers(){
    var timer = peek(timerQueue);
    while (timer !== null) {
      if(timer.callback === null){
        pop(timerQueue);
```

```
        }else if(timer.startTime <= currentTime){ /*  如果任务已经过期,那么将 timerQueue 中的过期
任务放入 taskQueue */
            pop(timerQueue);
            timer.sortIndex = timer.expirationTime;
            push(taskQueue, timer);
        }
    }
}
```

如果任务已经过期，那么将 timerQueue 中的过期任务放入 taskQueue。

5. flushWork 和 workloop

综上所述，要明白两件事：第一件是 React 的更新任务最后都是放在 taskQueue 中的。第二件是 requestHostCallback，放入 MessageChannel 中的回调函数是 flushWork。

```
function flushWork(){
  if (isHostTimeoutScheduled) { /*  如果有延时任务,那么先暂定延时任务 */
    isHostTimeoutScheduled = false;
    cancelHostTimeout();
  }
  try{
    /*  执行 workLoop 里面会真正调度我们的事件   */
    workLoop(hasTimeRemaining, initialTime)
  }
}
```

flushWork 如果有延时任务执行，那么会先暂停延时任务，然后调用 workLoop，去真正执行超时的更新任务。

这个 workLoop 是调度中的 workLoop，不要把它和调和中的 workLoop 弄混淆了。

```
function workLoop(){
  var currentTime = initialTime;
  advanceTimers(currentTime);
  /*  获取任务列表中的第一个 */
  currentTask = peek();
  while (currentTask !== null){
      /*  真正的更新函数 callback */
      var callback = currentTask.callback;
      if(callback !== null){
        /*  执行更新 */
        callback()
        /*  先看一下 timeQueue 中有没有过期任务。*/
        advanceTimers(currentTime);
      }
      /*  再一次获取任务,循环执行 */
      currentTask = peek(taskQueue);
  }
}
```

workLoop 会依次更新过期任务队列中的任务。到此为止，完成了整个调度过程，如图 10-7-1
所示。

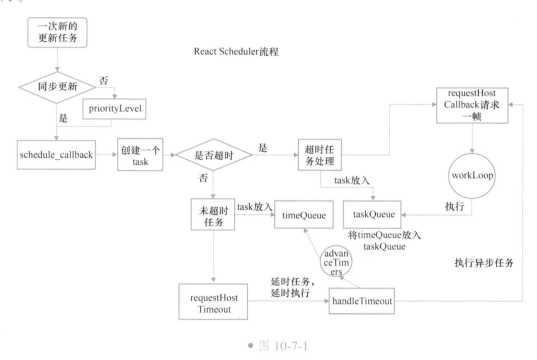

● 图 10-7-1

▶▶ 10.7.2　Concurrent 模式如何中断渲染

在 fiber 的异步更新任务 workLoopConcurrent 中，每一个 fiber 的 workLoop 都会调用 shouldYield 判
断是否有超时更新的任务，如果有，那么停止 workLoop。

```
function unstable_shouldYield() {
  var currentTime = exports.unstable_now();
  advanceTimers(currentTime);
  /* 获取第一个任务 */
  var firstTask = peek(taskQueue);
  return firstTask! == currentTask && currentTask! == null && firstTask! == null &&
firstTask.callback! ==null&&firstTask.startTime<=currentTime&&
firstTask.expirationTime < currentTask.expirationTime ||shouldYieldToHost();
}
```

如果存在第一个任务，并且已经超时了，那么 shouldYield 会返回 true，中止 fiber 的 workLoop。
接下来用流程图描述一下整体流程，如图 10-7-2 所示。

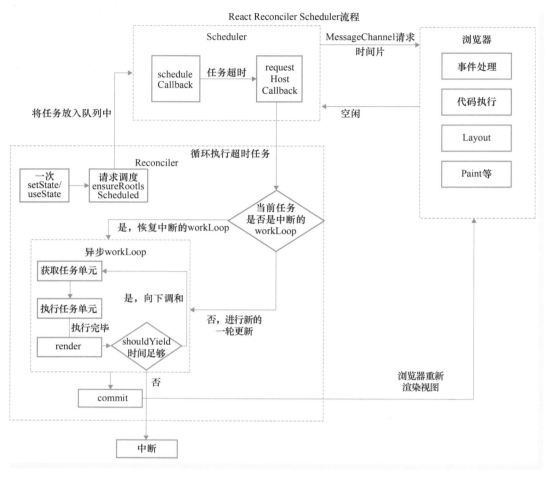

• 图 10-7-2

10.8 React 事件原理

【学习目标】

在 8.5 节中讲到了 React 事件系统的设计，以及新老版本事件系统的区别，本节来看一下 React 事件系统在底层是如何运转的。本节主要针对新版本的事件系统，同时对于涉及 React V17 版本以下的老版本事件系统的核心也会有所涉及。

▶▶ 10.8.1 新版本事件系统核心实现

对于 React 事件原理挖掘，主要体现在两个方面，那就是事件绑定和事件触发。React 的所有事件是经过事件合成处理的。在 8.5 节中讲到了一个对象 registrationNameDependencies，这个对象保存了 React 事件和原生事件的对应关系，希望读到这里的读者先记住这个对象，对于后续的理解会有帮助。

在 8.5 节中讲到，React 新版的事件，在 createRoot 中，会一口气向外层容器上注册完全部事件，我们来看一下具体的实现细节：

1. 事件初始化：事件绑定

```
function createRoot(container, options) {
    /* 省去和事件无关的代码,通过如下方法注册事件 */
    listenToAllSupportedEvents(rootContainerElement);
}
```

在 createRoot 中，通过 listenToAllSupportedEvents 注册事件，接下来看一下这个方法做了些什么：

```
function listenToAllSupportedEvents(rootContainerElement) {
    /* allNativeEvents 是一个 set 集合,保存了大多数的浏览器事件 */
    allNativeEvents.forEach(function (domEventName) {
      if (domEventName !== 'selectionchange') {
        /* nonDelegatedEvents 保存了 JS 中,不冒泡的事件 */
        if (!nonDelegatedEvents.has(domEventName)) {
          /* 在冒泡阶段绑定事件 */
          listenToNativeEvent(domEventName, false, rootContainerElement);
        }
        /* 在捕获阶段绑定事件 */
        listenToNativeEvent(domEventName, true, rootContainerElement);
      }
    });
}
```

listenToAllSupportedEvents 这个方法比较核心，主要目的就是通过 listenToNativeEvent 绑定浏览器事件，这里引出了两个常量：allNativeEvents 和 nonDelegatedEvents，它们分别代表的意思如下：

allNativeEvents：它是一个 set 集合，保存了 81 个浏览器常用事件。

nonDelegatedEvents：它也是一个集合，保存了浏览器中不会冒泡的事件，一般指的是媒体事件，比如 pause、play、playing 等，还有一些特殊事件，比如 cancel、close、invalid、load、scroll。

接下来如果事件是不冒泡的，那么会执行一次 listenToNativeEvent，第二个参数为 true。如果是常规的事件，那么会执行两次 listenToNativeEvent，分别在冒泡和捕获阶段绑定事件。那么 listenToNativeEvent 就是事件监听，这里给这个函数精简化，listenToNativeEvent 主要逻辑如下：

```
var listener = dispatchEvent.bind(null,domEventName,...)
if(isCapturePhaseListener){
    target.addEventListener(eventType, dispatchEvent, true);}else{
    target.addEventListener(eventType, dispatchEvent, false);
}
```

如上代码是源代码精简后的，并不是源码，isCapturePhaseListener 就是 listenToNativeEvent 的第二个参数，target 为 DOM 对象。dispatchEvent 为统一的事件监听函数。

如上所示，可以看到 listenToNativeEvent 就是向原生 DOM 中去注册事件，上面还有一个细节，就是 dispatchEvent 已经通过 bind 的方式将事件名称等信息保存下来了。经过这一步，在初始化阶段，就已经注册了很多的事件监听器了。此时如果发生一次点击事件，就会触发两次 dispatchEvent：第一次捕获阶段的点击事件；第二次冒泡阶段的点击事件。

2. 事件触发

接下来就是重点，当触发一次点击事件，会发生什么，首先就是执行 dispatchEvent 事件，我们来看看这个函数做了些什么？

dispatchEvent 保留核心的代码如下：

```
batchedUpdates(function () {
    return dispatchEventsForPlugins (domEventName, eventSystemFlags, nativeEvent, ances-
torInst);});
```

dispatchEvent 如果是正常事件，会通过 batchedUpdates 来处理 dispatchEventsForPlugins，batchedUpdates 是批量更新的逻辑，在之前的章节中已经讲到通过这种方式来让更新变成可控的。所有的矛头都指向了 dispatchEventsForPlugins，这个函数做了些什么呢？

```
function dispatchEventsForPlugins (domEventName, eventSystemFlags, nativeEvent, targetInst,
targetContainer) {
  /* 找到发生事件的元素——事件源 */
  var nativeEventTarget = getEventTarget (nativeEvent);
  /* 待更新队列 */
  var dispatchQueue = [];
  /* 找到待执行的事件 */
  extractEvents (dispatchQueue, domEventName, targetInst, nativeEvent, nativeEventTarget,
eventSystemFlags);
  /* 执行事件 */
  processDispatchQueue (dispatchQueue, eventSystemFlags);
}
```

这个函数非常重要，首先通过 getEventTarget 找到发生事件的元素，也就是事件源。然后创建一个待更新的事件队列，这个队列做什么，马上会讲到，接下来通过 extractEvents 找到待更新的事件，然后通过 processDispatchQueue 执行事件。

上面的信息量比较大，我们会逐一进行解析，先举一个例子：

```
function Index(){
    const handleClick = ()=>{
        console.log('冒泡阶段执行')
    }
    const handleCaptureClick = ()=>{
        console.log('捕获阶段执行')
    }
    const handleParentClick = () => {
        console.log(' div 点击事件')
    }
```

```
return   <div onClick={handleParentClick} >
    <button onClick={handleClick} onClickCapture={handleCaptureClick}>点击</button>
</div>
}
```

如上的例子，有一个 div 和 button 均绑定了一个正常的点击事件，div 是 button 的父元素，除此之外，button 绑定了一个在捕获阶段执行的点击事件。当点击按钮，触发一次点击事件的时候，nativeEventTarget 就是发生点击事件的 button 对应的 DOM 元素。

第一个问题就是 dispatchQueue 是什么？extractEvents 又是如何处理 dispatchQueue 的？

发生点击事件。通过上面我们知道，会触发两次 dispatchEvents，第一次是捕获阶段，第二次是冒泡阶段，两次分别打印一下 dispatchQueue：

第一次打印，如图 10-8-1 所示。

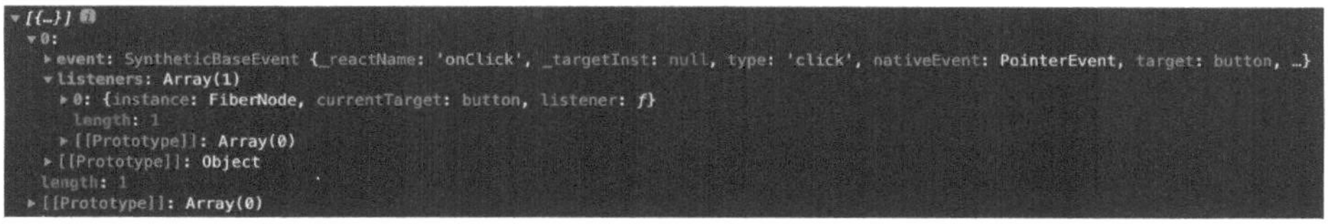

▼ [{…}] 🔲
▼ 0:
  ▶ event: SyntheticBaseEvent {_reactName: 'onClick', _targetInst: null, type: 'click', nativeEvent: PointerEvent, target: button, …}
  ▼ listeners: Array(1)
    ▶ 0: {instance: FiberNode, currentTarget: button, listener: f}
      length: 1
    ▶ [[Prototype]]: Array(0)
  ▶ [[Prototype]]: Object
  length: 1
▶ [[Prototype]]: Array(0)

● 图 10-8-1

第二次打印，如图 10-8-2 所示。

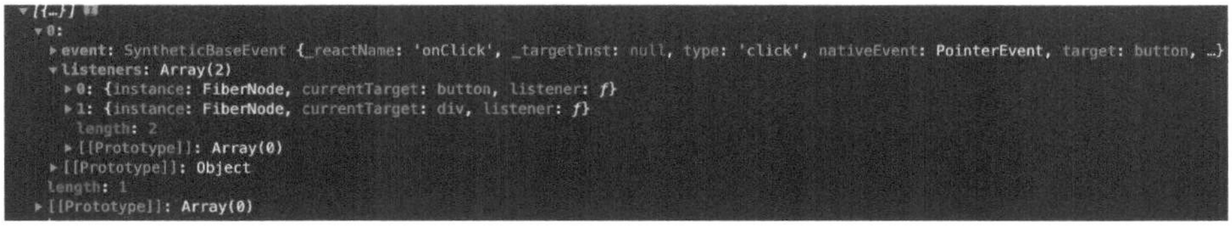

▼ [{…}] 🔲
▼ 0:
  ▶ event: SyntheticBaseEvent {_reactName: 'onClick', _targetInst: null, type: 'click', nativeEvent: PointerEvent, target: button, …}
  ▼ listeners: Array(2)
    ▶ 0: {instance: FiberNode, currentTarget: button, listener: f}
    ▶ 1: {instance: FiberNode, currentTarget: div, listener: f}
      length: 2
    ▶ [[Prototype]]: Array(0)
  ▶ [[Prototype]]: Object
  length: 1
▶ [[Prototype]]: Array(0)

● 图 10-8-2

如上所示，可以看到两次 dispatchQueue 中只有一项元素，也就是在一次用户中，产生一次事件就会向 dispatchQueue 放入一个对象，对象中有两个状态，一个是 event，一个是 listeners。那么这两个东西是如何来的呢？

event 是通过事件插件合成的事件源 event，在 React 事件系统中，事件源也不是原生的事件源，而是 React 自己创建的事件源对象。对于不同的事件类型，会创建不同的事件源对象。本质上是在 extractEvents 函数中，有这样一段处理逻辑。

```
var SyntheticEventCtor = SyntheticEvent;
/* 针对不同的事件,处理不同的事件源 */
switch (domEventName) {
    case 'keydown':
```

```
    case 'keyup':
      SyntheticEventCtor = SyntheticKeyboardEvent;
      break;
    case 'focusin':
      reactEventType = 'focus';
      SyntheticEventCtor = SyntheticFocusEvent;
      break;
    ....
  }
/* 找到事件监听者,也就是 onClick 绑定的事件处理函数 */
var _listeners = accumulateSinglePhaseListeners(
  targetInst, reactName, nativeEvent.type, inCapturePhase, accumulateTargetOnly);
/* 向 dispatchQueue 添加 event 和 listeners   */
if(_listeners.length > 0){
    var _event = new SyntheticEventCtor(reactName, reactEventType, null, nativeEvent, na-
tiveEventTarget);
    dispatchQueue.push({event: _event, listeners: _listeners});
}
```

如上可以看到，首先根据不同的事件类型，选用不同的构造函数，通过 new 的方式去合成不同的事件源对象。上面还有一个细节就是_listeners 是什么？_listeners 也是一个对象，里面有三个属性。

currentTarget：发生事件的 DOM 元素。

instance：button 对应的 fiber 元素。

listener：一个数组，存放绑定的事件处理函数本身，上面的 demo 中就是绑定给 onClick、onClick-Capture 的函数。

有一个问题就是当发生一次点击事件，事件委托的事件源中可以得到真实的 DOM 元素，那么知道了 DOM 元素，如何找到 fiber 对象，以及 fiber 上 props 上面的 onClick 等事件的。总而言之，fiber 和原生 DOM 之间是如何建立起联系的呢？

这些操作都是在 accumulateSinglePhaseListeners 中进行的，对于内部的实现，我们来描述一下，React 在初始化真实 DOM 的时候，用一个随机的 key internalInstanceKey 指针指向了当前 DOM 对应的 fiber 对象，fiber 对象用 stateNode 指向了当前的 DOM 元素。

这样找到元素对应的 fiber 之后，也就能找到 props 事件了。但是这里有一个细节，就是 listener 可以有多个，比如如上捕获阶段的 listener 只有一个，而冒泡阶段的 listener 有两个，这是因为 div button 上都有 onClick 事件。

如上可以总结为：当发生一次点击事件时，React 会根据事件源对应的 fiber 对象，以及 return 指针向上遍历，收集所有相同的事件，比如 onClick，就收集父级元素的所有 onClick 事件；比如 on-ClickCapture，就收集父级的所有 onClickCapture。得到了 dispatchQueue 之后，就需要 processDispatchQueue 执行事件了，这个函数的内部会经历两次遍历：第一次遍历 dispatchQueue。通常情况下，只有一个事件类型，所有 dispatchQueue 中只有一个元素。

接下来会遍历每一个元素的 listener，执行 listener 的时候有一个特点：

```
/* 如果在捕获阶段执行。*/
if (inCapturePhase) {
    for (var i = dispatchListeners.length - 1; i >= 0; i--) {
        var _dispatchListeners $i = dispatchListeners[i],
            instance = _dispatchListeners $i.instance,
            currentTarget = _dispatchListeners $i.currentTarget,
            listener = _dispatchListeners $i.listener;


        if (instance !== previousInstance && event.isPropagationStopped()) {
            return;
        }

        /* 执行事件 */
        executeDispatch(event, listener, currentTarget);
        previousInstance = instance;
    }
} else {
    for (var _i = 0; _i < dispatchListeners.length; _i++) {
        var _dispatchListeners $_i = dispatchListeners[_i],
            _instance = _dispatchListeners $_i.instance,
            _currentTarget = _dispatchListeners $_i.currentTarget,
            _listener = _dispatchListeners $_i.listener;

        if (_instance !== previousInstance && event.isPropagationStopped()) {
            return;
        }
        /* 执行事件 */
        executeDispatch(event, _listener, _currentTarget);
        previousInstance = _instance;
    }
}
```

如上所示，在 executeDispatch 会负责执行事件处理函数，也就是上面的 handleClick、handle-ParentClick 等。它有一个区别：如果是捕获阶段执行的函数，那么 listener 数组中的函数会从后往前执行，如果是冒泡阶段执行的函数，会从前往后执行，用这个模拟出冒泡阶段先子后父，捕获阶段先父后子。

还有一个细节就是如果触发了阻止冒泡事件，上述讲到的事件源是 React 内部自己创建的，所以一个事件中执行了 e.stopPropagation，那么事件源中就能感知到，接下来就可以通过 event.isPropagationStopped 判断是否阻止冒泡。如果组织，那么就会退出，这样就模拟了事件流的执行过程，以及阻止事件冒泡。

▶▶ 10.8.2　老版本事件系统原理差异

明白了新版本的事件原理之后，看一下与老版本的区别，老版本的事件系统有一个弊端，就是冒泡阶段的事件和捕获阶段的事件都是放在一起，并在真正的冒泡阶段执行的，这就造成了事件流不准确。

我们还是来看一下老版本事件系统的原理。

事件绑定：与新版本不同的是，老版本注册事件是在组件更新阶段。就是在 React 处理 props 的时候，如果遇到事件，比如 onClick，就会通过 addEventListener 注册原生事件；如果是 onChange 事件，就会依次绑定 blur、change 等多个事件。

我们都知道 element 的 props 通过 fiber 阶段处理后，会存放到 fiber 的 memoizedProps 属性上。接下来在处理 props 的时候，就会调用 diffProperties 方法。

```
function diffProperties(){
    /*  判断当前的 propKey 是不是 React 合成事件 */
    if(registrationNameModules.hasOwnProperty(propKey)){
        /*  这里简化了多个函数,如果是合成事件,传入事件名称 onClick,向 document 注册事件    */
        legacyListenToEvent(registrationName, document);
    }
}
```

diffProperties 函数在对比 diff props 的时候，如果发现是合成事件（onClick），就会调用 legacyListenToEvent 函数。注册事件监听器。接下来看一下 legacyListenToEvent 是如何注册事件的。

```
function legacyListenToEvent(registrationName,mountAt){
  const dependencies = registrationNameDependencies[registrationName]; // 根据 onClick 获取
onClick 依赖的事件数组 [ 'click' ]。
    for (let i = 0; i < dependencies.length; i++) {
    const dependency = dependencies[i];
    //   addEventListener 绑定事件监听器
    ...
  }
}
```

这个就是应用上述 registrationNameDependencies 对 React 合成事件，分别绑定原生事件的事件监听器。比如发现是 onChange，那么取出 ['blur', 'change', 'click', 'focus', 'input', 'keydown', 'keyup', 'selectionchange'] 遍历绑定。

有一个疑问，绑定在 document 的事件处理函数是前面写的 handleChange、handleClick 吗？

答案是否定的，绑定在 document 的事件，是 React 统一的事件处理函数 dispatchEvent。React 需要一个统一流程去代理事件逻辑，包括 React 批量更新等逻辑。

只要是 React 事件触发，首先执行的就是 dispatchEvent，那么有的同学会问，dispatchEvent 如何知道是什么事件触发的呢？实际上在注册的时候，就已经通过 bind，把参数绑定给 dispatchEvent 了，这个方式在新版事件系统中也是如出一辙。比如绑定 click 事件：

```
const listener = dispatchEvent.bind(null,'click',eventSystemFlags,document)
/*  TODO:重要,这里进行真正的事件绑定。 *
/document.addEventListener('click',listener,false)
```

明白了事件绑定，看一下老版本的事件系统，触发事件经历了什么？

事件触发：为了让大家更清楚地了解老版本事件触发的流程，假设 demo 结构是如下这样的：

```
export default function Index(){
    const handleClick1 = () => console.log(1)
    const handleClick2 = () => console.log(2)
    const handleClick3 = () => console.log(3)
    const handleClick4 = () => console.log(4)
    return <div onClick={ handleClick3 } onClickCapture={ handleClick4 }  >
        <button onClick={ handleClick1 }  onClickCapture={ handleClick2 }>点击</button>
    </div>}
```

如果上述点击按钮，触发点击事件，那么在 React 系统中，整个流程会是这个样子的：

第一步：批量更新，批量更新的原理之前的章节已经讲过了，这里就不多说了。

第二步：合成事件源，接下来会通过 onClick 找到对应的处理插件 SimpleEventPlugin，合成新的事件源，里面包含了 preventDefault 和 stopPropagation 等方法。

第三步：形成事件执行队列，在第一步通过原生 DOM 获取到对应的 fiber，接着会从这个 fiber 向上遍历，遇到元素类型 fiber，就会收集事件，用一个数组收集事件。

如果遇到捕获阶段事件 onClickCapture，就会将 unshift 放在数组前面。以此模拟事件捕获阶段。

如果遇到冒泡阶段事件 onClick，就会 push 到数组后面，模拟事件冒泡阶段。一直收集到最顶端 App，形成执行队列，在接下来的阶段，依次执行队列里面的函数。

```
while (instance !== null) {
  const {stateNode, tag} = instance;
  if (tag === HostComponent && stateNode !== null) { /*  DOM 元素 */
      const currentTarget = stateNode;
      if (captured !== null) { /*  事件捕获 */
          /*  在事件捕获阶段,真正的事件处理函数 */
          const captureListener = getListener(instance, captured); // onClickCapture
          if (captureListener != null) {
          /*  对应发生在事件捕获阶段的处理函数,逻辑是将执行函数 unshift 添加到队列的最前面 */
              dispatchListeners.unshift(captureListener);

          }
      }
      if (bubbled !== null) { /*  事件冒泡 */
          /*  事件冒泡阶段,真正的事件处理函数,逻辑是将执行函数 push 到执行队列的最后面 */
          const bubbleListener = getListener(instance, bubbled); //
          if (bubbleListener != null) {
              dispatchListeners.push(bubbleListener); // onClick
          }
      }
  }
  instance = instance.return;
}
```

点击一次按钮，4 个事件执行顺序是这样的：

首先第一次收集是在 button 上，handleClick1 冒泡事件 push 处理，handleClick2 捕获事件 unshift 处理。形成结构［handleClick2，handleClick1］。

接着向上收集，遇到父级，收集父级 div 上的事件，handleClick3 冒泡事件 push 处理，handleClick4 捕获事件 unshift 处理。［handleClick4，handleClick2，handleClick1，handleClick3］。

依次执行数组里面的事件，所以打印 4 2 1 3。

老版本事件系统是如何阻止冒泡的？React 是如何阻止事件冒泡的？看一下事件队列是怎样执行的。

```
function runEventsInBatch(){
    const dispatchListeners = event._dispatchListeners;
    if (Array.isArray(dispatchListeners)) {
    for (let i = 0; i < dispatchListeners.length; i++) {
      if (event.isPropagationStopped()) { /*  判断是否已经阻止事件冒泡 */
        break;
      }
      dispatchListeners[i](event) /*  执行真正的处理函数及 handleClick1... */
    }
  }
}
```

对于上述队列［handleClick4，handleClick2，handleClick1，handleClick3］，假设在上述队列中，handleClick2 中调用 e.stopPropagation（），那么事件源里将有状态证明此次事件已经停止冒泡，下次遍历的时候，event.isPropagationStopped（）就会返回 true，所以跳出循环，handleClick1、handleClick3 将不再执行，模拟了阻止事件冒泡的过程。到此为止，新老版本的事件系统原理就都清晰了。

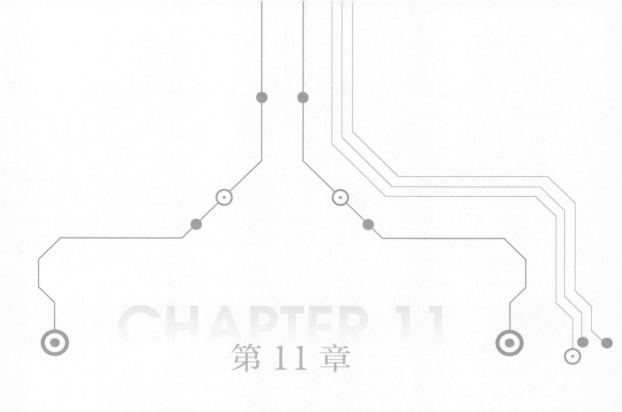

第 11 章

玩转React Hooks

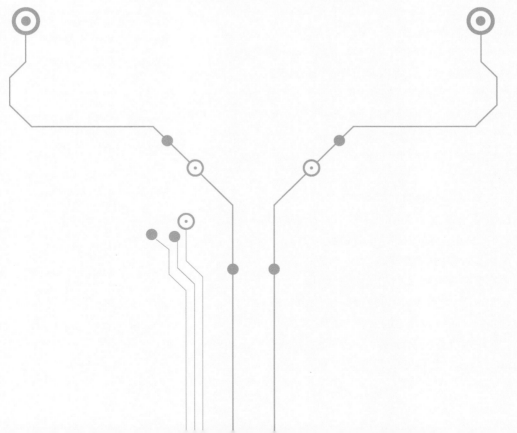

React Hooks 是 React V16.8 以后，React 新增的钩子 API，目的是增加代码的可复用性、逻辑性，弥补无状态组件没有生命周期，没有数据管理状态 state 的缺陷。本章将进入 React Hooks 的世界。

在 11.1 节中将再次讲解 React 有哪些 Hooks，介绍它们的用法以及应用场景。

明白了用法之后，在 11.2 节将介绍 Hooks 的内部运转机制，深入原理。

说完用法和原理之后，在 11.3 节将介绍一个或多个 Hooks 组合使用的模式——自定义 Hooks，为什么要使用自定义 Hooks？自定义 Hooks 是在 React Hooks 基础上的一个拓展，可以根据业务需求，制定满足业务需要的组合 Hooks，更注重的是逻辑单元。根据业务场景的不同，到底需要 React Hooks 做什么，怎样把一段逻辑封装起来，做到复用，这是自定义 Hooks 产生的初衷。自定义 Hooks 也可以说是 React Hooks 聚合产物，其内部由一个或者多个 React Hooks 组成，用于解决一些复杂逻辑。

介绍完自定义 Hooks 之后，在 11.4 节将对自定义 Hooks 进行实战训练。

11.1 Hooks 概览

Hooks 解决了什么问题？

先设想一下，如果没有 Hooks，函数组件能够做的只是接受 props、渲染 UI，以及触发父组件传过来的事件。所有的处理逻辑要在类组件中写出来，这样会使 class 类组件内部错综复杂，每一个类组件都有一套独特的状态，相互之间不能复用，即便是 React 之前出现过 mixin 等复用方式，但是 mixin 模式下会出现隐式依赖、代码冲突覆盖等问题，也不能成为 React 的中流砥柱的逻辑复用方案。所以 React 放弃了 mixin 这种方式。

类组件是一种面向对象思想的体现，类组件之间的状态会随着功能增强而变得越来越臃肿，代码维护成本也比较高，而且不利于后期 tree shaking。所以有必要做出一套函数组件代替类组件的方案，于是 Hooks 也就所当然地诞生了。

所以 Hooks 的原因如下：

让函数组件也能做类组件的事，有自己的状态，可以处理一些副作用，能获取 ref，也能做数据缓存。

解决逻辑复用难的问题。

放弃面向对象编程，拥抱函数式编程。

在 React 的世界中，不同的 Hooks 使命也是不同的，这里对 React Hooks 按照功能分类，分成了数据更新驱动、执行副作用、状态获取与传递、状态派生与保存和工具类 Hooks，具体功能划分和使用场景如图 11-1-1 所示。

Hooks 功能分类	具体Hooks	功能	React V18 新特性	跨端支持 RN
数据更新驱动	usetate	数据驱动更新	✕	☑
	useReducer	订阅状态，创建reducer,更新视图	✕	☑
	useSyncExternalStore	并发模式下，订阅外部数据源，触发更新	☑	✕
	useTransition	并发模式下，创建过渡更新任务	☑	✕
	useDeferredValue	并发模式下，滞后更新状态	☑	✕
执行副作用	useEffect	异步状态下，执行副作用，渲染之后	✕	☑
	useLayoutEffect	同步状态下，执行副作用，渲染之前	✕	☑
	useInsertionEffect	处理css in js缺陷问题	☑	✕
状态获取与传递	useContext	订阅并获取 Context	✕	☑
	useRef	获取元素或者组件实例，保存状态	✕	☑
	useImperativeHandle	用于函数组件ref状态的获取	✕	☑
状态派生与保存	useMemo	派生并缓存新状态，常用于性能优化	✕	☑
	useCallback	缓存状态，常用于缓存给子组件的回调函数	✕	☑
工具类 Hooks	useId	服务端渲染，保障组件id的稳定性	☑	✕
	useDebugValue	用于devtool debug	✕	✕

● 图 11-1-1

▶▶ 11.1.1　数据更新驱动

1. useState

useState 可以使函数组件像类组件一样拥有 state，函数组件通过 useState 可以让组件重新渲染，更新视图。useState 基础介绍：

const ［ ①state，②dispatch ］= useState（③initData）

①state，目的是提供给 UI，作为渲染视图的数据源。②dispatchAction 改变 state 的函数，可以理解为推动函数组件渲染的渲染函数。③initData 有两种情况，第一种情况是非函数，将作为 state 初始化的值。第二种情况是函数，函数的返回值作为 useState 初始化的值。

useState 基础用法：

```
const DemoState = (props) => {
    /* number 为此时的 state 读取值,setNumber 为派发更新的函数 */
    let [number, setNumber] = useState(0) /* 0 为初始值 */
    return (<div>
        <span>{ number }</span>
        <button onClick={ () => {
          setNumber(number+1)
          console.log(number) /* 这里的 number 是不能够及时改变的　*/
        } } ></button>
    </div>)
}
```

useState 注意事项：

在函数组件一次执行上下文中，state 的值是固定不变的。

```
function Index(){
    const [ number, setNumber ] = React.useState(0)
    const handleClick = () => setInterval(()=>{
        // 此时 number 一直都是 0
        setNumber(number + 1)
    },1000)
    return <button onClick={ handleClick } >点击{ number }</button>
}
```

如果两次 dispatchAction 传入相同的 state 值，那么组件就不会更新。

```
export default function Index(){
    const [ state, dispatchState ] = useState({ name:'alien' })
    const  handleClick = ()=>{ // 点击按钮,视图没有更新。
        state.name = 'Alien'
        dispatchState(state) // 直接改变 state,在内存中指向的地址相同。
    }
    return <div>
```

```
            <span> { state.name }</span>
            <button onClick={ handleClick }  >changeName++</button>
        </div>
    }
```

当触发 dispatchAction 在当前执行上下文中获取不到最新的 state，只有在下一次组件重新渲染中才能获取到。

2. useReducer

useReducer 是 React-Hooks 提供的能够在无状态组件中运行的类似 Redux 功能的 API。

useReducer 基础介绍：

const [①state, ②dispatch] = useReducer(③reducer)

①更新之后的 state 值。②派发更新的 dispatchAction 函数，本质上和 useState 的 dispatchAction 是一样的。③一个函数 reducer，可以认为它就是一个 Redux 中的 reducer，reducer 的参数就是常规 reducer 里面的 state 和 action，返回改变后的 state，这里有一个需要注意的点就是：如果返回的 state 和之前的 state 内存指向相同，那么组件将不会更新。useReducer 基础用法：

```
const DemoUseReducer = ()=>{
    /* number 为更新后的 state 值,dispatchNumbner 为当前的派发函数 */
    const [number, dispatchNumbner] = useReducer((state,action)=>{
        const { payload, name } = action
        /* return 的值为新的 state */
        switch(name){
            case'add':
                return state + 1
            case'sub':
                return state - 1
            case'reset':
                return payload
        }
        return state
    },0)
    return <div>
        当前值:{ number }
        { /* 派发更新 */ }
        <button onClick={()=>dispatchNumbner({ name:'add' })} >增加</button>
        <button onClick={()=>dispatchNumbner({ name:'sub' })} >减少</button>
        <button onClick={()=>dispatchNumbner({ name:'reset',payload:666 })} >赋值</button>
        { /* 把 dispatch 和 state 传递给子组件 */ }
        <MyChildren  dispatch={ dispatchNumbner } state={{ number }} />
    </div>
}
```

3. useSyncExternalStore

useSyncExternalStore 的诞生并非偶然，和 React V18 的更新模式下外部数据的 tearing 有着十分紧密的关联。具体可以参考 4.7 节的外部数据源。

useSyncExternalStore 能够让 React 组件在 Concurrent 模式下安全有效地读取外接数据源，在组件渲染过程中能够检测到变化，并且在数据源发生变化的时候，能够调度更新。当读取到外部状态发生变化后，会触发一个强制更新，来保证结果的一致性。

useSyncExternalStore 基础介绍：

useSyncExternalStore(①subscribe,②getSnapshot,③getServerSnapshot)

①subscribe 为订阅函数，当数据改变的时候，会触发 subscribe，useSyncExternalStore 会通过带有记忆性的 getSnapshot 来判别数据是否发生变化，如果发生变化，会强制更新数据。②getSnapshot 可以理解成一个带有记忆功能的选择器。当 store 变化的时候，会通过 getSnapshot 生成新的状态值，这个状态值可提供给组件作为数据源使用，getSnapshot 可以检查订阅的值是否改变，如果改变，会触发更新。③getServerSnapshot 用于 hydration 模式下的 getSnapshot。useSyncExternalStore 基础用法：

```
import { combineReducers, createStore  } from 'redux'
/*  number Reducer */
function numberReducer(state=1,action){
    switch (action.type){
        case 'ADD':
          return state + 1
        case 'DEL':
          return state - 1
        default:
          return state
    }}
/*  注册 reducer */
const rootReducer = combineReducers({ number:numberReducer  })
/*  创建 store */
const store = createStore(rootReducer,{ number:1  })
function Index(){
    /*  订阅外部数据源 */
    const state = useSyncExternalStore(store.subscribe,() => store.getState().number)
    console.log(state)
    return <div>
        {state}
        <button onClick={() => store.dispatch({ type:'ADD'})} >点击</button>
    </div>
}
```

触发 store.subscribe 订阅函数，执行 getSnapshot 得到新的 number，判断 number 是否发生变化，如果变化，触发更新。

4. useTransition

在 9.4 节中的新概念叫作过渡任务，这种任务是对比立即更新任务而产生的，通常一些影响用户交互直观响应的任务，例如按键、点击、输入等，这些任务需要在视图上立即响应，可以称为立即更新的任务，但是有一些更新不是那么急迫，比如页面从一个状态过渡到另外一个状态，这些任务就叫作过渡任务。打个比方，有几个 tab 页面，点击 tab 从 tab1 切换到 tab2 的时候，产生了两个更新任务。第一个就是 hover 状态由 tab1 变成 tab2。第二个就是内容区域由 tab1 内容变换到 tab2 内容。

这两个任务，用户肯定希望 hover 状态的响应更迅速，而内容的响应有可能还需要请求数据等操作，所以更新状态并不是立刻生效，通常还会有一些 loading 效果。所以第一个任务作为立即执行任务，而第二个任务就可以视为过渡任务。

useTransition 基础介绍：

useTransition 执行返回一个数组。数组有两个状态值：第一个：处于过渡状态的标志——isPending。第二个：一个方法，可以理解为上述的 startTransition。可以把里面的更新任务变成过渡任务。

```
import { useTransition } from 'react'
/* 使用 */
const [ isPending, startTransition ] = useTransition ()
```

useTransition 基础用法：

除了上述切换 tab 场景外，还有很多场景非常适合 useTransition 产生的过渡任务，比如输入内容，实时搜索并展示数据，这也是有两个优先级的任务，第一个任务就是受控表单的实时响应；第二个任务就是输入内容的改变，数据展示的变化。接下来写一个 demo，看一下 useTransition 的基本使用。

```
/* 模拟数据 */
const mockList1 = new Array(10000).fill('tab1')
.map((item,index)=>item+'--'+index)
const mockList2 = new Array(10000).fill('tab2')
.map((item,index)=>item+'--'+index)
const mockList3 = new Array(10000).fill('tab3').map((item,index)=>item+'--'+index)
const tab = {
  tab1: mockList1,
  tab2: mockList2,
  tab3: mockList3}
export default function Index(){
  const [ active, setActive ] = React.useState('tab1') // 需要立即响应的任务,立即更新任务
  const [ renderData, setRenderData ] = React.useState(tab[active]) // 不需要立即响应的任务,
过渡任务
  const [ isPending,startTransition  ] = React.useTransition()
  const handleChangeTab = (activeItem) => {
      setActive(activeItem) // 立即更新
      startTransition(()=>{ // startTransition 里面的任务优先级低
        setRenderData(tab[activeItem])
      })
  }
  return <div>
    <div className='tab' >
      { Object.keys(tab).map((item)=> <span className={ active === item && 'active' } on-
Click={()=>handleChangeTab(item)} >{ item }</span>) }
```

```
      </div>
      <ul className='content'>
          { isPending && <div> loading...</div> }
          { renderData.map(item=> <li key={item} >{item}</li>) }
      </ul>
    </div>
  }
```

如上所示，当切换 tab 的时候，产生了两个优先级任务，第一个任务是 setActive 控制 tab active 状态的改变，第二个任务为 setRenderData 控制渲染的长列表数据（在现实场景下，长列表可能是一些数据量大的可视化图表）。

5. useDeferredValue

useDeferredValue 可以让状态滞后派生。useDeferredValue 的实现效果也类似于 Transtion，当迫切的任务执行后，再得到新的状态，而这个新的状态就称为 DeferredValue。

useDeferredValue 基础介绍：

useDeferredValue 和上述 useTransition 有什么异同呢？

相同点：useDeferredValue 和内部实现与 useTransition 一样都是标记成了过渡更新任务。不同点：useTransition 是把 startTransition 内部的更新任务变成了过渡任务 Transtion，而 useDeferredValue 是把原值通过过渡任务得到新的值，这个值作为延时状态。一个是处理一段逻辑，另一个是生产新的状态。

useDeferredValue 接受一个参数 value，一般为可变的 state，返回一个延时状态 deferrredValue。

```
const deferrredValue = React.useDeferredValue(value)
```

useDeferredValue 基础用法：

接下来将前面那个例子用 useDeferredValue 来实现。

```
export default function Index(){
  const [ active, setActive ] = React.useState('tab1') // 需要立即响应的任务,立即更新任务
  const deferActive = React.useDeferredValue(active) // 把状态延时更新,类似于过渡任务
  const handleChangeTab = (activeItem) => {
    setActive(activeItem) // 立即更新
  }
  const renderData = tab[deferActive] // 使用滞后状态
  return <div>
    <div className='tab'>
      { Object.keys(tab).map((item)=>
      <span className={ active === item && 'active'}
onClick={()=>handleChangeTab(item)} >{ item }</span>) }
    </div>
    <ul className='content'>
        { renderData.map(item=> <li key={item} >{item}</li>) }
    </ul>
  </div>
  }
```

如上所示，Active 为正常改变的状态，deferActive 为滞后的 Active 状态，使用正常状态去改变 tab 的 Active 状态，使用滞后的状态去更新视图，同样达到了提升用户体验的作用。

▶▶ 11.1.2　执行副作用

1. useEffect

React Hooks 也提供了 API，用于弥补函数组件没有生命周期的缺陷。其主要是运用了 Hooks 里面的 useEffect、useLayoutEffect，还有 useInsertionEffect。其中最常用的就是 useEffect。首先来看一下 useEffect 的使用。

useEffect 基础介绍：

```
useEffect(()=>{
    return destory},
dep)
```

useEffect 第一个参数 callback，返回的 destory 作为下一次 callback 执行之前调用，用于清除上一次 callback 产生的副作用。

第二个参数作为依赖项，是一个数组，可以有多个依赖项，依赖项改变，执行上一次 callback 返回的 destory，并执行新的 effect 第一个参数 callback。

对于 useEffect 执行，React 处理逻辑是采用异步调用，对于每一个 effect 的 callback，React 会向 setTimeout 回调函数一样，放入任务队列，等到主线程任务完成，DOM 更新，JS 执行完成，视图绘制完毕才执行。所以 effect 回调函数不会阻塞浏览器绘制视图。

useEffect 基础用法：

```
const Demo = ({ name }) => {
    const [ userMessage, setUserMessage ] :any= useState({})
    const div= useRef()
    const [number, setNumber] = useState(0)
    /* 模拟事件监听处理函数 */
    const handleResize = ()=>{}
    /* useEffect 使用,这里如果不加限制,会使函数重复执行,陷入死循环 */
    useEffect(()=>{
        /* 请求数据 */
        getUserInfo(name).then(res=>{
            setUserMessage(res)
        })
        /* 定时器、延时器等 */
        const timer = setInterval(()=>console.log(666),1000)
        /* 操作 DOM   */
        console.log(div.current) /* div */
        /* 事件监听等 */
        window.addEventListener('resize', handleResize)
        /* 此函数用于清除副作用 */
        return function(){
```

```
            clearInterval(timer)
            window.removeEventListener('resize', handleResize)
        }
    /* 只有当 props→name 和 state→number 改变的时候，useEffect 副作用函数重新执行，如果此时数组为
空[]，证明函数只有在初始化的时候执行一次，相当于 componentDidMount */
    },[ name,number ])
    return (<div ref={div} >
        <span>{ userMessage.name }</span>
        <span>{ userMessage.age }</span>
        <div onClick={ () => setNumber(1) } >{ number }</div>
    </div>)
}
```

如上所示，在 useEffect 中做的功能如下：

（1）请求数据。

（2）设置定时器、延时器等。

（3）操作 DOM 在 React Native 中可以通过 ref 获取元素位置信息等内容。

（4）注册事件监听器，事件绑定，在 React Native 中可以注册 NativeEventEmitter。

（5）还可以清除定时器、延时器、解绑事件监听器等。

2. useLayoutEffect

useLayoutEffect 基础介绍：

useLayoutEffect 和 useEffect 不同的地方是采用了同步执行，那么和 useEffect 有什么区别呢？首先 useLayoutEffect 是在 DOM 更新之后，浏览器绘制之前，这样可以方便修改 DOM，获取 DOM 信息，这样浏览器只会绘制一次，如果修改 DOM 布局放在 useEffect，useEffect 执行是在浏览器绘制视图之后，接下来再改 DOM，可能会导致浏览器再次回流和重绘。而且由于两次绘制，视图上可能会造成突兀的效果。useLayoutEffect callback 中的代码执行会阻塞浏览器绘制。

useEffect 基础用法：

```
const DemoUseLayoutEffect = () => {
    const target = useRef()
    useLayoutEffect(() => {
        /* 我们需要在 DOM 绘制之前,移动 DOM 到指定位置 */
        const { x,y } = getPositon() /* 获取要移动的 x,y 坐标 */
        animate(target.current,{ x,y })
    }, []);
    return (
        <div >
            <span ref={ target } className="animate"></span>
        </div>
    )
}
```

3. useInsertionEffect

useInsertionEffect 基础介绍：

useInsertionEffect 是在 React V18 新添加的 Hooks，它的用法和 useEffect、useLayoutEffect 一样。

在 5.4 节中讲到 useInsertionEffect 的执行时机要比 useLayoutEffect 提前，useLayoutEffect 执行的时候 DOM 已经更新了，但是在 useInsertionEffect 执行的时候，DOM 还没有更新。useInsertionEffect 主要是解决 CSS-in-JS 在渲染中注入样式的性能问题。这个 Hooks 主要是应用于此场景，在其他场景下 React 不期望用这个 Hooks。

useInsertionEffect 模拟使用：

```
export default function Index(){

    React.useInsertionEffect(()=>{
        /* 动态创建 style 标签插入 head 中 */
        const style = document.createElement('style')
        style.innerHTML = `
            .css-in-js{
                color: red;
                font-size: 20px;
            }
        `
        document.head.appendChild(style)
    },[])
    return <div className="css-in-js" > hello, useInsertionEffect </div>
}
```

如上所示模拟了 useInsertionEffect 的使用。

▶▶ 11.1.3 状态的获取与传递

1. useContext

useContext 基础介绍：

可以使用 useContext，来获取父级组件传递过来的 Context 值，这个当前值就是最近的父级组件 Provider 设置的 value 值，useContext 参数一般是由 createContext 方式创建的，也可以是父级上下文 Context 传递的（参数为 context）。useContext 可以代替 context.Consumer 来获取 Provider 中保存的 value 值。当 value 改变的时候，使用 useContext 的函数组件会重新渲染。

```
const contextValue = useContext(context)
```

useContext 接受一个参数，一般都是 Context 对象，返回值为 Context 对象内部保存的 value 值。useContext 基础用法：

```
/* 用 useContext 方式 */
const DemoContext = () => {
    const value:any = useContext(Context)
```

```
    /* my name is react */
    return <div> my name is { value.name }</div>
}
/* 用 Context.Consumer 方式 */
const DemoContext1 = () =>{
    return <Context.Consumer>
        {/*    my name is react    */}
        { (value) => <div> my name is { value.name }</div> }
    </Context.Consumer>
}
export default () =>{
    return <div>
        <Context.Provider value={{ name:'react', version:18 }} >
            <DemoContext />
            <DemoContext1 />
        </Context.Provider>
    </div>
}
```

2. useRef

useRef 基础介绍：

useRef 可以用来获取元素，缓存状态，接受一个状态 initState 作为初始值，返回一个 ref 对象 cur，cur 上有一个 current 属性，就是 ref 对象需要获取的内容。

```
const cur = React.useRef(initState)console.log(cur.current)
```

useRef 基础用法：

useRef 获取 DOM 元素，在 React Native 中虽然没有 DOM 元素，但是也能够获取组件的节点信息（fiber 信息）。

```
const DemoUseRef = () =>{
    const dom= useRef(null)
    const handerSubmit = () =>{
        /*    <div >表单组件</div>  DOM 节点 */
        console.log(dom.current)
    }
    return <div>
        {/* ref 标记当前 DOM 节点 */}
        <div ref={dom} >表单组件</div>
        <button onClick={() =>handerSubmit()} >提交</button>
    </div>
}
```

如上所示，通过 useRef 来获取 DOM 节点。

useRef 保存状态，可以利用 useRef 返回的 ref 对象来保存状态，只要当前组件不被销毁，那么状态就会一直存在。

```
const status = useRef(false)
/* 改变状态 */
const handleChangeStatus = () => {
  status.current = true
}
```

3. useImperativeHandle

useImperativeHandle 可以配合 forwardRef 自定义暴露给父组件的实例。这个很有用，我们知道，对于子组件，如果是 class 类组件，可以通过 ref 获取类组件的实例，但是在子组件是函数组件的情况下，如果不能直接通过 ref 标记函数组件，那么此时 useImperativeHandle 和 forwardRef 配合就能达到效果。

useImperativeHandle 接受三个参数：第一个参数 ref：接受 forWardRef 传递过来的 ref。第二个参数 createHandle：处理函数，返回值作为暴露给父组件的 ref 对象。第三个参数 deps：依赖项 deps，依赖项更改形成新的 ref 对象。

在 6.2 节已经介绍了 useImperativeHandle 的用法，useImperativeHandle 是子代函数组件，给父组件提供的接口，是因为函数组件没有实例保存状态。如果父组件想要获取子组件的状态或者调用子组件的方法，那么 useImperativeHandle 就是一个不错的方案。

▶▶ 11.1.4　状态的派生与保存

1. useMemo

useMemo 可以在函数组件渲染上下文中同步执行一个函数逻辑，这个函数的返回值可以作为一个新的状态缓存起来。这个 Hooks 的作用就显而易见了。

场景一：在一些场景下，需要在函数组件中进行大量的逻辑计算，那么不期望每一次函数组件渲染都执行这些复杂的计算逻辑，所以就需要在 useMemo 的回调函数中执行这些逻辑，然后将得到的产物（计算结果）缓存起来即可。

场景二：React 在整个更新流程中，diff 起到了决定性的作用，比如 Context 中的 provider 通过 diff value 来判断是否更新。

useMemo 基础介绍：

```
const cacheSomething = useMemo(create,deps)
```

create：第一个参数为一个函数，函数的返回值作为缓存值，在 demo 中将 Children 对应的 element 对象缓存起来。

deps：第二个参数为一个数组，存放当前 useMemo 的依赖项，在函数组件下一次执行的时候，会对比 deps 依赖项里面的状态是否有改变，如果有改变，重新执行 create，得到新的缓存值。

cacheSomething：执行 create 的返回值。如果 deps 中有依赖项改变，返回的值重新执行 create 产生的值，否则取上一次缓存值。

useMemo 基础用法：

派生新状态：

```
function Scope() {
    const keeper = useKeep()
    const { cacheDispatch, cacheList, hasAliveStatus } = keeper
    /* 通过 useMemo 得到派生出来的新状态 contextValue    */
    const contextValue = useMemo(() => {
        return {
            cacheDispatch: cacheDispatch.bind(keeper),
            hasAliveStatus: hasAliveStatus.bind(keeper),
            cacheDestory: (payload) => cacheDispatch.call(keeper, { type: ACTION_DESTORY,
payload })
        }
    }, [keeper])
    return <KeepaliveContext.Provider value={contextValue}>
    </KeepaliveContext.Provider>
}
```

如上所示，通过 useMemo 得到派生出来的新状态 contextValue，只有 keeper 变化的时候，才改变
Provider 的 value。缓存计算结果：

```
function Scope(){
    const style = useMemo(()=>{
      let computedStyle = {}
      // 经过大量的计算
      return computedStyle
    },[])
    return <div style={style} ></div>
}
```

缓存组件，减少子组件重新渲染次数：

```
function Scope ({ children }){
    const renderChild = useMemo(()=>{ children()},[ children ])
    return <div>{ renderChild } </div>
}
```

2. useCallback

useCallback 基础介绍：

useMemo 和 useCallback 接收的参数都是一样的，在其依赖项发生变化后才执行，都是返回缓存的
值，区别在于：useMemo 返回的是函数运行的结果，useCallback 返回的是函数，这个回调函数是经过
处理后的，也就是说，父组件传递一个函数给子组件的时候，由于是无状态组件，每一次都会重新生
成新的 props 函数，这样就使得每一次传递给子组件的函数都发生了变化，这时候就会触发子组件的
更新，这些更新是没有必要的，此时就可以通过 useCallback 来处理此函数，然后作为 props 传递给子
组件。

useCallback 基础用法：

```
/* 用 react.memo */
const DemoChildren = React.memo((props)=>{
    /* 只有初始化的时候打印了子组件更新 */
     console.log('子组件更新')
    useEffect(()=>{
        props.getInfo('子组件')
    },[])
    return <div>子组件</div>
})
const DemoUseCallback=({ id })=>{
    const [number, setNumber] = useState(1)
    /* 此时 usecallback 的第一参数(sonName)=>{ console.log(sonName) }
    经过处理赋值给 getInfo */
    const getInfo  = useCallback((sonName)=>{
        console.log(sonName)
    },[id])
    return <div>
        {/* 点击按钮触发父组件更新,但是子组件没有更新 */}
        <button onClick={ ()=>setNumber(number+1) }>增加</button>
        <DemoChildren getInfo={getInfo} />
    </div>
}
```

▶▶ 11. 1. 5　工具 Hooks

1. useDebugValue

先来看一下官方的这段描述：

我们不推荐向每个自定义 Hook 添加 Debug 值。当它作为共享库的一部分时，才最有价值。在某些情况下，格式化值的显示可能是一项开销很大的操作。除非需要检查 Hook，否则没有必要这样做。因此，useDebugValue 接受一个格式化函数作为可选的第二个参数。该函数只有在 Hook 被检查时，才会被调用。它接受 Debug 值作为参数，并且会返回一个格式化的显示值。

useDebugValue 基础介绍：

useDebugValue 可用于在 React 开发者工具中显示自定义 Hook 的标签。这个 Hooks 的目的就是检查自定义 Hooks。

useDebugValue 基本使用：

```
function useFriendStatus(friendID) {
  const [isOnline, setIsOnline] = useState(null);
  // ...
  // 在开发者工具中的这个 Hook 旁边显示标签
  // e.g."FriendStatus: Online"
  useDebugValue(isOnline ?'Online':'Offline');
```

```
    return isOnline;
  }
```

useId 也是 React V18 产生的新的 Hooks，它可以在 client 和 server 生成唯一的 id，解决了在服务器渲染中，服务端和客户端产生 id 不一致的问题，更重要的是保障了 React V18 中的 streaming renderer（流式渲染）中 id 的稳定性。

低版本 React 存在的问题：比如在一些项目或者是开源库中用 Math.random( ) 作为 id 的时候，可以有一些随机生成 id 的场景：

```
const rid = Math.random() +'_id_'  /* 生成一个随机 id  */
function Demo (){
    // 使用 rid
    return <div id={rid} ></div>
}
```

这在纯客户端渲染中没有问题，但是在服务端渲染的时候，传统模式下需要走如下流程：

服务器获取数据→服务端渲染到 html 模版→客户端加载 html 代码→hydrate 注入逻辑。

在这个过程中，当服务端渲染到 html 和 hydrate 的过程分别在服务端和客户端进行，但是会走两遍 id 的生成流程，这样就会造成 id 不一致的情况发生。useId 的出现能有效解决这个问题。

useId 基本用法：

```
function Demo (){
    const rid = useId() // 生成稳定的 id
    return <div id={rid} ></div>
}
```

我们在 9.5 节中讲到新版本 React 有一个特性叫作 Selective Hydration，可以根据用户交互改变hydrate 的顺序，也就是组件的 hydrate 顺序不是固定的，这样就可以使用 useId 来保障 id 的稳定性。

11.2 Hooks 原理

【学习目标】

上一节中，我们讲到了目前版本下所有 React 提供的 Hooks，又讲到了它们的基础用法和使用场景，本节来看一下 Hooks 运转背后的真相。

Hooks 中有很多巧妙的地方，这些都值得我们学习，并且很有可能运用到以后的实践中，在正式介绍 Hooks 原理之前，先来看几个问题。

（1）Hooks 为什么必须在函数组件内部执行？React 如何能够监听 Hooks 在外部执行并抛出

异常。

（2）Hooks 如何把状态保存起来？保存的信息存在了哪里？

（3）Hooks 为什么不能写在条件语句中？

（4）useMemo 内部引用 useRef 为什么不需要添加依赖项，而 useState 就要添加依赖项？

（5）useEffect 添加依赖项 props.a，为什么 props.a 改变，useEffect 回调函数 create 重新执行？

带着问题去思考，能够更有目的性，同样在深入原理的过程中不会感觉到枯燥无味，言归正传，看一下 Hooks 的实现原理。

通过本节，把 Hooks 使用和原理串联起来。这样做的好处是能让读者在实际工作场景中更熟练地运用 Hooks；

▶▶ 11.2.1　Hooks 与 fiber

在 fiber 节中讲到过，类组件的状态，比如 state、Context、props 存在类组件对应的 fibe 上，包括生命周期，比如 componentDidMount，也是以副作用标志形式存在的。那么 Hooks 既然赋予了函数组件如上功能，所以 Hooks 是离不开函数组件对应的 fiber 的。Hooks 可以作为和函数组件对应的 fiber 之间的沟通桥梁。

为什么说 Hooks 是函数组件和 fiber 沟通的桥梁呢？我们都知道在 React 类组件中，是有一个实例可以保存 state、Context、ref 等信息的。开发者可以直接从 this 上获取到它们，但是在函数组件中是没有实例的，这些状态需要保存起来，这个时候 Hooks 就派上用场了，Hooks 一方面和函数组件建立起关联，将状态记录下来，另一方面把状态保存到函数组件对应的 fiber 对象上。

如果获取状态也是这个道理，通过 Hooks 将 fiber 上面的状态获取到。整个流程如图 11-2-1 所示。

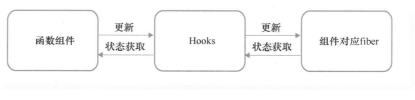

● 图 11-2-1

为了研究 Hooks 的本质，我们从 Hooks 的使用开始入手，当开发者在函数组件中引入 Hooks 的时候，会通过如下方式：

```
import { useState } from 'react'
```

但是使用的时候，必须在函数组件内部调用它，如果在函数组件之外调用，比如：

```
import { useState } from 'react'
useState()
```

就会报以下的错误：

Invalid hook call.Hooks can only be called inside of the body of a function component.

那么就产生一个问题，React 是怎样知道 Hooks 不是在函数内部执行的呢？这个很简单，在 React 中会以多种形态存在，比如在函数内部执行的 Hooks 和函数外部执行的 Hooks 根本不是一个 Hooks。Hooks 对象主要以三种处理策略存在 React 中：

（1）ContextOnlyDispatcher：第一种形态是防止开发者在函数组件外部调用 Hooks，所以第一种就是报错形态，只要开发者调用了这个形态下的 Hooks，就会抛出异常。

（2）HooksDispatcherOnMount：第二种形态是函数组件初始化 mount，因为之前讲过 Hooks 是函数组件和对应 fiber 桥梁，这个时候的 Hooks 作用就是建立这个桥梁，初次建立其 Hooks 与 fiber 之间的关系。

（3）HooksDispatcherOnUpdate：第三种形态是函数组件的更新，既然与 fiber 之间的桥已经建好了，那么组件再更新，就需要 Hooks 去获取或者更新维护状态。

看一下三个对象的 Hooks 有什么区别：

```
const HooksDispatcherOnMount = { /* 函数组件初始化用的 Hooks */
    useState: mountState,
    useEffect: mountEffect,
    ...}
const  HooksDispatcherOnUpdate ={/* 函数组件更新用的 Hooks */
    useState:updateState,
    useEffect: updateEffect,
    ...}
const ContextOnlyDispatcher = {
   /* 当 Hooks 不是函数内部调用的时候,调用这个 Hooks 对象下的 Hooks,所以报错。*/
    useEffect: throwInvalidHookError,
    useState: throwInvalidHookError,
    ...}
```

比如我们在函数外部执行的 useState，本质上是 throwInvalidHookError，来看一下这个函数长什么样子：

```
function throwInvalidHookError() {
  throw new Error(
    'Invalid hook call.Hooks can only be called inside of the body of a function component.
This could happen for' +
      ' one of the following reasons: \n' +
      '1.You might have mismatching versions of React and the renderer (such as React DOM) \n' +
      '2.You might be breaking the Rules of Hooks \n' +
      '3.You might have more than one copy of React in the same app \n' +
      ' See https:// reactjs.org/link/invalid-hook-call for tips about how to debug and fix
this problem.',
    );}
```

这就是为什么在函数外部执行 Hooks 会报错了，同样的，Hooks 如果在函数组件初始化或者更新流程中，也会用不同的函数处理，比如 useState 在初始化过程中，用到的是 mountState，而在函数组件更新过程中，用到的是 updateState。至于 React 在内部是怎样切换 Hooks 函数的，我们马上会讲到。

这一切的根源都得追溯到函数组件的执行上，执行函数组件本身也是函数，那么函数是怎样执行的，就需要从执行函数组件的函数 renderWithHooks 开始说起。

▶▶ 11.2.2　renderWithHooks 执行函数

所有函数组件的触发是在 renderWithHooks 方法中，前面讲过在 fiber 调和过程中，遇到 Function-Component 类型的 fiber（函数组件），就会用 updateFunctionComponent 更新 fiber，在 updateFunction-Component 内部就会调用 renderWithHooks。

看一下 renderWithHooks 的核心原理。

```
let currentlyRenderingFiberfunction renderWithHooks(
current,workInProgress,Component,props){
    currentlyRenderingFiber = workInProgress;
    workInProgress.memoizedState = null; /* 每一次执行函数组件之前,先清空状态(用于存放 Hooks 列
表) */
    workInProgress.updateQueue = null;    /* 清空状态(用于存放 effect list) */
    ReactCurrentDispatcher.current =  current === null || current.memoizedState === null ?
HooksDispatcherOnMount : HooksDispatcherOnUpdate /* 判断是初始化组件还是更新组件 */
    let children = Component(props, secondArg); /* 执行真正的函数组件,所有的 Hooks 将依次执
行。*/
    ReactCurrentDispatcher.current = ContextOnlyDispatcher; /* 将 Hooks 变成第一种,防止
Hooks 在函数组件外部调用,调用直接报错。*/
}
```

workInProgress 是正在调和更新函数组件对应的 fiber 树。

对于类组件 fiber，用 memoizedState 保存 state 信息，对于函数组件 fiber，用 memoizedState 保存 Hooks 信息。对于函数组件 fiber，updateQueue 存放每个 useEffect/useLayoutEffect 产生的副作用组成的链表。在 commit 阶段更新这些副作用。

然后判断组件是初始化流程还是更新流程，如果初始化用 HooksDispatcherOnMount 对象，如果更新用 HooksDispatcherOnUpdate 对象。函数组件执行完毕，将 Hooks 赋值给 ContextOnlyDispatcher 对象。引用的 React hooks 都是 ReactCurrentDispatcher.current 中的，React 就是通过赋予 current 不同的 Hooks 对象达到监控 Hooks 是否在函数组件内部调用。如果不是在函数组件中执行的 Hooks，就是 Context-OnlyDispatcher 上的 Hooks，所以也就会报错了。

Component（props，secondArg）这个时候函数组件被真正执行，里面每一个 Hooks 也将依次执行。每个 Hooks 内部为什么能够读取当前的 fiber 信息，因为 currentlyRenderingFiber，函数组件初始化已经把当前 fiber 赋值给 currentlyRenderingFiber，每个 Hooks 内部读取的就是 currentlyRenderingFiber 的内容。

整个流程如图 11-2-2 所示。

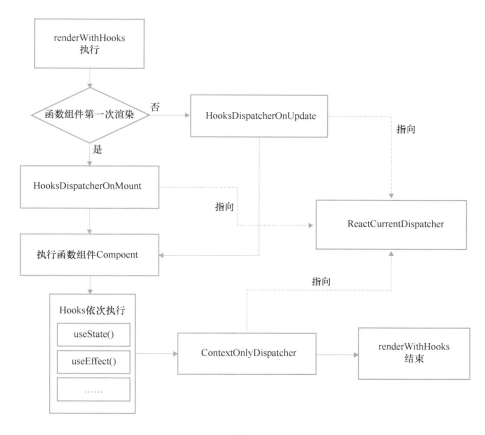

● 图 11-2-2

11.2.3 Hooks 初始化流程

1. Hooks 初始化

知道了执行函数组件的函数，以及不同的 Hooks 对象之后，我们看一下在组件初始化的时候，Hooks 的处理逻辑，Hooks 初始化流程使用的是 mountState、mountEffect 等初始化节点的 Hooks，将 Hooks 和 fiber 建立起联系，那么如何建立起关系呢，每一个 Hooks 初始化都会执行 mountWorkInProgressHook，接下来看一下这个函数。

```
function mountWorkInProgressHook() {
  const hook: Hook = {
    memoizedState: null,
    // useState 中保存着 state 信息 | useEffect 中保存着 effect 对象 | useMemo 中保存的是缓存的值和
deps | useRef 中保存的是 ref 对象
    baseState: null,
    baseQueue: null,
```

```
    queue: null,
    next: null,
  };
  if (workInProgressHook === null) { // 例子中的第一个 hooks→ useState(0) 走的就是这样。
    currentlyRenderingFiber.memoizedState = workInProgressHook = hook;
  } else {
    workInProgressHook = workInProgressHook.next = hook;
  }
  return workInProgressHook;
}
```

首先函数组件对应 fiber 用 memoizedState 保存 Hooks 信息，每一个 Hooks 执行都会产生一个 Hooks 对象，Hooks 对象中，保存着当前 Hooks 的信息，不同 Hooks 保存的形式不同。每一个 Hooks 通过 next 链表建立起关系。

至于 Hooks 对象中都保留了哪些信息？这里先分别介绍一下：memoizedState：useState 中保存着 state 信息，useEffect 中保存着 effect 对象，useMemo 中保存的是缓存的值和 deps，useRef 中保存的是 ref 对象。baseQueue：usestate 和 useReducer 中保存最新的更新队列。baseState：usestat 和 seReduce 中，一次更新产生的最新 state 值。queue：保存待更新队列 pendingQueue、更新函数 dispatch 等信息。Next：指向下一个 Hooks 对象。

假设在一个组件中这样写：

```
function Index(){
    const [ number,setNumber ] = React.useState(0)        // 第一个 Hooks
    const [ num, setNum ] = React.useState(1)             // 第二个 Hooks
    const dom = React.useRef(null)                        // 第三个 Hooks
    React.useEffect(()=>{                                 // 第四个 Hooks
        console.log(dom.current)
    },[])
    return <div ref={dom} >
        <div onClick={() => setNumber(number + 1) } > { number } </div>
        <div onClick={() => setNum(num + 1) } > { num }</div>
    </div>
}
```

如上 4 个 Hooks，初始化后，每个 Hooks 内部执行 mountWorkInProgressHook，然后每一个 Hooks 通过 next 和下一个 Hooks 建立起关联，最后在 fiber 上的结构会变成如图 11-2-3 所示。

讲完 Hooks 的初始化流程之后，来看一下对于不同种类的 Hooks，初始化流程中都做了哪些事情。这里主要介绍三种类型的 Hooks。第一种负责更新的 useState。第二种执行副作用的 useEffect。第三种负责状态保存和获取的 useMemo 和 useRef。

2. 初始化 useState → mountState

在 Hooks 中，最常用的就是 useState，useState 中对于初始化调用的是 mountState。

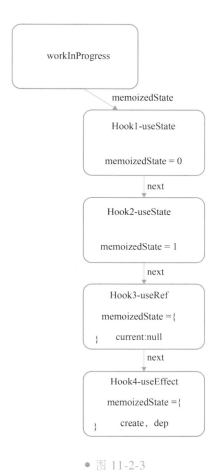

● 图 11-2-3

```
function mountState(
  initialState){
  const hook = mountWorkInProgressHook();
  if (typeof initialState === 'function') {
    // 如果 useState 第一个参数为函数,执行函数得到 state
    initialState = initialState();
  }
  hook.memoizedState = hook.baseState = initialState;
  const queue = (hook.queue = {
    pending: null,  // 待更新的
    dispatch: null, // 负责更新函数
    lastRenderedReducer: basicStateReducer, // 用于得到最新的 state,
    lastRenderedState: initialState, // 最后一次得到的 state
  });
  const dispatch = (queue.dispatch = (dispatchAction.bind(// 负责更新的函数
```

```
        null,
        currentlyRenderingFiber,
        queue,
    )))
    return [hook.memoizedState, dispatch];
}
```

如上所示，就是 mountState 的核心逻辑，第一步就是通过如上讲到的 mountWorkInProgressHook 创建一个 Hooks 对象，然后判断 initialState 是否为一个函数，如果是一个函数，会执行 initialState 得到初始化的 state 的值；如果不是函数，就直接作为初始化值，比如在 useState 中这样写：

```
const [ number, setNumber ] = useState(() => Math.random())
```

那么 ( ) = > Math. random ( ) 就会执行，返回值作为 initialState。initialState 会被当前 Hooks 的 memoizedState 属性保存下来，每一个 useState 都会创建一个 queue，里面保存了更新的信息。每一个 useState 都会创建一个更新函数，比如 setNumber 就是 dispatchAction。

值得注意一点是，当前的 fiber 被 bind 绑定了固定的参数传入 dispatchAction 和 queue，所以当用户触发 setNumber 的时候，能够直观反映出来自哪个 fiber 的更新，利用的是 bind 能够透传参数的特点。mountState 最后把 memoizedState dispatch 返回给开发者使用。上面引出了 dispatchAction，那么它的作用是什么呢？实际上在无状态组件中，useState 和 useReducer 触发函数更新的方法都是 dispatchAction，useState 可以看成一个简化版的 useReducer，至于 dispatchAction 怎样更新 state 和组件，接着往下研究 dispatchAction。

在这里首先要弄明白 dispatchAction 到底做了哪些事，如何触发的更新？

通过前面知道，如果在函数组件中这样写：

```
const [ number, setNumber ] = useState(0)
```

那么 setNumber 本身就是 dispatchAction，除此之外，memoizedState 还把当前函数组件对应的 fiber 也作为参数透传给了 setNumber。

```
function dispatchSetState(fiber,queue,action) {
  /* 获取当前 fiber 的更新优先级,正常情况下为 NoLanes */
  const lane = requestUpdateLane(fiber);
  /* 创建一个 update */
  const update = {
    lane,
    action,
    hasEagerState: false,
    eagerState: null,
    next: null,
  };
  /*    如果当前 fiber 正在更新,就跳过本次更新,等到接下来一起更新就可以了 */
  if (isRenderPhaseUpdate(fiber)) {
    enqueueRenderPhaseUpdate(queue, update);
  } else {
```

```
    /* 把新创建的 update 放入待更新的 pending 队列中 */
    enqueueUpdate(fiber, queue, update, lane);
    const alternate = fiber.alternate;
    /* 如果当前 fiber 没有其他的更新优先级任务 */
    if (
      fiber.lanes === NoLanes &&
      (alternate === null || alternate.lanes === NoLanes)
    ) {
      const lastRenderedReducer = queue.lastRenderedReducer;
      if (lastRenderedReducer !== null) {
        let prevDispatcher;

        try {
            const currentState = queue.lastRenderedState;
            /* 本次更新的 state */
            const eagerState = lastRenderedReducer(currentState, action);
            /* 如果每一个都改变相同的 state,那么组件不更新 */
            if (is(eagerState, currentState)) {
                return
            }
        } catch (error) {
        }
      }
    }
    const eventTime = requestEventTime();
    /* 进入到更新入口 */
    const root = scheduleUpdateOnFiber(fiber, lane, eventTime);
  }
}
```

原来当每一次改变 state，底层会做这些事。

首先用户每一次调用 dispatchAction（比如前面触发 setNumber）都会先创建一个 update，把它放入待更新的 pending 队列中，然后判断如果当前的 fiber 正在更新，那么也就不需要再更新了。

反之，说明当前的 fiber 没有更新任务，那么会拿出上一次 state 和这一次 state 进行对比，如果相同，直接退出更新。如果不相同，发起更新调度任务。这就解释了，为什么函数组件 useState 改变相同的值，组件为什么不更新了。

最后调用 scheduleUpdateOnFiber 进入更新入口函数中，在前面讲到了 scheduleUpdateOnFiber 的后续处理逻辑。

上面有一个更新队列的东西，可能很多读者不明白它到底是什么？不过没关系，接下来举例说一下 update 到底是什么，比如下面模拟了一个更新场景：

```
export default  function Index(){
    const [ number, setNumber ] = useState(0)
    const handleClick=()=>{
```

```
        setNumber(num=> num + 1) // num = 1
        setNumber(num=> num + 2) // num = 3
        setNumber(num=> num + 3) // num = 6
    }
    return <div>
        <button onClick={() => handleClick() }>点击{ number }</button>
    </div>
}
```

如上所示，当点击一次按钮，触发了三次 setNumber，等于触发了三次 dispatchAction，每一个 dispatchAction 都会执行一次 enqueueUpdate，但是通过前面的章节我们知道，更新会被合并，也就是说，每一个产生的 update 并不是马上被更新执行，而是会放入更新队列 pending 中，如上所示，三次 setNumber，那么这三次 update 都会在当前 Hooks 的 pending 队列中。

有的读者会问，什么时候执行这些 pending 队列中的更新呢？答案在下一次更新中，会统一执行这些 update 得到最新的 state，这些逻辑我们后续会讲到，这里还是看一下 enqueueUpdate 是怎样把 update 插入 pending 中的。

来看一下 enqueueUpdate 中的一段核心代码：

```
const pending = queue.pending;
if (pending === null) {  /* 第一个待更新任务 */
    update.next = update;
} else {  /* 已经有待更新任务 */
    update.next = pending.next;
    pending.next = update;
}
queue.pending = update;
```

可以看到通过链表的方式存放的 update，比如在上面的 DEMO 中，当点击一次 HandleClick，触发的三次更新，最终形成的更新结构，如图 11-2-4 所示。

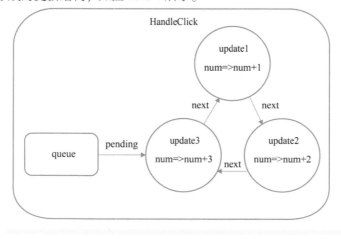

• 图 11-2-4

通过上图可以看出，对于 update 的 React 采取了环形链表的方式，这种方式有一个优点就是，头尾指针都是最新插入的 update。方便后续 queue 更新链表的拼接。在更新阶段会将上一次的 pending queue 合并到 basequeue，此时环形链表的作用就来了。

3. 初始化 useEffect → mountEffect

在渲染阶段，实际没有进行真正的 DOM 元素的增加、删除，React 把想要做的不同操作打成不同的标志，等到 commit 阶段，统一处理这些标志，包括 DOM 元素增删改，执行一些生命周期等。Hooks 中的 useEffect 和 useLayoutEffect 也是副作用，接下来以 effect 为例子，看一下 React 是如何处理 useEffect 副作用的。

当调用 useEffect 的时候，和 useState 一样，在组件第一次渲染的时候会调用 mountEffect 方法，这个方法到底做了些什么？

```
/* mountEffect 调用的是 mountEffectImpl 方法 */
function mountEffect(create,deps){
    return mountEffectImpl(PassiveEffect,HookPassive,create,deps,);
}
function mountEffectImpl(fiberFlags, hookFlags, create, deps) {
  /* 创建一个 Hooks   */
  const hook = mountWorkInProgressHook();
  const nextDeps = deps === undefined ? null : deps;
  /* 在 fiber 上,通过位运算合并标志   */
  currentlyRenderingFiber.flags |= fiberFlags;
  /* 最后将当前 effect 合并到 Hooks 的 effect 列表中 */
  hook.memoizedState = pushEffect(
    HookHasEffect |hookFlags,
    create,
    undefined,
    nextDeps,
  );}
```

mountEffect 方法调用了 mountEffectImpl，传递进入的参数有：

fiberFlags 为当前 fiber 的标志属性上即将合并的标志类型，fiberFlags 将合并到 fiber 的标志属性中。hookFlags 为当前 effect 对应的属性，这个属性用来证明当前的 effect 类型为 useEffect，我们知道有三种类型的 effect。最终调用的是 mountEffectImpl 方法，核心流程就是 mountEffectImpl，这个函数做了哪些事呢？mountWorkInProgressHook 产生一个 Hooks，并和 fiber 建立起关系。通过 pushEffect 创建一个 effect，并保存到当前 Hooks 的 memoizedState 属性下。pushEffect 除了创建一个 effect，还有一个重要作用，就是如果存在多个 effect 或者 layoutEffect，会形成一个副作用链表，绑定在函数组件 fiber 的 updateQueue 上。

为什么 React 会这样设计呢，首先对于类组件有 componentDidMount/componentDidUpdate 固定的生命周期钩子，用于执行初始化/更新的副作用逻辑，但是对于函数组件，可能存在多个 useEffect/useLayoutEffect，Hooks 把这些 effect 独立形成链表结构，在 commit 阶段统一处理和执行。

如果在一个函数组件中这样写：

```
React.useEffect(()=>{
    console.log('第一个 effect')},[ props.a ])React.useLayoutEffect(()=>{
    console.log('第二个 effect')},[])React.useEffect(()=>{
    console.log('第三个 effect')
    return () => {}
},[])
```

那么三个 effect 经过 pushEffect 的"洗礼"，会变成什么样子呢，我们来看一下：

```
function pushEffect(tag, create, destroy, deps) {
    const effect = {tag,create,destroy,deps,next:null,};
    let componentUpdateQueue = (currentlyRenderingFiber.updateQueue);
    /* 初始化流程 */
    if (componentUpdateQueue === null) {
        componentUpdateQueue = createFunctionComponentUpdateQueue();
        currentlyRenderingFiber.updateQueue = componentUpdateQueue;
        componentUpdateQueue.lastEffect = effect.next = effect;
    } else {
      /* 更新流程 */
        const lastEffect = componentUpdateQueue.lastEffect;
        if (lastEffect === null) {
          componentUpdateQueue.lastEffect = effect.next = effect;
        } else {
          const firstEffect = lastEffect.next;
          lastEffect.next = effect;
          effect.next = firstEffect;
          componentUpdateQueue.lastEffect = effect;
        }
    }
    return effect;
}
```

这一段实际很简单，首先创建一个 effect，判断组件如果第一次渲染，那么创建 componentUpdateQueue，就是 workInProgressupdateQueue。然后将 effect 放入 updateQueue 中。上面写的三个 useEffect，最终形成的结构如图 11-2-5 所示。

mountEffect 到这里就结束了，mountEffect 初始化过程中，一个非常重要的作用就是形成 updateQueue，上面保存了 effect 链表信息。effectList 的保存形式和 mountState 中的 update 是一样的，都是通过环形链表保存的。这样的好处如图 11-2-5 所示，当更

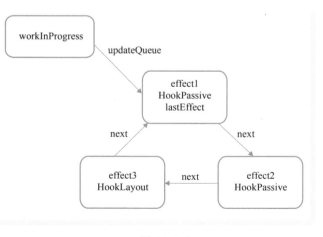

● 图 11-2-5

新的时候期望的执行顺序是 update1→update2→update3，可以以 update3 的 next 为起点，如果再增加 update4，也会非常方便。通过上面我们还知道，如果一个函数组件内部使用了 useEffect，那么函数组件对应的 fiber 的标志上会合并 Passive，并会产生一个 HookPassive 类型的 effect。

如果组件内部使用了 useLayoutEffect 或者 updateInsertionEffect，那么将被 Update 类型的标志。useLayoutEffect会产生一个 HookLayout 类型的 effect，而 updateInsertionEffect 会产生一个 HookInsertion 类型的 effect。到这里，effect 的初始化流程就真相大白了，对于 effect 的 create 函数的执行，并不是在渲染阶段，因为我们都知道 renderWithHooks 本身是在渲染阶段执行的，到了 commit 阶段才会执行不同种类 effect 的回调函数 create。

4. 初始化 useMemo → mountMemo

useMemo 用于执行一段函数逻辑，然后把返回值保存起来，useMemo 初始化流程相比于 useState 和 useEffect 要简单得多。

```
function mountMemo(nextCreate,deps){
  const hook = mountWorkInProgressHook();
  const nextDeps = deps === undefined ? null : deps;
  const nextValue = nextCreate();
  hook.memoizedState = [nextValue, nextDeps];
  return nextValue;
}
```

初始化 useMemo，就是创建一个 Hooks，然后执行 useMemo 的第一个参数，得到需要缓存的值，然后将值和 deps 记录下来，赋值给当前 Hooks 的 memoizedState。整体上并没有复杂的逻辑。

5. 初始化 useRef → mountRef

对于 useRef 初始化处理，更是简单，在前面详细介绍过，useRef 就是创建并维护一个 ref 原始对象。用于获取原生 DOM 或者组件实例，或者保存一些状态等。

```
function mountRef(initialValue) {
  const hook = mountWorkInProgressHook();
  const ref = {current: initialValue};
  hook.memoizedState = ref; // 创建 ref 对象。
  return ref;
}
```

mountRef 初始化就是创建一个 Hooks，然后创建一个 ref 对象，并赋值给当前 Hooks 的 memoized-State 属性。

▶▶ 11.2.4　Hooks 更新流程

前面分别介绍了 Hooks 初始化流程，接下来看一下 Hooks 的更新流程。比如当 fiber 经历了初始化之后，因为一次 state 改变而触发了第二次更新，此时就已经存在了 current 树（初始化过程中产生的 fiber 树），在 renderWithHooks 中就切换成 HooksDispatcherOnUpdate 对象，接下来执行的 Hooks 就是

HooksDispatcherOnUpdate 对象上的 Hooks。

比如在更新阶段，useState 执行了 updateState，useEffect 会执行 UpdateEffect，这些函数中都会触发一个方法，那就是 updateWorkInProgressHook，这个函数到底做了些什么呢？

```
function updateWorkInProgressHook() {
  let nextCurrentHook;
  if (currentHook === null) {  /* 如果 currentHook = null 证明它是第一个 Hooks */
    const current = currentlyRenderingFiber.alternate;
    if (current !== null) {
      nextCurrentHook = current.memoizedState;
    } else {
      nextCurrentHook = null;
    }
  } else { /*  不是第一个 Hooks,那么指向下一个 Hooks */
    nextCurrentHook = currentHook.next;
  }
  let nextWorkInProgressHook
  if (workInProgressHook === null) {   // 第一次执行 Hooks
    // 这里应该注意一下,当函数组件更新,也是调用 renderWithHooks 函数,memoizedState 属性是置空的
    nextWorkInProgressHook = currentlyRenderingFiber.memoizedState;
  } else {
    nextWorkInProgressHook = workInProgressHook.next;
  }
  if (nextWorkInProgressHook !== null) {
      /* 这个情况说明 renderWithHooks 执行过程发生多次函数组件的执行,我们暂时先不考虑 */
    workInProgressHook = nextWorkInProgressHook;
    nextWorkInProgressHook = workInProgressHook.next;
    currentHook = nextCurrentHook;
  } else {
    invariant(
      nextCurrentHook !== null,
      'Rendered more hooks than during the previous render.',
    );
    currentHook = nextCurrentHook;
    const newHook = { // 创建一个新的 Hooks
      memoizedState: currentHook.memoizedState,
      baseState: currentHook.baseState,
      baseQueue: currentHook.baseQueue,
      queue: currentHook.queue,
      next: null,
    };
    if (workInProgressHook === null) { // 如果是第一个 Hooks
      currentlyRenderingFiber.memoizedState = workInProgressHook = newHook;
    } else { // 重新更新 Hooks
      workInProgressHook = workInProgressHook.next = newHook;
    }
  }
}
```

```
    return workInProgressHook;
  }
```

这一段的逻辑大致是这样的：

如果是第一次执行 Hooks 函数，那么从 current 树上取出 memoizedState，也就是旧的 Hooks。然后声明变量 nextWorkInProgressHook，这里应该值得注意，正常情况下，一次 renderWithHooks 执行，workInProgress 上的 memoizedState 会被置空，Hooks 函数顺序执行，nextWorkInProgressHook 应该一直为 null，那么什么情况下 nextWorkInProgressHook 不为 null，也就是当一次 renderWithHooks 执行过程中，执行了多次函数组件，也就是在 renderWithHooks 中这段逻辑。

更新 Hooks 逻辑和之前的 fiber 章节中讲的双缓冲树更新差不多，首先取出 workInProgres.alternate 里面对应的 Hooks，然后根据之前的 Hooks 复制一份，形成新的 Hooks 链表关系。这个过程中解释了一个问题，就是 Hooks 规则，Hooks 为什么要放在顶部，Hooks 不能写在 if 条件语句中，因为在更新过程中，如果通过 if 条件语句，增加或者删除 Hooks，在复用 Hooks 的过程中，会产生复用 Hooks 状态和当前 Hooks 不一致的问题。举一个例子，还是将前面的 demo 进行修改。

将第一个 Hooks 变成条件判断形式，具体如下：

```
export default function Index({ showNumber }){
    let number, setNumber
    showNumber && ([ number,setNumber ] = React.useState(0)) // 第一个 Hooks
  }
```

第一次渲染时 showNumber = true，那么第一个 Hooks 会渲染，第二次渲染时，父组件将 showNumber 设置为 false，那么第一个 Hooks 将不执行，更新逻辑会变成如图 11-2-6 所示。

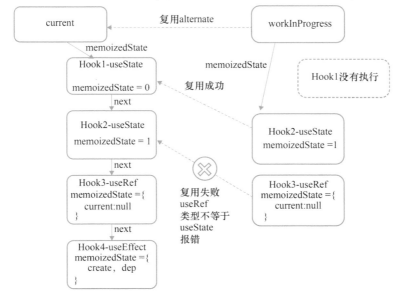

● 图 11-2-6

新老缓存表 11-2-1。

表 11-2-1　新老缓存表

Hooks 复用顺序	缓存的老 Hooks	新的 Hooks
第一次 Hooks 复用	useState	useState
第二次 Hooks 复用	useState	useRef

第二次复用时已经发现 Hooks 类型不同 useState！＝＝ useRef，已经直接报错了。所以开发的时候一定注意 Hooks 顺序的一致性。报错内容如图 11-2-7 所示。

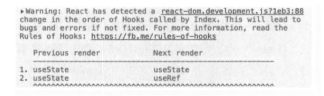

● 图 11-2-7

接下来看一下每个 Hooks 在更新阶段，具体做了哪些事情：

1. 更新 useState——updateState

updateState 使用了 updateReducer，如下就是 updateReducer 的核心原理。

```
function updateReducer(reducer,initialArg,init,){
  const hook = updateWorkInProgressHook();
  const queue = hook.queue;
  queue.lastRenderedReducer = reducer;
  const current = currentHook;
  let baseQueue = current.baseQueue;
  const pendingQueue = queue.pending;
  if (pendingQueue !== null) {
    // 这里省略...第一步:将 pending queue 合并到 basequeue
  }
  if (baseQueue !== null) {
    const first = baseQueue.next;
    let newState = current.baseState;
    let newBaseState = null;
    let newBaseQueueFirst = null;
    let newBaseQueueLast = null;
    let update = first;
    do {
      const updateLane = update.lane;
        if (!isSubsetOfLanes(renderLanes, updateLane)) { // 优先级不足
          const clone  = {
            lane: updateLane,
```

```
        ...
      };
      if (newBaseQueueLast === null) {
        newBaseQueueFirst = newBaseQueueLast = clone;
        newBaseState = newState;
      } else {
        newBaseQueueLast = newBaseQueueLast.next = clone;
      }
    } else {   // 此更新确实具有足够的优先级。
      if (newBaseQueueLast !== null) {
        const clone = {
          expirationTime: Sync,
          ...
        };
        newBaseQueueLast = newBaseQueueLast.next = clone;
      }
      /*  得到新的 state */
      newState = reducer(newState, action);
    }
    update = update.next;
  } while (update !== null && update !== first);
  if (newBaseQueueLast === null) {
    newBaseState = newState;
  } else {
    newBaseQueueLast.next = newBaseQueueFirst;
  }
  hook.memoizedState = newState;
  hook.baseState = newBaseState;
  hook.baseQueue = newBaseQueueLast;
  queue.lastRenderedState = newState;
}
const dispatch = queue.dispatch
return [hook.memoizedState, dispatch];
}
```

这一段看起来很复杂，让我们慢慢吃透，要知道 updateReducer 最重要的目的就是更新并获取最新的 State，比如上面哪个点击事件，会产生三个 update 放入 pending queue，首先将上一次更新的 pending queue 合并到 basequeue。

接下来会把当前 useState 或是 useReduer 对应的 Hooks 上的 baseState 和 baseQueue 更新到最新的状态。会循环 baseQueuer 的 update，复制一份 update，获取更新优先级 lane，对于有足够优先级的 update（上述三个 setNumber 产生的 update 都具有足够的优先级），我们要获取最新的 state 状态。会一次执行 useState 上的每一个 Action，得到最新的 State。

这里有会有两个疑问，问题一：执行最后一个 Action 不就可以了吗？

原因很简单，前面说了 useState 逻辑和 useReducer 差不多。如果第一个参数是一个函数，会引用上一次 update 产生的 State，所以需要循环调用每一个 updatereducer，如果 setNumber（2）是这种情况，那么只用更新值，如果是 setNumber（num => num + 1），那么传入上一次的 State 得到最新的 State。

什么情况下会有优先级不足的情况！isSubsetOfLanes（renderLanes，updateLane）。这种情况一般会发生在调用 setNumber 的时候，调用 scheduleUpdateOnFiber 渲染当前组件时，又产生了一次新的更新，所以把下次更新 State 的任务交给下一次更新，如图 11-2-8 所示。

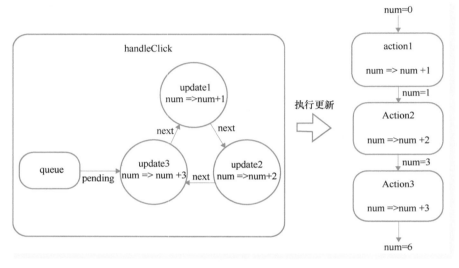

● 图 11-2-8

2. 更新 useEffect——updateEffect

更新 useEffect 流程也不复杂，主要用的是 updateEffect，在 updateEffect 中会调用 updateEffectImpl，重点就是这个函数。

```
function updateEffect(create,deps) {
  return updateEffectImpl(PassiveEffect, HookPassive, create, deps);
}
function updateEffectImpl(fiberFlags, hookFlags, create, deps): void {
  const hook = updateWorkInProgressHook();
  const nextDeps = deps === undefined ? null : deps;
  let destroy = undefined;
  if (currentHook !== null) {
    const prevEffect = currentHook.memoizedState;
    destroy = prevEffect.destroy;
    if (nextDeps !== null) {
      const prevDeps = prevEffect.deps;
      /* 如果 deps 没有发生变化,直接更新 useEffect  */
      if (areHookInputsEqual(nextDeps, prevDeps)) {
```

```
            hook.memoizedState = pushEffect(hookFlags, create, destroy, nextDeps);
            return;
        }
    }
}
/* 给 fiber 的 flags 再次合并 Passive flags,这样在 commit 阶段就会再次执行 useEffect 的 create 函
数 */
currentlyRenderingFiber.flags |= fiberFlags;

hook.memoizedState = pushEffect(
    HookHasEffect |hookFlags,
    create,
    destroy,
    nextDeps,
);}
```

更新 effect 的过程非常简单，主体流程如下：

判断 deps 项有没有发生变化，如果没有发生变化，更新副作用链表就可以了；如果发生变化，
那么标志再次合并 Passive flags，这样在 commit 阶段就会再次执行 useEffect 的 create 函数。这样在 us-
eEffect 中绑定的回调函数就能够正常执行了。

3. 更新 useMemo——updateMemo

```
function updateMemo(nextCreate,nextDeps){
    const hook = updateWorkInProgressHook();
    const prevState = hook.memoizedState;
    const prevDeps = prevState[1]; // 之前保存的 deps 值
    if (areHookInputsEqual(nextDeps, prevDeps)) { // 判断两次 deps 值
        return prevState[0];
    }
    const nextValue = nextCreate(); // 如果 deps 发生改变,重新执行
    hook.memoizedState = [nextValue, nextDeps];
    return nextValue;
}
```

useMemo 更新流程就是对比两次的 deps 是否发生变化，如果没有发生变化，直接返回缓存值；
如果发生变化，执行第一个参数函数，重新生成缓存值，缓存下来，供开发者使用。

4. 更新 useRef——updateRef

```
function updateRef(initialValue){
    const hook = updateWorkInProgressHook()
    return hook.memoizedState // 取出复用 ref 对象。
}
```

如上所示，ref 创建和更新过程，就是 ref 对象的创建和复用过程。

总结：如上所示，就是 Hooks 原理的核心实现了，对于原理的分析，主要是从初始化和更新两个

方面入手，深入学习 Hooks 有助于帮助我们去实现自定义 Hooks，那么在下一节，将走进自定义 Hooks 的世界。

11.3 自定义 Hooks 设计

目前 Hooks 已经成为 React 主流的开发手段，React 生态也日益朝着 Hooks 方向发展，比如 React Router、React Redux 等，Hooks 也更契合 React 生态库的应用。

随着项目功能模块越来越复杂，一些公共逻辑不能有效地复用，这些逻辑需要和业务代码强关联到一起，这样会让整体工程臃肿，功能不能复用，如果涉及修改逻辑，那么有可能牵一发而动全身。所以有必要使用自定义 Hooks 方式，Hooks 可以把重复的逻辑抽离出去，根据需要创建和业务功能绑定的业务型 Hooks，或者是根据具体功能创建的功能型 Hooks。

接下来针对 Hooks 进行功能性拓展，来研究一下在 React 中的一种逻辑复用，组件强化方式——自定义 Hooks。

▶▶ 11.3.1 全面理解自定义 Hooks

1. 概念

自定义 Hooks 是在 React Hooks 基础上的一个拓展，可以根据业务需求制定满足业务需要的组合 Hooks，更注重的是逻辑单元。业务场景不同，到底需要 React Hooks 做什么，怎样把一段逻辑封装起来，做到复用，这是自定义 Hooks 产生的初衷。

自定义 Hooks 也可以说是 React Hooks 聚合产物，其内部由一个或者多个 React Hooks 组成，用于解决一些复杂逻辑。

一个传统自定义 Hooks 如下：

```
function useXXX(参数 A,参数 B){
    /*
     ...自定义 Hooks 逻辑
     内部应用了其他 React Hooks--useState|useEffect|useRef...
    */
    return [xxx,...]
}
```

使用：

```
const [ xxx, ...] = useXXX(参数 A,参数 B...)
```

实际上自定义 Hooks 的编写很简单，开发者只需要关心传入什么参数（也可以没有参数）和返回什么内容即可，当然有一些监听和执行副作用的自定义 Hooks，根本无须返回值。

自定义 Hooks 参数可能是以下内容：①Hooks 初始化值。②一些副作用或事件的回调函数。③可以是 useRef 获取的 DOM 元素或者组件实例。④不需要参数。

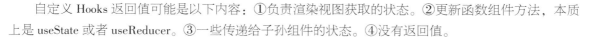

自定义 Hooks 返回值可能是以下内容：①负责渲染视图获取的状态。②更新函数组件方法，本质上是 useState 或者 useReducer。③一些传递给子孙组件的状态。④没有返回值。

特性：

上述讲到了自定义 Hooks 的基本概念，接下来分析一下它的特性。

2. 驱动条件

首先要明白一点，开发者写的自定义 Hooks 就是一个函数，而且函数在函数组件中被执行。那么自定义 Hooks 驱动就是函数组件的执行。

自定义 Hooks 驱动条件：props 改变带来的函数组件执行；useState ｜ useReducer 的改变 State，引起函数组件的更新。

3. 顺序原则

自定义 Hooks 内部至少有一个 React Hooks，那么自定义 Hooks 也要遵循 Hooks 的规则，不能放在条件语句中，而且要保持执行顺序的一致性。原理在 11.2 节中已经讲过。

4. 条件限定

在自定义 Hooks 中，条件限定特别重要。为什么这样说呢，因为考虑 Hooks 的限定条件，是一个出色的自定义 Hooks 重要因素。举个例子：

一些同学容易滥用自定义 Hooks，导致一些问题的发生，比如在一个自定义中这样写：

```
function useXXX(){
    const value = React.useContext(defaultContext)
    /* .....用上下文中 value 的一段初始化逻辑   */
    const newValue = initValueFunction(value) /* 初始化 value 得到新的 newValue   */
    /* ...... */
    return newValue
}
```

比如上述一个非常简单的自定义 Hooks，从 Context 取出状态 value，通过 initValueFunction 加工 value，得到并返回最新的 newValue。如果直接按照上述这样写，会发生什么呢？

首先每一次函数组件更新，就会执行此自定义 Hooks，那么就会重复执行初始化逻辑，重复执行 initValueFunction，每一次都会得到一个最新的 newValue。如果 newValue 作为 useMemo 和 useEffect 的 deps，或者作为子组件的 props，那么子组件的浅比较 props 将失去作用，会带来麻烦。

如何解决这个问题呢？答案很简单，可以通过 useRef 对 newValue 缓存，然后每次执行自定义 Hooks 判断有无缓存值。如下：

```
function useXXX(){
    const newValue =  React.useRef(null)  /* 创建一个 value 保存状态。   */
    const value = React.useContext(defaultContext)
    if(!newValue.current){  /* 如果 newValue 不存在 */
        newValue.current = initValueFunction(value)
    }
```

```
        return newValue.current
    }
```

用一个 useRef 保存初始化过程中产生的 value 值。判断如果 value 不存在，那么通过 initValue-Function 创建；如果存在，直接返回 newValue.current。如上所示，加了条件判断之后，会让自定义 Hooks 内部按照期望的方向发展。条件限定是编写出色的 Hooks 重要的因素。

5. 考虑可变性

在编写自定义 Hooks 的时候，可变性也是一个非常重要的 Hooks 特性。什么叫作可变性，就是考虑一些状态值发生变化，是否有依赖于当前值变化的执行逻辑或执行副作用。

前面的例子中，如果 defaultContext 中的 value 是可变的，那么还用 useRef 这样写，就会造成 context 变化，得不到最新的 value 值的情况发生。

所以为了解决上述可变性的问题，对于依赖于可变性状态的执行逻辑，可以用 useMemo 来处理；对于可变性状态的执行副作用，可以用 useEffect 来处理；对于依赖可变性状态的函数或者属性，可以用 useCallback 来处理。于是需要把上述自定义 Hooks 改版。

```
function useXXX(){
    const value = React.useContext(defaultContext)
    const newValue = React.useMemo(()=> initValueFunction(value),[value])
    return  newValue
}
```

用 React.useMemo 来对 initValueFunction 初始化逻辑做缓存，当上下文 value 改变的时候，重新生成新的 newValue。

这只是一个简单的例子，在实际开发中，要比这种情况复杂。开发者应该注意在自定义 Hooks 中，哪些状态是可变的，状态改变，又会紧跟着哪些影响。

6. 闭包效应

闭包也是自定义 Hooks 应该注意的问题。这个问题和考虑可变性一样。首先函数组件更新就是函数本身执行，一次更新所有含有状态的 Hooks（useState 和 useReducer）产生的状态 state 是重新声明的。但是像 useEffect、useMemo、useCallback 等，它们内部如果引用了 state 或 props 的值，而且这些状态最后保存在了函数组件对应的 fiber 上，那么此次函数组件执行完毕后，这些状态就不会被垃圾回收机制回收释放。这样造成的影响是，上述 Hooks 如果没有把内部使用的 state 或 props 作为依赖项，那么内部就一直无法使用最新的 props 或者 state。举一个简单的例子。

```
function useTest(){
    const [ number ] = React.useState(0)
    const value = React.useMemo(()=>{
        // 内部引用了 number 进行计算
    },[])
}
```

如上所示，useMemo 内部使用 state 中的 number 进行计算，当 number 改变但是无法得到最新的

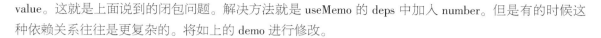

value。这就是上面说到的闭包问题。解决方法就是 useMemo 的 deps 中加入 number。但是有的时候这种依赖关系往往是更复杂的。将如上的 demo 进行修改。

```
function useTest(){
    const [ number ] = React.useState(0)
    const value = React.useMemo(()=>{
        // 内部引用了 number 进行计算
    },[ number ])
    const callback = React.useCallback(function(){
        // 内部引用了 useEffect
    },[ value ])
}
```

在之前的基础上，又加了 useCallback，而且内部引用了 useMemo 生成的 value。这个时候如果 useCallback 执行，内部想要获取新的状态值 value，那么就需要把 value 放在 useCallback 的 deps 中。

思考：如何分清楚依赖关系呢？第一步：找到 Hooks 内部可能发生变化的状态，这个状态可以是 state 或者 props。第二步：分析 useMemo 或者 useCallback 内部是否使用上述状态，或者是否关联使用 useMemo 或者 useCallback 派生出来的状态（比如上述的 value，就是 useMemo 派生的状态），如果使用了，那么加入 deps。第三步：分析 useEffect、useLayoutEffect、useImperativeHandle 内部是否使用上述两个步骤产生的值，而且还要让这些值做一些副作用，如果有，那么加入 deps。

▶▶ 11.3.2　自定义 Hooks 设计角度分析

上述介绍了自定义 Hooks 的概念和特性，接下来重点分析一下，如何去设计一个自定义 Hooks。首先明确的一点是，自定义 Hooks 解决逻辑复用的问题，那么在正常的业务开发过程中，要明白哪些逻辑是重复性强的逻辑，这段逻辑主要功能是什么。

下面把自定义 Hooks 能实现的功能化整为零，在实际开发中，可能是下面一种或者几种的结合。

1. 接收状态

自定义 Hooks，可以通过函数参数来直接接收组件传递过来的状态，也可以通过 useContext，来隐式获取上下文中的状态。比如 React Router 中最简单的一个自定义 Hooks——useHistory，用于获取 history 对象。

```
export default function useHistory() {
    return useContext(RouterContext).history
}
```

注意：如果使用了内部含有 useContext 的自定义 Hooks，那么当 Context 上下文改变，会让使用自定义 Hooks 的组件自动渲染。

2. 存储|管理状态

存储状态：

自定义 Hooks 也可以用来存储和管理状态。本质上应用 useRef 保存原始对象的特性。

比如 rc-form 中的 useForm 里面就是用 useRef 来保存表单状态管理 Store 的。简化流程如下：

```
function useForm(){
    const formCurrent = React.useRef(null)
    if(!formCurrent.current){
        formCurrent.current = new FormStore()
    }
    return formCurrent.current
}
```

记录状态：

当然 useRef 和 useEffect 可以配合记录函数组件的内部状态。举个例子，编写一个自定义 Hooks 用于记录函数组件执行次数和是否第一次渲染。

```
function useRenderCount(){
    const isFirstRender = React.useRef(true)        /* 记录是否是第一次渲染 */
    const renderCount = React.useRef(1)             /* 记录渲染次数 */
    useEffect(()=>{
        isFirstRender.current = false               /* 第一次渲染完成,改变状态 */
    },[])
    useEffect(()=>{
        if(!isFirstRender.current) renderCount.current++ /* 如果不是第一次渲染,那么添加渲染
次数   */
    })
    return [ renderCount.current, isFirstRender.current ]
}
```

如上所示，用 isFirstRender 记录是否是第一次渲染，用 renderCount 记录渲染次数，第一个 useEffect 依赖项为空，只执行一次，第二个 useEffect 没有依赖项，每一次函数组件执行，都会统计渲染次数。

上述只是举了一个例子，当然在具体开发中，可以用自定义 Hooks 去记录一些其他的东西。比如元素的信息，因为可以在 useEffect 中获取到最新的 DOM 元素信息。

3. 更新状态

（1）改变状态：

自定义 Hooks 内部可以保存状态，可以把更新状态的方法暴露出去，来改变 Hooks 内部状态。而更新状态的方法可以是组合多态的。比如实现一个防抖节流的自定义 Hooks，可以防抖 state 的改变：

```
export function debounce(fn, time) {
    let timer = null;
    return function(...arg) {
      if (timer) clearTimeout(timer);
      timer = setTimeout(() => {
        fn.apply(this, arg);
      }, time);
    };
```

```
    }
    function useDebounceState(defauleValue,time){
        const [ value, changeValue ] = useState(defauleValue)
        /*  对 changeValue 做防抖处理   */
        const newChange = React.useMemo(()=>debounce(changeValue,time),[ time ])
        return [ value, newChange ]
    }
```

使用：

```
    export default function Index(){
        const [ value, setValue ] = useDebounceState('',300)
        console.log(value)
        return <div style={{ marginTop:'50px' }} >
            hello, React !
            <input placeholder="" onChange={(e)=>setValue(e.target.value)}  />
        </div>
    }
```

（2）组合 State：

自定义 Hooks 可以维护多个 State，然后可以组合更新函数。这样说可能很多同学不理解，下面来举一个例子，比如控制数据加载和 loading 效果。

```
    function useControlData(){
        const [ isLoading, setLoading ] = React.useState(false)
        const [ data,setData ] = React.useState([])
        const getData = (data)=> { /*  获取到数据,清空 loading 效果   */
            setLoading(false)
            setData(data)
        }
        // ...其他逻辑
        const resetData = () =>{  /*  请求数据之前,添加 loading 效果 */
            setLoading(true)
            setData([])
        }
        return [ getData, resetData, ...  ]
    }
```

（3）合理运用 State：

useState 和 useRef 都可以保存状态：

useRef 只要组件不销毁，一直存在，可以随时访问最新状态值。

useState 可以让组件更新，但是 State 需要在下一次函数组件执行的时候才更新，而且如果想让 useEffect 或者 useMemo 访问最新的 State 值，需要将 State 添加到 deps 依赖项中。

自定义 Hooks 可以通过 useState + useRef 的特性，取其精华，更合理地管理 State。比如实现一个同步的 State。

```
function useSyncState(defaultValue){
    const value = React.useRef(defaultValue)              /* useRef 用于保存状态 */
    const [ ,forceUpdate ] = React.useState(null)         /* useState 用于更新组件 */
    const dispatch = (fn) => {                             /* 模拟一个更新函数 */
        let newValue
        if(typeof fn === 'function'){
            newValue = fn(value.current)                  /* 当参数为函数的情况 */
        }else{
            newValue = fn                                 /* 当参数为其他的情况 */
        }
        value.current = newValue
        forceUpdate({})                                   /* 强制更新 */
    }
    return [  value, dispatch  ]                           /* 返回和 useState 一样的格式 */
}
```

useRef 用于保存状态，useState 用于更新组件。用一个 dispatch 函数产生更新，并且处理参数为函数的情况。在 dispatch 内部用 forceUpdate 触发真正的更新。返回的结构和 useState 结构相同。不过使用的时候要用 value.current。

（4）使用：

```
export default function Index(){
    const [ data, setData  ] = useSyncState(0)
    return <div style={{ marginTop:'50px' }} >
        { data.current }
        <button onClick={ () => {
            setData(num => num + 1)
            console.log(data.current) // 打印到最新的值
        } } >点击</button>
    </div>
}
```

4. 操纵 DOM/组件实例

自定义 Hooks 也可以设计成对原生 DOM 的操纵控制。究其原理用 useRef 获取元素，在 useEffect 中做元素的监听。

比如如下的场景，用一个自定义 Hooks 做一些基于 DOM 的操作。

```
/* TODO:操纵原生 DOM   */
function useGetDOM(){
    const dom = React.useRef()
    React.useEffect(()=>{
        /* 做一些基于 DOM 的操作 */
        console.log(dom.current)
    },[])
    return dom
}
```

自定义 useGetDOM，用 useRef 获取 DOM 元素，在 useEffect 中做一些基于 DOM 的操作。使用：

```
export default function Index(){
    const dom = useGetDOM()
    return <div ref={ dom } >
        hello, React
    </div>
}
```

5. 执行副作用

自定义 Hooks 也可以执行一些副作用，比如监听一些 props 或 State 变化而带来的副作用。比如如下的监听，当 value 改变的时候，执行 cb。

```
function useEffectProps(value,cb){
    const isMounted = React.useRef(false)
    React.useEffect(()=>{
        /* 防止第一次执行 */
        isMounted.current && cb && cb()
    },[ value ])
    React.useEffect(()=>{
        /* 第一次挂载 */
        isMounted.current = true
    },[])
}
```

用 useRef 保存是否第一次的状态。然后用一个 useEffect 改变加载完成状态。

只有当不是第一次加载且 value 改变的时候，执行回调函数 cb。使用这个自定义 Hooks 就可以监听，props 或者 state 变化。接下来尝试使用组件和父组件：

```
function Index(props){
    useEffectProps(props.a,()=>{/* 监听 a 变化 */
        console.log('props a 变化:', props.a  )
    })
    return <div>子组件</div>}export default function Home(){
    const [ a, setA ] = React.useState(0)
    const [ b, setB ] = React.useState(0)
    return <div>
        <Index a={a}  b={b} />
        <button onClick={()=> setA(a+1)} >改变 props a  </button>
        <button onClick={()=> setB(b+1)} >改变 props b  </button>
    </div>
}
```

效果：当动态监听 props.a 时，props.a 变化，监听函数执行。

11.4 自定义 Hooks 实践

上一节讲到了自定义 Hooks 的设计原则，本节来做一个自定义 Hooks 的实践。

▶ 11.4.1　实践一：自动上报 pv/click 的埋点

接下来实现一个能够自动上报点击事件 I pv 的自定义 Hooks。这个自定义 Hooks 涵盖的知识点有：通过自定义 Hooks 控制监听 DOM 元素；分清自定义 Hooks 依赖关系。

编写如下：

```
export const LogContext = React.createContext({})
export default function useLog(){
    /* 一些公共参数 */
    const message = React.useContext(LogContext)
    const listenDOM = React.useRef(null)
    /* 分清依赖关系→ message 改变,  */
    const reportMessage = React.useCallback(function(data,type){
        if(type==='pv'){ // pv 上报
            console.log('组件 pv 上报',message)
        }else if(type ==='click'){  // 点击上报
            console.log('组件 click 上报',message,data)
        }
    },[ message ])
    React.useEffect(()=>{
        const handleClick = function (e){
            reportMessage(e.target,'click')
        }
        if(listenDOM.current){
            listenDOM.current.addEventListener('click',handleClick)
        }
        return function (){
            listenDOM.current  &&
 listenDOM.current.removeEventListener('click',handleClick)
        }
    },[ reportMessage  ])
    return [ listenDOM, reportMessage  ]
}
```

用 useContext 获取埋点的公共信息。当公共信息改变，会统一更新。用 useRef 获取 DOM 元素。用 useCallback 缓存上报信息 reportMessage 方法，获取 useContext 内容。把 Context 作为依赖项。当依赖项改变，重新声明 reportMessage 函数。用 useEffect 监听 DOM 事件，把 reportMessage 作为依赖项，在 useEffect 中进行事件绑定，返回的销毁函数用于解除绑定。

依赖关系：Context 改变→让引入 Context 的 reportMessage 重新声明→让绑定 DOM 事件监听的 useEffect 里面能够绑定最新的 reportMessage。

如果上述没有分清楚依赖项关系，那么 Context 改变，会让 reportMessage 打印不到最新的 Context 值。

当 Context 改变，能够达到正常上报的效果。有一个小细节，就是用 React.memo 来防止，Root 组件改变 State，导致 Home 组件重新渲染。

读者可扫描如下二维码，查看运行效果。

扫码 codesandbox

▶▶ 11.4.2　实践二：带查询分页加载的长列表

saas 管理系统中，大概率会存在带查询的表格场景，可以把整个表单和表格的数据逻辑层交给一个自定义 Hooks 来处理，这样的好处是接下来所有类似该功能的页面，只需要一个自定义 Hooks+公共组件+配置项就能可以了。接下来实现一个带查询分页的功能，将所有的逻辑交给一个自定义 Hooks 去处理，组件只负责接收自定义 Hooks 的状态。

- 设计原则：useQueryTable 的设计主要分为两部分，分别为表格和查询表单。
- 表格设计：表格的数据状态层，改变分页方法，请求数据的方法。
- 表单设计：表单的状态层，以及改变表单单元项的方法，重置表单重新请求数据。
- 代码实现：

```
/* *
 *
 * @param {* } defaultQuery   表单查询默认参数
 * @param {* } api            与服务端交互的数据接口
 */
function useQueryTable(defaultQuery = {},api){
    /* 保存查询表格表单信息 */
    const formData = React.useRef({})
    /* 保存查询表格分页信息 */
    const pagination = React.useRef({
        page:defaultQuery.page ||1,
        pageSize:defaultQuery.pageSize ||10
    })
    /* 强制更新 */
    const [, forceUpdate] = React.useState(null)
    /* 请求表格数据 */
    const [tableData, setTableData] = React.useState({
        data:[],
        total: 0,
        current: 1
    })
    /* 请求列表数据 */
    const getList = React.useCallback(async function(payload={}){
```

```
        if(!api) return
        const data = await
api({ ...defaultQuery, ...payload, ...pagination.current,...formData.current}) || {}
        if (data.code == 200) {
            setTableData({ list:data.list,current:data.current,total:data.total })
        } else {}
    },[ api ]) /* 以 API 作为依赖项,当 API 改变,重新声明 getList */

    /* 改变表单单元项 */
    const setFormItem = React.useCallback(function (key,value){
        const form = formData.current
        form[ key ] = value
        forceUpdate({}) /* forceUpdate 每一次都能更新,不会造成 state 相等的情况 */
    },[])
    /* 重置表单 */
    const reset = React.useCallback(function(){
        const current = formData.current
        for (let name in current) {
            current[ name ] = ''
        }
        pagination.current.page = defaultQuery.page ||1
        pagination.current.pageSize = defaultQuery.pageSize ||10
        /* 请求数据   */
        getList()
    },[ getList ]) /* getList 作为 reset 的依赖项   */
    /* 处理分页逻辑 */
    const handleChange = React.useCallback(async function(page,pageSize){
        pagination.current = {
            page,
            pageSize
        }
        getList()
    },[ getList ]) /* getList 作为 handleChange 的依赖项   */
    /* 初始化请求数据 */
    React.useEffect(()=>{
        getList()
    },[])
    /* 组合暴露参数 */
    return [
        {  /* 组合表格状态 */
            tableData,
            handleChange,
            getList,
            pagination:pagination.current
        },
        {  /* 组合搜索表单状态 */
            formData:formData.current,
```

```
                setFormItem,
                reset
            }
        ]
    }
```

- 接收参数：编写的自定义 Hooks 接收两个参数。
- defaultQuery：表格的默认参数，有些业务表格，除了查询和分页之外，有一些独立的请求参数。
- API：API 为请求数据方法，内部用 Promise 封装处理。
- 数据层：用第一个 useRef 保存查询表单信息 formData。第二个 useRef 保存表格的分页信息 pagination。

用第一个 useState 做受控表单组件更新视图的渲染函数。第二个 useState 保存并负责更新表格的状态。

- 控制层：控制层为控制表单表格整体联动的方法。

编写内部和对外公共方法 getList，方法内部使用 API 函数发起请求，通过 setTableData 改变表格数据层状态，用 useCallback 做优化缓存处理。

编写改变表单单元项的方法 setFormItem，这个方法主要给查询表单控件使用，内部改变 formData 属性，并通过 useState 更新组件，改变表单控件视图，用 useCallback 做优化缓存处理。

编写重置表单的方法 reset，reset 会清空 formData 属性和重置分页的信息，然后重新调用 getList 请求数据，用 useCallback 做优化缓存处理。

编写给表格分页器提供的接口 handleChange，当分页信息改变，然后重新请求数据，用 useCallback 做优化缓存处理。

用 useEffect 作为初始化请求表格数据的副作用。

- 返回状态：通过数组把表单和表格的聚合状态暴露出去。
- 注意事项：请求方法要与后端对齐，包括返回的参数结构、成功状态码等。

属性的声明要与 UI 组件对齐，这里统一用的是 antd 库里面的表格和表单控件。

读者可扫描如下二维码，查看运行效果。

扫码 codesandbox

整个查询表格逻辑层使用一个自定义 Hooks——useQueryTable 即可。

getTableData 模拟了数据交互过程，其内部的代码逻辑不必纠结。

useCallback 对 Table 的 React element 做缓存处理，这样频繁的表单控件更新，不会让 Table 组件重新渲染。

▶▶ 11.4.3 实践三：Hooks 实现 React-Redux

下面将用两个自定义 Hooks 实现 React-Redux 基本功能。一个是注入 Store 的 useCreateStore，另一个是负责订阅更新的 useConnect，通过这个实践 demo，将收获以下知识点：

如何将不同组件的自定义 Hooks 建立通信，共享状态。

合理编写自定义 Hooks，分析 Hooks 之间的依赖关系。

首先，看一下要实现的两个自定义 Hooks 的具体功能。

useCreateStore 用于产生一个状态 Store，通过 Context 上下文传递，为了让每一个自定义 Hooks useConnect 都能获取 Context 里面的状态属性。

useConnect 使用这个自定义 Hooks 的组件，可以获取改变状态的 dispatch 方法，还可以订阅 state，被订阅的 state 发生变化，组件更新。

1. 设计思路

如何让不同组件的自定义 Hooks 共享状态并实现通信呢？

首先不同组件的自定义 Hooks 可以通过 useContext 获得共有状态，而且还需要实现状态管理和组件通信，那么就需要一个状态调度中心来统一做这些事，可以称为 ReduxHooksStore，它具体做的事情如下：

全局管理 state，state 变化，通知对应的组件更新。

收集使用 useConnect 组件的信息。组件销毁还要清除这些信息。

维护并传递负责更新的 dispatch 方法。

一些重要的 API 要暴露给 Context 上下文，传递给每一个 useConnect。

useCreateStore 设计：

首先 useCreateStore 是在靠近根部组件位置的，而且全局只需要一个，目的就是创建一个 Store，并通过 Provider 传递下去。

- 使用：

```
const store = useCreateStore(reducer, initState)
```

- 参数：

reducer：全局 reducer，纯函数，传入 state 和 Action，返回新的 state。initState：初始化 state。返回值：为 store 暴露的主要功能函数。

- Store 设计：Store 为上述所说的调度中心，接收全局 reducer，内部维护状态 state，负责通知更新，收集用 useConnect 的组件。

```
const Store = new ReduxHooksStore(reducer,initState).exportStore()
```

- 参数：接收两个参数，透传 useCreateStore 的参数。
- useConnect 设计：使用 useConnect 的组件，将获得 dispatch 函数，用于更新 state，还可以通过

第一个参数订阅 state，被订阅的 state 改变，会让组件更新。

```
// 订阅 state 中的 number
const mapStoreToState = (state)=>({ number: state.number })
const [ state, dispatch ] = useConnect(mapStoreToState)
```

● 参数：mapStoreToState，将 Store 中的 state 映射到组件的 state 中，可以做视图渲染使用。如果没有第一个参数，那么只提供 dispatch 函数，不会订阅 state 变化带来的更新。返回值：返回值是一个数组。数组第一项：为映射的 state 值。数组第二项：为改变 state 的 dispatch 函数。

2. useCreateStore

```
export const ReduxContext = React.createContext(null)/* 用于产生 reduxHooks 的 store
*/export function useCreateStore(reducer,initState){
    const store = React.useRef(null)
    /* 如果存在,不需要重新实例化 Store */
    if(!store.current){
        store.current = new ReduxHooksStore(reducer,initState).exportStore()
    }
    return store.current
}
```

useCreateStore 主要做的是：接收 reducer 和 initState，通过 ReduxHooksStore 产生一个 store，不期望把 store 全部暴露给使用者，只需要暴露核心的方法，所以调用实例下的 exportStore 抽离出核心方法。使用一个 useRef 保存核心方法，传递给 Provider。

3. 状态管理者——ReduxHooksStore

接下来看一下核心状态 ReduxHooksStore。

```
import { unstable_batchedUpdates } from 'react-dom' class ReduxHooksStore {
    constructor(reducer,initState){
        this.name = '__ReduxHooksStore__'
        this.id = 0
        this.reducer = reducer
        this.state = initState
        this.mapConnects = {}
    }
    /* 需要对外传递的接口 */
    exportStore=()=>{
        return {
            dispatch:this.dispatch.bind(this),
            subscribe:this.subscribe.bind(this),
            unSubscribe:this.unSubscribe.bind(this),
            getInitState:this.getInitState.bind(this)
        }
    }
}
```

```
    /* 获取初始化 state */
    getInitState=(mapStoreToState)=>{
        return mapStoreToState(this.state)
    }
    /* 更新需要更新的组件 */
    publicRender=()=>{
        unstable_batchedUpdates(()=>{ /* 批量更新 */
            Object.keys(this.mapConnects).forEach(name=>{
                const { update } = this.mapConnects[name]
                update(this.state)
            })
        })
    }
    /* 更新 state   */
    dispatch=(action)=>{
        this.state = this.reducer(this.state,action)
        // 批量更新
        this.publicRender()
    }
    /* 注册每个 connect   */
    subscribe=(connectCurrent)=>{
        const connectName = this.name + (++this.id)
        this.mapConnects[connectName] =  connectCurrent
        return connectName
    }
    /* 解除绑定 */
    unSubscribe=(connectName)=>{
        delete this.mapConnects[connectName]
    }
}
```

- 状态：

reducer：这个 reducer 为全局的 reducer，由 useCreateStore 传入。state：全局保存的状态 state，每次执行 reducer 会得到新的 state。mapConnects：里面保存每一个 useConnect 组件的更新函数。用于派发 state 改变带来的更新。

- 方法：负责初始化流程。①getInitState：这个方法给自定义 Hooks 的 useConnect 使用，用于获取初始化的 state。②exportStore：这个方法用于把 ReduxHooksStore 提供的核心方法传递给每一个 useConnect。③负责绑定 | 解绑 subscribe：绑定每一个自定义 Hooks useConnect。④unSubscribe：解除绑定每一个 Hooks。

- 负责更新。dispatch①这个方法提供给业务组件层，每一个使用 useConnect 的组件可以通过 dispatch 方法改变 state，内部原理是通过调用 reducer 产生一个新的 state。②publicRender：当 state 改变，需要通知每一个使用 useConnect 的组件，这个方法就是通知更新，至于组件需不需要更新，那是 useConnect 内部需要处理的事情，这里还有一个细节，就是考虑到 dispatch 的触发场景可以是异步状态，所以用 React-DOM 中的 unstable_batchedUpdates 开启批量更新原则。

4. useConnect

useConnect 是整个功能的核心部分，它要做的事情是获取最新的 state，然后通过订阅函数 mapStoreToState 得到订阅的 state，判断订阅的 state 是否发生变化。如果发生变化，渲染最新的 state。

```
export function useConnect(mapStoreToState=()=>{}){
    /* 获取 Store 内部的重要函数 */
    const contextValue = React.useContext(ReduxContext)
    const { getInitState, subscribe,unSubscribe, dispatch } = contextValue
    /* 用于传递给业务组件的 state   */
    const stateValue = React.useRef(getInitState(mapStoreToState))
    /* 渲染函数 */
    const [, forceUpdate ] = React.useState()
    /* 产生 */
    const connectValue = React.useMemo(()=>{
        const state =  {
            /* 用于比较一次 dispatch 中,新的 state 和之前的 state 是否发生变化   */
            cacheState: stateValue.current,
            /* 更新函数 */
            update:function (newState) {
                /* 获取订阅的 state */
                const selectState = mapStoreToState(newState)
                /* 浅比较 state 是否发生变化,如果发生变化, */
                const isEqual = shallowEqual(state.cacheState,selectState)
                state.cacheState = selectState
                stateValue.current  = selectState
                if(!isEqual){
                    /* 更新 */
                    forceUpdate({})
                }
            }
        }
        return state
    },[ contextValue ]) // 将 contextValue 作为依赖项。
    React.useEffect(()=>{
        /* 组件挂载--注册 connect */
        const name =  subscribe(connectValue)
        return function () {
            /* 组件卸载--解绑 connect */
            unSubscribe(name)
        }
    },[ connectValue ]) /* 将 connectValue 作为 useEffect 的依赖项 */
    return [ stateValue.current, dispatch ]
}
```

初始化。用 useContext 获取上下文中，ReduxHooksStore 提供的核心函数。用 useRef 来保存得到的最新的 state。用 useState 产生一个更新函数 forceUpdate，这个函数只是更新组件。

注册 | 解绑流程。注册：通过 useEffect 来向 ReduxHooksStore 中注册当前 useConnect 产生的 connectValue，connectValue 是什么，后面会讲到。subscribe 用于注册，会返回当前 connectValue 的唯一标识 name。解绑：在 useEffect 的销毁函数中，可以调用 unSubscribe 传入 name 来解绑当前的 connectValu，connectValue 是否更新组件，真正向 ReduxHooksStore 传递状态，首先用 useMemo 来对 connectValue 做缓存，connectValue 为一个对象，里面的 cacheState 保留了上一次的 mapStoreToState 产生的 state，还有一个负责更新的 update 函数。

更新流程。当在 ReduxHooksStore 中，触发 dispatch 会让每一个 connectValue 的 update 都执行，update 会触发映射函数 mapStoreToState 来得到当前组件想要的 state 内容。然后通过 shallowEqual 浅比较新老 state 是否发生变化，如果发生变化，那么更新组件。完成整个流程。shallowEqual：这个浅比较就是 React 里面的浅比较。

重新通过 useMemo 产生新的 connectValue。所以 useMemo 依赖 contextValue。connectValue 改变，需要解除原来的绑定关系，重新绑定。useEffect 依赖 connectValue。

局限性：整个 useConnect 有一些局限性，比如没有考虑 mapStoreToState 的可变性，无法动态传入 mapStoreToState。浅比较，不能深层次比较引用数据类型。

读者可扫描如下二维码，查看运行效果。

扫码 codesandbox

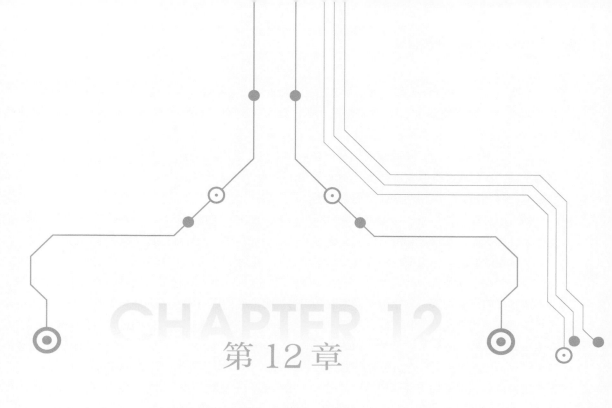

第 12 章

React-Router

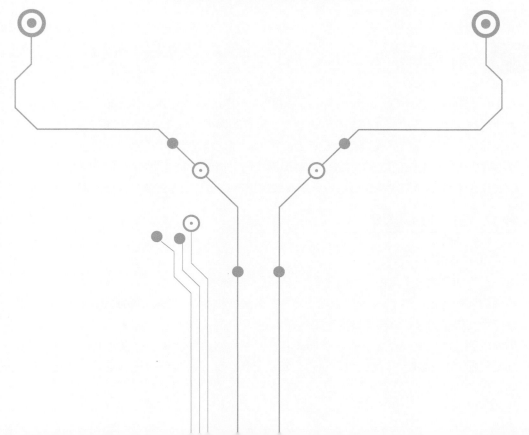

众所周知，使用 React 和 Vue 这种热门且主流的框架，构建的应用为单页面应用（spa），就是用一个 html，一次性加载 JS，CSS 等资源，所有页面在一个容器页面下，页面切换实质上是组件的切换。

相对于多页面应用，单页面应用有很多优点，这里枚举出两点，首先单页面应用是在一个 html 容器下的，所以视图的改变不需要重新加载整个页面，也就不会造成一个 html 切换到另外一个 html 引起的白屏问题，页面切换交互过程更流畅。

另外就是单页面应用不需要服务端返回多个 html 文件，而是返回一个 html 外壳容器，剩下的数据部分，由页面负责请求和渲染即可，这有利于前后端分离，同样也减轻了服务端的压力。

有优点的同时，单页面应用也有一些不足之处，因为单页面应用服务端只是返回一个外壳容器，页面需要前端请求数据，然后渲染，这就会使应用的首屏加载时间过长，如果遇到网络差的情况，就会造成较长时间的白屏，当然可以通过服务端渲染去解决白屏时间，提升用户体验。

知道了单页面应用的利弊后，言归正传，在单页面应用中，切换页面通过路由系统来实现，而且在 React 应用中，路由系统就是 React-Router，React-Router 是一个独立的开源库，这个库也有很多 React 核心开发者参与开发，促进了框架生态的发展。本章就来探索一下 React-Router 的奥秘。

首先从单页面路由实现原理开始，在 12.1 节中会介绍主流的单页面应用路由系统是如何实现的。知道了单页面路由实现之后，在 12.2 节中，会重点介绍 React-Router V5 老版本和 React-Router V6 新版本的路由设计。明白了路由设计，接下来在 12.3 节和 12.4 节中会分别讲解新老版本的原理，在 12.5 节中，会以老版本路由为参考，从零到一实现路由的核心功能。

12.1　Spa 核心原理

在单页面应用中，路由系统管理着页面和组件的切换，这些切换具体来源于如下场景：
- 场景一：当开发者点击链接或者按钮后，进行页面或者组件之间的跳转。
- 场景二：当我们在浏览器地址栏改变路径的时候，跳转到对应的组件或者是页面。
- 场景三：当点击浏览器的前进或者后退等按钮，页面或者组件做出对应的响应。

那么路由系统是如何对前面的场景做出有效的处理呢？这就是需要讨论的问题。

▶▶ 12.1.1　核心原理

1. 路由核心部分

首先对于前面的三个路由切换的场景，会引出一些思考：

前面的场景一是一些 JavaScript 层面上事件的处理，比如点击按钮跳转是调用了 click 事件，事件来处理路由切换逻辑，那么具体要实现哪些逻辑呢？

前面说到，在单页面应用中是一个 html 容器，切换路由并没有进行真正的路由跳转，但是需要改变地址栏的 URL 链接，改变成页面对应的路由链接。除了改变路由地址之外，还要切换视图，也就是跳转到对应的页面或者组件。对于前面的场景二和场景三，并不是在 JS 层面触发的路由改变，而是用户主动触发的浏览器行为。首先要做到的就是，在 JS 层面需要感知到这些浏览器行为，这就需要事件监听了，通过事件监听的回调函数来捕获这些行为。在上一步通过监听器捕获到地址栏的路由改变之后，同样需要切换视图。

通过上面的思考可以总结出路由的实现大致分为三个部分：

（1）改变路由：通过 JS 层面改变浏览器的 URL，让用户感知到路由的变化。

（2）监听路由：JS 监听用户触发的浏览器行为，比如输入 URL 变化，浏览器前进、后退等。

（3）切换页面：通过 JS 层面来切换页面，挂载正确的组件。

三者实现的逻辑关系如图 12-1-1 所示。

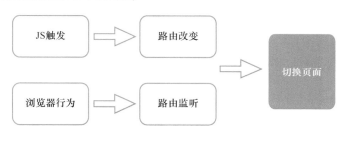

● 图 12-1-1

2. 两种路由方式

路由存在着两个方式，一种是 Browser 模式，另一种是 Hash 模式。两种模式的样子如下：

Browser 模式下：http：// www.xxx.com/home

Hash 模式下：http：// www.xxx.com/#/home

在广义程度上切换路由的改变是用户从同一个域名下，由一个页面跳转到另一个页面。但是狭义程度上切换路由其实是在浏览器历史记录 History 中产生了一条记录，接下来就可以通过浏览器前进或者后退这些 API 来访问这些记录。

在 Browser 模式下本身就是调用 History 下面的 push 等方法来产生一条路由历史记录，不过也会造成一些问题，比如我们访问的是 http：// www.xxx.com，那么服务器会返回对应的 html 结构，但是在 Browser 下如果跳转到/home，服务端没有做处理，就会定位到服务器 http：// www.xxx.com 的/Home 文件中，这样就会造成无法访问文件等错误产生。当然针对这种情况也会有解决方案。

比如 webpack-dev-server 构建的本地服务器中，可以在 devServer 中做如下配置：

```
devServer: {
    historyApiFallback: true,
},
```

这样在 Browser 模式下就能正常跳转了，但是这毕竟是本地开发环境，在线上生产环境下还得做处理，以 Nginx 为例子，可以通过如下配置来解决问题：

```
location/ {
  try_files $uri $uri/ /index.html;
}
```

在 Browser 模式下本身就是调用 History 下面的 API，所以称为一种路由切换方式也就理所应当了。除了这种方式之外，还有一种情况也能产生 History 记录，那就是 Hash 模式。

开发者在 Hash 路由模式下的应用中切换路由，是改变 window.location.hash。这种模式下实现背景是当我们赋值 location.hash 属性的时候，会产生一条路由变化的记录，如上这条记录就可以保留在浏览器历史记录中，可以通过浏览器前进和后退访问到这条记录。

两种模式下的改变路由和监听路由的处理方法不同。

3. Browser 模式下改变路由

在 Browser 模式下改变路由，指的是通过调用 API 实现的路由跳转，其实是浏览器提供的 History 对象。

在浏览器 Window 对象上存在 History 对象，记录了浏览器的历史信息。Window.history 是一个只读属性，提供了操作浏览器会话历史的接口，我们来看一下 History 上面都有哪些属性，如图 12-1-2 所示。

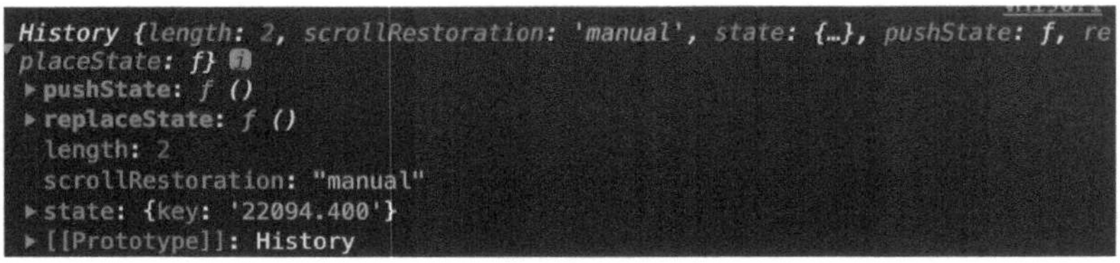

● 图 12-1-2

重点关注一下 History 上的两个方法：pushState 和 popstate。

比如开发者在 React 应用中调用 history.push 改变路由，其实是调用 window.history.pushState 方法。

下面来看一下两个方法的使用：

```
window.history.pushState(state,title,path)
```

（1）state：一个与指定网址相关的状态对象。popstate 事件触发时，该对象会传入回调函数。如果不需要，可填 null。

（2）title：新页面的标题，但是所有浏览器目前都忽略这个值，可填 null。

（3）path：新的网址，必须与当前页面处在同一个域。浏览器的地址栏将显示这个地址。

```
window.history.replaceState(state,title,path)
```

参数和 pushState 一样，这个方法会修改当前的 History 对象记录，但是 history.length 的长度不会改变。通过这两个方法，就能改变 History 对象的记录，同时能够让浏览器地址栏 URL 变化。

4. Hash 模式下改变路由

History 模式用的是 History 对象，而 Hash 模式用的是 Window 上另外一个对象 Location。window.location 对象用于获得当前页面的地址（URL），并把浏览器重定向到新的页面。同样打印一下 Location 对象，如图 12-1-3 所示。

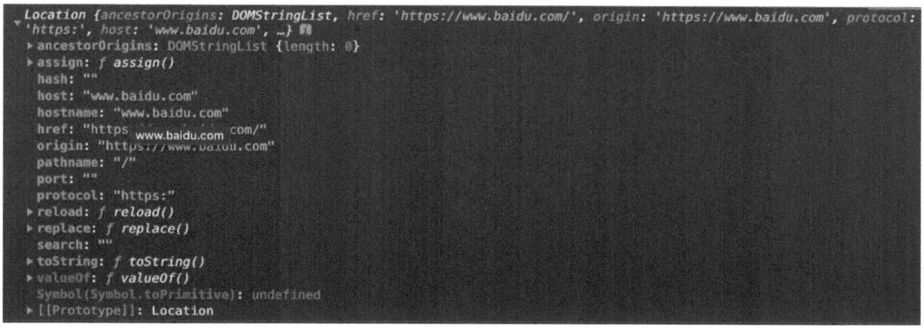

● 图 12-1-3

如上可以看到 Location 对象保存了 https：// www.baidu.com/页面地址的信息。

在 Location 对象上有一个 Hash 属性，在 Hash 模式下改变路由就是通过这个属性来实现的：

```
window.location.hash= xxx
```

通过 window.location.hash 属性获取和设置 Hash 值。知道了路由的改变之后，再来看看两种模式下，如何监听路由的变化：

5. Browser 模式下监听路由

在 Browser 模式下，监听路由的方式是监听 popstate 事件。

```
window.addEventListener('popstate',function(e){
    /* 监听改变 */
})
```

同一个文档的 History 对象出现变化时，就会触发 popstate 事件 history.pushState 可以使浏览器地址改变，但是无须刷新页面。需要注意的是：用 history.pushState（）或者 history.replaceState（）不会触发 popstate 事件。popstate 事件只会在浏览器某些行为下触发，比如点击后退、前进按钮或者调用 history.back（）、history.forward（）、history.go（）方法。

6. Hash 模式下监听路由

在 Hash 模式下，也有对应的监听事件的方法，它就是 hashchange，如果发生浏览器的行为，就会让 hashchange 的回调函数执行。

```
window.addEventListener('hashchange',function(e){
/* 监听改变 */
})
```

还有一点与 Browser 不同的是，如果通过 location.hash 的方式在 JS 逻辑中改变 Hash，可以通过 hashchange 监听到路由状态的变化。

明白了改变路由和监听路由原理之后，还有一个非常重要的一部分，就是根据路由变化来切换对应的组件。

在单页面应用 React，其实没有页面的概念，取而代之的就是组件，当切换页面的时候，让不同的组件展示即可，所以路由变化切换组件的原理就是不同组件之间的卸载与挂载。当页面 A 切换页面 B 的时候，就是卸载 A 组件，挂载 B 组件，这个功能在 React 应用中就非常容易实现了。

这样最初的三个思考点就解决了。回过头来看一下 React-Router 是如何处理这三件事的。对于监听路由和改变路由，React-Router 采用的方式是通过独立的 History 库来实现的。对于路由界面的切换是通过 React-Router 本身提供的路由组件 Router 和 Route 来实现的。

▶▶ 12.1.2　History 库核心实现

History 基于前面讲到的所有 API 在路由的两种模式下分别提供了两个接口，Browser 模式下的 createBrowserHistory 和 hash 模式下的 createHashHistory 方法。实际上 History 还提供了一种方式：createMemoryHistory，这种方式我们就跳过了，感兴趣的读者可以看一下官网对这个 API 的描述，它维护着自己的 Location 对象，可以脱离浏览器使用，比如 ReactNative。

createBrowserHistory 和 createHashHistory 这两个方法目的就是做一个兼容层，产生一个兼容后的 History 对象，React-Router 可以使用兼容后的 History 对象实现组件的自由切换，使单页面应用也能切换页面。

首先来看一下 createBrowserHistory 做了些什么？

Browser 模式下路由的运行，一切都从 createBrowserHistory 开始。这里参考的 History4.7.2 版本与最新版本中的 API 可能有些出入，但是原理都是一样的，在解析 History 过程中，我们重点关注 setState、push、handlePopState、listen 方法。

```
const PopStateEvent = 'popstate'
/* 这里简化了 createBrowserHistory,列出了几个核心 API 及其作用 */
consthashChangeEvent = 'hashchange' function createBrowserHistory(){
    /* 全局 History */
    const globalHistory=window.history
    /* 处理路由转换,记录了路由监听者信息。*/
    const transitionManager = createTransitionManager()
    /* 改变 location 对象,通知组件更新 */
    constsetState= () => { /* ... */ }

    /* 当 path 改变后,处理 popstate 变化的回调函数 */
    consthandlePopstate= () => { /* ... */ }

    /* history.push 方法,改变路由,通过全局对象 history.pushState 改变 URL,通知 router 触发更新,
替换组件 */
    constpush= () => { /* ... */ }
```

```
/* 底层应用事件监听器,监听 popstate 事件 */
const listen=()=>{ /* ... */ }
return {
  push,
    listen,
    setState,
  handlePopstate,
    /* .... */
  }
}
```

如上代码中，主要罗列出一些核心的方法，在正式讲这些核心方法之前，先来弄明白 History 的核心设计理念。在 History 中会有逻辑层和状态层概念。逻辑层就是 transitionManager，它负责 History 系统中的事件逻辑，比如监听路由变化需要有监听者，那么这个监听者就在 transitionManager 中保存。监听者是什么？比如 React-Router 中想要通过路由来改变视图，就需要一个监听者来告诉 Router 路由发生变化了，然后 Router 才能通过 React 组件中的 setState 或者 useState 来更新视图。状态层保存了路由的状态信息，比如 Location 对象，记录了当前路由的信息。在路由跳转的时候，可能携带一些参数，这些参数就可以通过状态层来保存。下面逐一分析各个 API 和它们之间的相互作用。首先就是监听路由变化的方法——listen：

```
constlisten= (listener) => {
    /* 绑定事件 */
    const unlisten = transitionManager.appendListener(listener)
    checkDOMListeners(1)
    /* 解绑事件 */
    return () => {
      checkDOMListeners(-1)
      unlisten()
    }
  }
```

checkDOMListeners：

```
const checkDOMListeners = (delta) => {
    listenerCount += delta
    if (listenerCount === 1) {
       /* Browser 模式下,绑定 popstate 事件  */
       addEventListener(window, PopStateEvent,handlePopstate)
       if (needsHashChangeListener)
       /* Hash 模式下,绑定 popstate 事件  */
         addEventListener(window,hashChangeEvent,handleHashChange)
    } else if (listenerCount === 0) {
       /* Browser 模式下,解绑 popstate 事件  */
    removeEventListener(window, PopStateEvent,handlePopstate)
    if (needsHashChangeListener)
```

```
/*  Hash 模式下,解绑 popstate 事件    */
  removeEventListener(window,hashChangeEvent,handleHashChange)
  }
}
```

listen 通过 checkDOMListeners 的参数 1 或−1 来绑定/解绑 popstate 和 hashchange 事件，当路由发生改变的时候，调用处理函数 handlePopstate 和 handleHashChange。

由于先讲的是 Browser 模式下的路由，所以先看 handlePopstate 做了些什么：

```
/*  我们简化一下 handlePopstate */
consthandlePopstate= (event)=>{
    /*  获取当前的 Location 对象 */
    constlocation= getDOMLocation(event.state)
    const action ='POP'

    transitionManager.confirmTransitionTo(location, action, getUserConfirmation, (ok) =
> {
        if (ok) {
          setState({ action,location})
        } else {
          revertPop(location)
        }
    })
}
```

handlePopstate 的核心思想：通过 getDOMLocation 获取 Location 对象。通过 setState 来通知每一个监听者。这个 setState 并不是 React 应用中改变 state 的 API，而是 History 库中独立的方法。那么它具体做了些什么呢？

```
constsetState= (nextState) => {
    /*  合并路由中的状态 */
    Object.assign(history, nextState)
    history.length = globalHistory.length
    /*  通知每一个监听者路由已经发生变化 */
    transitionManager.notifyListeners(
      history.location,
      history.action
    )
  }
```

setState 会合并路由中的状态，并通知每一个监听者路由已经发生变化，监听者是通过 appendListener 注册到 transitionManager 中的，到这里就形成了一条通信链路，如图 12-1-4 所示。

接下来还有一个方法就是 push，这个方法就是提供给 React 应用去实现 JS 层面切换路由的方法，也就是 history.push 方法。

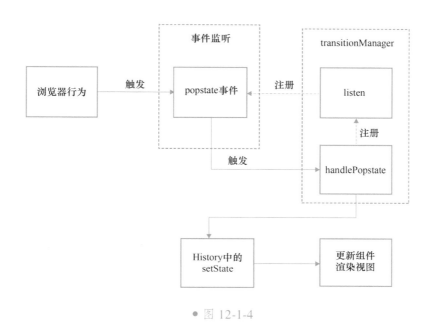

● 图 12-1-4

```
constpush= (path, state) => {
    const action = 'PUSH'
    /* 1 创建 location 对象 */
    constlocation= createLocation(path, state, createKey(), history.location)
    /* 确定是否能进行路由转换，还在确认的时候又开始了另一个转变，可能会造成异常 */
    transitionManager.confirmTransitionTo(location, action, getUserConfirmation, (ok) => {
      if (!ok)
        return
      const href = createHref(location)
      const { key,state} =location
      if (canUseHistory) {
        /* 改变 url */
        globalHistory.pushState({ key,state},null, href)
        if (forceRefresh) {
        window.location.href = href
        } else {
          /* 通知监听者,更新页面 */
          setState({ action,location})
        }
      } else {
      window.location.href = href
      }
    })
}
```

在 Browser 中 push 的核心流程就是：首先通过 pushState 来改变浏览器的历史信息，并且改变

URL。接下来就是通过 setState 通知监听者更新，视图也就能正常更新了，如图 12-1-5 所示。

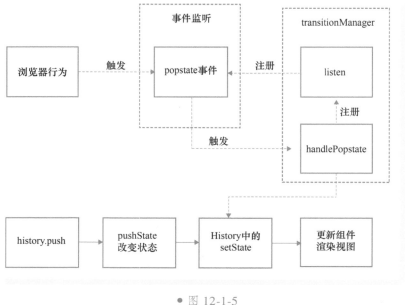

● 图 12-1-5

到此为止，History 模式下的逻辑已经打通，形成了闭环。讲完 Browser 模式下的 History 对象，以及路由的实现原理，接下来看一下 Hash 模式下路由是如何实现的。其实就是 createHashHistory 与 createBrowserHistory 在功能上的差异。

在 checkDOMListeners 已经讲到，如果是 Hash 模式下，路由的监听走相同的流程，只不过监听的是 hashchange 方法。对于事件处理函数 Browser 模式下走的是 handlePopstate，但是在 Hash 模式下走的是 handleHashChange。最后调用的都是 setState 方法，通知更新路由组件。但是在路由的改变上，因为 History 库做了一层兼容，在 Hash 模式下，也会存在 history.push 方法，不过内部的实现原理不同：

```
/* 对应 push 方法 */
constpushHashPath = (path) =>
  window.location.hash=path
/* 对应 replace 方法 */const replaceHashPath = (path) => {
    consthashIndex =window.location.href.indexOf('#')
  window.location.replace(
    window.location.href.slice(0,hashIndex >= 0 ? hashIndex : 0) + '#' +path
  )}
```

在 Hash 模式下，history.push 底层调用了 window.location.hash 来改变路由。history.replace 底层掉用了 window.location.replace 改变路由。

这里可以看到 pushHashPath 并没有通过 setState 去触发更新，这是因为 history.pushState 不能触发 popstate 事件，而通过 location.hash 改变 Hash 是可以通过 hashchange 事件捕获到的。

▶▶ 12.1.3　History 原理总结

我们来总结一下以下 4 种方式改变路由的核心流程与原理。

第一种 Browser 模式下，JS 通过 history.push 方式触发路由改变：

Browser 模式下 push 方法触发→浏览器 history.pushState 改变路由→同时 setState 通知监听者页面组件更新→页面更新渲染视图。

第二种 Browser 模式下，通过浏览器行为（地址栏改变、前进、后退）触发路由改变：

路由改变→触发 popstate 事件→触发 setState 通知监听者页面组件更新→页面更新渲染视图。

第三种 Hash 模式下，JS 通过 history.push 方式触发路由改变：

Hash 模式下 push 方法触发→window.location.hash 改变路由→触发 hashchange 监听事件→触发 setState 通知监听者页面组件更新→页面更新渲染视图。

第四种 Hash 模式下，通过浏览器行为（地址栏改变、前进、后退）触发路由改变：

路由改变→触发 hashchange 监听事件→触发 setState 通知监听者页面组件更新→页面更新渲染视图。

两种模式下通信流程图如图 12-1-6 所示。

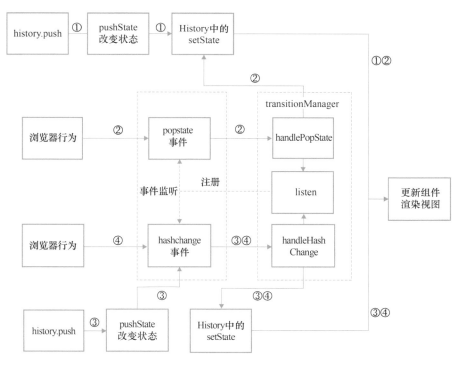

● 图 12-1-6

①②③④分别代表上述四种流程。

12.2　新老版本路由设计

上一节讲到了单页面路由的核心原理，又讲到了 React-Router 的核心依赖 History 库的原理，总结出路由系统本身就是由改变路由、监听路由和页面切换三个部分构成，其中前两者本身是由 History 库来完成的，那么对于页面的切换就是由 React-Router 的核心路由组件来实现了。路由的切换就是卸载旧组件，挂载新组件。上节讲到，无论是浏览器的事件还是 JS 触发的路由跳转，最后 History 都会通过相同的方式，通知到路由组件重新渲染，接下来研究一下 React-Router 是如何设计并实现路由更新、页面更新的。

▶▶ 12.2.1　React-Router 核心组成部分

1. 核心路由库的组成

在 React 的路由系统是由上节讲的 History，还有本节讲到的 React-Router 和 React-Router-Dom 构成。先来看看三者的概念：

- **History**：History 是整个 React-Router 的核心，里面包括两种路由模式下改变路由的方法和监听路由变化方法等。
- **React-Router**：既然有了 History 路由监听/改变的核心，那么需要调度组件负责派发这些路由的更新，也需要容器组件通过路由更新来渲染视图。所以 React-Router 在 History 核心基础上，增加了 Router、Switch、Route 等组件来处理视图渲染。
- **React-Router-Dom**：在 React-Router 基础上，增加了一些 UI 层面的拓展，比如 Link、NavLink，以及两种模式的根部路由 BrowserRouter、HashRouter。

另外贯穿在整个路由系统的核心状态，就是路由的状态，比如路由系统会根据这些状态来渲染不同的组件。再比如开发者可以通过这些路由状态获取当前的页面信息。在 React-Router 系统中，路由状态由 History、Location、Match 三个对象保存。在路由页面中，开发者通过访问 props，可以访问这三个对象。

2. 路由状态

- **History 对象**：History 对象保存改变路由方法 push、replace 和监听路由方法 listen 等。
- **Location 对象**：可以理解为当前状态下的路由信息，包括 pathname、state 等。
- **Match 对象**：用来证明当前路由匹配信息的对象。存放当前路由 path 等信息。

这些状态可以通过路由组件传递并使用，路由组件接受这些路由状态，就可以通过这些状态判断组件是否渲染，并把这些状态传递给业务组件。

- **路由组件**：对于路由组件，它们支撑了整个路由系统，一方面作为渲染页面组件的容器，另一方面负责页面状态的传递。

Router：整个应用路由的传递者和派发更新者。

在整个前端应用中，需要通过 Router 路由组件注册到项目的根部组件树中，比如如下这样：

```
import {browserRouterasRouter} from 'react-router-dom'
function App (){
    return <Router>
        ....
    </Router>
}
ReactDOM.render(<App />,document.getElementById('app'))
```

一般一个前端应用中有一个 Router 组件即可，只要外层有 Router，就可以在项目中正常使用其他路由组件，比如如下：

```
<Router>
    <Routepath="/index"  component={Index}  />
    <Routepath="/home"  component={Home}  />
</Router>
```

Router 的主要作用是什么呢？其实 Router 的作用就是以下两点，那就是传递状态和触发更新，对于原理会在 12.3 节中会讲到。

上面还有一个问题，就是这段代码 import {browserRouterasRouter} from ' React-Router-Dom '可以看出上面组件中注册的 Router，并不是 React-Router 中的 Router 组件，而是 React-Router-Dom 中提供的 BrowserRouter，开发者一般不会直接使用 Router，而是使用 React-Router-Dom 中的 BrowserRouter 或者 HashRouter，两者的关系就是 Router 作为一个传递路由和更新路由的容器，而 BrowserRouter 或 HashRouter 是不同模式下向容器 Router 中注入不同的 History 对象。所以开发者确保整个系统中有一个根部的 BrowserRouter 或者是 HashRouter 即可。

这样就和上节讲到的创建 History 的两种方式 createBrowserHistory 和 createHashHistory 关联起来了。比如开发者想在项目中使用 Browser 模式，可以使用 BrowserRouter，BrowserRouter 就是通过 create-BrowserHistory 创建的一个 History 对象，然后传递给 Router 组件。同样如果想使用 Hash 模式，可以通过 HashRouter，也就是通过 createHashHistory 创建一个 History 对象，然后传递给 Router 组件。

3. Route——页面渲染容器

Route 是整个路由核心部分，它的工作就是一个：匹配路由，渲染组件。当切换路由的时候，Router 会通知 Route 去更新，Route 内部会匹配路由来确定是否渲染组件。

先来看一下 Route 的用法。Route 有 4 种渲染组件的方式，如下所示：

```
function Index(){
    const mes = {
        name:'react',
        des:'A JavaScript library for building user interfaces'
    }
    return <div>
        <Meuns/>
```

```
            <Switch>
                <Routepath='/router/component' component={RouteComponent} /> { /* RouteCom-
ponent 形式 */ }
                <Routepath='/router/render' render={(props)=> <RouterRender { ...props } />
} {...mes} /> { /* 渲染形式 */ }
                <Routepath='/router/children' > { /* Children 形式 */ }
                    <RouterChildren {...mes} />
                </Route>
                <Routepath="/router/renderProps" >
                    { (props)=> <RouterRenderProps {...props} {...mes} /> } {/* renderProps 形式 */}
                </Route>
            </Switch>
        </div>}
export default Index
```

Component 形式：将组件直接传递给 Route 的 component 属性，Route 可以将路由信息隐式注入页面组件的 props 中，但是无法传递父组件中的信息，比如 mes。

渲染形式：Route 组件的渲染属性，可以接受一个渲染函数，函数参数就是路由信息，可以传递给页面组件，还可以混入父组件信息。

Children 形式：直接作为 Children 属性来渲染子组件，但是这样无法直接向子组件传递路由信息，可以混入父组件信息。

renderProps 形式：可以将 Childen 作为渲染函数执行，也可以传递路由信息，还可以传递父组件信息。

4. exact 属性

Route 可以加上 exact 属性，来进行精确匹配。精确匹配原则：pathname 必须和 Route 的 path 完全匹配，才能展示该路由信息。比如：

```
<Routepath='/router/component' exact component={RouteComponent} />
```

一旦开发者在 Route 中写上 exact=true，表示该路由页面只有/router/component 这个格式才能渲染，如果当前路由是/router/component/a，会被判定不匹配，从而导致渲染失败。如果是嵌套路由的父路由，千万不要加 exact=true 属性。只要当前路由下有嵌套子路由，就不要加 exact。

5. React-Router-Config

可以用 React-Router-Config 库中提供的 RenderRoutes，更优雅地渲染 Route。

```
constRouteList = [
    {
        name:'首页',
        path:'/router/home',
        exact:true,
        component:Home
    },
    {
```

```
        name: '列表页',
      path: '/router/list',
        render: () => <List />
    },
    {
        name: '详情页',
      path: '/router/detail',
        component: detail
    },
    {
        name: '我的',
      path: '/router/person',
        component: personal
}] function Index(){
    return <div>
        <Meuns/>
        { renderRoutes(RouteList) }
    </div>
  }
```

这样的效果和上面的例子一样，省去了在组件内部手动写 Route，绑定 path、component 等属性。

6. Switch——匹配唯一路由的利器

Switch 有什么作用呢？假设在组件中这样配置路由：

```
<div>
    <Routepath='/home' component={Home} />
    <Routepath='/list' component={List} />
    <Routepath='/my' component={My} />
</div>
```

这样会影响页面的正常展示和路由的正常切换吗？答案是否定的，这样对于路由切换页面展示没有影响，但是值得注意的是，如果在页面中这样写，三个路由都会被挂载，但是每个页面路由展示与否，是通过 Route 内部 Location 信息匹配的。

Switch 的作用是先通过匹配选出一个正确路由，再进行渲染。

```
<Switch>
    <Routepath='/home' component={Home} />
    <Routepath='/list' component={List} />
    <Routepath='/my' component={My} />
</Switch>
```

如果通过 Switch 包裹后，页面上只会展示一个正确匹配的路由。比如路由变成/home，那么只会挂载 path='/home' 的路由和对应的组件 Home。综上所述，Switch 的作用就是匹配唯一正确的路由并渲染。

7. Redirect——重定向

假设有下面两种情况：当修改地址栏或者调用 API 跳转路由的时候；当找不到匹配的路由的时候，并且还不想让页面空白，那么需要重定向一个页面。

当页面跳转到一个无权限的页面，期望不能展示空白页面，需要重定向跳转到一个无权限页面，这时就需要重定向组件 Redirect。它可以在路由不匹配的情况下跳转指定某一路由，适合路由不匹配或权限路由的情况。

对于上述的情况一：

```
<Switch>
    <Routepath='/router/home' component={Home} />
    <Routepath='/router/list' component={List} />
    <Routepath='/router/my' component={My} />
    <Redirectfrom={'/router/* '} to={'/router/home'} />
</Switch>
```

这个例子中加了 Redirect，在浏览器中输入/router/test，没有路由与之匹配，会重定向跳转到/router/home。

对于上述的情况二：

```
noPermission ?
<Redirectfrom={'/router/list'} to={'/router/home'} />
 : <Routepath='/router/list' component={List} />
```

如果/router/list 页面没有权限，那么会渲染 Redirect，重定向跳转到/router/home，反之有权限就会正常渲染/router/list。

注意 Switch 包裹的 Redirect 要放在最下面，否则会被 Switch 优先渲染 Redirect，导致路由页面无法展示。

▶▶ 12.2.2　React-Router 使用指南

前面介绍了 React-Router 的核心组成部分，接下来看一下使用技巧。

1. 路由状态的获取

在开发 React 应用业务的过程中，很多场景要获取到路由的信息，比如想要获取当前的路由参数、路由状态 state 等，还有可能通过 History 对象实现路由跳转，那么实现这些功能的前提就是要获取到路由的状态。

对于如何获取 React-Router 中的路由状态，可以通过如下的三种方法：

路由组件 props：前面讲到过，被 Route 包裹的路由组件 props 中会默认混入 History 等信息，如果路由组件的子组件也想共享路由状态信息和改变路由的方法，props 可以是一个很好的选择。

```
class Homeextends React.Component{
    render(){
```

```
    return <div>
        <Children{...this.props}  />
    </div>
    }
}
```

Home 组件是 Route 包裹的组件，它可以通过 props 方式向 Children 子组件中传递路由状态信息（Histroy、Loaction）等。

withRouter：对于距离路由组件比较远的深层次组件，通常可以用 React-Router 提供的 withRouter 高阶组件方式获取 Histroy、Loaction 等信息。

```
import { withRouter} from 'react-router-dom'
@withRouterclass Homeextends React.Component{
    componentDidMount(){
        console.log(this.props.history)
    }
    render(){
        return <div>
            { /*  .... */ }
        </div>
    }
}
```

useHistory 和 useLocation：对于函数组件，可以用 React-Router 提供的自定义 Hooks 中的 useHistory 获取 History 对象，用 useLocation 获取 Location 对象。

```
import {useHistory,useLocation } from 'react-router-dom'
function Home(){
    consthistory=useHistory() /* 获取 History 信息 */
    constuseLocation=useLocation() /* 获取 Location 信息 */
}
```

注意事项，无论是 withRouter，还是 Hooks，都是从保存的上下文中获取的路由信息，所以要保证想要获取路由信息的页面，都在根部 Router 内部。

2. 路由跳转

关于路由跳转有声明式路由和函数式路由两种：

- 声明式：<NavLink to='/home' />，利用 React-Router-dom 里面的 Link 或者 NavLink。
- 函数式：histor.push（'/home'）。

可以通过路由跳转传递参数，这里介绍几种传递参数的方式。第一种采用 URL 拼接的方式：

```
const name = 'react'
const mes = 'A JavaScript library for building user interfaces'
history.push('/home? name= ${name}&mes= ${mes}')
```

这种方式通过 URL 拼接，比如想要传递的参数，会直接暴露在 URL 上，而且需要对 URL 参数进行解析处理，实际开发中笔者不推荐这种方式，而推荐下面的方式。

```
const name = 'react'
const mes = 'A JavaScript library for building user interfaces'
history.push({
    pathname:'/home',
      state:{
          name,
          mes
      }})
```

这样写之后，就可以在 Location 对象上获取上个页面传入的 state。

```
const {state = {}} = this.prop.location
const { name, mes } = state
```

还有一种情况是，路由中的参数可以作为路径。比如像掘金社区的文章详情，就是通过路由路径带参数（文章 id）来实现精确的文章定位。在绑定路由的时候需要做如下处理。

```
<Routepath="/post/:id" />
```

id 就是动态的路径参数，这种情况下路由跳转如下：

```
history.push('/post/'+id) // id 为动态的文章 id
```

React-Router 还支持路由嵌套，对于嵌套路由实际上很简单，就是路由组件下面，还存在子路由的情况。比如如下结构：

```
/*  第二层嵌套路由 */
function Home(){
    return <div>
        <Routepath='/home/test' component={Test}  />
        <Routepath='/home/test1' component={Test1}  />
    </div>}
/*  第一层父级路由 */
function Index(){
    return <Switch>
        <Routepath="/home" component={Home}  />
        <Routepath="/list" component={List}  />
        <Routepath="/my" component={My}  />
    </Switch>
}
```

嵌套路由的子路由一定要跟随父路由。比如父路由是/home，那么子路由的形式就是/home/xxx，否则路由页面将展示不出来。

▶▶ 12.2.3 自定义路由及其实践

在实际开发中可以对路由组件 Route 进行一些功能性的拓展。比如可以实现自定义路由，或者用 HOC 做一些拦截、监听等操作。

比如一个自定义路由长如下的样子：

```
function CustomRouter(props){
    // ...
    return  <Route {...props}  />
}
```

- 使用：这样写就是一个自定义的路由组件，不过也有一些需要注意的事项，就是一旦对路由进行自定义封装，就要考虑前面 4 种 Route 编写方式，如上写的自定义 Route 只支持 component 和渲染形式。接下来做一个实践，就是通过自定义路由的方式实现权限路由封装。

之前在 HOC 章节讲了通过 HOC 来对路由进行拦截，然后进行路由匹配，今天将要换一种思路，用自定义路由拦截，如果没有权限，就重定向到无权限页面中。

假设期望的效果是：模拟数据交互，返回模拟数据，拦截文档列表和标签列表两个页面。

- 思路：编写自定义权限路由组件，组件内部判断当前页面有无权限，如果没有权限，跳转无权限页面。通过 Context 保存权限列表，数据交互。
- 第一步：根组件注入权限。

```
function getRootPermission(){
    return new Promise((resolve)=>{
        resolve({
            code:200, /* 数据模拟只有编写文档和编写标签模块有权限,文档列表没有权限 */
            data:[ '/config/index'  ,'/config/writeTag' ]
        })
    })}
/* 路由根部组件 */
const Permission = React.createContext([])export
default function Index(){
    const [ rootPermission, setRootPermission ] = React.useState([])
    React.useEffect(()=>{
        /* 获取权限列表 */
        getRootPermission().then(res=>{
            console.log(res,setRootPermission)
            const { code, data } = res as any
            code === 200 && setRootPermission(data)
        })
    },[])
    return <Permission.Providervalue={rootPermission} >
        <RootRouter/>
    </Permission.Provider>
}
```

- 第二步：编写权限路由。

```
export function PermissionRouter(props){
    const permissionList = useContext(Permission) /* 消费权限列表 */
    const isMatch = permissionList.indexOf(props.path) >= 0 /*  判断当前页面是否有权限 */
```

```
    return isMatch ? <Route{...props}  /> : <Redirectto={'/config/NoPermission'}  />
}
```

useContext 接受消费权限列表，判断当前页面是否有权限，如果没有权限，那么跳转到无权限页面。

- 第三步：注册权限路由和无权限跳转页面。

```
<Switch>
    <PermissionRouter path={'/config/index'} component={WriteDoc}  />
    <PermissionRouter path={'/config/docList'} component={DocList}  />
    <PermissionRouter path={'/config/writeTag'} component={WriteTag}  />
    <PermissionRouter path={'/config/tagList'} component={TagList}  />
    <Routepath={'/config/NoPermission'}  component={NoPermission}  />
</Switch>
```

▶▶ 12.2.4 新版 React-Router V6

在不久之前，React-Router 升级了 V6 版本，V6 版本相比 V5 版本的 React-Router 有着翻天覆地的变化，一些使用 React V5 版本的老项目，如果不做兼容处理，那么项目将不能正常运行起来。

至于用不用升级 React V6 版本的 React-Router，作者这里的建议是：如果是新项目，可以尝试新版本的 Rouer，对于老项目，建议还是不要尝试升级 V6，升级的代价是会造成大量的功能改动，而且如果用到了依赖于 Router 的第三方库，可能会让这些库失效。

接下来看一下新版 React-Router 的设计与使用。首先来看一下新版本 React-Router 的使用：

```
import {Routes,Route,Outlet } from 'react-router'
import {browserRouter} from 'react-router-dom'
const index = () => {
  return <div className="page" >
    <div className="content" >
      <BrowserRouter>
          <Menus />
          <Routes>
              <Routeelement={<Home/>}
                  path="/home"
              ></Route>
              <Routeelement={<List/>}
                  path="/list"
              ></Route>
              <Routeelement={<Layout/>}
                  path="/children"
              >
                  <Routeelement={<Child1/>}
                      path="/children/child1"
                  ></Route>
                  <Routeelement={<Child2/>}
```

```
                      path="/children/child2"
                  ></Route>
              </Route>
          </Routes>
      </BrowserRouter>
    </div>
  </div>}
```

如上所示，用 React V6 版本的 Router 同样实现了嵌套二级路由功能。如上可知，在 React V6 版本中 BrowserRouter 和 HashRouter 还是在整个应用的最顶层。提供了 History 等核心的对象。

在新版的 Router 中，已经没有匹配唯一路由的 Switch 组件，取而代之的是 Routes 组件，但是不能把 Routes 作为 Switch 的替代品。因为在新的架构中，Routes 充当了很重要的角色，前面曾介绍到 Switch 可以根据当前的路由 path，匹配唯一的 Route 组件并加以渲染。但是 Switch 本身是可以被丢弃不用的。在新版的路由中，Routes 充当了举足轻重的作用。比如在 V5 中可以不用 Switch 直接用 Route 即可，但是在 V6 中使用 Route，外层必须加上 Routes 组件，也就是 Routes→Route 的组合。

如果 Route 外层没有 Routes，会报出错误。如下所示：

```
A <Route> is only ever to be used as the child of <Routes>elementnever rendered directly.
Please wrap your <Route> in a <Routes>
```

这一点开发者在使用新版本路由的时候要额外注意。

对于新版本的路由，嵌套路由结构会更加清晰，比如在老版本的路由中，二级路由需要在业务组件中配置，就像在第一个例子中，需要在 Children 组件中进行二级路由的配置。但是在 V6 中，对于配置子代路由进行了提升，可以将子代路由直接写在 Route 组件里，如上将 Child1 和 Child2 直接写在了/Children 的路由下面，那么有的读者会疑问，子路由将渲染在哪里，答案当然是上述的 Layout 组件内。看一下 Layout 中是如何渲染子代路由组件的。

前面的配置中，/Children 路径对应的路由组件是<Layout/>，我们补充 Layout 里面的内容：

```
function Container(){
  return <div> <Outlet/></div>}/* 子路由菜单 */function Menus1(){
  return <div>
      <Link to={'/children/child1'} >child1</Link>
      <Link to={'/children/child2'} > child2 </Link>
  </div>}
function Layout(){
  return <div>
      这里是 Children 页面
      <Menus1 />
      <Container />
  </div>
}
```

可以看到，Layout 并没有直接渲染二级子路由，而是只有一个 Container，Container 内部运用了 ReactRouter V6 Router 中的 Outlet。而 Outlet 才是真正渲染子代路由的地方，也就是 Child1 和 Child2。

这里的 Outlet 更像是一张身份卡，证明了这就是真正的路由组件要挂载的地方，而且不受组件层级的影响（可以直接从前面看到，Outlet 并没有在 Layout 内部，而是在 Container），这种方式更加清晰、灵活，能够把组件渲染到子组件树的任何节点上。

通过如上对比，可以看出 ReactRouter V6 大致和 ReactRouter V5 的区别。这里对功能方面做了一下总结：

新版本的 Router 没有 Switch 组件，取而代之的是 Routes，但是在功能上 Routes 是核心的，起到了不可或缺的作用。老版本的 Route 可以独立使用，新版本的 Route 必须配合 Routes 使用。

新版本路由引入 Outlet 占位功能，可以更方便地配置路由结构，不需要像老版本路由那样，子路由配置在具体的业务组件中，这样更加清晰、灵活。接下来看一下新版本路由，状态的获取和页面跳转。

路由状态和页面跳转

对于路由状态 Location 的获取，可以用自定义 Hooks 中的 useLocation。Location 里面保存了 hash、key、pathname、search、state 等状态。

```
const location = useLocation()
```

对于路由跳转，新版本路由提供了自定义 Hooks useNavigate，类似于老版本路由中的 history.push 方法。具体用法参考如下代码：

```
function Home(){
    const navigate = useNavigate()
    return <div>
        <button onClick={() => navigate('/list',{ state:'reactRouter'})  }  >
            跳转列表页
        </button>
    </div>
}
```

navigate：第一个参数是跳转路径，第二个参数是描述的路由状态信息，可以传递 state 等信息。

新版本路由里面实现动态路由也变得很灵活，可以通过 useParams 来获取 URL 上的动态路由信息。如下所示：

配置动态路由。

```
<Route element={<List/>} path="/list/:id"></Route>
```

跳转动态路由页面：

```
<button onClick={()=>{ navigate('/list/1')}} >跳转列表页</button>
```

useParams 获取动态路由参数：

```
function List(){
    const params = useParams()
```

```
    console.log(params,'params') // {id:'1'}'params'
    return <div>
        let us learnReact!
    </div>
}
```

URL 参数信息设置和获取：新版本路由提供 useSearchParams 可以获取和设置 URL 参数。比如如下的例子：

```
function Index(){
    // 第一个参数 getParams 获取 param 等 URL 信息,第二个参数 setParam 设置 URL 等信息。
    const [ getParams,setParam] = useSearchParams()
      const name = getParams.getAll('name')
      console.log('name',name)
      return <div>
        hello,world
        <button onClick={()=>{
          setParam({ name:'alien', age: 29  })  // 可以设置 URL 中的 param 信息
        }}
        >设置 param</button>
      </div>
}
```

useSearchParams 返回一个数组。①数组第一项，getParams 获取 URL 参数信息。②数组第二项，setParam 设置 URL 参数信息。

灵活配置路由。

在老版本中，通过 options 到路由组件的配置，可以用一个额外的路由插件，也叫作 React-Router-config 中的 renderRoutes 方法。在新版本路由中提供了自定义 Hooks useRoutes，让路由的配置更加灵活。下面来看一下具体的使用。

```
constRouteConfig = [
  {
    path:'/home',
      element:<Home/>
  },
  {
    path:'/list/:id',
      element:<List />
  },
  {
    path:'/children',
      element:<Layout />,
    children:[
        {path:'/children/child1', element: <Child1/> },
        {path:'/children/child2', element: <Child2/>  }
      ]
```

```
  }]
const Index = () => {
  constelement=useRoutes(routeConfig)
  return <div className="page" >
    <div className="content" >
        <Menus />
        {element}
    </div>
  </div>
}
const App = ()=> <BrowserRouter><Index /></BrowserRouter>
```

前面这样配置后，让结构更加清晰，使用更加灵活。知道了新老版本路由使用之后，分别来看一下它们的实现原理。

12.3 老版本路由原理

在 12.1 节中，总结了在 React 路由系统中改变路由和监听路由的本质，在 12.2 节中介绍了路由变化切换组件的核心 React-Router 的基本设计和使用，接下来在 12.3 和 12.4 节中，将串联前两节内容，讲一下从路由改变，到页面切换的核心原理。

在老版本路由中，最核心的两个组件就是 Router 和 Route，来分别看一下它们的实现：

1. Router——监听路由变化，创建更新流

为了让大家了解路由的更新机制，有必要去研究 Router 内部到底做了些什么事。

```
classRouterextends React.Component{
    constructor(props){
        super(props)
        this.state = {
          location: props.history.location
        }
        /* 监听路由的变化 */
        this.unlisten = props.history.listen((location)=>{ /* 当路由发生变化,派发更新 */
            this.setState({location})
        })
    }
    /* .... */
    componentWillUnmount(){
        /* 页面销毁,取消路由监听 */
        if (this.unlisten) this.unlisten()
    }
    render(){
        return  <RouterContext.Provider
            children={this.props.children ||null}
```

```
            value={{
                history: this.props.history,
                location: this.state.location,
                match:Router.computeRootMatch(this.state.location.pathname),
                staticContext: this.props.staticContext
            }}
        />
    }
}
```

Router 包含的信息量很大，首先 React-Router 是通过 context 上下文方式传递的路由信息。在 Context 章节讲过，Context 改变，会使消费 Context 组件更新，这就能合理解释了，当开发者触发路由改变，为什么能够重新渲染匹配组件。

props.history 是通过 BrowserRouter 或 HashRouter 创建的 History 对象，并传递过来的。在 Router 中的 constructor 中去通过 listen 来监听路由的变化。

当路由改变，会触发 listen 回调函数，传递新生成的 Location，然后通过 setState 来改变 Context 中的 value，所以改变路由，是 Location 改变带来的更新作用。

当 Router 组件销毁的时候，会执行生命周期 componentWillUnmount，在这个生命周期中会终止监听事件。一个项目应该有一个根 Router，来产生切换路由组件之前的更新作用。如果存在多个 Router，会造成切换路由后，页面不更新的情况。介绍完 Router 的核心原理之后，再来看一下 Route 组件的实现。

2. Route——组件页面承载容器

```
classRouteextends React.Component {
    render() {
        return (
            <RouterContext.Consumer>
                {context=> {

                    // 当页面切换的时候，会通过 matchPath 匹配，来判断当前组件是否渲染
                    constlocation= this.props.location ||context.location;
                    constmatch= this.props.computedMatch
                        ? this.props.computedMatch
                        : this.props.path
                        ? matchPath(location.pathname, this.props)
                        :context.match;
                    constprops= { ...context,location,match};
                    let {children, component, render } = this.props;

                    if (Array.isArray(children) &&children.length === 0) {
                        Children=null;
                    }
```

```
          /* 处理路由组件的 4 种编写形式 */
          return (
            <RouterContext.Providervalue={props}>
              {props.match
                ? children
                  ? typeofChildren === "function"
                    ? __DEV__
                      ? evalChildrenDev(children, props, this.props.path)
                      //
                      :children(props)
                    :children
                  : component
                  ? React.createElement(component, props)
                  : render
                  ? render(props)
                  :null
                : typeofChildren === "function"
                ? __DEV__
                  ? evalChildrenDev(children, props, this.props.path)
                  :children(props)
                :null}
            </RouterContext.Provider>
          );
        }}
      </RouterContext.Consumer>
    );
  }
}
```

如上所示，就是整个路由系统的核心，为什么切换路由，视图会做出相应变化，其实是因为
Route 通过 RouterContext.Consumer 接收 Context，当 Router 中改变路由，会改变 Context，那么 Route 中
的 Consumer 也就会做出响应，执行 Consumer 的渲染函数。

在函数中会通过 matchPath 判断当前组件是否匹配路由，matchPath 实现的具体细节在此省略了，
如果匹配，那么会渲染；如果不匹配，那么就直接返回 null 即可。

还有一些细节就是 Route 利用了 Context 逐层传递的特点，把路由状态通过 Provider 逐层传递下
去。讲完了核心的 Router 和 Route，我们再来看一下 Switch 是如何匹配唯一的路由的。

3. Switch——匹配正确且唯一的路由

```
classSwitchextends React.Component {
  render() {
    return (
      <RouterContext.Consumer>
        {/* 含有 historylocation 对象的 context */}
        {context=> {
```

```
      constlocation = this.props.location || context.location;
      let element, match;
      // Switch 会遍历所有的 Route 组件。
      React.Children.forEach(this.props.children, child => {
        if (match == null && React.isValidElement(child)) {
          element = child;
            // 获取路由组件的 path 属性，然后通过
            constpath = child.props.path || child.props.from;
          match = path
              ? matchPath(location.pathname, { ...child.props,path })
              : context.match;
        }
      });
      return match
        ? React.cloneElement(element, {location, computedMatch:match})
        : null;
    }}
  </RouterContext.Consumer>
);
}
}
```

Switch 匹配唯一路由的原理也特别简单，当路由变化的时候，因为 Switch 也通过 Consumer 订阅了 Context，所以 Consumer 的渲染函数会执行，在函数执行的过程中，Switch 会遍历所有的 Route 组件，会获取 Route 的 path 属性，再通过 matchPath 做路径匹配，如果匹配，那么渲染这个组件即可。接下来思考一下路由的更新全流程：

当地址栏改变 URL，组件的更新渲染都经历了什么？

以 History 模式作为参考。当 URL 改变，首先触发 History，调用事件监听 popstate 事件，触发回调函数 handlePopstate，触发 History 下面的 setState 方法，产生新的 Location 对象，然后通知 Router 组件更新 location 并通过 Context 上下文传递，switch 通过 Consumer 的更新，匹配出符合路由的组件并渲染，最后 Route 组件取出 Context 内容，传递给渲染页面，渲染更新。

当调用 history.push 方法，切换路由时，组件的更新渲染又都经历了什么呢？

我们还是以 History 模式作为参考，当调用 history.push 方法时，首先调用 History 的 push 方法，通过 history.pushState 来改变当前 URL，接下来触发 History 下面的 setState 方法，步骤就和前面一模一样了，这里就不逐一说了。在下一节，再来看看新版本路由的核心实现原理。

12.4　新版本路由原理

▶▶ 12.4.1　React-Router V6 核心原理

老版本的路由，核心的组件是 Route，在上一节中介绍过，Route 内部通过消费 Context 方式，当

路由改变的时候，消费 Context 的 Route 会重新渲染，内部通过 match 匹配到当前的路由组件是否挂载，那么就是说真正去匹配、去挂载的核心组件为 Route。

而在新版本的 Route 中，对于路由更新，到路由匹配，再到渲染真正的页面组件，这些逻辑主要交给了 Routes，而且加了一个 branch 分支的概念。可以把新版本的路由结构理解成一颗分层级的树状结构，也就是当路由变化的时候，Routes 会从路由结构树中找到需要渲染的 branch 分支。此时的 Route 组件的主要目的仅仅是形成这个路由树结构中的每一个节点，但是没有真正去渲染页面。新版本的路由把路由从业务组件中解耦出来，路由的配置不再需要制定的业务组件内部，而是通过外层路由结构树统一处理。对于视图则是通过 OutletContext 来逐层传递，接下来一起看一下细节。在新版本的路由中，对于外层的 Router 组件和老版本的有所差别。以 BrowserRouter 为例子，先看一下老版本。

1. 老版本的 BrowserRouter

```
import { createBrowserHistoryas createHistory} from "history";
classbrowserRouterextends React.Component {
  history= createHistory(this.props)
    render() {
      return <Routerhistory={this.history}children={this.props.children} />;
    }}
```

老版本的 BrowserRouter 就是通过 createHistory 创建 History 对象，然后传递给 Router 组件。新版本的 BrowserRouter 做了哪些事情呢？

```
export functionbrowserRouter({
    basename,
  children,
  window}:browserRouterProps) {
  /* 通过 useRef 保存 History 对象  */
  let historyRef = React.useRef<BrowserHistory>();
  if (historyRef.current ==null) {
    historyRef.current = createBrowserHistory({window });
  }
  lethistory= historyRef.current;
  let [state, setState] = React.useState({
      action: history.action,
    location: history.location
  });
  /* History 变化,通知更新。*/
  React.useLayoutEffect(() => history.listen(setState), [history]);
  return (
    <Router
      basename={basename}
      children={children}
```

```
            location={state.location}
              navigationType={state.action}
              navigator={history}
        />
      );
  }
```

新版本的 BrowserRouter 功能如下：

通过 createBrowserHistory 创建 History 对象，并通过 useRef 保存 History 对象。

通过 useLayoutEffect 来监听 History 变化，当 History 发生变化（浏览器人为输入，获取 a 标签跳转，API 跳转等）。派发更新，渲染整个 Router 树。这是和老版本的区别，老版本里面，监听路由变化更新组件是在 Router 中进行的。

还有一点需要注意的是，在老版本中，有一个 History 对象的概念，新版本中把它叫作 navigator。

2. 原理深入，Routes 和 branch 概念

前面以 BrowserRouter 为例子，讲解了外层容器做了哪些事。我们继续深入探秘，看一下 Routes 内部做了什么事，如何形成路由的层级结构，以及路由跳转到对应页面呈现的流程。

以如下例子为参考：

```
<Routes>
    <Routeelement={<Home/>}path="/home" />
    <Routeelement={<List/>} path="/list/:id" />
    <Routeelement={<Layout/>}path="/children" >
        <Routeelement={<Child1/>}path="/children/child1" />
        <Routeelement={<Child2/>}path="/children/child2" />
    </Route>
</Routes>
```

我们带着两个问题去思考。如果当前 pathname 为/home，那么整个路由是如何展示 Home 组件的。如果切换路由为/Children/Child1，那么从页面更新到呈现的流程是怎样的，又如何在 Layout 内部渲染的 Child1。

3. Route 和 Routes 形成路由结构

前面我们讲到过，新版的 Route 必须配合上 Routes 联合使用。老版本的 Route 至关重要，负责匹配和更新容器，那么新版本的 Route 又做了哪些事呢？

```
functionRoute(_props){
  invariant(
    false,
    `A <Route> is only ever to be used as the child of <Routes> element, ` +
      `never rendered directly.Please wrap your <Route> in a <Routes>.`
  );}
```

刚看到 Route 的读者，可能会发懵，里面没有任何的逻辑，只有一个 invariant 提示。这可能会颠

覆很多读者的认识，Route 组件不是常规的组件，可以理解成一个空函数。如果是正常按照组件挂载方式处理，那么肯定会报错。实际上一切处理的源头就在 Routes 这个组件，它的作用就是根据路由的变化，匹配出一个正确的渲染分支 branch。Routes 就是需要重点研究的对象。

4. Routes 和 useRoutes

首先来看一下 Routes 的实现。

```
export functionRoutes({children,location}) {
  returnuseRoutes(createRoutesFromChildren(children),location);
}
```

使用的时候，是通过 useRoutes 返回的 Reactelement 对象，可以理解成此时的 useRoutes 作为一个视图层面意义上的 Hooks。Routes 就是使用 useRoutes。

前面我们讲到了，如果用 useRoutes，可以直接把 Route 配置结构变成 element 结构，并且负责展示路由匹配的路由组件，那么 useRoutes 就是整个路由体系的核心。

在弄清楚 useRoutes 之前，先来明白 createRoutesFromChildren 做了些什么？

```
function createRoutesFromChildren(children) { /* 变成层级嵌套结构  */
  letRoutes = [];
  Children.forEach(children,element => {
   /* 省略 element 验证和 flagement 处理逻辑 */
   letRoute = {
     caseSensitive: element.props.caseSensitive,      // 区分大小写
     element: element.props.element,                  // element 对象
     index: element.props.index,                      // 索引 index
     path: element.props.path                         // 路由路径 path
   };
   if (element.props.children) {
     Route.children = createRoutesFromChildren(element.props.children);
   }
   Routes.push(route);
   });
   returnRoutes;
}
```

createRoutesFromChildren 内部通过 React.Children.forEach 把 Route 组件结构化，并且内部调用递归，深度递归 Children 结构。

createRoutesFromChildren 可以把类型的 Reactelement 对象变成普通的 Route 对象结构。前面说过 Route 是一个空函数，并没有实际挂载，所以是通过 createRoutesFromChildren 处理转换了。

还是前面的 JSX 结构，element 会被转换成如下结构，如图 12-4-1 所示。

接下来暴露的重点就是 useRoute，似乎从路由挂载，再到切换路由重新渲染，都和它有关系。接下来重点看一下这个自定义 Hooks。

```
▼(3) [{…}, {…}, {…}] 📷
  ▼0:
      caseSensitive: undefined
    ▶element: {$$typeof: Symbol(react.element), key: null, ref: null, props: {…}, type: f, …}
      index: undefined
      path: "/Home"
    ▶[[Prototype]]: Object
  ▶1: {caseSensitive: undefined, element: {…}, index: undefined, path: '/list/:id'}
  ▼2:
      caseSensitive: undefined
    ▼children: Array(2)
      ▼0:
          caseSensitive: undefined
        ▶element: {$$typeof: Symbol(react.element), key: null, ref: null, props: {…}, type: f, …}
          index: undefined
          path: "/children/child1"
        ▶[[Prototype]]: Object
      ▶1: {caseSensitive: undefined, element: {…}, index: undefined, path: '/children/child2'}
        length: 2
      ▶[[Prototype]]: Array(0)
    ▶element: {$$typeof: Symbol(react.element), key: null, ref: null, props: {…}, type: f, …}
      index: undefined
      path: "/children"
    ▶[[Prototype]]: Object
```

● 图 12-4-1

```
functionuseRoutes(routes,locationArg) {
    letlocationFromContext =useLocation();
  /* TODO:第一阶段:计算 pathname */
  // ...代码省略
  /* TODO:第二阶段:找到匹配的路由分支   */
  let matches= matchRoutes(routes, {
  pathname: remainingPathname
  });
  console.log('----match-----',matches)
  /* TODO:第三阶段:渲染对应的路由组件 */
  return _renderMatches(matches&& matches.map(match => Object.assign({}, match, {
    params: Object.assign({}, parentParams, match.params),
    pathname: joinPaths([parentPathnameBase, match.pathname]),
    pathnameBase: match.pathnameBase === "/" ? parentPathnameBase :
joinPaths([parentPathnameBase, match.pathnameBase])
  })), parentMatches);
}
```

这段代码是 React-Router V6 路由比较核心的一部分，为了加强理解，把它分成三个阶段。

第一阶段，生成对应的 pathname：还是以前面的 demo 为例子，比如切换路由/Children/Child1，那么 pathname 就是/Children/Child1。

第二阶段，通过 matchRoutes，找到匹配的路由分支，什么叫作匹配的路由分支呢？比如前面的切换路由到/Children/Child1，那么明显是一个二级路由，它的路由分支就应该是 Root→Children→Child1。我们打印 matches 看一下数据结构，如图 12-4-2 所示。

还有一点就是 useRoutes 内部用了 useLocation。当 Location 对象变化的时候，useRoutes 会重新执行渲染。

通过前面可以看到，matches 为扁平化后匹配的路由结构，是一个数组结构，索引 0 为第一层路

由，索引 1 为第二层路由。来看一下 matchRoutes 的实现。

```
----match----                                                    index.js?e002:511
▼ (2) [{…}, {…}] 🔢
  ▼ 0:
    ▶ params: {}
      pathname: "/children"
      pathnameBase: "/children"
    ▶ route: {caseSensitive: undefined, element: {…}, index: undefined, path: '/children', children: A
    ▶ [[Prototype]]: Object
  ▼ 1:
    ▶ params: {}
      pathname: "/children/child1"
      pathnameBase: "/children/child1"
    ▶ route: {caseSensitive: undefined, element: {…}, index: undefined, path: '/children/child1'}
    ▶ [[Prototype]]: Object
    length: 2
```

● 图 12-4-2

5. matchRoutes 和_renderMatches 渲染路由分支

```
function matchRoutes(routes,locationArg,basename){
    /* 扁平化 Routes 结构 */
    letbranches =flattenRoutes(routes);
    /* 排序 Route */
    rankRouteBranches(branches);
    let matches=null;
    /* 通过 matchRouteBranch   */
    for (let i = 0; matches==null&& i <branches.length; ++i) {
      matches = matchRouteBranch(branches[i],pathname);
    }
    return matches;
}
```

首先通过 flattenRoutes 将数组进行扁平化处理，扁平化处理后变成了如下的样子，如图 12-4-3
所示。

```
▼ (5) [{…}, {…}, {…}, {…}, {…}] 🔢
  ▼ 0:
      path: "/children/child1"
    ▼ routesMeta: Array(2)
      ▶ 0: {relativePath: '/children', caseSensitive: false, childrenIndex: 2, route: {…}}
      ▶ 1: {relativePath: '/child1', caseSensitive: false, childrenIndex: 0, route: {…}}
        length: 2
      ▶ [[Prototype]]: Array(0)
      score: 24
    ▶ [[Prototype]]: Object
  ▶ 1: {path: '/children/child2', score: 24, routesMeta: Array(2)}
  ▼ 2:
      path: "/list/:id"
    ▼ routesMeta: Array(1)
      ▶ 0: {relativePath: '/list/:id', caseSensitive: false, childrenIndex: 1, route: {…}}
        length: 1
      ▶ [[Prototype]]: Array(0)
      score: 17
    ▶ [[Prototype]]: Object
  ▶ 3: {path: '/Home', score: 13, routesMeta: Array(1)}
  ▶ 4: {path: '/children', score: 13, routesMeta: Array(1)}
```

● 图 12-4-3

扁平化的 branches 里面有一个 RoutesMeta 属性，存放了每一个 Route 信息，比如前面那个/Children/Child1 由两层路由组成。第一层是/Children，第二层是/Child1；

接下来通过 rankRouteBranches 调整 Route 的顺序。

最后通过 for 循环和 matchRouteBranch 来找到待渲染的路由分支，如果 matches 不为 null，那么会终止循环。由于篇幅原因，matchRouteBranch 的原理就不讲了，它主要的作用就是通过 pathname 来找到待渲染的 RoutesMeta 下面的路由，然后形成最终的 matches 结构。

找到对应的 matches 后，matches 里面保存了即将待渲染的路由。接下来就是去渲染路由，渲染对应的页面。那么主要就是_renderMatches 做的事情了，所以看一下这个函数做了些什么？

```
function _renderMatches(matches, parentMatches) {
  if (parentMatches === void 0) {
    parentMatches = [];
  }
  if (matches==null) returnnull;
  return matches.reduceRight((outlet, match, index) => {
    /* 把前一项的 element,作为下一项的 outlet */
    return  createElement(RouteContext.Provider, {
      children: match.route.element !== undefined ? match.route.element : /* #__PURE__ */
createElement(Outlet,null),
      value: {
        outlet,
        matches: parentMatches.concat(matches.slice(0, index + 1))
      }
    });
  },null);
}
```

这段代码很精妙，信息量也非常大，通过 reduceRight 来形成 React 结构 element，这一段解决了三个问题：第一层 Route 页面怎样渲染？Outlet 是如何作为子路由渲染的？路由状态是怎样传递的？

首先 reduceRight 是从右向左开始遍历，那么之前讲到过 match 结构是 Root→Children→Child1，reduceRight 把前一项返回的内容作为后一项的 Outlet，那么如上的 match 结构会这样被处理。

（1）首先通过 provider 包裹 Child1，Child1 真正需要渲染的内容 Child1 组件，将被当作 provider 的 Children，最后把当前 provider 返回，Child1 没有子路由，所以第一层 Outlet 为 null。

（2）接下来第一层返回的 provider，将作为第二层的 Outlet，通过第二层的 provider 的 value 属性传递下去。然后把 Layout 组件作为 Children 返回。

（3）接下来渲染的是第一层的 Provider，所以 Layout 会被渲染，那么 Child1 并没有直接渲染，而是作为 provider 的属性传递下去。

从上面我们知道 Child1 是在 container 中用 Outlet 占位组件的形式渲染的。先想一下 Outlet 会做哪些事情，应该会用 useContext 把第一层 provider 的 Outlet 获取到，然后就可以渲染 Child1 的 provider 了，而 Child1 作为 Children 也就会被渲染了。我们验证一下猜想是否正确。

```
export function Outlet(props: OutletProps): React.ReactElement |null{
  return useOutlet(props.context);
}
```

Outlet 就是用了 useOutlet，接下来一起看一下 useOutlet。

```
export function useOutlet(context?: unknown): React.ReactElement |null{
  let outlet = React.useContext(RouteContext).outlet;
  if (outlet) {
    return (
      <OutletContext.Providervalue={context}>{outlet}</OutletContext.Provider>
    );
  }
  return outlet;
}
```

可以看出来就是获取上一级的 Provider 上面的 Outlet（在 demo 里就是包裹 Child1 组件的 Provider），然后渲染 Outlet，所以二级子路由就可以正常渲染了。

到此为止，整个 React-Router V6 渲染原理就很清晰了。

我们把 reduceRight 做的事用一幅流程图来表示，如图 12-4-4 所示。

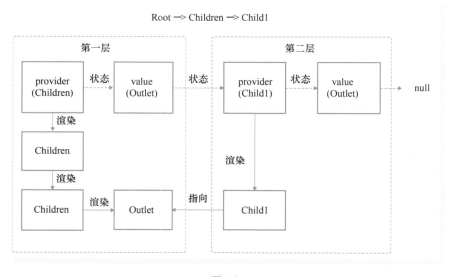

● 图 12-4-4

路由更新到对应组件渲染展示流程：接下来分析一下，如果通过 navigator 实现跳转，比如 Home 跳转到 Child1 组件，那么会发生哪些事情呢？还是以 BrowserRouter 为例，当更新路由的时候，首先 BrowserRouter 中的 listen 事件会触发，那么会形成新的 Location 对象。接下来 LocationContext 会更新。useRoutes 内部消费了 LocationContext，LocationContext 变化会让 useRoutes 重新执行，内部会调用 matchRoutes 和_renderMatches，找到新的渲染分支，渲染对应的页面。整个渲染流程还是比较简单和清晰的。

▶▶ 12.4.2　新老版本对比

前面介绍了 React-Router V6 的用法和原理，接下来看一下 V6 和 V5 的区别是什么？

- 组件层面上：老版本路由采用了 RouterSwitchRoute 结构，Router→传递状态，负责派发更新；Switch→匹配唯一路由；Route→真实渲染路由组件。新版本路由采用了 RouterRoutesRoute 结构，Router 为了抽离 Context；Routes→形成路由渲染分支，渲染路由；Route 并非渲染真实路由，而是形成路由分支结构。

- 使用层面上：老版本的路由对于嵌套路由，配置二级路由，需要写在具体的业务组件中。新版本的路由，在外层统一配置路由结构，让路由结构更清晰，通过 Outlet 来实现子代路由的渲染，一定程度上有点类似于 Vue 中的 view-Router。新版本做了 API 的大调整，比如 useHistory 变成了 useNavigate，减少了一些 API，增加了一些新的 API。

- 原理层面上：老版本的路由在于 Route 组件，当路由上下文 Context 改变的时候，Route 组件重新渲染，然后通过匹配来确定业务组件是否渲染。新版本的路由在于 Routes 组件，当 Location 上下文改变的时候，Routes 重新渲染，重新形成渲染分支，然后通过 provider 方式逐层传递 Outlet，进行匹配渲染。

12.5　实践：从零到一实现路由系统

【学习目标】

本节主要巩固以下知识点：

- 路由更新流程与原理；
- 自定义 Hooks 编写与使用；
- Context 实践；
- hoc 编写与使用。

▶▶ 12.5.1　设计思想

整个路由系统还是采用 History 库，也就是路由系统需要完成的是 React-Router 和 React-Router-Dom 核心部分。即将编写的路由系统是在 BrowserHistory 模式下。

接下来要实现的具体功能如下：

- 组件层面：在组件层面，需要实现提供路由状态的 Router，控制渲染的 Route，匹配唯一路由的 Switch。
- API 层面：提供获取 History 对象的 useHistory 方法，获取 Location 对象的 useLocation 方法。

- 高阶组件层面：对于不是路由的页面，提供 withRouter，能够获取当前路由状态。
- 额外功能：之前有一些读者问过笔者，在 React 应用中，可不可以提供一种方法监听路由的改变，所以路由系统中需要做的是增加路由监听器，当路由改变后，触发路由监听器。

▶▶ 12.5.2 **代码实现**

1. 组件层面提供路由更新派发——Router

```
importReact,{ useCallback,useState, useEffect,createContext,useMemo } from'react'
import { createBrowserHistoryas createHistory } from'history'
export constRouterContext = createContext()export let rootHistory=null
export default functionRouter(props){
    /* 缓存 History 属性 */
    consthistory= useMemo(() => {
        rootHistory= createHistory()
        return rootHistory
    },[])
    const [location, setLocation] = useState(history.location)
    useEffect(()=>{
        /* 监听 Location 变化,通知更新 */
        const unlisten = history.listen((location)=>{
            setLocation(location)
        })
        return function () {
            unlisten && unlisten()
        }
    },[])
    return <RouterContext.Provider
        value={{
            location,
            history,
            match: {path: '/',url: '/', params: {}, isExact:location.pathname=== '/' }
        }}
        >
        {props.children}
    </RouterContext.Provider>
}
```

Router 设计思路：创建一个 ReactContext，用于保存路由状态。用 Provider 传递 Context。

用一个 useMemo 来缓存 BrowserHistory 模式下产生的路由对象 History，这里有一个小细节，就是产生 History 的同时，把它赋值给了一个全局变量 rootHistory，为什么这样做呢，答案即将揭晓。通过 useEffect 进行真正的路由监听，当路由改变，通过 useState，改变 Location 对象，会改变 Provider 里面 value 的内容，通知消费 Context 的 Route、Switch 等组件更新。useEffect 的 destory 用于解绑路由监听器。

2. 控制更新——Route

```
importReact, {useContext} from 'react'
import {matchPath} from 'react-router'
import {RouterContext } from './Router'
function Route(props) {
    constcontext = useContext(RouterContext)
    /* 获取 Location 对象 */
    constlocation = props.location ||context.location
    /* 是否匹配当前路由,如果父级有 switch,就会传入 computedMatch 来精确匹配渲染此路由 */
    constmatch = props.computedMatch ? props.computedMatch
            : props.path ?   matchPath(location.pathname,props) :context.match
    /* 这个 props 用于传递给路由组件 */
    const newRouterProps = { ...context,location,match }
    let {children, component, render   } = props
    if(Array.isArray(children) &&children.length ===0)Children=null
    let renderChildren=null
    if(newRouterProps.match){
        if(children){
            /* 当 Router 是 propschildren 或者 renderprops 形式。*/
            renderChildren =
          typeofChildren === 'function' ? children(newRouterProps) :children
        }else if(component){
            /* Route 有 component 属性 */
            renderChildren = React.createElement(component, newRouterProps)
        }else if(render){
            /* Route 有渲染属性 */
            renderChildren = render(newRouterProps)
        }
    }
    /* 逐层传递上下文 */
    return <RouterContext.Provider value={newRouterProps}  >
        {renderChildren}
    </RouterContext.Provider>
}
export defaultRoute
```

用 useContext 提取出路由上下文，当路由状态 Location 改变，因为消费 Context 的组件都会重新渲染，当前的 Route 组件会重新渲染，通过当前 Location 的 pathname 进行匹配，判断当前组件是否渲染，因为 Route 子组件有 4 种形式，所以会优先进行判断。

为了让 Route 的子组件访问到当前 Route 的信息，所以要选择通过 Provider 逐层传递的特点，再一次传递当前 Route 的信息，这样也能够让嵌套路由更简单地实现。

如果父级元素是 Switch，就不需要匹配路由了，因为这些都是 Switch 该干的活，所以用 computed-Match 来识别上一层的 Switch 是否已经匹配完成了。

3. 匹配正确路由——Switch

```
import React, {useContext} from 'react'
import {matchPath} from 'react-router'
import {RouterContext } from '../component/Router'
export default function Switch(props){
    constcontext = useContext(RouterContext)
    constlocation = props.location||context.location
    letChildren, match
    /* 遍历 ChildrenRoute 找到匹配的那一个 */
    React.Children.forEach(props.children,child=>{
        if(!match && React.isValidElement(child)){ /* 路由匹配并为 React.element 元素的时
候 */
            constpath = child.props.path // 获取 Route 上的 path
          Children= child /* 匹配的 Children */
          match=path ? matchPath(location.pathname,{ ...child.props }) :context.match /*
计算是否匹配 */
        }
    })
    /* 复制一份 Children,混入 computedMatch 并渲染。*/
    return match? React.cloneElement(children, {location, computedMatch:match}) :null
}
```

Switch 也要订阅来自 context 的变化，然后对 Children 元素进行唯一性的路由匹配。

通过 React.Children.forEach 遍历子 Route，然后通过 matchPath 进行匹配。如果匹配到组件，将复制组件，混入 computedMatch、Location 等信息。

HooksAPI 层面为了让路由系统中每一个组件都能自由获取路由状态，这里编写了两个自定义 Hooks。

4. 获取 History 对象

```
import {useContext} from 'react'
import {RouterContext } from '../component/Router'
/* 用 useContext 获取上下文中的 History 对象 */
export default functionuseHistory() {
    return useContext(RouterContext).history
}
```

用 useContext 获取上下文中的 History 对象，获取 Location 对象。

```
import {useContext} from 'react'
import {RouterContext} from '../component/Router'/* 用 useContext 获取上下文中的 location 对象
*/
export default function useLocation() {
    return useContext(RouterContext).location
}
```

用 useContext 获取上下文中的 Location 对象。

上述的两个 Hooks 编写起来非常简单，但是也要注意一个问题，两个 Hooks 都是消费了 Context，所以用到上述两个 Hooks 的组件，当 Context 变化时，都会重新渲染。接下来增加一个新的功能，监听路由改变。

监听路由改变，和前面两种情况不同，不想订阅 Context 变化从而导致更新，另外一点就是这种监听有可能在 Router 包裹的组件层级之外，那么如何达到目的呢？这时候在 Router 中的 rootHistory 就派上了用场，这个 rootHistory 就是为了全局能够便捷地获取 History 对象。接下来具体实现一个监听路由变化的自定义 Hooks。

```
import { useEffect } from 'react'
import { rootHistory} from '../component/Router'
/* 监听路由改变 */
function useListen(cb) {
    useEffect(()=>{
        if(!rootHistory) return ()=> {}
        /* 绑定路由事件监听器 */
        const unlisten = rootHistory.listen((location)=>{
            cb && cb(location)
        })
        return function () {
            unlisten && unlisten()
        }
    },[])}
export default useListen
```

如果 rootHistory 不存在，那么这个 Hooks 也就没有任何作用，直接返回空函数即可。如果 rootHistory 存在，通过 useEffect，绑定监听器，然后在销毁函数中解绑监听器。高阶组件层面，希望通过一个 HOC 能够自由获取路由的状态。所以要实现一个 React-Router 中的 withRouter 功能。

5. 获取路由状态——withRouter

```
importReact, {useContext} from 'react'
import hoistStatics from 'hoist-non-react-statics'
import {RouterContext} from '../component/Router'
export default function withRouter(Component){
    const WrapComponent = (props) =>{
        const { wrappedComponentRef, ...remainingProps } = props
        constcontext = useContext(RouterContext)
        return  <Component {...remainingProps}
            ref={wrappedComponentRef}
            {...context}
                />
    }
    return hoistStatics(WrapComponent,Component)
}
```

在高阶组件的包装组件中，用 useContext 获取路由状态，并传递给原始组件。通过 hoist-non-react-statics 继承原始组件的静态属性。

入口文件完成了核心 API 和组件，接下来需要出口文件，把这些方法暴露出去。

```
// component
importRouter,{RouterContext } from './component/Router'
importRoutefrom './component/Route'
importSwitchfrom './component/Switch'// hooks
importuseHistoryfrom './hooks/useHistory'
import useListen from './hooks/useListen'
importuseLocationfrom './hooks/useLocation'// hoc
import withRouterfrom './hoc/withRouter'
export {Router,Switch,Route,RouterContext,useHistory,useListen,useLocation,withRouter}
```

▶▶ 12.5.3 验证效果

现在一个简单的路由库就实现了，接下来验证一下效果：

配置路由。

```
importReactfrom 'react'
import {Router,Route,useHistory, useListen,Switch} from './router'
/* 引用业务组件 */
import Detail from './testPage/detail'          /* 详情页 */
import Home from './testPage/home'              /* 首页 */
import List from './testPage/list'              /* 列表页 */
import './index.scss'
const menusList = [
    {
        name:'首页',
        path:'/home'
    },
    {
        name:'列表',
        path:'/list'
    },
    {
        name:'详情',
        path:'/detail'
    }]
function Nav() {
    consthistory=useHistory()
    /* 路由跳转 */
    constRouterGo = (url) =>  history.push(url)
    constpath = history.location.pathname
    return <div>
        {
            menusList.map((item=><span className={`nav ${ item.path===path ?'active'  :'
' }`} key={item.path}
```

```
                    onClick={()=>RouterGo(item.path)} >{item.name}</span>))
        }
    </div>
}
function  Top() {
    /* 路由监听 */
    useListen((location)=>{
        console.log('当前路由是:',location.pathname)
    })
    return <div>--------top------</div>
}
function Index() {
    console.log('根组件渲染')
    return <Router>
        <Top/>
        <Nav />
        <Switch>
            <Routecomponent={Home}path="/home"></Route>
            <Route component={Detail}path="/detail" />
            <Routepath="/list" render={(props) => <List {...props} />} />
        </Switch>
        <div>--------bottom------</div>
    </Router>
}
export default Index
```

通过 Router、Route、Switch，为首页、列表、详情三个页面配置路由。Top 里面进行路由监听，路由变化，组件不渲染。在 Nav 中改变路由，切换页面。

业务页面——首页。

```
export default function Home(){
    return <div>
        hello,world.
        let us learn React!
        <HomeOne />
    </div>
}
```

高阶组件包裹的 HomeOne：

```
@withRouterclass HomeOne extends React.Component{
    RouteGo=()=>{
        const {history} = this.props
        history.push('/detail')
    }
    render(){
        return <div>
            <p>测试 HOC__withRouter</p>
```

411.

```
            <button onClick={this.RouteGo} >跳转到详情页</button>
        </div>
    }
}
```

列表页面：

```
export default function List(){
    return <div>
        <li>React.js</li>
        <li>Vue.js</li>
        <li>nodejs</li>
    </div>
}
```

详情页面：

```
export default function  Index() {
    return <div>
        <p>React</p>
        <p>A JavaScript library for building user interfaces</p>
    </div>
}
```

读者可扫描如下二维码，查看运行效果。

扫码 codesandbox

这里用到了之前章节中讲到的内容，也强化了 React-Router 的核心原理，希望阅读到这里的读者们能够亲手实现一下路由系统，这对 React-Router 整体理解会非常有帮助。

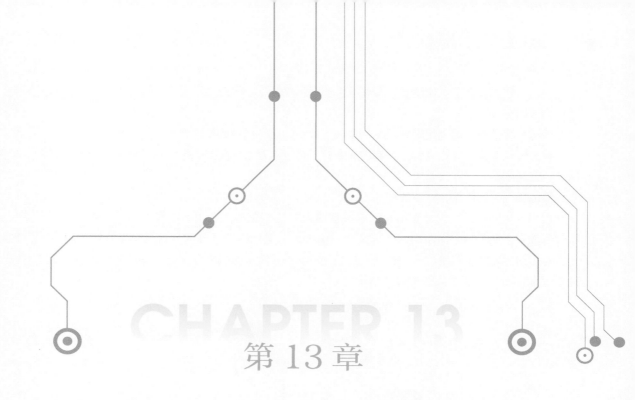

第 13 章

React-Redux状态管理工具

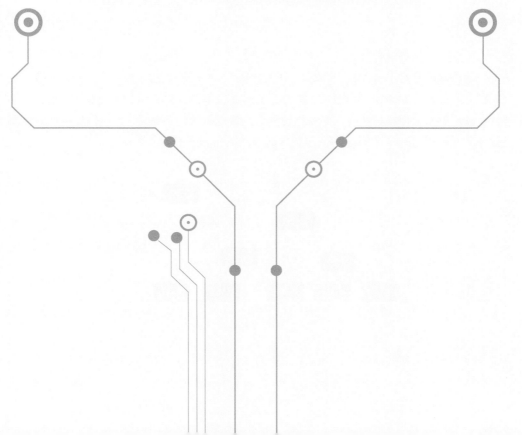

这几年状态管理工具伴随着前端框架发展而越来越受到广泛关注，那么管理工具是什么？又解决了什么问题呢？

状态管理是单页面应用解决组件状态共享，复杂组件通信的技术方案。

状态管理工具为什么受到开发者的欢迎呢？笔者认为首先应该想想状态管理适用于什么场景，解决了什么问题？

组件之间共用数据，如何处理？

设想一种场景，一些通过 Ajax 向服务器请求的重要数据，比如用户信息、权限列表，可能多个组件都需要，如果每个组件初始化都请求一遍数据，显然是不合理的。这时候常用的一种解决方案是，应用初始化时，只请求一次数据，然后通过状态管理把数据保存起来，需要数据的组件从状态管理中"拿"就可以了，如图 13-1-1 所示。

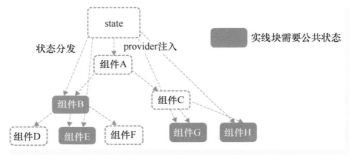

● 图 13-1-1

复杂组件之间如何通信？

还有一种场景就是对于 spa 单页面应用一切皆组件，对于嵌套比较深的组件，组件通信成了一个棘手的问题。比如如下的场景，B 组件向 H 组件传递某些信息，那么常规的通信方式似乎难以实现。这时候状态管理就派上用场了，可以把 B 组件的信息传递给状态管理层，H 组件连接状态管理层，再由状态管理层通知 H 组件，这样就解决了组件通信问题，如图 13-1-2 所示。

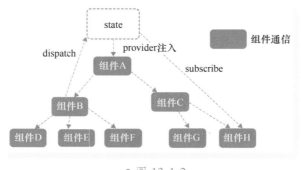

● 图 13-1-2

讲到了状态管理工具的重要性，下面就让我们来看一下 React 中的状态管理工具。我们将详细介绍 React 应用中常见的状态管理工具 React-Redux。

13.1 Redux

Redux 成了 React 最主要的状态管理方案，Redux 的单向数据流的思想和 React 框架本身十分契合。在正式介绍 Redux 之前，先来看一种架构概念——Flux，Redux 的架构设计也是参考了 Flux 思想。

▶▶ 13.1.1 Flux 架构概念

Flux 也是 Facebook 提出的一种前端应用架构模式，它本身并不是一个 UI 框架，而是一种以单向数据流为核心思想的设计理念。

在 Flux 思想中有三个组成部分，那就是 Dispatcher、Store 和 View。下面来看一下三者的职责。

- Dispatcher：其中更改数据、分发事件，就是由 Dispatcher 来实现的。
- Store：Store 为数据层，负责保存数据，并且响应事件，更新数据源。
- View：View 层可以订阅更新，当数据发生更新的时候，负责通知视图重新渲染 UI。

▶▶ 13.1.2 Redux 介绍

1. 三大原则

Redux 的设计参考了 Flux 思想，Redux 是一个 npm 包。在实际应用中，可以直接通过 npm install 的方式下载 Redux。相比之下，Redux 的用法和 API 的设计会更加简洁，Redux 的设计和使用遵循以下三大原则：

（1）单向数据流：整个 Redux，数据流向都是单向的。在 Redux 系统中，只保留了一份数据源，开发者想要改变数据，比如通过 Dispatch 来触发事件，然后改变源数据，进而视图才可以渲染新的数据，用一张官网的图片描述整个数据流动的流程，如图 13-1-3 所示。

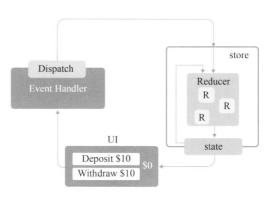

- 图 13-1-3

（2）state 只读：在 Redux 中不能通过直接改变 state，来让状态发生变化，如果想要改变 state，就必须触发一次 Action，通过 Action 执行每个 Reducer。Redux 中要严格遵守这个原则。

（3）纯函数执行：每一个 Reducer 都是一个纯函数，里面不要执行任何副作用，返回的值作为新的 state，state 改变会触发 store 中的 Subscribe。

2. 发布订阅思想

Redux 可以作为发布订阅模式的一个具体实现。Redux 都会创建一个 store，里面保存了状态信息，改变 store 的方法 Dispatch，以及订阅 store 变化的方法 Subscribe。

当触发 Dispatch 的时候，会更新 store 中的 state 值，进而会触发 Subscribe 方法，通知视图的更新。

串联中间件思想：

Redux 应用了前端领域为数不多的中间件 Middleware，并且通过 Compose 串联在一起，那么 Redux 的中间件是用来做什么的？答案只有一个：那就是强化 Dispatch。Redux 提供了中间件机制，使用者可以根据需要来强化 Dispatch 函数，传统的 Dispatch 是不支持异步的，但是可以针对 Redux 做强化，于是有了 Redux-Thunk、Redux-Actions 等中间件，包括 Dvajs 中，也写了一个 Redux 支持 Promise 的中间件。首先来看看一个传统的中间件长什么样子：

```
// store 为 Redux 的 store
function middleware(store){
    // next 为传入进来的 Dispatch
    return (next) => {
        return (action)=>{
            // Action 为 Dispatch 的参数
            return next(action)
        }
    }
}
```

Redux 的中间件长这个样子，开发者可以处理并强化 next，也可以拦截 Action，并控制 next 的执行时机，这样也就让 Redux 的 Dispatch 可以处理异步操作，让异步更新成为可能。

了解了中间件之后，再看一下 Compose 是如何实现的：

```
const compose = (...funcs) => {
  return funcs.reduce((f, g) => (x) => f(g(x)));
}
```

Funcs 为中间件组成的数组，Compose 通过数组的 Reduce 方法，实现执行每一个中间件，强化 Dispatch。

执行原理是很简单的，比如原始函数是 fn，想通过 f1、f2、f3 三个函数去强化 fn，可以通过 f1（f2（f3（fn）））得到强化的 fn，而用了 Compose 就可以通过 Compose（f1,f2,f3）（fn）的方式达到一样的效果。我们来看一个例子：

比如有一个函数 fn：（num）= > num，fn 只是一个纯函数，返回参数本身，下面通过 f1、f2、f3 来给 fn 返回值逐一加上 1、2、3。最终实现如下：

```
const fn = (num) => num
function f1 (fn){
  /* 返回新函数,执行回调函数 fn,结果加 1 */
  return (n) =>  fn(n) + 1
}
function f2 (fn){
```

```
    /* 返回新函数,执行回调函数 fn,结果加 2 */
    return (n) =>  fn(n) + 2
}
function f3 (fn){
    /* 返回新函数,执行回调函数 fn,结果加 3 */
    return (n) =>  fn(n) + 3
}
const newfn = f1(f2(f3(fn)))
console.log(newFn(0)) // 6
console.log(newFn(1)) // 7
```

如上所示，经过 f1、f2、f3 的处理，可以把 fn 变成一个新函数 newFn，在 newFn 中保存着 f1、f2、f3 的处理逻辑。接下来换成 Compose 的处理方式：

```
const middlewareFn = [ f1, f2, f3 ]
const newFn = compose(...middlewareFn)(fn)
console.log(newFn(0)) // 6console.log(newFn(1)) // 7
```

通过 Compose 这种方式，不再关注有多少个包装强化函数，假如有一个包装函数 f4，那么直接放入 MiddlewareFn 数组里面就可以了，同样也不用手动去一层一层包裹强化。

在 Redux 中，Dispatch 就是原始函数 fn，Middleware 是由中间件函数组成的数组，用来强化 Dispatch。像下面这样：

```
dispatch = compose(...middlewares)(store.dispatch)
```

如上所示，Middlewares 为中间件组成的数组。

3. 核心 API

我们来看一下 Redux 几个比较核心的 API：

createStore Redux 中通过 createStore 可以创建一个 store，使用者可以将这个 store 保存并传递给 React 应用，具体怎样传递那就是 React-Redux 做的事了。首先看一下 createStore 的使用：

```
const Store = createStore(rootReducer,initialState,middleware)
```

- 参数一 Reducers：Redux 的 Reducer，如果有多个，可以调用 combineReducers 合并。
- 参数二 InitialState：初始化的 state。
- 参数三 Middleware：如果有中间件，那么存放 Redux 中间件。
- combineReducers。

```
/* 将 number 和 PersonalInfo 两个 Reducer 合并   */
const rootReducer = combineReducers({ number:numberReducer,info:InfoReducer })
```

正常状态可以有多个 Reducer，combineReducers 可以合并多个 Reducer。

- applyMiddleware。

```
const middleware = applyMiddleware(logMiddleware)
```

applyMiddleware 用于注册中间件，支持多个参数，每一个参数都是一个中间件。每次触发 Action，中间件依次执行。

4. Redux 基础用法

接下来写一个简单的案例，来看一下 Redux 是如何使用的。编写 Reducer。

```
/* number Reducer */
function numberReducer(state=1,action){
  switch (action.type){
    case 'ADD':
      return state + 1
    case 'DEL':
      return state - 1
    default:
      return state
  } }
/* 用户信息 Reducer */
function InfoReducer(state={},action){
  const { payload = {} } = action
    switch (action.type){
      case 'SET':
        return {
          ...state,
          ...payload
        }
      default:
        return state
    }
}
```

编写了两个 Reducer，一个管理变量 number，一个保存信息 info。这里为了看中间件的使用，来编写一个中间件，用来打印 Action 信息。

```
/* 打印中间件 *// * 第一层在 Compose 中被执行 */
function logMiddleware(){
    /* 第二层在 Reduce 中被执行 */
    return (next) => {
      /* 返回增强后的 Dispatch */
      return (action)=>{
        const { type } = action
        console.log('发生一次 Action:', type)
        return next(action)
      }
    }
}
```

Redux 中最核心的步骤就是通过 createStore 来创建一个 store。

```
/* 注册中间件 */
const rootMiddleware = applyMiddleware(logMiddleware)
/* 注册 Reducer */
const rootReducer = combineReducers({ number:numberReducer,info:InfoReducer  })
/* 合成 store */
const Store = createStore(rootReducer,
    { number:1, info:{ name:null } },rootMiddleware)
```

简单的 Redux demo 已经搭建好了，接下来把 Redux 集成到视图层。

```
function Index(){
  const [ state, changeState  ] = useState(Store.getState())
  useEffect(()=>{
    /* 订阅 state */
    const unSubscribe = Store.subscribe(()=>{
       changeState(Store.getState())
     })
    /* 解除订阅 */
     return () => unSubscribe()
},[])
return <div >
        <p>{ state.info.name  }{ state.info.mes }</p>
        <p> </p>
       <button onClick={()=>{ Store.dispatch({ type:'ADD'})  }} >修改数量</button>
       <button onClick={()=>{ Store.dispatch({ type:'SET',payload:{ name:'React', mes:'A
JavaScript library for building user interfaces'  } }) }} >修改信息</button>
    </div>
}
```

如上所示，就是 Redux 的主要组成部分和简单使用，了解 Redux 的设计思想和基础用法之后，看一下 Redux 内部的运转机制。

5. 实现异步

基于 Redux 异步的库有很多，最简单的是 Redux-Thunk，代码量少，只有几行，其中大量的逻辑需要开发者实现，还有比较复杂的 Redux-Saga，基于 generator 实现，用起来稍微烦琐。

对于完整的状态管理生态，大家可以尝试一下 dvajs，它是基于 Redux-Saga 的基础上，实现的异步状态管理工具。dvajs 处理 Reducers 也比较精妙，感兴趣的读者可以研究一下。

13.2 Redux 原理浅析

知道了 Redux 的设计思想和基础用法之后，来研究一下 Redux 是如何运作起来的。在深入原理之前，先来看几个问题：

（1）Redux 关键的一步是通过 createStore 来创建一个 store，那么 store 是由什么组成的。

（2）Redux 的通信机制是什么？从 Dispatch 的触发，再到 Subscribe。

（3）Redux 底层是如何处理 Reducer 的。

带着这些疑问，看一下 Redux 底层的奥秘。

▶▶ 13.2.1　Redux 核心 API 的实现

我们看一下 Redux 的几个核心 API：applyMiddleware、combineReducers、createStore，首先就是 createStore，它是核心，会创建一个 store。保留 createStore 的核心逻辑如下：

```
function createStore(reducer,preloadedState,enhancer){
  /* enhancer 如果有中间件,那么处理中间件 */
  if (typeof enhancer !== 'undefined') {
     return enhancer(createStore)(reducer,preloadedState)
  }
  /* Redux 的 Reducer */
  let currentReducer = reducer
  /* Redux 的 state */
  let currentState = preloadedState
  /* 监听者队列 */
  let currentListeners = []
  let nextListeners = currentListeners
  /* 获取 state   */
  function getState(){/* ... */}
  /* 订阅函数,订阅 state 变化 */
  function subscribe(){/* ... */}
  /* 触发更新,执行 subscribe */
  function dispatch(){}
  /* 观察订阅方法 */
  function observable(){}
  const store = {
    dispatch,
    subscribe,
    getState,
    [$$observable]: observable
  }
  return store
}
```

如上所示，就是 createStore 的主体流程，如果有中间件，会通过 enhancer 处理中间件，然后会把核心函数 Dispatch、Subscribe、getState，合并成 store，最后返回。

在这其中 getState、Subscribe、Dispatch 为整个核心，getState 可以得到 Redux 的状态，Subscribe 是 Redux 提供的订阅 store 的方法，Dispatch 是改变 state 触发更新的唯一手段，下面分别看这三个重要函数到底做了些什么？首先是 getState：

```
function getState() {
  return currentState
}
```

getState 的原理非常简单，只是返回了 currentState。接下来看一下 Subscribe 做了些什么？

```
function subscribe(listener) {
  let isSubscribed = true
  /* 向订阅者队列中添加订阅者 */
  nextListeners.push(listener)
  /* 取消订阅,将订阅者从列表中移除 */
  return function unsubscribe() {
    isSubscribed = false
    const index = nextListeners.indexOf(listener)
    nextListeners.splice(index, 1)
    currentListeners = null
  }
}
```

Subscribe 主要将订阅函数放入队列中，然后返回一个函数，这个函数一般用于取消订阅，这个函数就是从订阅者数组中，删除这个订阅函数。

比如现在想要订阅 store 的变化，可以通过如下方式：

```
const unSubscribe = store.subscribe(()=>{
  /* store 中 state 的变化,执行这个函数 */
})
```

如上所示，通过 Subscribe 订阅 state 的变化，如果在一个场景下不想订阅了，可以直接执行返回的 unSubscribe 方法。如下所示：

```
unSubscribe() // 取消订阅
```

明白了 Subscribe，来看一下 Dispatch 做了些什么？

```
function dispatch(action: A) {
  try {
    isDispatching = true
    /* 执行 Reducer,得到新的 state */
    currentState = currentReducer(currentState, action)
  } finally {
    isDispatching = false
  }
  const listeners = (currentListeners = nextListeners)
  for (let i = 0; i < listeners.length; i++) {
    const listener = listeners[i]
    /* 通知每一个订阅者 */
    listener()
  }
  return action
}
```

Dispatch 原理也非常简单，首先会执行 Reducer，得到新的 state。接下来通知每一个订阅者发起更新，也就是 Subscribe 的第一个函数参数。那么暴露出一个问题：正常情况下，Redux 会有多个 Reducer，但是在源码中只有一个 currentReducer，这是为什么呢？

我们在创建 store 的时候，如下所示：

```
/* 注册中间件  */
const rootMiddleware = applyMiddleware(logMiddleware)
/* 注册 Reducer */
const rootReducer = combineReducers({ number:numberReducer,info:InfoReducer  })
/* 合成 store */
const Store = createStore(rootReducer,
      { number:1, info:{ name:null } },rootMiddleware)
```

其中 rootReducer 为合并的 Reducer，会把所有的 Reducer 合并成一个大的 Reducer，在如上的源码中，就是 currentReducer。看一下 combineReducers 是如何合并多个 Reducer 的。

combineReducers 合并 Reducer：

```
export default function combineReducers(reducers) {
  const reducerKeys = Object.keys(reducers)
  /* 形成一个 Reducer 的对象结构 */
  const finalReducers = {}
  for (let i = 0; i < reducerKeys.length; i++) {
    const key = reducerKeys[i]
    if (typeof reducers[key] === 'function') {
      finalReducers[key] = reducers[key]
    }
  }
  const finalReducerKeys = Object.keys(finalReducers)
  /* 返回合并后的 Reducer 函数,也就是 currentReducer */
  return function combination(state,action) {
    let hasChanged = false
    const nextState = {}
    for (let i = 0; i < finalReducerKeys.length; i++) {
      const key = finalReducerKeys[i]
      const reducer = finalReducers[key]
      const previousStateForKey = state[key]
      /* 这里会执行每一个 Reducer,得到新的 state */
      const nextStateForKey = reducer(previousStateForKey, action)
      /* 最后合并成一个大的 state */
      nextState[key] = nextStateForKey
      hasChanged = hasChanged || nextStateForKey !== previousStateForKey
    }
    hasChanged =
      hasChanged || finalReducerKeys.length !== Object.keys(state).length
    /* 如果发生变化,返回 nextState,否则返回之前的 state */
    return hasChanged ? nextState : state
  }
}
```

如上所示，就是通过 combineReducers 合并成一个 Reducer，首先会形成一个 Reducer 的对象结构，然后就是返回合并后的 Reducer 函数，也就是 currentReducer。

当每一次触发 Dispatch 的时候，执行的是 currentReducer，在 currentReducer 中会执行每一个 Reducer函数，最后得到新的 nextState。如果 state 发生变化，那么返回 nextState，否则返回新的 state。

▶▶ 13.2.2　中间件原理

明白了 Dispatch 和 Subscribe 核心原理之后，接下来看一下 enhancer 的处理逻辑。enhancer 是由 applyMiddleware 返回的函数，那么 applyMiddleware 做了些什么呢？

```
/* 处理中间件 */
export default function applyMiddleware(...middlewares) {
  return (createStore) => (reducer,preloadedState) => {
    const store = createStore(reducer, preloadedState)
    const middlewareAPI = {
      getState: store.getState,
      dispatch: (action, ...args) => dispatch(action, ...args)
    }

    const chain = middlewares.map(middleware => middleware(middlewareAPI))
    /* 得到强化的 Dispatch */
    dispatch = compose(...chain)(store.dispatch)

    return {
      ...store,
      dispatch
    }
  }
}
```

applyMiddleware 返回的函数就是 enhancer，enhancer 内部同样会通过 createStore 创建一个 store，然后将 store 传入 Compose 得到强化的 Dispatch。

13.3　React-Redux 介绍及其原理

在 13.1 节中，我们介绍了 Redux 的基本使用，但是暴露出很多问题：

（1）首先想要的状态是共用的，那个 demo 无法满足状态共用的需求。

（2）正常情况下，不可能将每一个需要状态的组件用 Subscribe / unSubscribe 来进行订阅。

（3）比如 A 组件需要状态 a，B 组件需要状态 b，那么改变 a，只希望 A 组件更新，不希望 B 组件更新，显然上述是不能满足的。

为了能够让 React 应用更友好地使用 Redux，可以使用另外一个库，它就是 React-Redux。那么 Redux 和 React-Redux 有什么关系呢？

● Redux：首先 Redux 是一个应用状态管理 JS 库，它本身和 React 是没有关系的，换句话说，

Redux 可以应用于其他框架构建的前端应用，甚至也可以应用于 Vue 中。

- React-Redux：React-Redux 是连接 React 应用和 Redux 状态管理的桥梁。React-Redux 主要专注两件事，一是如何向 React 应用中注入 Redux 中的 store；二是如何根据 store 的改变，把消息派发给应用中需要状态的每一个组件，如图 13-3-1 所示。

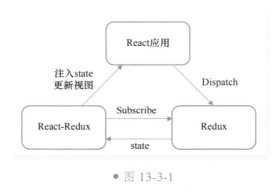

● 图 13-3-1

▶▶ 13.3.1　React-Redux 介绍

上述讲到 React-Redux 是沟通 React 和 Redux 的桥梁，它的主要功能体现在如下两个方面：

（1）接受 Redux 的 store，并把它合理分配到所需要的组件中。

（2）订阅 store 中 state 的改变，促使消费对应的 state 组件更新。

先来看看 React-Redux 的基本使用。Provider 注入 Redux 中的状态，派发更新，由于 Redux 数据层可能被很多组件消费，所以 React-Redux 中提供了一个 Provider 组件，可以全局注入 Redux 中的 store，所以使用者需要把 Provider 注册到根部组件中。Provider 作用就是保存 Redux 中的 store，分配给所有需要 state 的子孙组件。

```
export default function Root(){
  return <Provider store={Store} >
      <Index />
  </Provider>
}
```

connect 订阅 Redux 中状态的变化，触发更新，渲染视图。

既然已经全局注入了 store，那么需要 store 中的状态或者想要改变 store 的状态时，如何处理呢？React-Redux 提供了一个高阶组件 connect，被 connect 包装后，组件将获得如下功能：

（1）能够从 props 中获取改变 state 的方法 Store.dispatch。

（2）如果 connect 有第一个参数，会将 Redux-state 中的数据映射到当前组件的 props 中，子组件可以使用消费。

（3）当需要的 state 有变化的时候，会通知当前组件更新，重新渲染视图。

开发者可以利用 connect 提供的功能，做数据获取、数据通信、状态派发等操作。首先来看看

connect 的用法。

```
function connect(mapStateToProps?, mapDispatchToProps?, mergeProps?, options?)
```

1. mapStateToProps

```
const mapStateToProps = state => ({ number: state.number })
```

组件依赖 Redux 的 state，映射到业务组件的 props 中，state 改变触发，业务组件 props 改变，触发业务组件更新视图。当这个参数没有的时候，当前组件不会订阅 store 的改变，也就是说，当 store 中的状态变化的时候，组件不会发生更新。

2. mapDispatchToProps

```
const mapDispatchToProps = dispatch => {
  return {
    numberAdd: () => dispatch({ type:'ADD' }),
    setInfo: () => dispatch({ type:'SET' }),
  }
}
```

将 Redux 中的 Dispatch 方法映射到业务组件的 props 中。比如将 demo 中的两个方法映射到 props，变成了 numberAdd、setInfo 方法。

3. mergeProps

```
/*
 * stateProps, state 映射到 props 中的内容
 * dispatchProps, Dispatch 映射到 props 中的内容.
 * ownProps 组件本身的 props
 */
(stateProps, dispatchProps, ownProps) => Object
```

正常情况下，如果没有这个参数，会按照如下方式进行合并，返回的对象可以是自定义的合并规则，还可以附加一些属性。

```
{ ...ownProps, ...stateProps, ...dispatchProps }
```

4. options

```
{
  context?: Object,
  pure?: boolean,
  areStatesEqual?: Function,
  areOwnPropsEqual?: Function,
  areStatePropsEqual?: Function,
  areMergedPropsEqual?: Function,
  forwardRef?: boolean,
}
```

context：React-Redux 上下文。

pure：默认为 true，当为 true 的时候，除了 mapStateToProps 和 props，其他输入或者 state 改变，均不会更新组件。

areStatesEqual：当为 pure true 时，比较引进 store 中的 state 值，是否和之前相等。

areOwnPropsEqual：当为 pure true 时，比较 props 值，是否和之前相等。

areStatePropsEqual：当为 pure true 时，比较 mapStateToProps 后的值，是否和之前相等。

areMergedPropsEqual：当 pure 为 true 时，比较经过 mergeProps 合并后的值，是否与之前相等。

forwardRef：当为 true 时，可以通过 ref 获取被 connect 包裹的组件实例。

如上所示，标注了 options 属性每一个的含义，并且讲解了 React-Redux 的基本用法，接下来简单实现 React-Redux 的两个功能。

▶▶ 13.3.2　React-Redux 实践

1. React-Redux 实现状态共享

我们做一个案例，来让组件使用 Redux 中的状态。

```
export default function Root(){
  React.useEffect(()=>{
    Store.dispatch({ type:'ADD'})
    Store.dispatch({ type:'SET',payload:{ name:'React', mes:'A JavaScript library for build-
ing user interfaces'  } })
  },[])
  return <Provider store={Store} >
      <Index />
</Provider>
}
```

通过在根组件中注入 store，并在 useEffect 中改变 state 内容，然后在想要获取数据的组件里，获取 state 中的内容。

```
import { connect } from 'react-redux'
class Index extends React.Component {
    componentDidMount() { }
    render() {
        const { info, number } = this.props
      return <div >
            <p> { info.name } { info.mes } </p>
            <p>{ number }</p>
        </div>
    }}
/* 将 Redux 中的状态映射到 props 中 */
const mapStateToProps = state => ({ number: state.number, info: state.info })
export default connect(mapStateToProps)(Index)
```

通过 mapStateToProps 获取指定 state 中的内容，然后渲染视图。

2. React-Redux 实现组件通信

接下来可以用 React-Redux 模拟一个组件通信的场景。

- 组件 A：

```
function ComponentA({ toCompB, compBsay }) {
  /* 组件 A */
  const [CompAsay, setCompAsay] = useState('')
  return <div className="box" >
    <p>我是组件 A</p>
    <div> B 组件对我说:{compBsay} </div>
      我对 B 组件说:<input placeholder="CompAsay" onChange={(e) => setCompAsay(e.target.
value)} /> .
      <button onClick={() => toCompB(CompAsay)} >确定</button>
  </div>
}
/* 映射 state 中的 CompBsay   */
const CompAMapStateToProps = state => ({ compBsay: state.info.compBsay })
/* 映射 toCompB 方法到 props 中 */
const CompAmapDispatchToProps = dispatch =>
({ toCompB: (mes) => dispatch({ type: 'SET', payload: { compAsay: mes } }) })
/* connect 包装组件 A */
export const CompA = connect(
    CompAMapStateToProps, CompAmapDispatchToProps)(ComponentA)
```

组件 A 通过 mapStateToProps、mapDispatchToProps，分别将 state 中的 compBsay 属性和改变 state 的 compAsay 方法，映射到 props 中。

- 组件 B：

```
class ComponentB extends React.Component { /*  B 组件 */
  state={ compBsay:'' }
  handleToA=()=>{
    this.props.dispatch({ type: 'SET', payload: { compBsay: this.state.compBsay } })
  }
  render() {
    return <div className="box" >
      <p>我是组件 B</p>
      <div> A 组件对我说:{ this.props.compAsay } </div>
      我对 A 组件说:<input placeholder="CompBsay" onChange={(e)=>this.setState({ compBsay:
e.target.value  })}  />
      <button  onClick={ this.handleToA } >确定</button>
    </div>
  }
}
/* 映射 state 中的 CompAsay   */
```

```
const CompBMapStateToProps = state => ({ compAsay: state.info.compAsay })
export const CompB =  connect(CompBMapStateToProps)(ComponentB)
```

B 组件和 A 组件差不多,通过触发 Dispatch 向组件 A 传递信息,同时接受 B 组件的信息。如上通过 React-Redux 实现了状态的共享和组件中的通信。知道了 React-Redux 的基本使用之后,那么 React-Redux 的运行原理是什么呢? 我们接着往下看。

▶▶ 13.3.3　React-Redux 原理

对于 React-Redux 原理,按照功能组成,大致分为三部分:

第一部分就是 React-Redux 是如何把状态传递给 React 的每一个组件的。第二部分就是 React 组件是如何订阅 store 的变化的。第三部分就是发生 state 变化是如何更新视图的。

接下来将按照这三部分逐一击破:

1. 第一部分: Provider 注入 store

对于状态的传递,主要用的就是 React 的 Context,在之前的章节中讲到了 Context 的特点,看一下 React-Redux 中的 Provider 是如何使用 Context 的。

```
const ReactReduxContext =React.createContext(null)
function Provider({ store, context, children }) {
    /* 利用 useMemo,根据 store 变化,创建出一个 contextValue,包含一个根元素订阅器和当前 store  */
    const contextValue = useMemo(() => {
      /* 创建了一个根级 Subscription 订阅器 */
    const subscription = new Subscription(store)
    return {
      store,
      subscription
    } /* store 改变创建新的 contextValue */
  }, [store])
  useEffect(() => {
    const { subscription } = contextValue
    /* 触发 trySubscribe 方法执行,创建 listens */
    subscription.trySubscribe() // 发起订阅
    return () => {
      subscription.tryUnsubscribe()  // 卸载订阅
    }
  }, [contextValue])  /*  contextValue state 改变,触发新的 effect */
  const Context = ReactReduxContext
  return <Context.Provider value={contextValue}>{children}</Context.Provider>
}
```

这里保留了核心的代码。从这段代码中可以分析出 Provider 做了哪些事。

(1) 首先知道 React-Redux 是通过 context 上下文来保存传递 store 的,但是上下文 Value 保存的除了 store 还有 Subscription。

(2) Subscription 可以理解为订阅器。在 React-Redux 中,一方面用来订阅来自 state 的变化,另一方面通知对应的组件更新。在 Provider 中的订阅器 Subscription 为根订阅器。

（3）在 Provider 的 seEffect 中，进行真正的绑定订阅功能，其原理内部调用了 store.subscribe，只有根订阅器才会触发 store.subscribe，至于为什么，马上就会讲到。

2. 第二部分：Subscription 订阅器

```
/* 发布订阅者模式 */
export default class Subscription {
  constructor(store, parentSub) {
    // ....
  }
  /* 负责检测是否订阅该组件,然后添加订阅者,也就是 listener */
  addNestedSub(listener) {
    this.trySubscribe()
    return this.listeners.subscribe(listener)
  }
  /* 向 listeners 发布通知 */
  notifyNestedSubs() {
    this.listeners.notify()
  }
  /* 开启订阅模式,首先判断当前订阅器有没有父级订阅器,如果有父级订阅器(就是父级 Subscription),把自
己的 handleChangeWrapper 放入监听者链表中 */
  trySubscribe() {
    /*
    parentSub 即是 provide value 里面的 Subscription,这里可以理解为父级元素的 Subscription
     */
    if (!this.unsubscribe) {
      this.unsubscribe = this.parentSub
        ? this.parentSub.addNestedSub(this.handleChangeWrapper)
        /* provider 的 Subscription 是不存在 parentSub 的,所以此时 trySubscribe 就会调用 store.
subscribe   */
        : this.store.subscribe(this.handleChangeWrapper)
      this.listeners = createListenerCollection()
    }
  }
  /* 取消订阅 */
  tryUnsubscribe() {
    // ....
  }
}
```

笔者将整个订阅器的核心浓缩成 8 个字：层层订阅，上订下发。

层层订阅：React-Redux 采用了层层订阅的思想，上述内容讲到 Provider 里面有一个 Subscription，提前透露一下，每一个用 connect 包装的组件，内部也有一个 Subscription，而且这些订阅器一层层建立起关联，Provider 中的订阅器是最根部的订阅器，可以通过 trySubscribe 和 addNestedSub 方法看到。还有一个需要注意的地方就是，如果父组件是一个 connect，子孙组件也有 connect，那么父子 connect

的 Subscription 也会建立起父子关系。

上订下发：在调用 trySubscribe 的时候，能够看到订阅器会和上一级的订阅器通过 addNestedSub 建立起关联。当 store 中的 state 发生改变，会触发 store.subscribe，但是只会通知 Provider 中的根 Subscription，根 Subscription 也不会直接派发更新，而是会下发给子代订阅器（connect 中的 Subscription），再由子代订阅器决定是否更新组件，层层下发。

这里有一个疑问就是：为什么 React-Redux 会采用 Subscription 订阅器进行订阅，而不是直接采用 store.subscribe 呢？

（1）首先对于 state 的改变，Provider 是不能直接下发更新的，如果下发更新，那么这个更新是整个应用层级上的，还有一点，如果需要 state 的组件做一些性能优化的策略，那么该更新的组件不会被更新，不该更新的组件反而会更新了。

（2）父 Subscription → 子 Subscription 这种模式，可以逐层管理 connect 的状态派发，不会因为 state 的改变而导致更新的混乱。

层层订阅模型如图 13-3-2 所示。

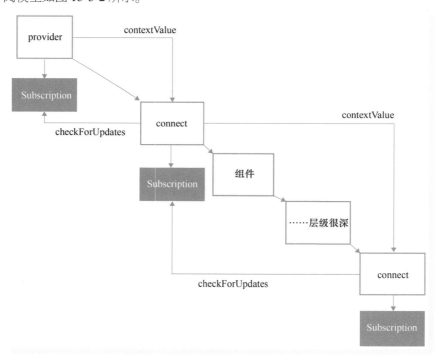

● 图 13-3-2

第三部分：connect 控制更新，知道了状态的下发和组件的订阅，接下来看一下是如何触发更新的。

```
function connect(mapStateToProps,mapDispatchToProps){
    const Context = ReactReduxContext
```

```
    /*  WrappedComponent 为 connect 包裹的组件本身    */
    return function wrapWithConnect(WrappedComponent){
        function createChildSelector(store) {
            /*  选择器合并函数 mergeprops */
            return selectorFactory(store.dispatch, { mapStateToProps,mapDispatchToProps })
        }
        /*  负责更新组件的容器 */
        function ConnectFunction(props){
            /*  获取 Context 内容里面含有 Redux 中的 store 和父级 Subscription */
            const contextValue = useContext(ContextToUse)
            /*  创建子选择器,用于提取 state 中的状态和 Dispatch 映射,合并到 props 中 */
            const childPropsSelector = createChildSelector(contextValue.store)
            const [ subscription, notifyNestedSubs ] = useMemo(() => {
                /*  创建一个子代 Subscription,并和父级 Subscription 建立起关系 */
                const subscription = new Subscription(
                    store,
                    didStoreComeFromProps ? null : contextValue.subscription
                /*  父级 Subscription,通过这个和父级订阅器建立起关联。*/
                )
                return [ subscription, subscription.notifyNestedSubs ]
            }, [store, didStoreComeFromProps, contextValue])

            /*  合成的真正的 props */
            const actualChildProps = childPropsSelector(store.getState(), wrapperProps)
            const lastChildProps = useRef()
            /*  更新函数 */
            const [ forceUpdate, ] = useState(0)
            useEffect(()=>{
                const checkForUpdates = ()=>{
                    newChildProps = childPropsSelector()
                    if (newChildProps === lastChildProps.current) {
                        /*  订阅的 state 没有发生变化,那么该组件不需要更新,通知子代订阅器 */
                        notifyNestedSubs()
                    }else{
                        /*  这才是真正的触发组件更新的函数 */
                        forceUpdate(state=>state+1)
                        lastChildProps.current = newChildProps /*  保存上一次的 props */
                    }
                }
                subscription.onStateChange = checkForUpdates
                /*  开启订阅者,当前是被 connect 包装的情况,会把当前的 checkForceUpdate 放在父元素的
addNestedSub 中,一点点向上级传递,最后传到 provide    */
                subscription.trySubscribe()
                /*  先检查一遍,防止初始化的时候 State 值就变了 */
                checkForUpdates()
            },[store, subscription, childPropsSelector])
```

```
      /* 利用 Provider 特性逐层传递新的 Subscription */
      return <ContextToUse.Provider value={{ ...contextValue, subscription}}>
         <WrappedComponent {...actualChildProps} />
      </ContextToUse.Provider>
   }
   /* memo 优化处理 */
   const Connect = React.memo(ConnectFunction)
  return hoistStatics(Connect, WrappedComponent) /* 继承静态属性 */
  }
}
```

connect 的逻辑还是比较复杂的，笔者总结一下核心流程：

（1）connect 中有一个 selector 的概念，selector 有什么用？就是通过 mapStateToProps、mapDispatchToProps，把 Redux 中的 state 状态合并到 props 中，得到最新的 props。

（2）上述讲到过，每一个 connect 都会产生一个新的 Subscription，和父级订阅器建立起关联，这样父级会触发子代的 Subscription，来实现逐层的状态派发。

（3）有一点很重要，就是 Subscription 通知的是 checkForUpdates 函数，checkForUpdates 会形成新的 props，与之前缓存的 props 进行浅比较，如果不想等，说明 state 已经变化了，直接触发一个 useReducer 来更新组件。上述代码片段中，用 useState 代替 useReducer，如果相等，那么当前组件不需要更新，直接通知子代 Subscription，检查子代 Subscription 是否更新，完成整个流程。

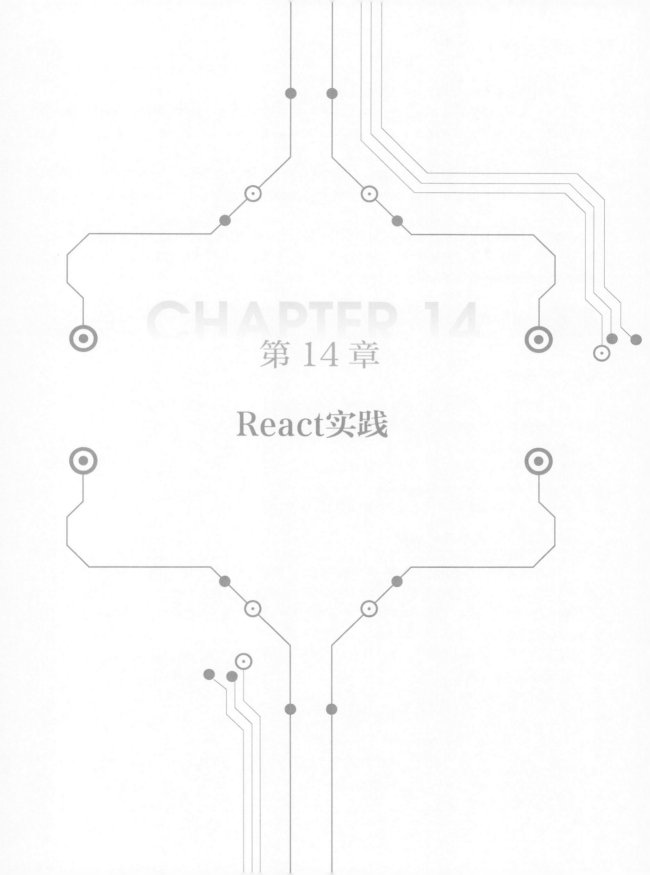

第 14 章

React实践

本章将结合前面的知识点，做三个实践 Demo：

第一个是表单系统的设计，主要介绍 React 的一些基础知识，比如表单控件组件设计，建立表单状态管理、状态分发、表单验证，自定义 Hooks——useForm 编写，Form、FormItem 如何建立关联，协调管理表单状态。

第二个是设计一个自定义的弹窗组件，通过这个案例，能够让读者明白一些 React 的高级用法，比如弹窗组件设计、ReactDOM.createPortal 的使用、组件静态方法的使用、不依赖父组件实现挂载/卸载组件。

第三个是从零到一实现一个 React 缓存组件，通过这个案例，能够作为读者以后工作的启发，遇到一些问题，怎样从需求到架构设计，再到开发上线，还有就是由于采用的都是自定义 Hooks 方式，可以作为一个 Hooks 的实践项目。

14.1 实现表单系统

【学习目标】

验证表单的设计，一直是比较复杂棘手的问题，难点在于对表单数据层的管理，以及把状态分配给每一个表单单元项。接下来实现一套表单验证系统，这个实践包含了以下知识点：

- 表单控件组件设计。
- 建立表单状态管理，状态分发，表单验证。
- 自定义 Hooks——useForm 编写。
- Form、FormItem 如何建立关联，协调管理表单状态。

▶▶ 14.1.1 表单设计思路

可能开发者平时使用验证表单控件感觉挺方便的，那是因为在整个表单内部已经为开发者做了大部分的"脏活累活"，一个完整验证表单的体系实际是很复杂的，整个流程可以分为：状态收集、状态管理、状态验证、状态下发等诸多环节。在开发一套针对大众的表单控件时，首先每一个环节设计很重要。接下来首先介绍一下，如何设计一套表单系统。

在设计之前，以 antd 为例子，看一下基本的表单长什么样子（可以称为 Demo1）：

```
<Form  onFinish={onFinish} >
   <FormItem name="name"  label="用户名" >
      <Input />
   </FormItem>
    <FormItem name="password"  label="密码" >
      <Input />
   </FormItem>
   <Button htmlType="submit" >确定</Button>
</Form>
```

1. 表单组件层模型设计

如上所示，一套表单系统由 Form、FormItem、表单控件三部分构成，下面逐一介绍三个部分的作用，以及应该如何设计。

Form 组件定位，以及设计原则如下：

状态保存：Form 的作用是管理整个表单的状态，这个状态包括具体表单控件的 Value，以及获取表单、提交表单、重置表单、验证表单等方法。

状态下发：Form 不仅仅要管理状态，而且还要下发传递这些状态。把这些状态下发给每一个 FormItem，由于考虑到 Form 和 FormItem 有可能深层次地嵌套，所以选择通过 React context 保存下发状态最佳。

保存原生 form 功能：Form 满足上述两点功能之外，还要和原生的 form 功能保持一致性。

FormItem 组件定位，以及设计原则如下：

状态收集：首先很重要的一点就是收集表单的状态，传递给 Form 组件，比如属性名、属性值、校验规则等。

控制表单组件：还有一个功能就是将 FormItem 包裹的组件变成受控的，一方面能够自由传递值 Value 给表单控件；另一方面，能够劫持表单控件的 change 事件，得到最新的 Value，上传状态。

提供 Label 和验证结果的 UI 层：FormItem 还有一个作用就是要提供表单单元项的标签 label，如果校验不通过，需要展示错误信息 UI 样式。

表单控件设计（比如 Input、Select 等）如下：

首先表单控件一定是与上述整个表单验证系统零耦合的，也就是说 Input 等控件脱离整个表单验证系统，可以独立使用。在表单验证系统中，表单控件不需要自己绑定事件，统一托管于 FormItem 处理。三者关系如图 14-1-1 所示。

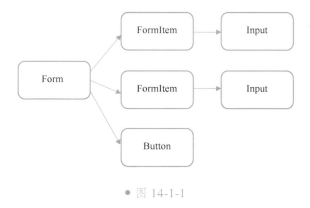

● 图 14-1-1

2. 状态管理层设计

如何设计表单的状态层？

保存信息：首先最直接的是，需要保存表单的属性名 name 和当前的属性值 Value。除此之外，还要保存当前表单的验证规则 rule，验证的提示文案 message，以及验证状态 status。笔者受到 Promise 的启发，引用了三种状态：

resolve → 成功状态：当表单验证成功之后，就会给 resolve 成功状态标签。

reject → 失败状态：表单验证失败，就会给 reject 失败状态标签。

pendding → 待验证状态：初始化，或者重新赋予表单新的值，就会给 pendding 待验证标签。

数据结构：前面介绍了表单状态层保存的信息。接下来看看用什么数据结构保留这些信息。

```
/*
   TODO:数据结构
   model = {
       [name] →  validate  = {
           value      →表单值      (可以重新设定)
           rule       → 验证规则    (可以重新设定)
           required   →是否必添 →在含有 rule 的情况下默认为 true
           message    →提示消息
           status     → 验证状态  resolve → 成功状态 | reject →失败状态 | pendding → 待验证状态 |
       }
   }
*/
```

model 为整个 Form 表单的数据层结构。name 为键，对应 FormItem 的每一个 name 属性，validate 为 name 属性对应的值，保存当前的表单信息，包括前面说到的几个重要信息。比如在上述 Demo1 中，最后存在 Form 的数据结构如下所示：

```
model = {
    name :{ /* 用户名 */
        value: ...
        rule:...
        required:...
        message:...
        status:...
    },
    password:{ /* 密码 */
        value: ...
        rule:...
        required:...
        message:...
        status:...
    }}
```

前面说到了整个表单的状态层，那么状态层保存在哪里呢？状态层的最佳选择就是保存在 Form 内部，可以通过 useForm 一个自定义 Hooks 来维护和管理表单状态实例 FormStore。这个 FormStore 接下来会进行讲解。

3. 数据通信层设计

整个表单系统数据通信还是从改变状态、触发校验两个方向入手。

改变状态：当系统中一个控件（比如 Input 值）改变的时候，①可以触发 onChange 方法，首先由于 FormItem 控制表单控件，所以 FormItem 会最先感知到最新的 Value。②通知给 Form 中的表单管理 FormStore。③FormStore 会更新状态。④把最新状态下发到对应的 FormItem。⑤FormItem 接收到任务，再让 Input 更新最新的值，视觉感受 Input 框会发生变化，完成受控组件状态改变流程。比如触发上述 Demo1 中 name 对应的 Input，内部流程图如图 14-1-2 所示。

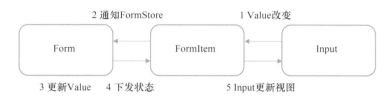

● 图 14-1-2

表单校验有两种情况：

第一种：可能是给 FormItem 绑定的校验事件触发，比如 onBlur 事件触发，而引起的对单一表单的校验。流程和上述改变状态类似。

第二种：有可能是提交事件触发，或者手动触发校验事件，引起的整个表单校验。流程首先触发 submit 事件，①然后通知 Form 中的 FormStore。② FormStore 会对整个表单进行校验。③然后把每个表单的状态异步并批量下发到每一个 FormItem。④FormItem 就可以展示验证结果。

比如触发 Demo1 中的提交按钮，流程如图 14-1-3 所示。

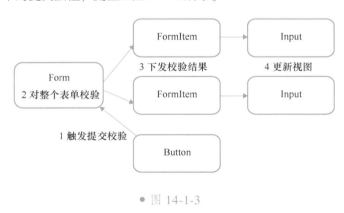

● 图 14-1-3

整个表单验证系统的设计阶段，从几个角度介绍了系统设计，当然其中还有很多没有提及的细节，会在实现环节详细讲解，接下来就是具体功能的实现环节。

▶▶ 14.1.2　表单逻辑状态层

FormStore 是整个表单验证系统最核心的功能了，里面包括保存的表单状态 model，以及管理这些状态的方法，这些方法有的是对外暴露的，开发者可以通过调用这些对外的 API 实现提交表单、校验表单、重置表单等功能。参考和对标 antd，antd 本质上用的是 rc-form，罗列的方法如下，表 14-1-1 所示。

表 14-1-1　FormStore 实例对外接口

对外接口名称	作　用	参 数 说 明
submit	提交表单	一个参数 cb，校验完表单执行，通过校验 cb 的参数为表单数据层，未通过校验 cb 的参数为 false
resetFields	重置表单	无参数
setFields	设置一组表单值	一个参数为 object，key 为表单名称，Value 为表单项，可以是值、校验规则、校验文案，例如 setFields({ name: { value :'《React 进阶实践指南》', author:'我不是外星人'},}) 或者 setFields ({ name:'《React 进阶实践指南》', author:'我不是外星人'})
setFieldsValue	设置单一表单值	二个参数，第一个参数为 name 表单项名称，第二个参数为 Value，设置表单的值，例如 setFieldsValue(' author','我不是外星人')
getFieldValue	获取对应字段名的值	一个参数，对应的表单项名称，例如 getFieldValue('name')
getFieldsValue	获取整个表单的 value	无参数
validateFields	验证整个表单层	一个参数，回调函数，参数为验证结果

1. FormStore 实例对外接口

以下接口提供给 Form 和 FormItem 使用，如表 14-1-2 所示。

表 14-1-2　提供给 Form 和 FormItem 使用的接口

接 口 名 称	作　用	参 数 说 明
setCallback	注册绑定在 Form 上的事件，比如 onFinish |on-FinishFailed	一个参数，为一个对象，存放需要注册的事件
dispatch	可以通过 dispatch 调用 FormStore 内部的方法	第一个参数是一个对象，type 为调用的方法，其余参数依次为调用方法的参数
registerValidateFields	FormItem 注册表单单元项	三个参数，第一个参数为单元项名称，第二个参数为 FormItem 的控制器，可以让 FormItem 触发更新，第三个参数为注册的内容，比如 rule、message 等
unRegisterValidate	解绑注册的表单单元项	一个参数，表单单元项名称

2. 重要属性

前面介绍了需要完成的对外接口，接下来介绍一下 FormStore 保存的重要属性。

model：首先 model 为整个表单状态层的核心，绑定单元项的内容都存在 model 中。

control：control 存放了每一个 FormItem 的更新函数，因为表单状态改变，Form 把状态下发到每一个需要更新的 FormItem 上。

callback：callback 存放表单状态改变的监听函数。

penddingValidateQueue：由于表单验证状态的下发是采用异步的，通过一个队列保存更新任务。

3. 代码实现

接下来就是具体的代码实现和流程分析。

```
/* 对外接口 */
const formInstanceApi = ['setCallback', 'dispatch','registerValidateFields',
    'resetFields','setFields','setFieldsValue','getFieldsValue','getFieldValue',
    'validateFields','submit','unRegisterValidate']
/* 判断是否是正则表达式 */
const isReg = (value) => value instanceof RegExpclass FormStore{
    constructor(forceUpdate,defaultFormValue={}){
        this.FormUpdate = forceUpdate          /* 为 Form 的更新函数,目前没有用到 */
        this.model = {}                        /* 表单状态层 */
        this.control = {}                      /* 控制每个 formItem 的控制器  */
        this.isSchedule = false                /* 开启调度 */
        this.callback = {}                     /* 存放监听函数 callback */
        this.penddingValidateQueue = []   /* 批量更新队列 */
        this.defaultFormValue = defaultFormValue /* 表单初始化的值 */
    }
    /* 提供操作 form 的方法 */
    getForm(){
        return formInstanceApi.reduce((map,item) => {
            map[item] = this[item].bind(this)
            return map
        },{})
    }
    /* 创建一个验证模块 */
    static createValidate(validate){
        const { value, rule, required, message } = validate
        return {
            value,
            rule: rule || (() => true),
            required: required || false,
            message: message ||",
            status:'pendding'
        }
    }
    /* 处理回调函数 */
    setCallback(callback){
        if(callback) this.callback = callback
    }
    /* 触发事件 */
    dispatch(action,...arg){
```

```
        if(!action && typeof action !=='object') return null
        const { type } = action
        if(~formInstanceApi.indexOf(type)){
            return this[type](...arg)
        }else if(typeof this[type] ==='function' ){
          return this[type](...arg)
        }
    }
    /* 注册表单单元项 */
    registerValidateFields(name,control,model){
        if(this.defaultFormValue[name]) model.value = this.defaultFormValue[name] /*  如果
存在默认值的情况 */
        const validate = FormStore.createValidate(model)
        this.model[name] = validate
        this.control[name] = control
    }
    /* 卸载注册表单单元项 */
    unRegisterValidate(name){
        delete this.model[name]
        delete this.control[name]
    }
    /* 通知对应的 FormItem 更新 */
    notifyChange(name){
        const controller = this.control[name]
        if(controller) controller?.changeValue()
    }
    /*  重置表单 */
    resetFields(){
        Object.keys(this.model).forEach(modelName => {
            this.setValueClearStatus(this.model[modelName],modelName,null)
        })
    }
    /* 设置一组字段状态 */
    setFields(object){
        if(typeof object !=='object') return
        Object.keys(object).forEach(modelName=>{
            this.setFieldsValue(modelName,object[modelName])
        })
    }
    /* 设置表单值 */
    setFieldsValue(name,modelValue){
      const model = this.model[name]
        if(!model) return false
        if(typeof modelValue === 'object'){ /*  设置表单项 */
            const { message,rule, value  } = modelValue
            if(message) model.message = message
            if(rule)    model.rule = rule
```

```
            if(value)   model.value = value
            model.status = 'pendding'          /* 设置待验证状态 */
            this.validateFieldValue(name,true) /* 如果重新设置了验证规则,那么重新验证一次 */
        }else {
            this.setValueClearStatus(model,name,modelValue)
        }
    }
    /* 复制并清空状态 */
    setValueClearStatus(model,name,value){
        model.value = value
        model.status = 'pendding'
        this.notifyChange(name)
    }
    /* 获取表单数据层的值 */
    getFieldsValue(){
        const formData = {}
        Object.keys(this.model).forEach(modelName=>{
            formData[modelName] = this.model[modelName].value
        })
        return formData
    }
    /* 获取表单模型 */
    getFieldModel(name){
        const model =  this.model[name]
        return model ? model : {}
    }
    /* 获取对应字段名的值 */
    getFieldValue(name){
        const model =  this.model[name]
        if(!model && this.defaultFormValue[name]) return this.defaultFormValue[name] /* 没
有注册,但是存在默认值的情况 */
        return model ? model.value : null
    }
    /* 单一表单单元项验证 */
    validateFieldValue(name,forceUpdate = false){
        const model = this.model[name]
        /* 记录上次状态 */
        const lastStatus =  model.status
        if(!model) return null
        const { required, rule, value } = model
        let status = 'resolve'
        if(required && ! value){
            status = 'reject'
        }
        else if(isReg(rule)){     /* 正则校验规则 */
            status = rule.test(value) ?'resolve':'reject'
        }else if(typeof rule === 'function'){ /* 自定义校验规则 */
```

```
                status = rule(value) ?'resolve':'reject'
            }
        model.status = status
        if(lastStatus !==  status ||forceUpdate){
            const notify = this.notifyChange.bind(this,name)
            this.penddingValidateQueue.push(notify)
        }
        this.scheduleValidate()
        return status
    }
    /* 批量调度验证更新任务 */
    scheduleValidate(){
        if(this.isSchedule) return
        this.isSchedule = true
        Promise.resolve().then(()=>{
            /* 批量更新验证任务 */
            do{
                let notify = this.penddingValidateQueue.shift()
                notify && notify()   /* 触发更新 */
            }while(this.penddingValidateQueue.length > 0)
            this.isSchedule = false
        })
    }
    /* 表单整体验证 */
    validateFields(callback){
        let status = true
        Object.keys(this.model).forEach(modelName=>{
            const modelStates = this.validateFieldValue(modelName,true)
            if(modelStates==='reject') status = false
        })
        callback(status)
    }
    /* 提交表单 */
    submit(cb){
        this.validateFields((res)=>{
            const { onFinish, onFinishFailed} = this.callback
            cb && cb(res)
             if(!res) onFinishFailed && typeof onFinishFailed === 'function' && onFinish-
Failed() /* 验证失败 */
            onFinish && typeof onFinish === 'function'
          && onFinish(this.getFieldsValue())    /* 验证成功 */
        })
    }
}
```

4. 初始化流程

- Constructor：FormStore 通过 new 方式实例化。实例化过程中会绑定 model、control 等属性。

- getForm：这里思考一个问题，就是需不需要把整个 FormStore 全部向 Form 组件暴露出去，答案是肯定不能这么做。如果整个实例暴露出去，就可以获取内部的状态 model 和 control 等重要模块，如果篡改模块下的内容，那么后果是无法想象的，所以对外提供的只是改变表单状态的接口。通过 getForm 把重要的 API 暴露出去就好。getForm 通过数组 reduce 把对外注册的接口数组 formInstanceApi 逐一绑定 this，然后形成一个对象，传递给 form 组件。

- setCallback：这个函数做的事情很简单，就是注册 callback 事件。在表单的一些重要阶段，比如提交成功、提交失败的时候，执行这些回调函数。

5. 表单注册流程

- static createValidate：静态方法——创建一个 Validate 对象，也就是 model 下的每一个模块，主要在注册表单单元项的时候使用。

- registerValidateFields：注册表单单元项，这个在 FormItem 初始化时调用，把验证信息、验证文案等通过 createValidate 注册到 model 中，把 FormItem 的更新函数注册到 control 中。

- unRegisterValida：在 FormItem 的生命周期销毁阶段执行，解绑前面 registerValidateFields 注册的内容。

（1）表单状态设置、获取、重置：

- notifyChange：每当给表单单元项 FormItem 重新赋值的时候，就会执行当前 FormItem 的更新函数，派发视图更新（这里可以提前透露一下，control 存放的就是每个 FormItem 组件的 useState 方法）。

- setValueClearStatus：重新设置表单值，并重置待验证状态 pendding，然后触发 notifyChange，促使 FormItem 更新。

- setFieldsValue：设置一个表单值，如果重新设置了验证规则，那么重新验证一次，如果只是设置了表单项的值，则调用 setValueClearStatus 更新。

- setFields：设置一组表单值，就是对每一个单元项触发 setFieldsValue。

- getFieldValue：获取表单值，就是获取 model 下每一个模块的 Value 值。

- getFieldsValue：获取整个表单的数据层（分别获取每一个模块下的 Value）。

- getFieldModel：获取表单的模型，这个 API 设计为了让 UI 显示验证成功或者失败的状态，以及提示的文案。

- resetFields：就是调用 setValueClearStatus，重新设置每一个表单单元项的状态。

（2）表单验证：

- validateFieldValue：验证表单的单元项。如果规则是正则表达式，那么触发正则 test 方法；如果是自定义规则，那么执行函数，返回值判断是否通过校验。如果状态改变，把当前的更新任务放在 penddingValidateQueue 待验证队列中。

为什么采用异步校验更新呢？首先验证状态改变，带来的视图更新不是那么重要，可以先执行更高优先级的任务，还有一点就是整个验证功能，有可能在异步情况下，表单会有多个单元项，如果直接执行更新任务，可能会让表单更新多次，所以放入 penddingValidateQueue，接下来统一更新这些状态。

- scheduleValidate：scheduleValidate 执行会开启 isSchedule = true 开关，如果有多个验证任务，都会放入 penddingValidateQueue，最后统一执行一次任务处理逻辑。调用 Promise.resolve( ) 来一次性处理更新，更新完毕，关闭开关 this.isSchedule = false。

- validateFields：validateFields 会对每一个表单单元项触发 validateFieldValue，然后执行回调函数，回调函数参数代表验证是否通过，如果有一个验证不通过，那么整体就不通过验证。

- submit：submit 就是调用 validateFields 验证这个表单，然后在 validateFields 回调函数中，触发对应的监听方法 callback，成功触发 onFinish，失败调用 onFinishFailed，这些方法都是绑定在 Form 的回调函数中。

6. useForm 表单状态管理 Hooks 设计

上面的 FormStore 就是通过自定义 Hooks——useForm 创建出来的。useForm 可以独立使用，创建一个 formInstance，然后作为 Form 属性赋值给 Form 表单。如果没有传递，默认会在 Form 里通过 use-Form 自动创建一个（参考 antd，用法一致）。

代码实现：

```
function useForm(form,defaultFormValue = {}){
    const formRef = React.useRef(null)
    const [, forceUpdate] = React.useState({})
    if(!formRef.current){
        if(form){
            formRef.current = form    /* 如果已经有 form,那么复用当前的 form   */
        }else { /* 没有 form,创建一个 form */
            const formStoreCurrent = new FormStore(forceUpdate,defaultFormValue)
            /* 获取实例方法 */
            formRef.current = formStoreCurrent.getForm()
        }
    }
    return formRef.current
}
```

useForm 的逻辑实际很简单：

通过一个 useRef 来保存 FormStore 的重要 API。

首先会判断有没有 Form，如果没有，会实例化 FormStore，上面讲的 FormStore 终于用到了，然后会调用 getForm，把重要的 API 暴露出去。

什么情况下有 Form，当开发者用 useForm 单独创建一个 FormStore，再赋值给 Form 组件的 Form 属性，这个时候就存在 Form 了。

▶▶ 14.1.3　表单 UI 层

14.1.2 小节主要讲解了 Form 表单的设计原则，以及状态管理 FormStore 和自定义 HooksuseForm 的编写，有了核心的逻辑状态层，那么还差 UI 层面的处理，接下来继续完善功能。属性设定如表 14-1-3 所示。

表 14-1-3　属性设定

属 性 名 称	作　　用	类　　型
Form	传入 useForm 创建的 FormStore 实例	FormStore 实例对象
onFinish	表单提交成功调用	function，一个参数，为表单的数据层
onFinishFailed	表单提交失败调用	function，一个参数，为表单的数据层
initialValues	设置表单初始化的值	Object

细节问题：Form 接收类似 onFinish ｜ onFinishFailed 监听回调函数。Form 可以被 ref 标记，ref 可以获取 FormStore 核心方法。Form 要保留原生的 Form 属性，当 submit 或者 reset 触发，自动校验/重置。

代码实现：创建 Context 保存 FormStore 核心 API。

```
import { createContext } from 'react'
/* 创建一个 FormContext */
const FormContext = createContext()
export default FormContext
```

创建一个 Context，用来保存 FormStore 的核心 API。接下来就是 Form 的编写：

```
function Form ({form,onFinish,onFinishFailed,initialValues,children},ref){
    /* 创建 form 状态管理实例 */
    const formInstance = useForm(form,initialValues)
    /* 抽离属性→抽离 dispatch ｜setCallback 这两个方法不能对外提供。    */
    const { setCallback, dispatch  ,...providerFormInstance } = formInstance
    /* 向 Form 中注册回调函数 */
    setCallback({
        onFinish,
        onFinishFailed
    })
    /* Form 能够被 ref 标记,并操作实例。*/
    useImperativeHandle(ref,() => providerFormInstance, [])
    /* 传递 */
    const RenderChildren = <FormContext.Provider value={formInstance} > {children} </Form-
Context.Provider>
    return <form
        onReset={(e)=>{
            e.preventDefault()
            e.stopPropagation()
            formInstance.resetFields() /* 重置表单 */
        }}
        onSubmit={(e)=>{
            e.preventDefault()
            e.stopPropagation()
```

```
            formInstance.submit()      /* 提交表单 */
        }}
        >
        {RenderChildren}
    </form>
    )
}
export default forwardRef(Form)
```

Form 实现细节分析：首先通过 useForm 创建一个 formInstance，里面保存着操作表单状态的方法，比如 getFieldValue、setFieldsValue 等。从 formInstance 抽离出 setCallback、dispatch 等方法，得到 providerFormInstance，因为这些 API 不期望直接给开发者使用。通过 forwardRef + useImperativeHandle 来转发 ref，将 providerFormInstance 赋值给 ref，开发者通过 ref 标记 Form，就是获取的 providerFormInstance 对象。通过 Context.Provider 将 formInstance 传递下去，提供给 FormItem 使用。创建原生 Form 标签，绑定 React 事件——onReset 和 onSubmit，在事件内部分别调用，重置表单状态的 resetFields 和提交表单的 onSubmit 方法。

1. FormItem 编写

接下来就是 FormItem 的具体实现细节。属性分析：相比 antd 中的 FormItem，属性要精简得多，这里保留了一些核心的属性，如表 14-1-4 所示。

表 14-1-4　核心的属性

属 性 名 称	作　　用	类　　型
name（重要属性）	证明表单单元项的键 name	string
label	表单标签属性	string
height	表单单元项高度	number
labelWidth	lable 宽度	number
required	是否必填	boolean
trigger	收集字段值变更的方法	string，默认为 onChange
validateTrigger	验证校验触发的方法	string，默认为 onChange
rules	验证信息	里面包括验证方法 rule 和验证失败的提示文案 message

代码实现：接下来就是 FormItem 的代码实现。

```
function FormItem ({name,children,label,height = 50,labelWidth,required = false,
    rules = {},trigger = 'onChange',validateTrigger = 'onChange'}){
    const formInstance  = useContext(FormContext)
    const { registerValidateFields, dispatch, unRegisterValidate } = formInstance
    const [ , forceUpdate ] = useState({})
    const onStoreChange = useMemo(()=>{
        /* 管理层改变=>通知表单项 */
        const onStoreChange = {
```

```
        changeValue(){
            forceUpdate({})
        }
    }
    return onStoreChange
},[ formInstance ])
useEffect(()=>{
    /* 注册表单 */
    name && registerValidateFields(name,onStoreChange,{ ...rules, required })
    return function(){
        /* 卸载表单 */
        name &&  unRegisterValidate(name)
    }
},[ onStoreChange ])
/* 使表单控件变成可控制的 */
const getControlled = (child)=> {
    const mergeChildrenProps = { ...child.props }
    if(!name) return mergeChildrenProps
    /* 改变表单单元项的值 */
    const handleChange  = (e)=> {
        const value = e.target.value
        /* 设置表单的值 */
        dispatch({ type:'setFieldsValue' },name,value)
    }
    mergeChildrenProps[trigger] = handleChange
    if(required ||rules){
        /* 验证表单单元项的值 */
        mergeChildrenProps[validateTrigger] = (e) => {
            /* 当改变值和验证表单时,统一用一个事件 */
            if(validateTrigger === trigger){
                handleChange(e)
            }
            /* 触发表单验证 */
            dispatch({ type:'validateFieldValue' },name)
        }
    }
    /* 获取 Value */
    mergeChildrenProps.value = dispatch({ type:'getFieldValue' }, name) ||"
    return mergeChildrenProps
}
let renderChildren
if(isValidElement(children)){
    /* 获取 |合并 |转发 | => props   */
    renderChildren = cloneElement(children, getControlled(children))
}else{
    renderChildren = children
}
```

```
    return <Label
        height={height}
        label={label}
        labelWidth={labelWidth}
        required={required}
            >
        {renderChildren}
        <Message
            name={name}
            {...dispatch({ type :'getFieldModel'},name)}
        />
    </Label>
}
```

FormItem 的流程比较复杂，接下来将逐一讲解其流程。第一步：FormItem 会通过 useContext 获取到表单实例下的方法。第二步：创建一个 useState 作为 FormItem 的更新函数 onStoreChange。第三步：在 useEffect 中调用 registerValidateFields 注册表单项。此时 FormItem 的更新函数 onStoreChange 会传入 FormStore 中，前面讲到过，更新方法最终会注册到 FormStore 的 control 属性下，这样 FormStore 就可以选择性地让对应的 FormItem 更新。在 useEffect 销毁函数中，解绑表单项。第四步：让 FormItem 包裹的表单控件变成受控的，通过 cloneElement 向表单控件（比如 Input） props 中注册监听值变化的方法，默认为 onChange，以及表单验证触发的方法，默认也是 onChange，如下所示：

```
<FormItem
        label="请输入书籍名称"
        labelWidth={150}
        name="name"
        required
        rules={{
            rule:/^[a-zA-Z0-9_\u4e00-\u9fa5]{4,32}$/,
            message:'名称仅支持中文、英文字母、数字和下画线,长度限制在 4~32 个字'
        }}
        trigger="onChange"
        validateTrigger="onBlur"
    >
        <Input
            placeholder="书籍名称"
        />
</FormItem>
```

如上所示，向 FormItem 中绑定监听变化的事件为 onChange，表单验证的事件为 onBlur。

更新流程：当组件值改变的时候，会触发 onChange 事件，其实是被上面的 getControlled 拦截，实质用 Dispatch 触发 setFieldsValue，改变 FormStore 表单的值，然后 FormStore 会用 onStoreChange 下的 changeValue 通知当前的 FormItem 更新，FormItem 更新通过 Dispatch 调用 getFieldValue，获取表单的最新值，并渲染视图。这样便完成了整个受控组件状态更新流程。

验证流程：当触发 onBlur 时，就是用 Dispatch 调用 validateFieldValue 事件，验证表单，然后 FormStore 会下发验证状态（是否验证通过）。完成更新/验证流程。

第五步：渲染 Label 和 Message UI 视图。

2. 完善其他功能组件

还有一些负责 UI 渲染的组件，以及表单控件，这里简单介绍一下：

Label 组件：

```
function Label({ children, label,labelWidth, required,height}){
    return <div className="form-label"
        style={{ height:height +'px' }}
            >
        <div
            className="form-label-name"
            style={{ width : `${labelWidth}px` }}
        >
            {required ? <span style={{ color:'red' }} >* </span> : null}
            {label}:
        </div>  {children}
    </div>
}
```

Label 的作用就是渲染表单的标签。

Message 组件：

```
function Message(props){
    const { status, message, required, name, value } = props
    let showMessage = ''
    let color = '#fff'
    if(required && ! value && status === 'reject' ){
        showMessage = `${name}为必填项`
        color = 'red'
    }else if(status === 'reject'){
        showMessage = message
        color = 'red'
    }else if(status === 'pendding' ){
        showMessage = null
    }else if(status === 'resolve'){
        showMessage = '校验通过'
        color = 'green'
    }
    return <div className="form-message" >
        <span style={{ color }} >{showMessage}</span>
    </div>
}
```

message 显示表单验证的状态，比如失败时的提示文案、成功时的提示文案。

Input 组件：

```
const Input = (props) => {
    return <input  className="form-input" {...props}/>
}
```

Input 就是 Input 标签。

Select 组件：

```
function Select({ children,...props }){
    return <select {...props} className="form-input">
        <option label={props.placeholder}
            value={null}
        >{props.placeholder}</option>
        {children}
    </select>
}

    /*  绑定静态属性   */
    Select.Option = function (props){
    return <option {...props}
        className=""
        label={props.children}
        ></option>
}
export default Select
```

Index 入口文件：

Index 文件对组件进行整理，并暴露给开发者使用。

```
import Form from './component/Form'
import FormItem from './component/FormItem'
import Input from './component/Input'
import Select from './component/Select'
Form.FormItem = FormItem
export {Form,Select,Input,FormItem}
export default Form
```

▶▶ 14.1.4 功能验证

万事俱备，只欠东风，完成了整个表单系统后，接下来验证一下表单的功能。
读者可扫描如下二维码，查看运行效果。

扫码 codesandbox

如上所示，是从 0 到 1 设计的表单验证系统，希望读者能够对着项目 Demo 试一遍，在实现的过程中，相信会有很多收获。

14.2　弹窗设计与实践

▶▶ 14.2.1　设计思路

要实现的具体功能如下：

编写的自定义 Modal 可以通过两种方式调用。

- 第一种通过挂载组件方式，动态设置 visible 属性。

```
<Modal  title={'自定义弹窗'}  visible={visible}  >
    <div> hello, React </div>
</Modal>
```

- 第二种通过 Modal 静态属性方法，控制 Modal 的显示/隐藏。

```
Modal.show({ /* 自定义弹窗的显示 */
    content: <div> hello, React </div>,
    title:'自定义弹窗',
    onOk:()=>console.log('点击确定'),
    onCancel:()=>console.log('点击取消'),
    onClose:()=> Modal.hidden() /* 自定义弹窗的隐藏 */}
)
```

　　如上所示，Modal.show 控制自定义弹窗的显示，可以通过 Modal.hidden 控制弹窗的隐藏，业务层不需要挂载组件。

　　其他要求：自定义弹窗要有渐变的动画效果。

　　设计思路如下：

- props 的设定：实现的 Modal 组件需要 props 配置项，如表 14-2-1 所示。

表 14-2-1　props 配置项

props 属性	属 性 描 述	属 性 类 型
visible	当前 Modal 是否显示	boolean
onOk 回调函数	当点击确定按钮触发	function
onCancel 回调函数	当点击取消按钮触发	function
closeCb 回调函数	当弹窗完全关闭后触发	function
width	弹窗宽度	number
okTest	确定按钮文案	string
cancelText	取消按钮文案	string

（续）

props 属性	属 性 描 述	属 性 类 型
title	Modal 标题	string
footer	自定义底部内容	React Element
children	Modal 内容（插槽模式）	React Element
content	Modal 内容（props 属性模式）	React Element

- 组件之外渲染：需要把弹窗组件渲染到挂载的容器之外，这样不受父组件的影响。这里可以通过 ReactDOM.createPortal API 解决这个问题。

Portal 提供了一种将子节点渲染到存在于父组件以外的 DOM 节点的优秀方案。createPortal 可以把当前组件或 element 元素的子节点，渲染到组件之外的其他地方。

createPortal 接受两个参数：

```
ReactDOM.createPortal(child, container)
```

Child 是任何可渲染的 React Element 元素。container 是一个 DOM 元素。

不依赖父组件实现挂载/卸载组件。

- 挂载组件：一个 React 应用，可以有多个 Root fiber，可通过 ReactDOM.render 来实现组件的自由挂载。
- 卸载组件：前面既然完成了挂载组件，后面需要在隐藏 Modal 的时候去卸载组件。可以通过 ReactDOM.unmountComponentAtNode 来实现这个功能。

unmountComponentAtNode 从 DOM 中卸载组件，会将其事件处理器和 state 一并清除。如果指定容器上没有对应已挂载的组件，这个函数什么也不会做。如果组件被移除，将会返回 true；如果没有组件被移除，将会返回 false。

▶▶ 14.2.2　代码实现及功能验证

1. 组件层面

Modal——分配 props，渲染视图。

```
import Dialog from './dialog'
class Modal extends React.PureComponent{
    /* 渲染底部按钮 */
    renderFooter=()=>{
        const { onOk, onCancel, cancelText, okText, footer  } = this.props
        /* 触发 onOk / onCancel 回调   */
        if(footer && React.isValidElement(footer)) return footer
        return <div className="modal_bottom" >
            <div className="modal_btn_box" >
                <button className="searchbtn"  onClick={(e)=>{ onOk && onOk(e) }} >{okText
||'确定'}</button>
```

```
            <button className="concellbtn" onClick={(e)=>{ onCancel && onCancel(e) }} >
{cancelText ||'取消'}</button>
            </div>
        </div>
    }
    /* 渲染顶部 */
    renderTop=()=>{
        const { title, onClose  } = this.props
        return <div className="modal_top" >
            <p>{title}</p>
            <span className="modal_top_close"  onClick={()=> onClose && onClose()} >x</span>
        </div>
    }
    /* 渲染弹窗内容 */
    renderContent=()=>{
        const { content, children } = this.props
        return  React.isValidElement(content) ? content
                : children ? children : null
    }
    render(){
        const { visible, width = 500,closeCb, onClose  } = this.props
        return <Dialog
            closeCb={closeCb}
            onClose={onClose}
            visible={visible}
            width={width}
                >
            {this.renderTop()}
            {this.renderContent()}
            {this.renderFooter()}
        </Dialog>
    }
}
```

2. 设计思路

Modal 组件的设计实际很简单，就是接收上述的 props 配置，然后分配给 Top、Foot、Content 等每个部分。这里通过 Dialog 组件，来实现 Modal 的动态显示/隐藏，增加动画效果。绑定确定 onOk，取消 onCancel，关闭 onClose 等回调函数。通过 PureComponent 做性能优化。

Dialog——控制显示隐藏：

```
import React, { useMemo, useEffect,useState  } from 'react'
import ReactDOM from 'react-dom'
  /* 控制弹窗隐藏,以及动画效果 */
  const controlShow = (f1,f2,value,timer)=> {
      f1(value)
      return  setTimeout(()=>{
```

```
                f2(value)
      },timer)}export default function Dialog(props){
      const { width, visible, closeCb, onClose  } = props
      /* 控制 modalShow 动画效果 */
      const [ modalShow, setmodalShow ] = useState(visible)
      const [ modalShowAync, setmodalShowAync ] = useState(visible)
      const renderChildren = useMemo(()=>{
        /* 把元素渲染到组件之外的 document.body 上   */
        return ReactDOM.createPortal(
          <div style={{ display:modalShow ?'block':'none'  }} >
            <div className="modal_container" style={{ opacity:modalShowAync ? 1 : 0  }}  >
                <div className="modal_wrap" >
                    <div   style={{ width:width +'px'}}  > {props.children} </div>
                </div>
            </div>
            <div className="modal_container mast"  onClick={() => onClose && onClose()}
style={{ opacity:modalShowAync ? 0.6 : 0  }}  />
          </div>,
          document.body
          )
      },[ modalShowAync, modalShow ])
      useEffect(()=>{
          let timer
          if(visible){
              /* 打开弹窗 */
              timer = controlShow(setmodalShow,setmodalShowAync,visible,30)
          }else{
              timer = controlShow(setmodalShowAync,setmodalShow,visible,1000)
          }
          return function (){
              timer && clearTimeout(timer)
          }
      },[ visible ])
      /* 执行关闭弹窗后的回调函数 closeCb */
      useEffect(()=>{
          !modalShow && typeof closeCb  === 'function' && closeCb()
      },[ modalShow ])
      return renderChildren
```

需要把元素渲染到组件之外，用 createPortal 把元素直接渲染到 document.body 下，为了防止函数组件每一次执行都触发 createPortal，所以通过 useMemo 做性能优化。

因为需要渐变动画效果，所以需要两个变量 modalShow / modalShowAync 来控制显示/隐藏，modalShow 让元素显示/隐藏，modalShowAync 控制动画执行。当弹窗要显示的时候，要先设置 modalShow 让组件显示，然后用 setTimeout 调度，让 modalShowAync 触发执行动画。

当弹窗要隐藏的时候，需要先让动画执行，所以先控制 modalShowAync，然后通过控制 modalShow

元素隐藏，和上述流程相反。用一个控制器 controlShow 来流畅地执行更新任务。

　　静态属性方法：对于通过组件的静态方法来实现弹窗的显示与隐藏，流程在上述基础上，要更复杂一些。

```
let ModalContainer = null
const modalSysbol = Symbol('$$__modal__Container_hidden')
/* 静态属性 show——控制 */
Modal.show = function(config){
    /* 如果 Modal 已经存在了,那么就不需要第二次 show */
    if(ModalContainer) return
    const props = { ...config, visible: true }
    const container = ModalContainer = document.createElement('div')
    /* 创建一个管理者,管理 modal 状态 */
    const manager = container[modalSysbol] = {
        setShow:null,
        mounted:false,
        hidden(){
            const { setShow } = manager
            setShow && setShow(false)
        },
        destory(){
            /* 卸载组件 */
            ReactDOM.unmountComponentAtNode(container)
            /* 移除节点 */
            document.body.removeChild(container)
            /* 置空元素 */
            ModalContainer = null
        }
    }
    const modalApp = (props) => {
        const [ show, setShow ] = useState(false)
        manager.setShow = setShow
        const { visible,...trueProps } = props
        useEffect(()=>{
            /* 加载完成,设置状态 */
            manager.mounted = true
            setShow(visible)
        },[])
        return <Modal {...trueProps} closeCb={() => manager.mounted && manager.destory()}
 visible={show}  />
    }
    /* 插入 body 中 */
    document.body.appendChild(container)
    /* 渲染 React 元素 */
    ReactDOM.render(<modalApp  {...props}  />,container)
    return manager}
/* 静态属性——hidden 控制隐藏 */Modal.hidden = function(){
```

```
    if(!ModalContainer) return
    /* 如果存在 ModalContainer,那么隐藏 ModalContainer  */
    ModalContainer[modalSysbol] && ModalContainer[modalSysbol].hidden()}
export default Modal
```

接下来描述一下流程和细节：

第一点：因为要通过调用 Modal 的静态属性来实现组件的显示与隐藏，所以用 Modal.show 来控制显示，Modal.hidden 来控制隐藏。但是两者要建立起关联，所以通过全局 ModalContainer 属性，能够隐藏掉 Modal.show 产生的元素与组件。

第二点：如果调用 Modal.show，首先会创建一个元素容器 container，用来挂载 Modal 组件，通过 ReactDOM.render 挂载，这里需要把 contianer 插入 document.body 中。

第三点：因为 Modal 组件要动态混入 visible 属性，并且做一些初始化的工作，比如提供隐藏弹窗的方法，所以创建一个 modalApp 容器组件包裹 Modal。

第四点：因为要在弹窗消失的动画执行后，再统一卸载组件和元素，所以到了本模块的难点，就是创建一个 Modal Manager 管理者，通过 Symbol('$$__modal__Container_hidden') 把管理者和容器之间建立起关联。容器下的 hidden 只是隐藏组件，并没有销毁组件，当组件隐藏动画执行完毕，会执行 closeCb 回调函数，在回调函数中再统一卸载元素和组件。

第五点：调用 Modal.hidden 其实调用的是 Manager 上的 hidden 方法，然后执行动画，并执行隐藏元素，再触发 destory，用 unmountComponentAtNode 和 removeChild 做一些收尾工作，完成整个流程。

创建弹窗流程图如图 14-2-1 所示。

● 图 14-2-1

关闭弹窗流程图如图 14-2-2 所示。

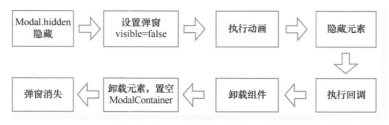

● 图 14-2-2

验证第一种——通过挂载组件方式：

```
/* 挂载方式调用 Modal */
export default function Index() {
    const [ visible, setVisible ] = useState(false)
    const [ nameShow, setNameShow ] = useState(false)
    const handleClick = () => {
        console.log('点击')
        setVisible(!visible)
        setNameShow(!nameShow)
    }
    /* 防止 Modal 的 PureComponent 失去作用 */
    const [ handleClose,handleOk, handleCancel ] = useMemo(()=>{
        const Ok = () =>  console.log('点击确定按钮')
        const Close = () => setVisible(false)
        const Cancel = () => console.log('点击取消按钮')
        return [ Close, Ok, Cancel  ]
    },[])
    return <div>
        <Modal
            onCancel={handleCancel}
            onClose={handleClose}
            onOk={handleOk}
            title={'自定义弹窗'}
            visible={visible}
            width={700}
        >
            <div className="feel" >
                name:<input placeholder="name" />
                {nameShow && <p> I am react </p>}
            </div>
        </Modal>
        <button onClick={() => {
            setVisible(!visible)
            setNameShow(false)
        }}
        > modal show </button>
        <button onClick={handleClick} > modal show (显示名称) </button>
    </div>
}
```

如上所示，就是挂载的方式使用 Modal，注意 Modal 用的是 PureComponent，父组件是函数组件在给 PureComponent 绑定方法的时候，要用 useMemo 或 useCallback 处理。

读者可扫描如下二维码，查看运行效果。

扫码 codesandbox

验证第二种——通过静态属性方式：

```
export default function Index(){
    const handleClick = () => {
        Modal.show({
            content:<p>hello,React</p>,
            title:'自定义弹窗',
            onOk:()=>console.log('点击确定'),
            onCancel:()=>console.log('点击取消'),
            onClose:() => Modal.hidden()
        })
    }
    return <div>
        <button onClick={() => handleClick()} >静态方式调用,显示 Modal</button>
    </div>
}
```

这种方式用起来比上一种要简单。流程就不细说了。

读者可扫描如下二维码，查看运行效果。

扫码 codesandbox

14.3　Keepalive 功能的设计与实践

用 Vue 开发过项目的读者都知道，在 Vue 中有一个内置组件 Keepalive，用这个组件包裹的自定义组件，将具有缓存功能，可以保持组件和组件对应的 DOM 结构存活，不会被卸载掉。但是在 React 中，现在并没有成熟的方法，本节将从零到一实现这个功能，希望读者遇到类似的需求时，能够有一个解决的思路。

为什么要做缓存功能呢？这个功能在实际开发中还是有具体的应用场景的。比如一些表单，我们期望在切换路由的时候保存这些状态，在页面切换回来的时候，能够恢复之前的编辑状态，而不是重新编辑。

对于上述功能用状态管理也能够解决，但是缓存组件会有更绝对的优势：

（1）开发者无须选择性地把状态手动保存起来，毕竟接入 Redux 或者 Mobx 等需要一定的开发和维护成本。

（2）状态管理工具虽然能够保存状态，但是一些 DOM 的状态是无法保存起来的，比如一些 DOM 元素的状态是通过元素 JS 方式操作的，而非数据驱动的，这种场景下显然状态管理不是很受用。

之前笔者写了一个缓存路由的功能组件 React-Keepalive-Router，但是这个组件库有一些缺点：这个库本身是在 Router 维度的，没有颗粒化到组件维度。一些 API 受到功能的限制，设计实现起来比较臃肿。了解了技术背景之后，接下来看一下这个功能的设计与实现。

▶▶ 14.3.1　背景：React 新属性 offScreen

React 团队并不是没有意识到 Keepalive 这个功能，目前在最新的 React 源码中，已经有了类似功能的代码，也就是这个功能已经在 React 团队的规划与开发中了，相信不久之后，就能作为新属性和开发者见面了。我们先来看一下 React 中有关缓存属性的新线索，那就是 offScreen。

其原理就是控制 DOM 元素显示与隐藏：

先抛开第一个问题，看一下第二个问题，如何让元素不显示，当 fiber 类型为 OffscreenComponent 的时候，就视为这个组件是可以 Keepalive 的。那么 React 是如何处理元素的显示与隐藏的？

比如一个元素是 HostComponent（即 DOM 元素类型的 fiber）。

```
if (isHidden) {
    /* 隐藏元素 */
    hideInstance(instance);
} else {
    /* 显示元素 */
    unhideInstance(node.stateNode, node.memoizedProps);
}
```

当隐藏元素的时候，调用的是 hideInstance 方法，显示元素的时候调用的是 unhideInstance。接下来就看一下这两个函数是如何实现的：

```
function hideInstance(){
    instance = instance;
    var style = instance.style; /* 获取元素 style */
    /* 设置元素的 style 的 display 属性为 none */
    if (typeof style.setProperty === 'function') {
        style.setProperty('display', 'none', 'important');
    } else {
        style.display = 'none';
    }
}
```

可以看到当元素隐藏的时候，其实设置元素的 style 的 display 属性为 none。

```
function unhideInstance(instance, props) {
  instance = instance;
  var styleProp = props[STYLE $1];
  var display = styleProp !== undefined
    && styleProp !== null && styleProp.hasOwnProperty('display') ? styleProp.display :
null;
  instance.style.display = dangerousStyleValue('display', display);
}
```

当元素显示的时候，把 display 恢复到之前的属性上来。

React 这种实现方式给我们一个明确的思路，在第二个问题中，可以通过控制元素的 display 为 none 和 block，来控制元素的隐藏与显示。display：none 可以让元素消失在 css 和 html 合成的布局树中，给用户的直观感受就是组件消失了。

▶▶ 14.3.2　设计思想

1. 从使用到技术设计

明白了 Keepalive 功能的设计初衷和使用场景之后，来看一下该工具应该如何使用，我们理想中的使用方案类似于 Vue 中的组件，通过该组件包裹的元素就获得了缓存的功能。

```
<keepalive>
    <custom-component />
</keepalive>
```

所以期望在业务代码中这样写，来实现缓存组件功能：

```
/* 注册一个缓存组件。*/
<KeepaliveItem cacheId="demo"  >
  <CustomComponent >
</KeepaliveItem>
```

通过 KeepaliveItem 注册一个缓存组件，在这里需要设置一个缓存 ID，至于干什么用，马上会讲到。但是在 Vue 中的 Keepalive 有一个问题就是不能主动清除 Keepalive 状态，比如通过一个按钮，来让某一个 Keepalive 的组件取消缓存。为了让我们设计的这个工具使用更加灵活，在设计这个功能的时候，可以提供一个清除缓存的 API，使用的方法类似于 React Router 中的 useHistory 和 useLocation 一样。这个 API 采用的是自定义 Hooks 的方式。

```
export default function (props){
  const destroy = useCacheDestroy()
  return <button onClick={() => destroy('demo)  } ></button>
}
```

如上所示，通过 useCacheDestroy 来获取清除缓存的方法，这个时候缓存 ID 就派上用场了，开发者可以用这个 ID 来指向哪个组件需要清除缓存。代码块中清除的是 cacheId＝"demo"的组件。目前还有一个问题就是，需要把一些缓存的状态管理保存起来，比如前面通过自定义 Hooks useCacheDestroy 获取的清除缓存函数 destroy，这些缓存状态是在整个 React 应用中的每个节点上都能获取到的，这个时候就需要一个作用域 Scope 的概念，在作用域中的任何子节点，都可能进行缓存，清除缓存，获取缓存状态。所以类似于 React-Redux 的 Provider，React-Router 中的 Router，需要在根组件中注册一个容器，如下所示：

```
<Provider {...store}>
    <KeepaliveScope>
        <App />
    </KeepaliveScope>
</Provider>
```

这个容器不仅提供一些全局的状态，至于还有什么用，接下来会揭晓。通过前面的使用，我们设计的这个工具库至少有三个对外的 API：一个缓存组件的容器 KeepaliveItem；一个全局的管理作用域 KeepaliveScope；一个可以清除缓存的自定义 Hooks useCacheDestroy。

2. 核心原理

说到缓存，到底需要缓存哪些东西呢？比如用一个状态控制组的挂载与卸载。

```
{ isShow && <KeepaliveItem cacheId="demo"><Component /></KeepaliveItem> }
```

在 isShow 切换的时候，Component 组件要处于"存活"状态，Component 内部的真实 DOM 元素也要保存下来。两者缺一不可，如果只保存了 DOM，但是没有保持组件"存活"，那么此时的 Keepalive 只是一个快照。所以实现的这个功能必须满足以下两个要素：

第一个问题：切换 isShow 的时候，并没有卸载真正的组件，组件还要保持"存活"的状态。

第二个问题：组件没有被卸载，那么 fiber 就仍然存在，包括上面的 DOM 元素也是存在的，但是不能够让元素显示。

对于第二个问题，可以用 14.3.1 小节提到的通过设置 display：none 和 display：block 的方法实现。

保持 React 组件状态存活：既然第二个问题解决了，那么回到第一个问题上，如果保持组件的存活呢？比如正常情况下结构是这样的：

```
function Index(){
    const [ isShow, setShow ] = React.useState(true)
    return <div>
        <Head />
        <Nav />
        { isShow && <Content /> }
        <button onClick={() => setShow(true) } >显示</button>
        <button onClick={() => setShow(false)} >隐藏</button>
    </div>
}
```

如图 14-3-1 所示，当点击按钮隐藏的时候，isShow 状态变成了 false，那么 Content 组件会被正常销毁。如果组件通过缓存组件缓存之后，变成了这样：

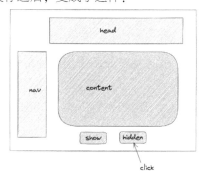

● 图 14-3-1

461.

```
{ isShow && <KeepaliveItem cacheId="demo"><Content /></KeepaliveItem> }
```

那么 KeepaliveItem 组件也会被卸载的，这是在所难免的，如果 Content 是 KeepaliveItem 的子元素节点，那么 KeepaliveItem 被卸载，所有的子元素也会被卸载，这样保持 Content 的存活也就不可能实现了，如图 14-3-2 所示。

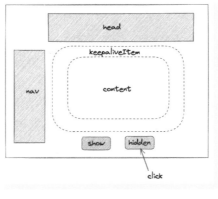

● 图 14-3-2

如何解决这个问题呢？答案实际很简单，就是让 Content 组件在 KeepaliveItem 之外渲染。那么在 KeepaliveItem 之外渲染，具体在哪里呢？前面提到在整个应用外层通过有一个缓存状态的作用域 KeepaliveScope，把 Context 交给 KeepaliveScope 去渲染挂载，就不会担心 KeepaliveItem 被卸载，导致 Context 也被卸载的情况。结构如下所示：

```
<KeepaliveScope>
    <div>
        <Head />
        <Nav />
        { isShow && <KeepaliveItem cacheId="demo"><Content /></KeepaliveItem> }
        <button onClick={() => setShow(true) }>显示</button>
        <button onClick={() => setShow(false)}>隐藏</button>
    </div>
</KeepaliveScope>
```

当 KeepaliveItem 组件渲染的时候，Content 将会被 React.createElement 创建成 element 对象，能够在 KeepaliveItem 中通过 Children 属性获取到。

这个时候关键的一步来了，Children 不要在 KeepaliveItem 中直接渲染，而是把 Children（Content 对应的 element 对象）交给 KeepaliveScope。如图 14-3-3 所示。

KeepaliveScope 得到了 Content 的 element 对象，这个时候直接渲染 element 对象就可以了，此时 Content 组件对应的 DOM 元素就会存在了。如图 14-3-4 和图 14-3-5 所示。

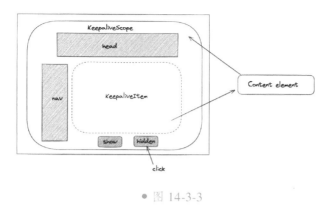

● 图 14-3-3

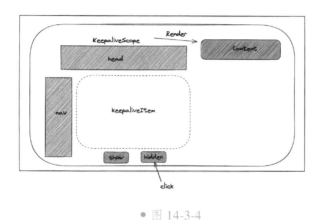

● 图 14-3-4

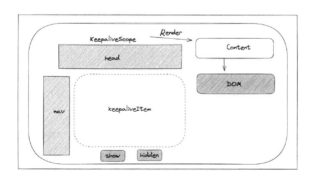

● 图 14-3-5

回传 DOM 元素：既然有了真实的 DOM 元素，那么接下来又有一个问题，就是正常情况下，Content
产生的 DOM 是在 KeepaliveItem 位置渲染的，但是却把它交给了 KeepaliveScope 去渲染，这样会让 DOM

463 .

元素脱离之前的位置，而且如果一些 css 属性是通过父级选择器添加的，那么样式也就无法加上去了。针对前面这个问题，这个时候就需要把在 KeepaliveScope 中渲染的 DOM 元素状态回传给 KeepaliveItem，如图 14-3-6 所示。

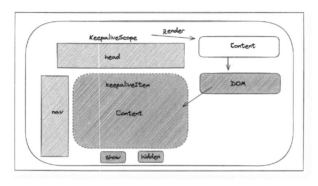

● 图 14-3-6

卸载元素，控制元素隐藏：如果卸载 KeepaliveItem，因为此时的 DOM 还在 KeepaliveItem 中，所以首先需要把元素回传到 KeepaliveScope 上，但是此时 DOM 还是显示状态，此时需要隐藏元素。这个时候就需要设置 display 属性为 none，如图 14-3-7 所示。

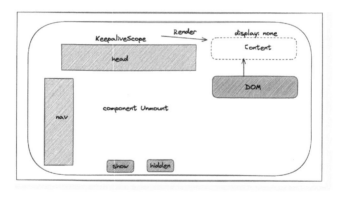

● 图 14-3-7

再次挂载元素，重新激活组件：如果再次挂载组件，就会重复上面的流程，唯一不同的是此时 KeepaliveScope 不再需要初始化 Content 组件，因为 Content 组件一直存活，并没有卸载，这个时候需要做的是改变 display 状态，然后继续将 DOM 传给重新挂载的 KeepaliveItem 组件就可以了。

▶▶ 14.3.3 架构设计

上述分别从初始化缓存组件挂载、组件卸载、组件再次激活三个方向介绍了缓存的实现思路。我们接着看这三个过程中核心的实现细节。

1. 缓存状态

用一个属性来记录每一个 Item 处于什么样的状态，这样的好处有两点：可以有效地管理好每一个缓存 Item，通过状态来判断 Item 应该处于哪种处理逻辑。方便在每个状态上做一些额外的事情，比如给业务组件提供对应的生命周期。既然说到了通过状态 status 来记录每一个缓存 Item，此时处于一个什么状态下，首先具体介绍一下每一个状态的意义：

- created 缓存创建状态。
- active 缓存激活状态。
- actived 激活完成状态。
- unActive 缓存休眠状态。
- unActived 休眠完成状态。
- destroy 摧毁状态。
- destroyed 完成摧毁缓存。

比如一个缓存组件初次加载，那么就用 created 状态表示。如果当前的组件处于缓存激活状态，那么就用 active 来表示，比如组件销毁，那么缓存组件应该处于休眠状态，这个时候就用 unActive 来表示。这里总结了缓存状态和组件切换之间的关系图，如图 14-3-8 所示。

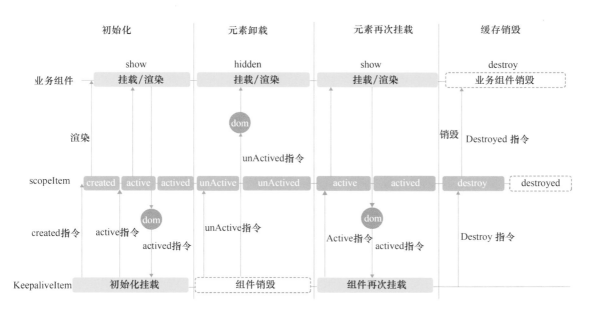

● 图 14-3-8

2. 初始化阶段

初始化的时候，首先在 KeepaliveScope 中形成一个渲染列表，这个列表用于渲染真正需要缓存的组件，并给每一个缓存的 Item 设置自己的状态，为什么要有自己的状态呢？因为缓存组件有的是不需要展现的，也就是 unActive 状态，但是有的组件是处于 active 的状态，所以这里用一个属性 status 记录每一个 Item 的状态。

每个 Item 都需要一个"插桩"父元素节点，为什么这样说呢？因为每一个 Item 先渲染产生真实的 DOM 元素，并且需要把 DOM 元素回传给每一个 KeepaliveItem，用这个插桩元素非常方便 DOM 元素的传递，这个元素不需要渲染在整个 React 应用根节点内部，如果渲染在应用内部，可能造成一些样式上的问题，所以此时只需要通过 ReactDOM.createPortal 将元素渲染到 document.body 上就可以了。

流程图如图 14-3-9 所示。

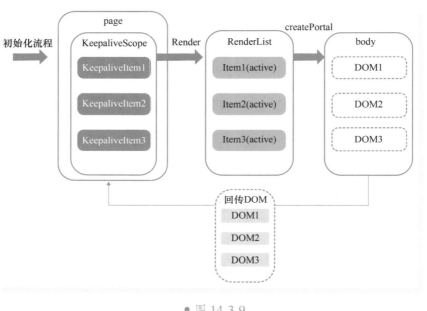

● 图 14-3-9

3. 卸载组件阶段

一个 KeepaliveItem 组件卸载，那么 KeepaliveItem 组件本身是卸载的，但是 ITem 组件因为在 Scope 内部挂载，Item 并不会销毁，但是因为此时组件不能再显示了，接下来做的事情是把 Item 的状态设置为 unActive，把 DOM 回传到 body 上，但是此时需要把元素从布局树上隐藏，所以最终把 display 属性设置为 none 即可。

流程图如图 14-3-10 所示。

4. 再次挂载组件，启动缓存

当再次挂载的时候，KeepaliveItem 可以通过 cacheId 来向 Scope 查询组件是否缓存过，因为已经缓存过，所以直接使用 ScopeItem 的状态和 DOM 元素就可以了，如图 14-3-11 所示。

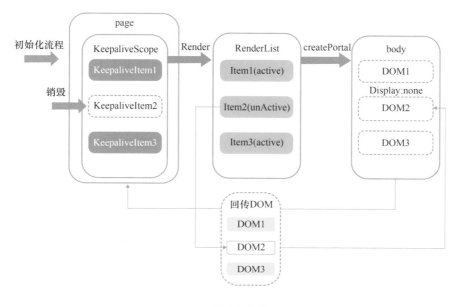

● 图 14-3-10

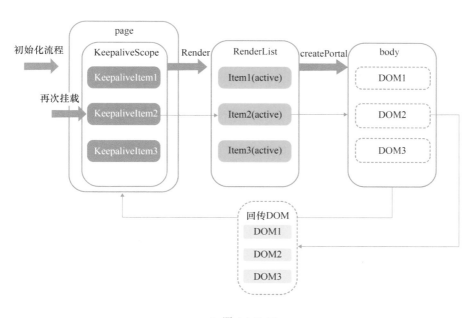

● 图 14-3-11

14.3.4　具体实现最终呈现的 Demo 效果

为了方便大家看到缓存效果，这里在 codesandbox 上做了一个 Demo 演示效果：

读者可扫描如下二维码，查看 Demo 代码片段：

扫码 codesandbox

前面介绍了缓存组件和路由页面的基本用法，接下来就到了具体实现的环节了。

1. KeepaliveScope 具体实现

```
const KeepaliveContext = React.createContext({})
function Scope({ children }) {
    /* 产生一个 Keepalive 列表的管理器 */
    const keeper = useKeep()
    const { cacheDispatch, cacheList, hasAliveStatus } = keeper
    /* Children 组合模式 */
    const renderChildren = children
    /* 处理防止 Scope 销毁带来的问题 */
    useEffect(() => {
        return function () {
            try {
                for (let key in beforeScopeDestroy) {
                    beforeScopeDestroy[key]()
                }
            } catch (e) { }
        }
    }, [])
    const contextValue = useMemo(() => {
        return {
            /* 增加缓存 Item | 改变 Keepalive 状态 | 清除 Keepalive   */
            cacheDispatch: cacheDispatch.bind(keeper),
            /* 判断 Keepalive 状态 */
            hasAliveStatus: hasAliveStatus.bind(keeper),
            /* 提供给 */
            cacheDestroy: (payload) =>
              cacheDispatch.call(keeper, { type: ACTION_DESTROY, payload })
        }
    }, [keeper])
    return <KeepaliveContext.Provider value={contextValue}>
        {renderChildren}
        { /* 用一个列表渲染    */ }
        {cacheList.map(item =>
          <ScopeItem {...item} dispatch={cacheDispatch.bind(keeper)} key={item.cacheId} />)}
    </KeepaliveContext.Provider>
}
```

KeepaliveScope 选用的是组合模式，props 接收参数，首先会通过 useKeep 产生一个管理器，管理器管理着每一个缓存的 Item 组件，至于 useKeep 内部做了什么，后续会讲到。因为 KeepaliveScope 需要传递并管理每一个 KeepaliveItem 的状态，所以通过 React Context 方式传递状态，这里有一个问题，就是为了避免 KeepaliveScope 触发重新渲染，而让 Context 变化，造成订阅 Context 的组件更新，这里用 useMemo 派生出 Context 的 Value 值。

接下来通过 cacheList 渲染每一个缓存 ScopeItem，业务中的组件就是在 Item 中渲染并产生真实的 DOM 结构。

前面说到了 useKeep 是每一个 Item 的管理器，我们来看一下 useKeep 是什么？

2. 状态管理器 useKeep

```
export const ACITON_CREATED    = 'created'     /* 缓存创建 */
export const ACTION_ACTIVE     = 'active'      /* 缓存激活 */
export const ACTION_ACTIVED    = 'actived'     /* 激活完成 */
export const ACITON_UNACTIVE   = 'unActive'    /* 缓存休眠 */
export const ACTION_UNACTIVED  = 'unActived'   /* 休眠完成 */
export const ACTION_DESTROY    = 'destroy'     /* 设置摧毁状态 */
export const ACTION_DESTROYED  = 'destroyed'   /* 摧毁缓存 */
export const ACTION_CLEAR      = 'clear'       /* 清除缓存 */
export const ACTION_UPDATE     = 'update'      /* 更新组件 */
class Keepalive {
    constructor(setState, maxLimit) {
        this.setState = setState
        this.maxLimit = maxLimit
        this.cacheList = []
        this.kid = -1
    }
    /* 暴露给外部使用的切换状态的接口 */
    cacheDispatch ({
        type,
        payload
    }) {
        this[type] && this[type](payload)
        type !== ACITON_CREATED && this.setState({})
    }
    /* 获取每一个 Item 的状态 */
    hasAliveStatus (cacheId) {
        const index = this.cacheList.findIndex(item => item.cacheId === cacheId)
        if(index >=0) return this.cacheList[index].status
        return null
    }
    /* 删掉缓存 Item 组件 */
    destroyItem(payload){
        const index = this.cacheList.findIndex(item => item.cacheId === payload)
        if(index === -1) return
```

```
        if(this.cacheList[index].status === ACTION_UNACTIVED){
            this.cacheList.splice(index,1)
        }
    }
    /* 更新 Item 状态 */
    [ACTION_UPDATE](payload){
        const { cacheId, children } = payload
        const index = this.cacheList.findIndex(item => item.cacheId === cacheId)
        if(index === -1) return
        this.cacheList[index].updater = {}
        this.cacheList[index].children = children
    }
    /* 初始化状态,创建一个 Item */
    [ACITON_CREATED](payload) {
        const {
            children,
            load,
            cacheId
        } = payload
        const cacheItem = {
            cacheId: cacheId ||this.getKid(),
            load,
            status: ACITON_CREATED,
            children,
            updater:{}
        }
        this.cacheList.push(cacheItem)
    }
    /* 正在销毁状态 */
    [ACTION_DESTROY](payload) {
        if (Array.isArray(payload)) {
            payload.forEach(this.destroyItem.bind(this))
        } else {
            this.destroyItem(payload)
        }
    }
    /* 正在激活状态 */
    [ACTION_ACTIVE](payload){
        const { cacheId, load } = payload
        const index = this.cacheList.findIndex(item => item.cacheId === cacheId)
        if(index === -1) return
        this.cacheList[index].status = ACTION_ACTIVE
        this.cacheList[index].load = load
    }}/* 激活完成状态,正在休眠状态,休眠完成状态 */[ACITON_UNACTIVE, ACTION_ACTIVED, ACTION_UN-
ACTIVED].forEach(status => {
Keepalive.prototype[status] = function (payload) {
    for (let i = 0; i < this.cacheList.length; i++) {
```

```
                if (this.cacheList[i].cacheId === payload) {
                    this.cacheList[i].status = status
                    break
                }
            }
    }})
    export default function useKeep(CACHE_MAX_DEFAULT_LIMIT) {
        const keeper = React.useRef()
        const [, setKeepItems] = React.useState([])
        if (!keeper.current) {
            keeper.current = new Keepalive(setKeepItems, CACHE_MAX_DEFAULT_LIMIT)
        }
        return keeper.current
    }
```

useKeep 本身是一个自定义 Hooks，首先会通过 new Keepalive 创建一个状态管理器，并用 useRef 来保存状态管理器。通过 useState 创建一个 update 函数——setKeepItems，用于更新每一个 Item 状态（增、删、改）。

new Keepalive 状态管理器中会通过 cacheDispatch 方法来改变 Item 的状态，比如从激活状态到休眠状态。通过下发对应的 Action 指令来让缓存组件切换状态。

3. ScopeItem

KeepaliveScope 中管理着每一个 ScopeItem，ScopeItem 负责挂载真正的组件，形成真实 DOM，回传 DOM。

```
const keepChange = (pre, next) => pre.status === next.status && pre.updater === next.updater
const beforeScopeDestroy = {}
const ScopeItem = memo(function ({ cacheId, updater, children, status, dispatch, load = () =
> { } }) {
    const currentDOM = useRef()
    const renderChildren = status === ACTION_ACTIVE || status === ACTION_ACTIVED || status
=== ACITON_UNACTIVE || status === ACTION_UNACTIVED ? children : () => null
    /* 通过 ReactDOM.createPortal 渲染组件,产生 DOM 树结构 */
    const element = ReactDOM.createPortal(
        <div ref={currentDOM} style={{ display: status === ACTION_UNACTIVED ? 'none' : 'block' }} >
            {/* 当 updater 对象变化的时候,重新执行函数,更新组件。*/}
            { useMemo(() => renderChildren(), [updater]) }
        </div>,
        document.body
    )
    /* 防止 Scope 销毁,找不到对应的 DOM 而引发的报错 */
    useEffect(() => {
        beforeScopeDestroy[cacheId] = function () {
            if (currentDOM.current) document.body.appendChild(currentDOM.current)
        }
        return function () {
```

```
            delete beforeScopeDestroy[ cacheId ]
      }
  }, [ ])
  useEffect(() => {
      if (status === ACTION_ACTIVE) {
          /*  如果已经激活了,那么回传 DOM   */
          load && load(currentDOM.current)
      } else if (status === ACITON_UNACTIVE) {
          /*  如果处于休眠状态,那么把 DOM 元素重新挂载到 body 上 */
          document.body.appendChild(currentDOM.current)
          /*  然后下发指令,把状态变成休眠完成 */
          dispatch({
              type: ACTION_UNACTIVED,
              payload: cacheId
          })
      }
  }, [ status ])
  return element}, keepChange)
```

ScopeItem 做的事情很简单。

首先通过 ReactDOM.createPortal 来渲染真正想要缓存的组件，这里有一个问题，就是通过一个 updater 来更新业务组件，为什么这样呢？

原因是这样的，因为正常情况下，业务组件的父组件更新，会让业务组件更新。但是现在的业务组件并不是在之前的位置渲染，而是在 ScopeItem 中渲染的，如果不处理，业务组件父级渲染，业务组件就不会渲染了，所以这里通过一个 updater 来模拟父组件的更新流效果。接下来如果 ScopeItem 状态已经激活了，说明已经形成了新的 DOM，这个时候把 DOM 交给 KeepaliveItem 就可以了；如果业务组件即将被卸载，那么将变成休眠状态，这个时候再把 DOM 传递给 body 就可以了。接下来就是 KeepaliveItem 了，来看一下 KeepaliveItem 做了些什么？

4. KeepaliveItem

KeepaliveItem 负责着组件缓存状态变更，还有就是与 Scope 的通信。

```
const renderWithChildren = (children) => (mergeProps) => {
    return children ?
        isFuntion(children) ?
        children(mergeProps) :
        isValidElement(children) ?
        cloneElement(children, mergeProps) :
        null :
        null}
function KeepaliveItem({
    children,
    cacheId,
    style}) {
    /*    */
```

```
const {
    cacheDispatch,
    hasAliveStatus
} = useContext(keepaliveContext)
const first = useRef(false)
const parentNode = useRef(null)
/* 提供给 ScopeItem 的方法  */
const load = (currentNode) => {
    parentNode.current.appendChild(currentNode)
}
/* 如果是第一次,那么证明没有缓存,直接调用 created 指令,创建一个  */
! first.current && ! hasAliveStatus(cacheId) && cacheDispatch({
    type: ACITON_CREATED,
    payload: {
        load,
        cacheId,
        children: renderWithChildren(children)
    }
})
useLayoutEffect(() => {
    /* 触发更新逻辑,如果父组件重新渲染了,那么下发 update 指令,更新 updater  */
    hasAliveStatus(cacheId) ! == ACTION_UNACTIVED && first.current && cacheDispatch({
        type: ACTION_UPDATE,
        payload: {
            cacheId,
            children: renderWithChildren(children)
        }
    })
}, [children])
useEffect(() => {
    first.current = true
    /* 触发指令 Active */
    cacheDispatch({
        type: ACTION_ACTIVE,
        payload: {
            cacheId,
            load
        }
    })
    return function () {
        /* KeepaliveItem 被销毁,触发 unActive 指令,让组件处于休眠状态  */
        cacheDispatch({
            type: ACITON_UNACTIVE,
            payload: cacheId
        })
    }
}, [])
```

```
    /* 通过 parentNode 接收回传过来的 DOM 状态。*/
    return <div ref={parentNode} style={style}/>
}
```

KeepaliveItem 的核心逻辑如下：

当 KeepaliveItem 第一次加载，所以应该没有缓存，直接调用 created 指令，创建一个 ScopeItem。如果 KeepaliveItem 父组件更新，那么触发 update 来更新 updater 对象，让缓存的组件重新渲染。当组件挂载的时候，会下发 Active 指令，激活组件，接下来 ScopeItem 会把 DOM 元素回传给 KeepaliveItem。当卸载的时候会下发 unActive 指令，DOM 元素会重新插入 document body 中，借此整个流程都走通了。

5. 清除缓存 API——useCacheDestroy

```
export function useCacheDestroy() {
return useContext(keepaliveContext).cacheDestroy
}
```

如果业务组件需要清除缓存，那么直接通过 useCacheDestroy 来获取 KeepaliveContext 上面的 cacheDestroy 方法就可以了。

未来展望：目前这个功能已经更新到了 0.0.1-beta 版本，想要尝试的读者可以下载使用，如果遇到问题，也可以提出宝贵的 issue。

npm install react-keepalive-component

感觉有帮助的读者欢迎在 Github 上 "赏个" star。

react-keepalive-component

后续这个库会维护一下缓存的生命周期，API 会采用自定义 Hooks 的形式。